AF861262

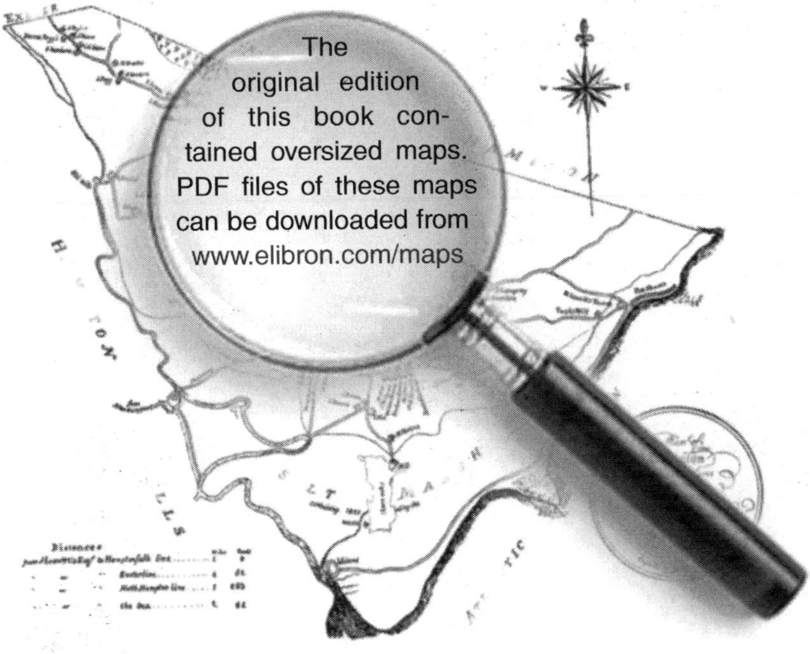
The
original edition
of this book con-
tained oversized maps.
PDF files of these maps
can be downloaded from
www.elibron.com/maps

Marcel de Serres

Des causes

des

migrations des divers animaux

et particulièrement

des oiseaux et des poissons

Elibron Classics
www.elibron.com

Elibron Classics series.

© 2007 Adamant Media Corporation.

ISBN 0-543-71744-5 (paperback)
ISBN 0-543-71743-7 (hardcover)

This Elibron Classics Replica Edition is an unabridged facsimile of the edition published in 1845 by Lagny frères, Paris.

Elibron and Elibron Classics are trademarks of Adamant Media Corporation. All rights reserved.

This book is an accurate reproduction of the original. Any marks, names, colophons, imprints, logos or other symbols or identifiers that appear on or in this book, except for those of Adamant Media Corporation and BookSurge, LLC, are used only for historical reference and accuracy and are not meant to designate origin or imply any sponsorship by or license from any third party.

DES CAUSES

DES

MIGRATIONS DES DIVERS ANIMAUX.

SAINT-CLOUD. — IMPRIMERIE DE BELIN-MANDAR.

DES CAUSES

DES

MIGRATIONS DES DIVERS ANIMAUX

ET PARTICULIÈREMENT

DES OISEAUX ET DES POISSONS,

PAR

MARCEL DE SERRES,
Conseiller,
Professeur de minéralogie et de géologie à la faculté des sciences de Montpellier;
Chevalier de la Légion d'honneur.

SECONDE ÉDITION

REVUE ET CONSIDÉRABLEMENT AUGMENTÉE.

Cet ouvrage a été couronné, le 23 mai 1840, par la Société des Sciences de Harlem.

> Parmi les phénomènes naturels qui se rattachent au retour périodique des saisons, les migrations régulières des oiseaux comme des poissons, méritent tout autant notre attention et notre intérêt, que le développement et la floraison des végétaux. *Introduction.*

PARIS,
LAGNY FRÈRES, LIBRAIRES-ÉDITEURS,
RUE BOURBON-LE-CHATEAU, 1er.

1845.

A Monsieur Guizot,

MEMBRE DE L'INSTITUT,

MINISTRE SECRÉTAIRE D'ÉTAT AU DÉPARTEMENT DES AFFAIRES ÉTRANGÈRES,

ANCIEN MINISTRE DE L'INSTRUCTION PUBLIQUE,

ETC., ETC.

Monsieur le Ministre,

Le phénomène des migrations met toute la nature en mouvement et y répand la variété sans en troubler l'harmonie. Un pareil phénomène ne peut manquer d'intéresser un esprit philosophique comme le vôtre. Observateur aussi profond que modérateur habile des passions qui assiégent les sociétés humaines, vous ne verrez pas avec indifférence le tableau des besoins instinctifs et impérieux qui portent la plupart des animaux si loin des lieux de leur naissance.

Les encouragements que mon travail a déjà obtenus me font espérer, avec votre suffrage, un succès qu'il me sera bien doux de devoir à votre nom.

Je suis avec respect,

Monsieur le Ministre,

De votre Excellence,

Le très-humble et très-obéissant serviteur,

MARCEL DE SERRES.

Montpellier, le 15 février 1845

AVIS DES ÉDITEURS.

L'ouvrage sur les migrations a obtenu l'assentiment d'une Société célèbre. Il est le seul qui ait été publié jusqu'à présent sur ce beau phénomène. S'il ne donne pas d'une manière complète la solution d'une des questions qui intéressent au plus haut degré l'histoire des animaux, il a du moins soulevé en partie le voile qui la couvre encore. Sous ce rapport, cet ouvrage se recommande à l'attention des physiciens.

Quoique ces recherches aient été couronnées par la Société des sciences de Harlem, et ait valu à M. Marcel de Serres la grande médaille que cette Société n'accorde qu'à des observations remarquables par leur importance, l'auteur est loin de se dissimuler toutes les imperfections de son travail. Il s'estime seulement heureux de penser que des juges tels que MM. Temminck, Schlegel et Van-Breda l'aient cru digne de quelque indulgence, à raison de la difficulté que présente la solution d'une des questions les plus curieuses et les plus intéressantes de la nature.

La bienveillance que ces recherches ont obtenue de savants dont le nom fait autorité dans la science, nous l'espérons de ceux qui seront jaloux de les connaître et d'en constater l'exactitude. Nous l'attendons surtout des hommes qui aiment à démêler dans les actes des animaux quelques traits de cette puissance supérieure dont ils manifestent aussi bien la haute sagesse que les admirables desseins.

AVANT-PROPOS.

Le phénomène des migrations particulier aux animaux, et qui acquiert son plus grand développement chez les oiseaux et les poissons, a depuis longtemps attiré l'attention des physiciens par sa constance et sa régularité. Il est digne, en effet, d'occuper les méditations des hommes éclairés. Les esprits supérieurs aiment à se rendre compte des motifs qui portent certains êtres à exécuter des actes dont au premier aperçu on croirait l'intelligence seule susceptible. L'intérêt de cette étude nous a porté à donner toute l'attention dont nous sommes capable à un phénomène qui ne peut être saisi, dans l'état des observations actuelles, que par l'induction et l'analogie.

Nous avons été heureux d'apprendre qu'une Société savante et justement célèbre avait appelé les recherches des naturalistes sur ce beau sujet et en avait fait l'objet d'un prix. Si nous l'avons obtenu, c'est peut-être parce que, mieux que ceux qui nous ont devancé, nous avons entrevu que ce fait naturel, loin d'être simple, était au contraire très-complexe et soumis à plusieurs conditions. Une fois ces causes connues, nous en avons démontré les relations avec les habitudes voyageuses ou stationnaires des animaux.

Ainsi, les espèces qui émigrent réellement, et qui parcourent en quelque sorte la totalité du globe, sont douées d'une grande agilité, et d'une puissante force motrice, conditions essentielles à l'étendue et à la continuité des mouvements. Il leur a fallu, de plus, une volonté ferme et un instinct impérieux pour franchir, sans hésitation, les plus grandes distances, lorsque aucun besoin pressant ne les y engage et ne les y contraint.

Sans ces deux conditions, les animaux errent bien d'une contrée à l'autre, mais ce n'est point là une migration proprement dite. Enfin, lorsque l'agilité leur manque, et que leur organisation ne les porte pas à se déplacer, alors seulement ils sont stables et sédentaires.

Telle est en abrégé l'histoire d'un phénomène qui met en quelque sorte une grande partie des êtres vivants dans un mouvement continuel. Ces migrations, par suite de desseins dont nous ne savons pas comprendre toute la portée, s'exécutent avec une régularité non moins remarquable que leur constance.

Pour apprécier à leur juste valeur les causes qui portent tant d'animaux à faire de longs voyages, nous avons eu recours aux lumières des personnes qui, par goût ou par état, se sont livrées à un pareil ordre de recherches. Nous en avons obtenu, avec une bienveillance faite pour nous flatter, des renseignements précieux.

Si des circonstances impérieuses ne nous forçaient au silence, nous serions heureux de pouvoir leur en manifester toute notre gratitude. Du moins parmi les hommes qui nous ont été utiles sous ce rapport, il en est plusieurs que nous pouvons nommer. Ils voudront bien agréer le faible tribut de nos remercîments.

Ainsi, nos idées sur les migrations des oiseaux se sont singulièrement étendues dans les entretiens que nous avons eus avec M. Lebrun, habile ornithologiste de Montpellier, et M. Poortman, conservateur du musée zoologique de Lyon. M. Rey-Lacroix, auquel ses fonctions ont permis de s'occuper avec zèle des passages des poissons, nous a fourni également quelques détails précieux; nous ne saurions trop lui en témoigner notre reconnaissance.

DES

CAUSES DES MIGRATIONS

DES DIVERS ANIMAUX,

ET PARTICULIÈREMENT

DES OISEAUX ET DES POISSONS.

INTRODUCTION.

La Société des sciences de Harlem, dont les vues éclairées sont constamment dirigées vers le progrès des connaissances, a proposé un sujet de prix, des plus intéressants, mais dont la solution présente de graves et sérieuses difficultés. Il se rapporte à la question de savoir « quelles peuvent être les causes des migrations ou des passages des poissons et des oiseaux, surtout des espèces qui servent à la nourriture de l'homme, ou à d'autres usages. » Cette question devait être résolue avant le 1er janvier 1840.

Pour répondre d'une manière convenable aux désirs manifestés par cette Société, il nous a paru nécessaire d'examiner cette question dans toute sa généralité, c'est-à-dire, d'étudier les causes qui portent les divers animaux à se livrer à des migrations périodiques, migrations qui semblent être pour eux un besoin auquel ils ne savent ni ne peuvent résister. Parmi les animaux qui ont de pareilles habitudes, les poissons et les oiseaux sont ceux dont les voyages sont les plus longs et les plus constamment répétés. Ils le doivent peut-être à la facilité que leur donne leur organisation pour franchir de grandes distances. C'est donc chez les oiseaux qu'il paraît convenable d'étudier un phénomène dont la régularité n'est pas une des circonstances les moins remarquables. Ces légers habitants des airs éclairent les migrations lointaines qu'exécutent aussi les poissons, qui vivent dans un tout autre milieu. Cette supposition est d'autant plus fondée, que l'observation des mœurs des oiseaux est environnée de moins de difficultés que les excursions lointaines des poissons, sur lesquelles nous n'aurons jamais des données bien certaines.

Parmi les phénomènes naturels qui se rattachent au retour périodique des saisons, les migrations régulières des oiseaux, comme celles des poissons, méritent tout autant notre attention et notre intérêt que le développement et la floraison des végétaux. L'esprit, occupé de ces passages constants, se demande où vont donc ces oiseaux qui nous quittent à des époques fixes, et nous reviennent à des époques non moins régulières.

Pour parvenir d'une manière sûre à résoudre cette importante question, nous allons constater avec soin les époques de ces migrations et les circonstances qui les accompagnent.

OBSERVATIONS GÉNÉRALES.

Une des habitudes instinctives des oiseaux auxquelles ils résistent le moins, et qu'ils suivent toujours, à moins qu'ils n'en soient empêchés par une force supérieure à toute la puissance de leur volonté, est sans contredit celle qui les porte à se rendre, à des époques fixes ou indéterminées, du lieu qu'ils habitent, dans des lieux nouveaux. Cette habitude est tellement irrésistible chez les oiseaux, qu'elle a lieu chez des espèces que la nature a peu favorisées sous le rapport du vol.

Parmi les gallinacés, les cailles, dont le vol est lourd et pesant, n'en parcourent pas moins de grandes distances à des époques périodiques. Souvent fatiguées par la longueur du trajet, ou plutôt terrassées par la violence des vents, elles tombent dans la mer et y périssent; d'autres fois plus heureuses, elles parviennent sur de nouveaux rivages, s'y précipitent, et vont chercher dans les terres de quoi réparer leurs forces épuisées par la privation de toute nourriture pendant le temps de leur traversée.

Ce que nous venons de dire des cailles s'applique également à tous les oiseaux qui parcourent de grandes distances. Il est peu de navigateurs qui, dans leurs longs voyages, ne voient des oiseaux venir se reposer, épuisés de fatigue, sur les vergues ou les autres agrès de leurs vaisseaux. Ces oiseaux sont souvent tellement accablés de lassitude qu'ils se laissent prendre sans songer à fuir, n'en ayant pas la force.

Parmi les espèces qui, dans leurs migrations, s'abattent sur les mâts des navires, on peut citer principalement les oiseaux percheurs, tels que les hirondelles, les traquets, plusieurs autres passereaux, ainsi que certaines espèces d'échassiers.

Malgré la faiblesse de leur vol, les cailles entreprennent, à des époques fixes, des courses fort étendues; elles traversent même les mers, comme pour nous apprendre qu'elles obéissent ainsi à un besoin plus impérieux, plus fort que toutes leurs répugnances. Sans doute le désir de trouver une température plus appropriée à leurs besoins, ou l'espoir de rencontrer ailleurs une nourriture plus convenable, porte ces oiseaux d'un canton dans un autre; mais une influence plus puissante que ces besoins momentanés, l'instinct de leur conservation, agit sur eux dans ces excursions lointaines.

En effet, donnez à ces oiseaux une température convenable, distribuez-leur une nourriture abondante, vous ne les verrez pas moins, à l'époque de leur départ, dans un état d'agitation particulier. Vous les verrez manifester le besoin qui les tourmente et les presse par leurs élancements et le battement de leurs ailes ; vous les verrez dans un état de malaise que rien ne peut faire cesser, si ce n'est la liberté. Si elle ne leur est rendue, ces oiseaux languissent, forcés qu'ils sont de ne point satisfaire ce désir pressant de se transporter dans d'autres climats, où ils comptent trouver des circonstances plus appropriées à leurs besoins.

Par suite de ces besoins qui se renouvellent avec une constance remarquable, il est une infinité d'oiseaux que l'homme, malgré la puissante influence qu'il exerce sur les animaux, ne peut point élever, tant le désir de ces voyages lointains est absolu pour eux. Cet instinct est si impérieux chez les coucous, que, lorsqu'ils ne peuvent le satisfaire, ils sont frappés de mort.

Mais, par une particularité non moins remarquable, si l'on prend certains oiseaux, et, par exemple, les becs-croisés, pendant le temps de leurs migrations, avant qu'ils soient arrivés aux lieux où ils nichent ordinairement, on ne peut pas les porter à faire une couvée. Il en est de même de toutes les tentatives que l'on a faites pour obtenir dans le Midi des nichées des oiseaux du Nord; elles ont été constamment vaines. Les espèces des régions septentrionales ont montré une répugnance invincible pour perpétuer leurs races. Ce désir ou plutôt ce besoin ne se manifeste chez elles que lorsque la liberté leur est rendue, et avec elle la température qui leur convient.

Sans doute les colibris, les sucriers, les souimangas et les bengalis ne nichent pas non plus dans les contrées tempérées; mais cette circonstance ne tient pas à l'influence des migrations, puisque ces oiseaux n'émigrent jamais. Elle dépend de ce qu'ils ne trouvent pas dans nos climats le genre de nourriture qui leur convient, ni la température élevée qui, dans les lieux de leur naissance, est aussi pour eux la saison de leurs amours.

Comment distribuer aux trois premières espèces le suc mielleux des fleurs dont ces oiseaux se nourrissent habituellement? Aussi n'est-il pas possible de les conserver en captivité; elles périssent toutes dans leurs cages, et d'autant plus promptement que leur pétulance les empêche de résister longtemps à la privation de leur liberté.

Si donc les oiseaux dont nous venons de parler, et particulièrement les colibris, n'émigrent pas, cette circonstance dépend, ainsi que l'a fait observer Buffon, du genre de leur nourriture. Wilson a cependant prétendu que les colibris ne se nourrissaient pas du nectar des fleurs ; tout en convenant que ces oiseaux ne refusaient pas l'eau sucrée, il a cru que les insectes étaient leur nourriture habituelle.

Une pareille opinion, si opposée à celle qu'avait émise Buffon, a été l'objet de l'examen du docteur Traiss. Cet observateur ayant eu l'occasion d'ouvrir l'estomac de ces petits oiseaux, y a uniquement rencontré une grande quantité de nectar ou de la liqueur sucrée des plantes, et souvent un certain nombre de petits insectes. Il a prouvé que ces insectes se rapportant tous et uniquement à des espèces qui vivent dans le calice des fleurs, avaient dû être avalés par les colibris avec le nectar. Probablement la difficulté de trouver ailleurs une liqueur aussi mielleuse les empêche de se livrer, comme tant d'autres oiseaux, à des excursions un peu étendues.

S'il est des oiseaux qui n'abandonnent jamais les lieux de leur naissance, d'autres, au contraire, entreprennent, soit périodiquement pendant certaines saisons de l'année, soit à des époques qui n'ont rien de fixe ni de déterminé, des migrations plus ou moins étendues. Ces oiseaux les entreprennent pour satisfaire, les uns un penchant irrésistible qui les porte à se déplacer, et les autres des besoins plus ou moins impérieux.

Ces dernières sont en général provoquées, soit pour fuir le froid, soit pour chercher une température élevée, soit enfin pour se procurer plus facilement des moyens de subsistance. Ces voyages, tout à fait accidentels, sont aussi irréguliers que les variations des saisons. Ils paraissent même avoir lieu sans aucune cause appréciable, et sans que le déplacement de ces oiseaux porte un changement notable dans les conditions où ils étaient primitivement placés.

On peut considérer les espèces qui les exécutent comme des oiseaux erratiques, afin de les distinguer de celles qui entreprennent des voyages périodiques et réguliers qu'aucun besoin ne semble provoquer, et encore moins déterminer. Les oiseaux émigrants sont poussés à accomplir les longs voyages auxquels ils se livrent habituellement, par un instinct particulier; cet instinct les y force; il se développe quelquefois indépendamment de tout ce qui, dans le moment où ces voyages ont lieu, peut influer sur leur bien-être et leur avenir.

Ce besoin d'émigrer est aussi impérieux pour les jeunes que pour les vieux; quoique les premiers n'aient pas pu encore contracter l'habitude des voyages. Il est tellement irrésistible que, lorsque les oiseaux changent de climat, ils n'attendent pas pour partir que le froid soit insupportable dans les lieux qu'ils vont quitter. On ne les voit pas, du moins, repoussés peu à peu vers le Midi par les empiétements de l'hiver. Les espèces émigrantes le précèdent constamment. Elles se transportent bien avant la saison des frimas, dans des régions plus chaudes que celles qu'elles habitaient primitivement. Souvent elles reviennent à l'époque du printemps, quoique la température soit encore au-dessous de ce qu'elle était au moment de leur départ. Ainsi, pour certaines espèces, les migrations ne se lient avec aucune circonstance extérieure appréciable; elles en paraissent en quelque sorte indépendantes.

Quoique les migrations d'un assez grand nombre de ces animaux semblent dépendre d'une impulsion instinctive, les agents atmosphériques ne sont pas toujours pour cela sans influence sur le développement du besoin que les oiseaux voyageurs éprouvent de changer d'habitation. Ce phénomène coïncide donc quelquefois avec les variations de l'atmosphère, et le moment de l'arrivée et du départ est souvent avancé ou retardé, suivant que la saison froide se prolonge plus ou moins.

L'époque de l'arrivée ou du départ des oiseaux voyageurs éprouve de grandes variations dans les différentes espèces. Ainsi celles qui sont originaires des contrées septentrionales de l'Europe arrivent l'automne ou au commencement de l'hiver dans les contrées méridionales de la France. Mais, dès les premiers beaux jours, on les voit fuir la chaleur, comme ils avaient fui le froid, et retourner dans le Nord pour y faire leur ponte.

L'inconstance des passages ou des migrations des oiseaux est souvent aussi grande que celle des variations de la température. Aussi il n'est pour ainsi dire pas un chasseur qui ne sache que des espèces qui arrivent en grand nombre pendant une année demeurent parfois plusieurs années à paraître de nouveau. Ces oiseaux ne voyageraient donc que lorsqu'ils trouveraient un certain nombre de circonstances favorables. Comme ces circonstances ne se reproduisent pas toujours, elles apportent nécessairement des variations dans des voyages que leur réunion semble déterminer chez les espèces erratiques.

D'autres oiseaux, au contraire, qui nichent et naissent dans les contrées méridionales de la France et qui, par conséquent, sont essentiellement indigènes, les quittent en automne; mais, après avoir passé l'hiver dans les climats chauds, ils reparaissent dans le Midi au printemps; ou bien, évitant encore la chaleur des étés de ces contrées, ils émigrent alors vers les régions arctiques. D'autres espèces, nées dans les climats méridionaux, s'élèvent vers le Nord pour échapper à l'ardeur du soleil de l'été, et nous arrivent à la fin de la belle saison. Enfin, quelques autres ne séjournent jamais dans le Midi, et, dans leurs migrations annuelles, elles ne font qu'y passer. On a donné à ces races le nom d'oiseaux de passage.

Enfin quelques espèces, par exemple, les oies et les cygnes, séjournent l'hiver dans les pays tempérés, lorsque les rivières n'y gèlent pas; mais, lorsque le froid y devient vif et piquant, on les voit s'avancer plus au midi, d'où elles reviennent vers la fin de mars pour retourner dans le Nord et y passer l'été. Evidemment, pour celles-ci comme pour un certain nombre d'autres, leurs passages paraissent déterminés par la température; car elles ne restent jamais dans le Nord lors des grands froids.

Ce qu'il y a de remarquable, l'époque de l'arrivée et du départ de ces oiseaux voyageurs ou plutôt émigrants est en général déterminée d'une manière précise pour chaque espèce et pour chaque contrée. L'âge y apporte tout au plus quelque différence; par exemple, les plus jeunes ne se mettent ordinairement en route qu'après les adultes; cette circonstance paraît dépendre, ainsi que nous l'observerons dans la suite, de la mue plus tardive chez les seconds que chez les premiers. Aussi les jeunes ne sont point encore rétablis de la maladie qui accompagne la mue, lorsque les vieux sont en état de supporter les fatigues d'un long voyage.

On est souvent étonné de la prévoyance et du tact avec lequel les oiseaux, surtout les espèces voyageuses, distinguent par avance les variations qui vont survenir dans la température. Nous-mêmes, avec toute notre intelligence et tous nos instruments, nous sommes moins avancés qu'eux sous ce rapport; car nous ne saurions dire la veille le temps qu'il fera le lendemain. La température plus élevée dont jouissent les oiseaux leur donnerait-elle cette sorte de divination; c'est ce que nous examinerons plus tard.

Au milieu de tous les faits qui prouvent les différences que l'âge apporte dans les habitudes voyageuses des oiseaux, nous n'en citerons pour le moment qu'un seul, parce que la vérification en est facile. Lorsqu'on observe les coucous dans une contrée où ils ont opéré leur ponte, on les voit tous en plumage roux, tandis que dans un autre canton, plus ou moins éloigné du premier, ils se montrent constamment en plumage gris; celui-ci est la robe des vieux. Cette diversité dans le plumage annonce que si les premiers sont restés sédentaires, les seconds ont au contraire voyagé.

Les oiseaux opèrent généralement leurs migrations en troupes plus ou moins nombreuses; ils voyagent ainsi de concert et, pour ainsi dire, en famille. Il arrive en effet rarement qu'ils se transportent à de grandes distances isolément et séparément par paires. C'est surtout dans cet acte important de leur vie que se manifeste l'instinct de sociabilité, qui les caractérise d'une manière si éminente.

Chaque année, des tribus plus ou moins nombreuses d'oiseaux et quelquefois même des légions innombrables nous arrivent dans un ordre déterminé. Le plus souvent guidés par des chefs, les habitants des airs traversent la Méditerranée pour passer d'Afrique en Europe ou pour suivre la route opposée. Les hirondelles, par exemple, hivernent au Sénégal, se répandent au printemps dans les contrées méridionales et en été dans la Hollande et le nord de l'Europe. Cependant certaines espèces, toujours errantes, changent de pays sans que leur marche paraisse guidée par aucune règle. Ce sont les races que nous avons nommées *erratiques*, tandis que nous désignons les premières sous le nom d'*émigrantes*. Ces expressions font saisir les différences qu'elles présentent sous le rapport de la longueur et de la fixité de leurs voyages.

Le besoin de voyager et de changer de climat dans certaines saisons est donc une des exigences les plus impérieuses de l'organisation ou plutôt de l'instinct des oiseaux. Quelle qu'en soit la cause, elle se fait sentir non-seulement sur toute l'espèce, mais encore sur les individus séparés de l'espèce auxquels une étroite captivité ne laisse aucune communication avec leurs semblables.

L'instinct social si perfectionné chez cet ordre d'animaux semble acquérir un nouveau développement par suite des besoins nouveaux qui naissent de leurs excursions lointaines. En effet, les espèces émigrantes qui voyagent en troupes nombreuses non-seulement obéissent à des chefs, mais pour veiller à leur sûreté elles s'entourent de sentinelles chargées de les avertir de l'approche du moindre danger. Lorsqu'il devient imminent, elles se replient avec rapidité vers la troupe qui se rallie à leur signal. Alors tous les oiseaux qui en font partie se groupent, se pressent les uns contre les autres, et réunissent tous leurs efforts pour repousser leurs ennemis.

D'autres espèces, sans avoir une police aussi merveilleuse, ont néanmoins un instinct assez perfectionné pour s'épargner les fatigues de la chasse; ils forcent d'autres oiseaux plus faibles ou plus lâches à leur abandonner la proie dont ceux-ci se sont à grand'peine emparés. On voit souvent les frégates (*pelecanus aquilus* Linn.) donner la chasse aux fous (*pelecanus bassanus* Linn.), et, en les frappant de l'aile et du bec, les forcer à dégorger le produit de leur pêche dont ils se saisissent avec dextérité avant qu'il tombe dans l'eau.

Dans certaines circonstances, ces animaux se prêtent des secours mutuels pour repousser et triompher de leurs ennemis. Ce fait, qui dépend de cet instinct de sociabilité donné aux oiseaux, se représente souvent lorsque leurs espèces isolées sont attaquées par des serpents ou par d'autres reptiles dangereux. On les voit arriver en foule au secours de celui qui a été surpris d'une manière soudaine. Ainsi réunis, ils forment un cercle autour du reptile, et finissent par le tuer au moyen de leur bec, dont ils se servent avec autant d'adresse que d'habileté. L'ordre des échassiers est particulièrement celui qui nous donne le plus fréquemment de pareils exemples de dévouement et d'affection pour leurs semblables.

D'un autre côté, les pipits (*anthus arboreus*) et les autres passereaux qui se nourrissent d'insectes, lorsqu'ils sont débusqués des champs qui en sont couverts, s'en éloignent avec plus ou moins de promptitude. Tant que les chasseurs restent en embuscade, deux ou trois de ces oiseaux arrivent successivement, comme pour s'assurer si le danger est passé. Mais, tant qu'ils ont des craintes, ils font entendre des cris particuliers qui retiennent la troupe dans un certain éloignement. Elle n'arrive jamais que lorsque ces cris, signal du danger, ont totalement cessé.

Une des remarques les plus importantes qui aient été faites sur les migrations de ces animaux, est celle que nous devons au savant ornithologiste anglais M. Blyth. D'après lui, les oiseaux de l'Amérique du Nord qu'aucun genre ne représente en Europe, et ceux d'Europe qui n'ont aucune espèce appartenant en propre à l'Amérique, sont presque sans exception tous voyageurs.

Du reste, les espèces qui se livrent à des migrations constantes et périodiques offrent cette particularité d'être en général les types caractéristiques des pays où ils passent l'hiver. Il ne faut pas conclure cependant des habitudes voyageuses de certains oiseaux, qu'elles sont déterminées par leur instinct de sociabilité; car les espèces solitaires, les rapaces, les rossignols, exécutent régulièrement des voyages semblables à ceux des cailles, des étourneaux et des hirondelles.

D'un autre côté, chaque groupe distinct d'oiseaux a une espèce analogue ou représentative dans les principales parties du monde. Aussi, lorsqu'un genre est sans représentant, on peut aisément en pénétrer la raison. Par exemple, les oiseaux les plus essentiellement voyageurs, les étourneaux (*sturnus vulgaris*), se rencontrent dans toutes les parties du monde. Il est cependant une contrée où ils ne se trouvent pas: c'est l'Australie. La raison de cette exclusion tient peut-être à ce que les sansonnets trouvent la plus grande partie de leur nourriture dans des fruits ou des baies dont il n'existe pas d'analogues dans cette contrée. On a encore supposé que, comme les étourneaux se nourrissent également de certaines graines qui se fixent sur le dos des bêtes à cornes, l'absence de tout ruminant dans l'Australie les a déterminés à ne point y opérer leurs migrations. Cette supposition est peu admissible quoique la dispersion des oiseaux, tout comme celle des autres animaux, suive d'une manière nécessaire celle de leur proie ou celle des végétaux dont ils se nourrissent. Ces végétaux dépendent à leur tour de la qualité du sol aussi bien que de la température.

Lorsque l'on considère d'une manière générale la distribution des oiseaux, il est facile de reconnaître que chaque groupe ou chaque principale famille de cette classe a une espèce analogue dans une autre partie du monde : il paraît du moins constant que chaque grand continent a ses espèces propres et distinctes. En effet, il n'y a rien de commun entre les espèces vivantes du nouveau monde et celles de l'ancien continent, tout comme entre celles-ci et les races de la Nouvelle-Hollande. Néanmoins on découvre dans les uns et dans les autres des espèces des mêmes familles qui se représentent mutuellement. Ainsi, pour ne parler que des oiseaux, l'autruche des déserts de l'Afrique (*struthio camelus* Linn.) est représentée en Asie par le casoar, tout comme par les aptéryx dans la Nouvelle-Zélande (1). D'un

(1) Ce genre, dont il n'existe qu'une seule espèce, l'*apteryx australis*, a été établi par Temminck. M. Lesson se demande si ce genre n'aurait pas été fondé par cet ornithologiste, sur les pièces du dronte conservées dans le musée zoologique de Londres (*Manuel d'ornithologie*, tom. II, pag. 211). Nous

autre côté, les émérillons sont les représentants de ces oiseaux en Australie, tout comme les *rhæa* ou nandou dans l'Amérique du Sud, et la grande outarde (*otis tarda* Linn.) en Europe (1).

Ce que nous venons d'observer, relativement aux habitudes voyageuses de certaines espèces d'oiseaux, a pu faire présumer qu'elles ne sont point déterminées par leur instinct de sociabilité plus ou moins prononcée. Sans doute les migrations des espèces sociales frappent davantage, parce qu'un plus grand nombre d'individus y concourent. Elles ne sont cependant ni moins périodiques ni moins constantes chez les espèces solitaires ou celles qui vivent isolées, et pour ainsi dire par couples. En effet les passages des rossignols, des pigeons, des tourterelles, des

---

ferons observer que ce genre a été établi sur une espèce d'autruche particulière à la Nouvelle-Zélande, et qui est caractérisée par trois doigts. Nous en avons vu un individu empaillé dans le musée zoologique de Genève, et un squelette complet dans les collections d'anatomie comparée de M. Mayor, docteur-médecin de la même ville. Aussi nous sommes-nous assuré que, parmi les oiseaux dépourvus d'ailes, il n'y en a pas d'espèce plus singulière que l'aptéryx de la Nouvelle-Zélande. Ses ailes sont encore plus incomplètes que celles des casoars. Il joint à ce caractère, d'avoir le bec long et grêle comme une bécasse, avec les narines percées presque à son extrémité.

(1) Le *struthio rhea* de Linné ou nandou-chari est également une autruche à trois doigts comme celle de la Nouvelle-Zélande; mais celle-ci habite l'Amérique.

huppes, des torcols, des oiseaux de proie et d'une foule d'autres espèces, ne sont pas moins réguliers que ceux des cailles, des étourneaux, des hirondelles, des canards, et tant d'autres espèces qui vivent en grandes troupes, ou du moins qui voyagent en famille.

Les espèces solitaires ou sociales émigrent également dans les saisons les plus diverses. Les unes et les autres ne suivent à cet égard d'autre impulsion que celle qui peut dépendre de la température dont elles cherchent la douce influence. On les voit du moins s'éloigner des régions septentrionales à l'approche de l'hiver, et s'en rapprocher au contraire, lorsque les beaux jours leur ont annoncé le retour du printemps. Dans toutes ces migrations, l'instinct de sociabilité ne paraît jamais y être pour rien, et il ne les détermine et ne les provoque en aucune manière.

Il en est de même de l'étendue et de la puissance du vol; au premier aperçu, on pourrait présumer que les espèces qui peuvent fendre l'air avec plus de continuité doivent par cela même parcourir de plus grands espaces et franchir de plus grandes distances. Les cailles traversent pourtant les mers; leur vol est lourd et peu rapide; malgré toutes les imperfections de leur organisation, elles font de fort longs voyages. Ce que nous disons des cailles, on pourrait l'observer d'une foule d'autres oiseaux, et même de plusieurs espèces du même genre.

La grandeur et la taille de ces animaux paraît aussi sans influence sur la longueur de leurs migrations. Si les grues, les cygnes, les phénicoptères, les cormorans, les cigognes et tant d'autres espèces de haute stature, exécutent à des époques à peu près fixes de fort longues courses, il en est de même des traquets, des fauvettes, des pinsons, des ortolans, et d'une foule d'autres petites espèces. Celles d'une taille moyenne entreprennent également de fort longs voyages, et parcourent en quelque sorte toutes les régions de la terre. Parmi elles, on peut citer spécialement les canards. Un exemple remarquable donné par une espèce de ce genre est venu, pendant l'hiver de 1839 à 1840, surprendre les ornithologistes du midi de la France par sa singularité.

Un couple de canards à longue queue (*anas glacialis* Temminck) de Terre-Neuve, probablement isolés de leur troupe, sont arrivés le 4 janvier 1840 jusque dans les environs de Montpellier. Cependant d'après le savant ornithologiste que nous venons de citer, ce canard fait son nid sur les bords de l'océan Glacial au Spitzberg, en Irlande, à la baie d'Hudson. Il habite à peu près exclusivement les mers arctiques des deux mondes. Quoique des contrées les plus froides, il étend ses passages accidentels sur les grands lacs d'Allemagne, le long de la Baltique, et sur les côtes maritimes de la Hollande; il ne s'était jamais avancé jusque dans les contrées méridionales de la France, du moins d'après les observations faites jusqu'à présent.

Son apparition dans le Midi a coïncidé avec une autre circonstance qui peut en rendre raison, celle de la douce température dont cette contrée a joui à cette époque. Elle était pour lors si élevée que plusieurs arbres fruitiers étaient en fleur, et que quelques-uns ont donné même des fruits. Quoi qu'il en soit, ce fait n'en prouve pas moins à quelle distance les canards, dont la taille est à peu près la moyenne de celle qu'offrent en général les oiseaux, étendent leur migration, ou, si l'on veut, leurs passages (1).

Le genre de vie ou l'espèce de nourriture dont usent les oiseaux paraissent également sans influence sur leurs migrations ; non pas dans un sens absolu, mais uniquement dans un sens relatif. Ainsi les espèces carnivores ou piscivores font des voyages d'aussi long cours que celles qui vivent de graines, de fruits ou d'herbes proprement dites. Les unes et les autres se déplacent souvent par le manque de nourriture dans le canton qu'elles habitent.

---

(1) Nous devons la connaissance de ce fait à M. Lebrun, ornithologiste de Montpellier, que nous aurons souvent l'occasion de citer dans cet ouvrage.

Nous avons déjà fait observer que les espèces rapaces, c'est-à-dire les faucons, les aigles et même les vautours, se livraient habituellement à des voyages de long cours; il en est de même des passereaux qui vivent de charognes, indépendamment qu'ils se nourrissent aussi de graines et de fruits, lorsque la faim les presse. Tels sont les corneilles, les corbeaux et les pies-grièches, qui les représentent en quelque sorte. D'un autre côté, les grues, les cigognes, les hérons, les cormorans, les phénicoptères, les mouettes et tant d'autres essentiellement piscivores, n'en sont pas moins fameux par l'étendue de leurs excursions. Il en est de même de celles qui vivent à peu près uniquement de fruits ou d'herbes. Les exemples s'offrent en foule pour démontrer que ces espèces font particulièrement de grands voyages. On ne peut guère oublier ceux qu'exécutent à des époques fixes les étourneaux, les merles et un si grand nombre de passereaux, ainsi que les canards, les grèbes et les foulques. Il suffit de citer parmi les oiseaux insectivores les hirondelles et les martinets, pour saisir que ceux-là aussi se livrent à de longues et grandes migrations.

Nous le répétons, pour éviter toute méprise à cet égard, quoique le genre ou l'espèce de nourriture dont usent les oiseaux ne détermine pas leurs voyages, il ne peut pas en être de même de son manque absolu; car avant tout il est essentiel que les espèces assurent leur subsistance et pourvoient à leurs besoins. Mais, lorsqu'elles ne se déplacent que pour aller trouver ailleurs ce qui leur était fourni d'abord en abondance dans les lieux qu'elles abandonnent, les excursions auxquelles elles se livrent ont généralement une courte durée. Ces oiseaux se bornent pour lors à changer de canton; ils ne traversent pas les mers, et ne passent pas dans d'autres climats, espérant y trouver ce que leur refusaient ceux qu'ils ont quittés. Les perroquets et les dindons sauvages de l'Amérique nous fournissent des exemples de ces transports d'un canton dans un autre, occasionnés par le besoin de nourriture. Néanmoins ni les uns ni les autres ne peuvent être cités comme des espèces voyageuses. On ne les voit presque jamais à plus de vingt lieues de distance du lieu dans lequel ils avaient primitivement fixé leur séjour.

Un instinct plus pressant et plus impérieux que le besoin d'une nourriture convenable ou d'une température élevée, peut-être plus nécessaire aux oiseaux qu'à tout autre être vivant, détermine leurs longues migrations. Ces longs voyages nous étonnent autant par leur étendue que par la prévoyance qu'elles font supposer aux espèces qui les exécutent.

Avant d'entrer à cet égard dans les détails qui annoncent qu'elles sont provoquées, chez certaines espèces, par un instinct irrésistible, examinons si elles ont lieu aussi bien chez les races nocturnes que chez les diurnes. Parmi les oiseaux dont les yeux sont conformés de manière à leur faire apercevoir les objets distinctement pendant l'obscurité, on peut citer les oiseaux rapaces de la famille des chouettes ou des hiboux.

On serait tenté de supposer que les espèces ainsi conformées ne doivent pas se livrer à de grandes courses. Le contraire a cependant lieu. Le hibou brachyote (*strix brachyotos* Vieillot), qui vit ordinairement en Sibérie, se met à la suite des migrations du lemming, et arrive jusque dans les provinces méridionales de la France. Cet oiseau y apparaît au mois d'octobre; il reste dans le Midi jusqu'en avril. A cette époque il y est très-commun. On pourrait croire, en observant ce hibou si loin des lieux qui l'ont vu naître, qu'il ne doit pas être ébloui par la clarté du jour. Néanmoins il la supporte si peu, que, lorsqu'on le fait lever, il va se poser sur l'arbre le plus rapproché et se laisse tuer, plutôt que de se mettre de nouveau en mouvement, du moins si le soleil brille de tout son éclat.

Cette espèce, très-répandue dans presque toutes les contrées d'Europe, particulièrement en Hollande, et dont la Sibérie paraît être la patrie, se rencontre également dans toute l'Amérique septentrionale. Elle y arrive par la pointe nord de l'Asie, en franchissant le détroit de Bhéring, bras de mer qui n'a pas moins de douze lieues dans sa plus petite largeur. Ces faits annoncent que les oiseaux nocturnes se livrent aussi bien à de longs voyages que les espèces diurnes, puisqu'ils franchissent les mers, et étendent leurs courses jusque dans des continents différents. On pourrait croire que ces races nocturnes doivent voyager de nuit, puisqu'elles éprouvent tant de difficultés pour faire quelques pas pendant la clarté du jour, si l'on ne savait que plusieurs d'entre elles chassent plutôt le jour que la nuit.

Il est même quelques espèces de chouettes qui jouissent en plein jour de toutes les facultés de la vue. Aussi les voit-on poursuivre leur proie à tire-d'aile ou la guetter dans l'épaisseur des forêts. Ce sont particulièrement les espèces à tête lisse, dont la queue plus ou moins étagée dépasse l'extrémité des ailes. Du reste une foule d'oiseaux voyageurs, quoique diurnes, n'en voyagent pas moins constamment la nuit, à peu près comme nous autres hommes, lorsque notre humeur inquiète nous porte à quitter le logis.

De ce nombre sont la caille, les ortolans et tous les oiseaux aquatiques ; leurs passages ont lieu plutôt pendant l'obscurité qu'en plein jour. Aussi, à moins que le soleil ne soit voilé par les nuages, les passages de ces oiseaux cessent vers les neuf ou dix heures du matin. C'est également à la lueur du crépuscule que l'on voit les alouettes passer par troupes plus ou moins considérables.

Les faits que nous venons de rapporter ne sont point bornés au hibou brachyote ; ils sont communs à presque toutes les espèces qui ne voient distinctement que pendant la nuit. Le grand et le moyen duc (*strix bubo* et *otus* Linn.), très-multipliés en Russie, en Hongrie, en Allemagne et en Suisse, étendent leurs courses jusqu'en France et en Angleterre, et même jusqu'en Afrique. Il en est de même du hibou scorps, qui se trouve fréquemment dans plusieurs contrées de l'Europe et pousse ses excursions jusqu'en Afrique.

D'autres rapaces nocturnes, répandus en Europe, étendent également leurs excursions jusque dans le nord des deux continents, franchissant ainsi les mers qui les séparent. Parmi ces espèces éminemment voyageuses, nous citerons spécialement l'harfrang (*strix nyctea* Linn.), peut-être la plus grande des chouettes connues, celle de Laponie (*strix laponica* Retz), qui vit à la fois dans les climats septentrionaux de l'Europe et de l'Amérique, et jusque dans les contrées civilisées de l'Europe. La première, ou l'harfrang, habite le plus constamment les régions du cercle arctique ; elle n'en étend pas moins ses excursions jusqu'en Islande, dans les îles Shetland, aux Orcades, ainsi qu'en Allemagne et en Hollande. Elle passe également dans l'Amérique septentrionale, et se montre parfois en grand nombre dans la baie d'Hudson.

On peut encore comprendre parmi les chouettes voyageuses le *strix macroura* de Meyer, qui vit habituellement dans les régions arctiques, la Laponie, le nord de la Suède et de la Russie. Elle passe néanmoins en Livonie, en Hongrie et jusque dans les parties orientales de l'Allemagne, et plus loin encore. La chouette caparacoch (*strix funerea* Latham), qui habite également les régions arctiques, se montre quelquefois comme oiseau de passage en Allemagne, en France et même jusque dans les provinces de l'Amérique septentrionale. Cette espèce nocturne évite cependant dans ses courses vagabondes les lieux dont la température est élevée ; aussi ne l'a-t-on jamais aperçue dans les contrées méridionales.

Il en est de même de la chouette nébuleuse (*strix nebulosa* Linn.). Ses passages n'ont lieu que dans des contrées très-froides, comme la Suède, la Norwége, l'Amérique septentrionale, pays dont la température ne diffère pas beaucoup de celle des régions arctiques, patrie ordinaire de cet oiseau. L'effraie (*strix flammea*) étend encore plus loin ses excursions. On la rencontre dans toute l'Amérique. D'un autre côté, on la découvre en Asie jusqu'au Japon, en Afrique, particulièrement au Sénégal, et enfin dans la plus grande partie de l'Europe. Cet oiseau paraît même étendre ses migrations jusqu'en Suède et en Norwége.

Ces faits et une foule d'autres, qu'il nous serait facile d'ajouter, sont assez bien constatés pour démontrer que, quoique peu favorisées sous le rapport de leurs appareils visuels, les espèces nocturnes ne se livrent pas moins que les diurnes à de longues migrations. Il est remarquable que, parmi ces races voyageuses, plusieurs ne peuvent, dans les circonstances ordinaires, supporter l'éclat du jour; tel est entre autres le hibou brachyote.

Ainsi, en examinant avec attention la manière dont les animaux sont répartis à la surface du globe, il est facile de s'apercevoir que leurs espèces n'ont pas tiré leur origine d'un même point, et qu'elles ne sont pas émanées d'un foyer de création unique, pour se répandre dans les contrées diverses où on les voit maintenant fixées. On reconnaît également que l'aire occupée par chaque espèce a des limites plus ou moins étroites. On ne tarde pas non plus à se convaincre qu'il existe pour chaque animal, soit marin, soit terrestre, comme pour chaque plante des deux genres de station, un certain nombre de régions distinctes, caractérisées par des populations et des végétations toutes particulières.

La faune ou la flore de chacune de ces régions se compose en partie d'espèces qui ne se rencontrent pas ailleurs, et en partie d'espèces qui leur sont communes avec d'autres contrées plus ou moins rapprochées, ou avec d'autres parages. En général ces espèces communes sont, toutes choses égales d'ailleurs, en proportion d'autant moindre, que les communications entre les pays voisins sont interrompues par quelque grand obstacle naturel, comme, par exemple, des chaînes de montagnes d'une certaine élévation. Si ces animaux habitent le sein des mers, leur nombre diminue en raison de la difficulté des communications entre la côte où on les observe et les autres mers.

Ces régions, qui réunissent les mêmes espèces, peuvent donc être considérées comme autant de foyers de création, où, parmi les animaux qui y sont nés, les uns sont restés cantonnés dans leur patrie primitive, tandis que les autres se sont disséminés au loin et ont été se mêler aux habitants des régions voisines ou éloignées. Ces derniers, quoique originaires d'un même point ou d'une même contrée, ne peuvent s'être répandus dans de nouvelles régions, que par suite de cette faculté instinctive, donnée à certains animaux, de se livrer à des migrations plus ou moins étendues. Ceux au contraire qui sont restreints dans certaines contrées déterminées, et que l'on ne retrouve pas ailleurs, indiquent qu'ils sont encore placés dans leur patrie originaire.

Il arrive également que des échanges multipliés

ont eu lieu entre des régions voisines, en sorte que toutes ou la plupart des espèces originaires de l'une et de l'autre sont devenues communes aux deux. Rien alors ne peut déceler leur séparation primitive. Cependant, si au milieu d'une faune commune on trouve limitées dans des aires distinctes un certain nombre d'espèces, celles-ci ne semblent pouvoir provenir que de centres de créations différents ; dès lors on doit les considérer comme caractéristiques d'autant de régions zoologiques particulières.

Il est cependant quelques espèces vivantes que l'on retrouve à peu près partout, quelle que soit la distance qui sépare les lieux où on les observe. Celles-ci, universellement répandues, peuvent être considérées en quelque sorte comme des espèces cosmopolites. Elles se rapportent à peu près uniquement à des animaux éminemment voyageurs, les poissons parmi les êtres marins, et les oiseaux, surtout les races aquatiques. Celles-ci nous fournissent du moins les principaux exemples d'une distribution aussi uniforme. On pourrait peut-être ajouter à ces vertébrés quelques espèces qui appartiennent aux diverses classes des invertébrés, principalement aux mollusques, aux crustacés et aux zoophytes.

Ces races cosmopolites ne peuvent nous fournir aucune donnée sur la patrie primitive dont elles seraient originaires, et d'où elles seraient parties pour aller peupler d'autres contrées. Leur dissémination s'explique du reste, soit que toutes aient appartenu dans le principe à une seule et même région, soit que chacune d'elles ait été primitivement limitée à une partie différente de la surface du globe.

D'après ces faits, les espèces généralement répandues, et qui occupent maintenant de grands espaces, n'ont probablement pas conservé leurs habitations primitives. Tout porte, au contraire, à les considérer comme des races qui, par suite de leur instinct voyageur, se sont propagées bien loin de leur patrie originaire. Les migrations ont donc tendu à changer l'ordre de distribution primitivement établi, et à mêler continuellement les espèces d'une région avec celles d'une autre. On doit d'autant moins en douter, que de pareils effets se poursuivent sans cesse et se passent pour ainsi dire sous nos yeux.

Les migrations ont exercé à cet égard une si grande influence, qu'il est difficile de remonter maintenant jusqu'à la distribution primitive des êtres. Cette détermination est d'autant moins facile, qu'à cette influence est venue s'ajouter celle de l'homme, qui par ses voyages multipliés a mêlé les animaux et même les végétaux des différentes régions. En effet l'homme a transporté avec lui les plantes, qui, fixées et attachées au sol qui les a vues naître, ne peuvent s'étendre ailleurs, qu'en raison de la légèreté de leurs graines. L'espèce humaine a donc entraîné avec elle tous les êtres qui pouvaient lui être utiles; tandis qu'elle a été souvent suivie par ceux qui, à peu près constamment attachés à ses pas, parviennent dans tous les lieux où elle s'établit. De même, en déplaçant sans cesse les productions des contrées les plus diverses, l'homme apporte les graines et souvent les germes des êtres les plus différents, dans les régions les plus éloignées de celles où ils se seraient développés si aucune influence n'avait changé l'ordre établi.

Les effets nécessaires des migrations rendent donc presque impossible la reconnaissance des centres de création auxquels semblent devoir être rapportés les divers animaux et végétaux. Il est par cela même difficile de se rendre compte du mode de distribution des êtres organisés sans supposer l'existence primitive d'un certain nombre de foyers de création. Ces centres sont épars sur la surface du globe; ils comprennent un certain nombre d'espèces particulières, dont les descendants se sont peu à peu étendus au loin. Dans tous ces phénomènes on reconnaît des indices de l'influence de la chaleur, aussi bien sur la première création des êtres que sur leur dispersion subséquente. Une température élevée paraît la condition la plus favorable et la plus essentielle pour la multiplicité des espèces, comme pour la perfection de leur organisation. De même l'observation des détails de l'organisme montre qu'il existe un certain rapport entre le climat des diverses régions et les formes des êtres qui en sont les habitants.

La température n'est pas non plus sans influence sur les migrations ; elle contribue en effet à déplacer une foule d'espèces, et par cela elle a singulièrement dérangé l'ordre primitif de la création. On peut, ce semble, rattacher à cette cause la plupart des faits physiques du globe, aussi bien ceux qui se rapportent aux êtres vivants qu'à ceux de la nature brute et inanimée.

Cet aperçu est peut-être suffisant pour faire saisir l'intérêt que présente le phénomène des migrations; du moins, les observations que son étude nous fournira nous permettront peut-être de soulever une partie du voile qui couvre encore la distribution primitive des êtres répandus sur la surface de notre planète.

Quoi qu'il en soit, si l'on veut considérer les migrations dans leurs fins, il est difficile de ne point y voir une preuve de l'admirable sagesse qui a présidé à la distribution des êtres vivants. Ces voyages ne contribuent pas seulement à répandre une variété infinie dans les productions de la nature, mais ils fournissent à l'homme des moyens continuels et toujours nouveaux de se procurer une subsistance appropriée à ses goûts et à ses besoins.

LIVRE PREMIER.

DES MIGRATIONS DES ANIMAUX VERTÉBRÉS.

CHAPITRE PREMIER.

DES MIGRATIONS DES MAMMIFÈRES.

I. *Des migrations des mammifères terrestres.*

Lorsqu'on observe l'ensemble des animaux, sous le rapport des migrations que certains d'entre eux entreprennent et exécutent, on reconnaît que les espèces qui se livrent à des voyages lointains sont toutes douées de la faculté de se mouvoir avec facilité. En effet, les grandes migrations ont lieu chez les insectes les plus agiles des invertébrés, tandis que les mollusques, à peu près fixés par la température dans les lieux où ils ont été primitivement placés, en fournissent à peine des exemples.

Quant à celles des animaux vertébrés, les voyages auxquels se livrent la plupart des oiseaux sont en première ligne. Après eux on peut signaler les poissons, et à peine les mammifères ou les cétacés. Leurs migrations paraissent avoir lieu plutôt par l'influence de l'homme, qui en a, en quelque sorte, refoulé les grandes espèces dans les mers des régions polaires, que par toute autre cause.

L'avantage de parcourir de grandes distances semble donc l'apanage des espèces aériennes. Il paraît du moins réservé aux insectes parmi les invertébrés et aux oiseaux parmi les vertébrés. Chez les animaux qui ne respirent pas l'air en nature, et le soutirent de l'eau où il est en dissolution, une seule classe peut sous ce rapport rivaliser avec les habitants de l'air; cette classe est celle des poissons. Soutenus par l'élément mobile dans lequel ils sont plongés, organisés de la manière la plus favorable pour la nage, ils peuvent se transporter dans tous les parages avec la plus grande facilité. Leur voracité, peut-être autant que leur fécondité, leur a rendu ces voyages presque nécessaires. Ils contribuent du moins à la perpétuité et à la conservation de leurs races. Le besoin d'une nourriture qui leur manquait dans les lieux qu'ils abandonnent semble les y déterminer bien plus que la température dont l'élévation paraît leur être indifférente, à eux surtout dont le sang est froid.

Les insectes, en quelque sorte les oiseaux des invertébrés, pourvus comme eux de grandes ailes, mues par des muscles forts et puissants, ont tous les moyens de parcourir de grandes distances et d'exécuter de longs voyages. Une autre circonstance de leur organisation leur en a donné le pouvoir. Elle dépend de la quantité d'air dont ils peuvent remplir l'intérieur de leurs trachées aussi bien que les oiseaux le font dans les cavités de leurs os et de leurs plumes. Ces dispositions ont été pour ces deux ordres d'animaux la cause de leur légèreté spécifique et celle de l'agilité et de l'activité de leurs mouvements. Elles n'ont pas peu favorisé la grandeur et l'étendue de leurs migrations.

La nature a également répandu ses faveurs sur les poissons, mais, par d'autres moyens, ainsi que nous l'avons déjà fait pressentir. Plongés dans un liquide d'une assez grande densité et dont les molécules sont d'une extrême mobilité, ces animaux ont reçu la forme la plus favorable, pour fendre l'eau avec facilité; d'un autre côté, leur queue, surtout chez les squales et la plupart des poissons osseux, principal organe de natation, leur sert aussi d'aviron et de gouvernail. Les nageoires des poissons, quoiqu'elles n'aient qu'un usage secondaire, servent néanmoins à caréner le corps et à maintenir le mouvement en avant dans une direction droite, malgré les impulsions obliques de la queue. Enfin, outre ces circonstances, toutes admirablement combinées pour la facilité et l'agilité des mouvements, la nature a également donné à certaines espèces une vessie aérienne dont la présence n'est pas sans quelque utilité pour le maintien de l'équilibre dans un milieu aussi mobile que l'eau.

D'aussi grands avantages n'ont pas été l'apanage des cétacés ou des mammifères marins. D'abord ces animaux ne peuvent pas nager longtemps complétement plongés dans l'eau. Leur tête, ou du moins leurs narines, doivent s'élever souvent au-dessus de ce liquide pour respirer. Quoique cette circonstance paraisse sans influence sur leurs mouvements, elle en retarde toutefois l'activité. Si ces animaux, parmi lesquels on découvre les colosses de la nature vivante, meuvent cependant leurs lourdes masses au fond des eaux avec agilité, ils doivent cet avantage à l'air contenu dans leurs poumons, et à la quantité considérable de graisse dont ils sont enflés et comme rebondis.

Ces dispositions sont moins avantageuses que celles qui sont échues aux poissons; aussi les mammifères marins se livrent peu à des migrations périodiques et lointaines : du moins, leurs besoins ne les y engagent pas. Le plus généralement herbivores, ou faisant leur subsistance des myriades de zoophytes ou de petits mollusques qui peuplent le sein des mers, les cétacés, même les plus grandes espèces, trouvent partout de quoi substanter l'énorme volume de leur corps ; dès lors il n'est pas pour eux d'une nécessité indispensable de se transporter dans d'autres contrées que celles où ils ont fixé leur séjour.

Il est donc une condition essentielle et préalable aux migrations ; cette condition est celle non-seulement de l'agilité et de la facilité des mouvements, mais encore de leur continuité. L'imperfection des organes de la locomotion est un obstacle invincible à de grands voyages, soit que leurs mouvements se manifestent par la nage ou par le vol, les plus rapides de ceux que peuvent exécuter les animaux. On conçoit pourquoi les oiseaux coureurs, qui ne volent pas, n'entreprennent pas plus de longues excursions que les mammifères qui, comme les chauves-souris, voltigent plutôt qu'ils ne volent. On comprend aussi pourquoi les reptiles n'en exécutent presque pas non plus, et pourquoi enfin les migrations des mammifères terrestres sont si rares. En effet, l'isatis (*canis lagopus* Gmelin) et le lemming (*mus lemnus* Linn.) se livrent à peu près seuls entre cet ordre d'animaux à des voyages qui, par leur régularité, rappellent les migrations des espèces dont l'organisation est disposée pour la facilité, l'étendue et la continuité des mouvements.

Les migrations des mammifères, qu'il ne faut pas confondre avec leurs déplacements accidentels, sont donc fort rares. Elles ont lieu du reste chez des espèces de mœurs fort différentes. La première ou l'isatis est un carnassier, tandis que la seconde est un rongeur de la famille des rats. Enfin, d'après plusieurs naturalistes, et entre autres d'après Gmelin, les migrations de l'isatis seraient en quelque sorte sous la dépendance de celles des lemmings et du *lepus tolai*; ceux-ci les régleraient et les détermineraient jusqu'à un certain point.

Cependant les excursions de l'isatis paraissent être commandées par la nécessité; elles semblent du moins n'avoir lieu que par l'épuisement du gibier dans les localités qu'il habite. Aussi s'opèrent-elles dans le solstice d'hiver, époque où le gibier est le moins abondant. Ces renards, d'un brun roussâtre ou grisâtre pendant l'été, deviennent tout à fait blancs pendant l'hiver. Ils arrivent souvent jusqu'au 69° de latitude. On les voit rarement s'y arrêter; ils n'y creusent pas de terriers, indice positif que leurs nouveaux établissements seront peu durables et peu fixes. Il arrive pourtant quelquefois qu'ils en pratiquent sur les hauteurs des lieux où ils doivent demeurer pendant deux ou même trois ans; car ils ne restent pas souvent moins de temps à revenir aux gîtes qu'ils avaient abandonnés. Malgré ses migrations fréquentes, l'isatis n'abandonne jamais entièrement les contrées qui l'ont vu naître. Il reste toujours plusieurs individus de cette espèce dans leur patrie primitive.

Les migrations des lemmings, comme celles des isatis, ont lieu à des époques qui n'ont rien de fixe ni de déterminé. Seulement ces rongeurs, qui vivent en peuplades immenses dans les Alpes de la Laponie, où ils pratiquent des espèces de terriers, en sont chassés parfois, à ce qu'il paraît, à l'approche des hivers rigoureux. Leur instinct, analogue en cela à celui des oiseaux, leur fait présager aussi bien les tempêtes qu'un abaissement considérable dans la température, et les avertit d'avance de l'arrivée des frimas. Cet instinct les guide même dans le choix des lieux où ils doivent se retirer. Ainsi à l'approche de l'hiver de 1742, fameux dans le cercle d'Umeja (Russie) par ses rigueurs, et qui fut beaucoup plus doux dans celui de Luda, quoique cependant plus boréal, tous ces animaux quittèrent le premier de ces districts, mais aucun d'entre eux n'abandonna le second.

Les déplacements des lemmings eurent lieu à l'approche de l'hiver de 1742, du nord au sud. Il aurait été curieux de s'assurer si de pareilles excursions s'étaient également opérées dans des provinces plus méridionales encore, et par l'effet d'hivers rigoureux. Si nous avions pu obtenir ces renseignements, qui nous manquent totalement, nous saurions si ces déplacements, qu'il ne faut pas confondre avec les migrations, ont été produits par la cause que nous leur avons attribuée. Nous aurions pu également savoir jusqu'où s'avancent vers le sud le lemming, l'isatis, le lièvre variable et la zibeline (*mustela zibellina* Pallas). D'un autre côté, il ne serait pas moins important de reconnaître jusqu'à quel point s'étendent vers le nord le loup, le renard commun et nos martes de France (*mustela martes* et *foina* Linn.). Ainsi nous serions certains si ces animaux n'éprouvent dans cet immense intervalle aucun changement essentiel dans leur organisation, et si leurs différences se bornent à quelques variations dans l'abondance et la beauté de leur fourrure.

Quelle que soit la cause qui porte les lemmings à se transporter dans des pays nouveaux, ils dirigent ordinairement leurs grandes courses vers l'Océan et le golfe de Bothnie. Elles se font avec un merveilleux accord de toute la population d'une contrée. Formés en colonnes parallèles et serrées, aucun obstacle ne peut arrêter ni suspendre la marche de ces animaux. Ils vont toujours en ligne droite, et devant eux. La halte dure tout le jour, et les lieux où ils se sont arrêtés sont tout aussi dévastés que si le feu y avait passé. Des dangers sans cesse renaissants environnent constamment ces rats qui s'avancent en troupes innombrables vers l'Océan. Suivie par un grand nombre de carnassiers, l'armée des lemmings en est souvent décimée, et à tel point qu'un assez grand nombre de ses soldats périt avant d'avoir atteint la mer, qu'ils ont l'habitude de côtoyer. On présume qu'il n'en retourne pas la centième partie lorsque ces animaux veulent revenir aux pays qui les avaient vus naître.

Ces voyages lointains et si dangereux pour les individus qui s'y livrent ne sont pas cependant entrepris pour aller s'établir ailleurs; car, s'il en était ainsi, la race des lemmings se serait propagée à de fort grandes distances, ces animaux traversant les plus grands fleuves, même les bras de mer, et aucun obstacle n'étant assez puissant pour arrêter leur marche rapide. On ne voit pas le lemming des Alpes de la Scandinavie dans la Laponie russe; du moins l'espèce que l'on rencontre dans les régions voisines de la mer Blanche et de la mer Glaciale, jusqu'à l'Obi, paraît être différente, ou tout au moins une variété distincte par ses proportions, qui sont d'un tiers plus petites. Cette variété émigre aussi, tantôt vers la Petzora, tantôt vers l'Obi; comme les autres, elle est suivie dans ses voyages par une foule de carnassiers dont elle redoute singulièrement les approches.

Un fait assez singulier, observé par M. Boié (1), donne aux migrations du lemming une particularité

---

(1) Tagenbuch gehelten auf Einer Reiser durch Norwegen.

très-remarquable. Cet animal paraît être constamment accompagné dans ses excursions par le hibou brachyote (*strix brachyotos* Veillot). Cet hôte dangereux s'établit en grand nombre au milieu de ces rats, dont il paraît se repaître tout à son aise. Aussi ne les abandonne-t-il jamais; il voyage constamment avec eux, et s'arrête lorsque ses compagnons ou plutôt ses victimes se reposent.

Ce que nous venons d'observer relativement aux déplacements des lemmings semble indiquer qu'une trop grande multiplicité d'individus d'une même espèce dans un lieu donné peut en être la cause. Cette multiplicité entraîne nécessairement une grande consommation de subsistance, et par cela même les animaux qui l'opèrent doivent aller chercher ailleurs ce qu'ils ne trouvent plus dans le lieu de leur naissance.

Cette cause exerce probablement une grande influence sur les passages qui, sans régularité dans leurs époques, sont moins dirigés par un instinct particulier que par un besoin pressant à satisfaire. Tels sont ceux de l'isatis et surtout du lemming, dont la fécondité est tout au moins aussi grande que la voracité. Peut-être faut-il attribuer à une cause du même genre le déplacement de certains crustacés et de plusieurs espèces d'insectes, et particulièrement de certaines sauterelles. On est d'autant plus porté à le supposer, que les voyages de ces grillons se font particulièrement remarquer par les ravages dont ils sont la suite. L'imagination a de la peine à se former une idée des ravages qu'ils occasionnent. On n'y ajouterait pas la moindre foi, s'ils n'avaient été attestés à toutes les époques par les témoignages les plus graves et les plus imposants.

Nous devons ajouter à ces faits ceux dont nous devons la connaissance à M. Martins, qui, dans l'expédition scientifique du Nord, a rencontré les lemmings depuis Bossecop (70° latit.) jusqu'à Muonioniska (67° 55′ latit.). Ce naturaliste a consigné dans la *Revue zoologique* de juillet 1840 les observations qu'il a été à même de faire et de recueillir sur ces curieux animaux.

D'après Linné, les lemmings dévoreraient tout sur leur passage. Ils s'avancent toujours en ligne droite; ils traversent ainsi les fleuves et les lacs, percent les meules de foin, grimpent par-dessus les roseaux et se rejettent à l'eau de l'autre côté, pour reprendre leur ligne. Ces faits ont été confirmés par M. Martins; seulement, d'après lui, ces rats voyageurs ne voyagent que la nuit et de bon matin.

Leurs armées se dirigent vers les bords de la mer du Nord et du golfe de Finlande; mais un centième de ces animaux voyageurs retourne à peine dans les montagnes d'où ils sont partis. La plupart périssent de froid en traversant les rivières, quoiqu'ils nagent très-bien. Les chiens de la Laponie en étranglent beaucoup, et n'en mangent que la tête. Ils sont également poursuivis par les rennes, qui se détournent de leur route pour les atteindre. Ce genre de nourriture occasionne à ces derniers une maladie grave, désignée en Norwége sous le nom de *graen*. Ils ont encore d'autres ennemis soit parmi les mammifères, soit parmi les oiseaux.

Toutes les migrations des lemmings paraissent avoir pour point de départ, d'après M. Martins, la chaîne des Alpes scandinaves. Ces animaux marchent du reste de l'est à l'ouest, quand ils se dirigent vers la mer du Nord; et de l'ouest à l'est, quand ils descendent vers le golfe de Bothnie. Ceux que cet observateur a suivis allaient du nord-nord-ouest au sud-sud-est. Ils s'en retournent ensuite dans les montagnes. Hoegstroem est le seul naturaliste qui ait observé cette sorte de *remigration*. Lors de leur retour, ces animaux passent inaperçus, tant leur nombre est réduit par suite des nombreux dangers qu'ils ont rencontrés dans leurs voyages. Constants néanmoins dans leur marche accoutumée, les lemmings s'avancent toujours en ligne droite, comme lorsque des déserts ils descendent dans la plaine.

Ces animaux sont essentiellement herbivores, quoiqu'ils combattent entre eux avec la plus grande fureur.

Leur instinct rongeur paraît peu développé ; aussi ne les voit-on jamais couper les branches ni les rameaux des arbres. Plutôt fouisseurs, ils se rapprochent beaucoup par leurs habitudes des rongeurs talpiformes. La température du corps de ces animaux est assez élevée ; d'après les observations de M. Martins, elle n'est pas moindre, en terme moyen, de $+ 39^{o}, 5$. Les femelles ont huit mamelles, et portent de cinq à neuf petits. Le dernier de ces deux nombres paraît le plus constant, quoique M. Martins n'ait trouvé que cinq fœtus dans celles qu'il a ouvertes : du reste, les lemmings paraissent avoir deux portées, l'une en juillet et l'autre en octobre.

Probablement cette grande fécondité, et un instinct naturel auquel ces quadrupèdes ne peuvent résister, sont la cause des voyages auxquels ils se livrent toutes les fois qu'une excessive multiplication les y contraint. Sans doute les pressentiments d'un hiver rigoureux, ou le manque de nourriture, peut bien pousser certains individus à changer de canton ; mais ces transports accidentels d'un lieu à un autre ne sauraient être assimilés à ces voyages entrepris par la population entière, et malgré tous les dangers qui la menacent. On ne saurait assigner à des actes aussi extraordinaires des motifs aussi légers. On ne peut guère les expliquer avec quelque vraisemblance que par un instinct aveugle partagé par tous. Cet instinct les porte à traverser de grandes distances, sans s'embarrasser des obstacles ni des dangers qui pourront s'opposer à l'accomplissement de leurs desseins.

Sans doute l'instinct qui pousse ces animaux à se déplacer pour aller mourir de faim, de fatigue, ou de la dent cruelle des carnassiers, sur les plages inhospitalières d'un pays inconnu, peut paraître bien extraordinaire, et contre l'intérêt de ceux qui ne savent y résister. Cette dure condition, inexplicable au premier aperçu, tient néanmoins à la police de la nature et à l'harmonie qu'elle doit maintenir entre le nombre et les justes proportions des espèces animales. Si elle a placé un pareil instinct dans le cerveau des lemmings, comme de tant d'autres animaux, ne serait-ce pas pour mettre un obstacle et un contrepoids à leur trop grande multiplication. Sous ce point de vue, les carnivores ont aussi leur utilité; ils empêchent, par leur action constante sur les herbivores, les inconvénients qui seraient résultés de leur excessive fécondité.

Il ne faut pas croire pourtant que les migrations aient généralement opéré la distribution que l'on reconnaît aux races actuelles. En effet, l'âne, le cheval, le bœuf et le coq, ne sont point venus en Europe, comme on l'a prétendu, des contrées centrales de l'Asie. Ces espèces, qui se trouvent dans nos climats, y ont pris naissance et n'y sont pas arrivées d'ailleurs;

ce n'est pas parce qu'elles ont subi l'influence de l'homme, ou par suite de leur instinct, qui les y a amenées, qu'on les y rencontre. Leurs restes, ensevelis dans les limons des cavernes à ossements du midi de la France, déposent assez le contraire (1); ces débris annoncent, d'une manière irrécusable, que la véritable patrie de tous ces animaux est aussi bien dans nos régions que dans les plaines et les montagnes de l'Asie, où la plupart existent encore à l'état sauvage.

On peut en dire autant du chien, dont les restes se rencontrent, comme ceux des espèces que nous venons de mentionner, dans les contrées méridionales et dans les mêmes circonstances. Probablement de ces chiens humatiles sont provenues toutes les races qui abondent parmi nous, et non d'une espèce asiatique, que l'on a supposé trop facilement en avoir été la source et l'origine.

Ces espèces sont loin d'être dans nos contrées comme les chevaux et les bœufs que nous avons transportés avec nous en Amérique et en Australie. Elles s'y trouvent, parce qu'elles y avaient vécu lors des

---

(1) Ces animaux, surtout le cheval, ont de tout temps vécu en Europe; car non-seulement leurs débris sont amoncelés en nombre immense dans les cavités souterraines, mais ils se trouvent dans les terrains tertiaires marins supérieurs dans un grand nombre de localités.

derniers temps géologiques. Sous le rapport de leurs habitations actuelles, elles n'ont rien de commun avec les rats, les surmulots, les souris et la blatte orientale, qui se montrent maintenant partout où l'homme a porté ses pas. On peut encore moins les considérer comme le résultat des migrations qu'elles auraient pu opérer par suite de cet instinct si généralement répandu chez les animaux.

Les loups et les renards, les espèces terrestres les plus répandues, puisqu'ils habitent depuis la zone torride jusqu'à la zone glaciale, n'en voyagent pas moins. A la vérité, leurs excursions, ou, si l'on veut, leurs passages sont toujours accidentels. Ils sont toujours déterminés par des circonstances particulières, dont il est facile de reconnaître l'influence.

Tels sont ceux qui, au dire de Raoul Glaber, eurent lieu en 1033, par suite de la famine et de la peste qui désolèrent la France à cette époque, alléchés qu'ils étaient par le nombre des cadavres laissés sur le sol sans sépulture. *Tunc e cadaveribus mortuorum passim præ multitudine sepulturâ carentibus lupi adescati post longum tempus prædam cepere ex hominibus* (Glaber Rodulph. *Hist.* IV, 4).

De pareilles circonstances paraissent s'être reproduites à diverses époques. On a vu souvent des loups se réunir en grandes troupes et désoler les campagnes fort loin des lieux de leur départ. Ainsi, dans l'hiver rigoureux de 1818, les départements de la Drôme et de l'Isère furent en quelque sorte inondés de loups. Ils parcouraient les campagnes en nombre fort considérable, et donnaient l'épouvante à toutes les populations.

Ces animaux, qui avaient tous quitté les montagnes et les forêts, causèrent de grands ravages dans les plaines qu'ils parcoururent. Les passages ou les déplacements de carnassiers aussi redoutés, quelque curieux qu'ils soient, n'ont cependant rien de commun avec les voyages accidentels des oiseaux et des poissons. Malgré leurs irrégularités, ceux-ci ont des retours assez fréquents, pour ne pouvoir pas être assimilés à des excursions aussi incertaines que celles dont nous nous occupons.

Si nous avons parlé de ces déplacements de loups, c'est afin de ne rien omettre de ce qui a quelque rapport avec le phénomène des migrations, d'autant qu'ils se lient avec les faits suivants.

D'après Apollinarius Sidonaris, l'institution des Rogations, due à saint Mamert, évêque de Vienne, aurait été déterminée en partie par les ravages que des troupes immenses de loups affamés faisaient en Dauphiné. Les cerfs oubliaient leur timidité naturelle; effrayés autant que les hommes, ils venaient chercher un asile auprès des habitations et jusque sur les places publiques. *Nunc stupenda foro cubilia collo-*

cabat audacium pavenda mansuetudo cervorum (Apollin. Sidon. Epist. VII, 1).

Sans doute ces événements qui se passaient en Dauphiné en 448, époque de l'institution des Rogations, ne se renouvellent presque plus de nos jours par suite de l'accroissement de la population. L'homme y a mis obstacle en empêchant la multiplication des animaux nuisibles ; mais ils n'en sont pas moins curieux à recueillir. Ils prouvent que les loups se livrent aussi, dans certaines circonstances, à des passages accidentels, ce qui résulte encore des faits qui se sont passés dans les mêmes cantons du Dauphiné en 1818.

On peut en dire de même des excursions de ces troupeaux de loups qui, dans le mois d'août 1842, ont désolé les communes d'Yville, d'Anneville et de Berville, en Normandie. Ces animaux paraissaient provenir de la forêt de Manny. Leur nombre était si considérable, et leur voracité si grande, qu'ils causèrent de grands ravages dans toutes ces communes ; ils y dévorèrent une immense quantité de bestiaux. La présence des hommes ne les effrayait pas : ces loups luttaient et s'élançaient même sur eux, lorsqu'on voulait les empêcher d'emporter la proie dont ils s'étaient emparés.

Les mammifères dont nous venons de nous occuper sont loin d'être les seuls qui se livrent à de longs voyages. Si nous devons ajouter foi aux observations de M. Ogilby (*Mammalogy of the Himalaya*), les singes qui habitent le Bengale et les provinces septentrionales de l'Inde anglaise se livreraient également, à de certaines époques de l'année, à d'assez longues excursions. Ces animaux sont bornés à deux espèces : l'entelle (*semmopithecus entellus*) et le rhesus (*macacus rhesus*).

Les singes paraissent s'élever pendant les grandes chaleurs sur les montagnes de l'Himalaya à une hauteur fort considérable. Ils redescendent ensuite dans les plaines au commencement de la saison rigoureuse. Leurs excursions, qui sembleraient avoir une certaine périodicité, ont un assez grand intérêt dans l'histoire de ces animaux. C'est du moins le seul exemple de ce genre qui ait été signalé jusqu'à présent parmi ceux de cette grande tribu. Il peut avoir une certaine valeur en géologie, puisque l'on présume pouvoir juger du climat et de la température de l'Europe durant la période tertiaire, par la présence, dans les terrains de cette époque, des os fossiles de gibbons et de macaques. Les débris de ces quadrumanes s'y trouvent associés à des pachydermes et à d'autres animaux des latitudes tropicales.

L'entelle, appelé *lungour* par les habitants des hautes montagnes de l'Inde, se voit quelquefois à une élévation de 3,000 à 4,000 mètres. On le rencontre dans les forêts de pins des environs de Chour, et même jusqu'à la région des neiges perpétuelles. Cette espèce paraît assez robuste pour franchir ces montagnes. Ce fait a été confirmé par Trall et plusieurs autres voyageurs. Aussi Turner assure avoir vu une grande troupe de ces singes dans le Boutan, où ils jouissent de la part des habitants de la même vénération qui leur est accordée par les Hindous. Le docteur Boyle a trouvé l'entelle très-communément aux environs du Hurdwar en avril, et à Tuen et Manna, à 3,000 mètres d'élévation, vers le commencement d'avril ou à la fin de mai. Ces déplacements, quelque remarquables qu'ils soient, ne sauraient être comparés au phénomène des migrations; tout au plus peuvent-ils l'être aux passages auxquels se livrent une foule d'oiseaux et de poissons.

Ils n'en présentent pas moins un véritable intérêt; ils annoncent que les habitudes voyageuses sont plus communes et plus répandues chez les mammifères qu'on ne serait tenté de le supposer. Peut-être, par suite de ce penchant naturel aux animaux, le tigre royal (*felis tigris*), qui vit en Asie depuis l'extrémité de l'Indostan jusqu'aux steppes des Kirghises sur un espace de 40° de latitude, prolonge de temps en temps et en été ses incursions cent lieues plus au nord. Il reste à savoir si ce carnassier exécute ces voyages avec une certaine régularité, ou si, au contraire, ils sont tout à fait accidentels. Ces excursions dénotent chez eux une faculté instinctive analogue à celle qui est si développée chez les oiseaux et les poissons.

Des motifs non moins impérieux portent les ours blancs (*ursus maritimus*), qui habitent les contrées les plus septentrionales du globe, principalement les terres voisines du cercle polaire, à quitter ces froides régions. Ces animaux les abandonnent pour aller chercher ailleurs une nourriture que leur terre leur refusait. Pressés par la faim, les ours blancs se jettent à la mer en troupes nombreuses. Ils franchissent souvent plus de soixante lieues, plongent avec une étonnante facilité, et poursuivent sans relâche les poissons, les phoques et les cétacés. Ils abordent ainsi dans quelque île déserte, plus ou moins éloignée des lieux qu'ils habitaient primitivement et y demeurent tant qu'ils trouvent à y satisfaire leur voracité et leurs appétits.

Ces voyages, évidemment forcés, ne sauraient être comparés aux passages des animaux voyageurs et encore moins à leurs migrations. On assure que plusieurs de ces ours affamés arrivent quelquefois portés sur des glaçons flottants jusque sur les côtes de l'Islande ou de la Norwége. Ce fait, fût-il exact, ne change en rien les motifs qui les ont portés à abandonner des lieux où ils ne trouvaient plus les racines, les bourgeons, les fruits, les bois, ni les animaux herbivores propres à assouvir leurs appétits gloutons.

Il paraît qu'en 1812 des troupes considérables

d'ours, chassés des lieux qu'ils habitaient primitivement par le défaut de nourriture, se répandirent dans diverses provinces de la Russie. Ce rassemblement, tout à fait accidentel, ne peut être comparé aux excursions plus ou moins régulières des animaux, et particulièrement des poissons et des oiseaux.

D'un autre côté, on voit dans les temps de sécheresse des troupes de dix et même de cinquante mille antilopes à bourses (*antilope euchore*) arriver de l'intérieur de l'Afrique dans les environs du Cap, escortées de lions, d'hyènes et de léopards. Ces animaux marchent en colonnes serrées, précédées par une avant-garde qui est toujours dans un état d'embonpoint particulier. Le corps d'armée est moins bien nourri, et l'arrière-garde est maigre, parce que les pâturages disparaissent dès les premiers rangs. Les derniers sont obligés de déterrer les racines pour ne pas mourir de faim. Au retour, l'arrière-garde engraisse parce qu'elle part la première, tandis que l'avant-garde, qui a pris cette fois le rôle inverse, maigrit au contraire, ne trouvant plus rien à manger lors de son passage, les premiers ayant tout dévoré.

Ainsi réunis en grandes troupes, rien n'effraye plus ces antilopes naguère si timides. Lorsque quelque danger les menace, ces animaux se pressent les uns contre les autres, forment un grand cercle, et présentent leurs cornes à ceux qui tentent de les assaillir. Ils savent même parer avec beaucoup d'adresse les coups de pierre qu'on leur lance afin de désorganiser leurs bataillons et de s'emparer de quelques-uns d'entre eux.

On assure que ces animaux présagent le mauvais temps par leurs bonds et leurs sauts plus fréquents alors qu'à l'ordinaire. Les gazelles (*antilope dorcas*) ont à peu près les mêmes habitudes que les antilopes à bourses. Elles se répandent également en troupes innombrables depuis l'Arabie jusqu'au Sénégal; elles sont souvent dans leurs excursions la pâture des lions et des panthères. Il est facile de saisir le but qui porte ces cerfs à entreprendre ces voyages; c'est presque toujours le besoin d'une nourriture appropriée à leurs conditions d'existence ou celui de l'eau qui leur manque dans les lieux qu'ils habitent, ou toute autre circonstance du même genre.

Si, malgré tous les efforts de l'homme, certaines espèces ne quittent jamais les lieux qui les ont vues naître, d'autres, au contraire, l'ont suivi partout. Parmi ces dernières, on peut citer le rat domestique (*mus rattus* Linn.). Les navigateurs qui, sous la direction de l'infortuné Dumont-d'Urville, ont fait avec lui le tour du globe (du 7 septembre 1837 au 6 novembre 1840), ont retrouvé cette espèce dans toutes les parties du monde. Ce n'est point par suite des migrations qu'elle est si répandue, mais uniquement par l'effet de l'influence de l'homme sur la répartition des animaux.

Des causes du même genre ont rendu parmi nous le surmulot (*mus decumanus* Pallas), plus commun que le rat ordinaire. La première de ces espèces n'est arrivée cependant en Europe que dans le XVIIIe siècle. Quoique le rat lui soit de beaucoup antérieur, le surmulot y est néanmoins le plus abondant. Ces deux rats paraissent originaires d'Orient ; mais, par suite de la navigation, ils ont été transportés avec les souris dans toutes les régions et presque dans toutes les îles.

Nous avons surtout entraîné avec nous les espèces qui peuvent nous être utiles. Ainsi le cochon, dont nous tirons un si grand parti pour notre nourriture, s'est extrêmement multiplié dans toutes les îles de l'Océanie ; il y est généralement répandu. Cette action s'exerce aussi dans un sens tout à fait contraire. Du moins les compagnons du navigateur que nous venons de citer, embarqués avec lui sur les corvettes *l'Astrolabe* et *la Zélée*, furent surpris de découvrir, auprès de l'île de Touwarioro des Anglais, un immense et singulier ossuaire, entièrement formé d'ossements et surtout de crânes de dugongs, empilés en forme de trophée. Ces ossements se rapportaient aux dugongs, que l'homme a successivement repoussés des mers de l'île de France. Leguat les avait vus, de son temps, en grande abondance près des côtes de Sumatra; ils lui avaient paru également fort communs à Marsden; à présent il en existe à peine dans ces régions.

Les dugongs ont fui devant l'homme; ils sont venus s'accumuler dans le détroit de Torres, qui est fort peu visité par les navigateurs. Ce qui est arrivé de nos jours à cette espèce s'est manifesté depuis longtemps relativement à une foule d'autres animaux. Ainsi l'homme a refoulé les grands cétacés vers les régions polaires, et il menace encore leur existence jusque dans ces régions glacées. Cependant, au temps de Juvénal, ces mammifères marins, les colosses de la nature vivante, se trouvaient en foule jusque sur les côtes de la Manche; on n'y en voit presque plus aujourd'hui.

L'homme, qui étend et multiplie sans cesse les espèces qu'il a soumises, tend également à détruire celles sur lesquelles il paraît sans action, quoiqu'il sache en tirer parti. Les animaux et particulièrement les baleines et les cachalots redoutent beaucoup notre présence, et à l'approche des vaisseaux ils s'enfuient avec une si grande vitesse, qu'il est souvent difficile de les saisir dans les mers où ils sont encore en grande abondance.

L'homme n'exerce pas seulement son influence sur les divers animaux; il agit lui-même sur sa propre espèce. En effet, les races civilisées profitent du développement de leur intelligence et de leur supériorité pour anéantir les races sauvages. Un exemple frappant de cette influence puissante nous est fourni par les habitants de la terre de Van-Diémen. L'invasion des Européens qui s'étendent de jour en jour et de toutes les manières possibles dans les îles et les continents de la mer du Sud a extrêmement diminué le nombre des naturels de cette contrée, du reste peu fortunée.

En effet, d'après M. Dumontier qui s'est occupé avec le plus grand soin à recueillir les données relatives aux races humaines, dans le voyage de circumnavigation de *l'Astrolabe* et *la Zélée*, il n'existe plus que quarante naturels dans la grande île de Van-Diémen. On les a déportés dans l'île Flinders, et une seule naissance a eu lieu en 1840 chez ces naturels. Seize années ont suffi pour produire un pareil résultat, et sans que d'autres causes que celles des changements dans les habitudes de ces sauvages aient agi sur leur moral comme sur leur physique.

La même île comptait cependant en 1824, trois cent quarante indigènes, dont cent quatre-vingts hommes et cent soixante femmes; mais en 1840 il n'y en avait plus que quarante, parmi lesquels il n'existait qu'une seule femme. Tel est l'effet de l'homme sur l'homme; il est assez sensible pour saisir toute l'influence que la civilisation peut exercer sur la répartition des espèces à la surface du globe. C'est elle qui, pour un très-grand nombre d'espèces vivantes, a changé presque entièrement leur distribution primitive. En effet, son action constante tend à détruire certaines races, à en multiplier d'autres, et enfin à modifier d'une manière plus ou moins marquée l'ordre et l'harmonie première des choses créées.

II. *Des migrations des mammifères marins ou des cétacés.*

Les mammifères marins qui ont tant de rapports avec les poissons, en ont malgré leurs lourdes masses toute l'agilité; aussi, à raison de cette circonstance, ils se livrent, comme les premiers de ces animaux, à des migrations plus ou moins étendues. En général, réunis en grande troupe, les cétacés parcourent les mers les moins fréquentées. La puissance de l'homme a refoulé vers les régions polaires les plus grands mammifères marins, tels que les baleines, les cachalots et une foule d'autres espèces. Ces animaux ne viennent plus que très-accidentellement sur les côtes de la Manche, et encore moins dans la Méditerranée, mers qu'au dire de Juvénal ils fréquentaient de son temps.

Avant de suivre dans leurs migrations lointaines les oiseaux les plus agiles des animaux vertébrés, voyons si quelques mammifères marins ne feraient pas aussi de longs voyages à des époques plus ou moins fixes. On se tromperait grandement, si l'on supposait qu'à raison de leur pesanteur et de leur grand volume les cétacés ne doivent pas se transporter à de grandes distances : les faits démontrent le contraire, et leur agilité en rend facilement raison. Leurs conditions d'existence exigent souvent ces longues migrations, et leur organisation leur permet d'y satisfaire.

Du reste, l'influence d'une température trop chaude ou trop froide, le besoin de sécurité ou d'une nourriture plus abondante que celle qu'ils trouvent dans leur patrie primitive, semblent les causes dominantes des excursions plus ou moins lointaines des cétacés.

Ainsi, le lamantin quitte à une certaine époque de l'année le sein de l'Océan, c'est-à-dire vers la fin de l'hiver. Il va chercher dans les lacs de l'Orénoque la nourriture qu'il ne trouvait plus dans le sein des mers. Lorsque, par suite de circonstances particulières, ces lacs viennent à se dessécher, plusieurs milliers de ces animaux succombent et meurent, faute de pouvoir ou de savoir en sortir. Les cétacés se livrent à des courses si considérables que la Condamine assure en avoir rencontré dans plusieurs rivières des côtes de la Guyane, ainsi que dans celles qui se jettent dans l'Amazone et dans ce fleuve même, à plus de mille lieues au-dessus de son embouchure (1). Il paraît que les lamantins s'avancent également dans le fleuve Niger ou du Sénégal, très-loin de son embouchure.

De pareilles habitudes se remarquent également chez le dauphin vulgaire (*delphinus delphis*). On rencontre à la fois cette dernière espèce dans la Méditerranée, l'Océan, les mers du Nord et celles qui se rapprochent de l'équateur. On ne voit pas que dans cet immense intervalle le dauphin éprouve les plus légères variations, même en les comparant avec les figures que les anciens nous en ont laissées sur leurs monuments. Lorsque ces animaux voyagent, c'est toujours en troupes nombreuses. Ils suivent volontiers les vaisseaux, et luttent en quelque sorte de vitesse avec les meilleurs voiliers. Les dauphins vulgaires ne se montrent guère sur les côtes du midi de la France que pendant le printemps et l'été : plus tard ils nous quittent entièrement. Il doit en être de même des autres espèces de dauphins : du moins on découvre le nesarnak (*delphis turdo*), qui habite ordinairement l'Océan dans le voisinage de l'Europe, fort avant dans les mers du Nord. D'un autre côté, le dauphin de Desmarest (*delphinus Desmareti Risso*)

---

(1) *Voyage à la rivière des Amazones*, pag. 134.

doit nécessairement voyager, puisqu'on ne le voit sur les côtes de la Méditerranée qu'à deux époques différentes, au printemps et en automne, surtout en mars et en septembre.

Parmi les espèces de cétacés, qui ont l'humeur la plus décidément voyageuse, on peut citer au premier rang le marsouin commun (*phocœna communis*). Ces mammifères marins se rencontrent à la fois dans les mers du Nord et dans nos mers, soit dans l'Océan, soit dans la Méditerranée. On les voit nager à la surface des flots en troupes extrêmement nombreuses. Ces animaux se plaisent à jouer entre eux, et les plus grandes tempêtes ne les en empêchent pas. Ils remontent même parfois les fleuves et les rivières. Aussi, n'est-il pas rare d'en voir dans la Seine à Rouen, et jusqu'à Paris, ainsi que dans la Loire à Nantes, et dans la Gironde à Bordeaux.

Les migrations des marsouins paraissent aussi périodiques que celles de certaines espèces d'oiseaux. On les voit s'avancer constamment dans les saisons froides du nord au midi, et du midi au nord, lorsque l'été fait sentir son influence. Aussi les marsouins sont communs en été dans le Groënland, tandis que pour lors ils sont fort rares sur nos côtes, où ils abondent au contraire en hiver, et même jusqu'à un certain point au printemps et en automne, du moins dans la Méditerranée.

Les autres espèces de marsouins semblent beaucoup plus sédentaires que l'espèce commune. Ainsi l'épaulard (*phocœna orca*), comme les baleines, est tout à fait relégué dans les mers du Nord, peut-être par suite de l'influence de l'homme. D'un autre côté, le beluga (*phocœna leucus*) se trouve à peu prés uniquement sur tous les rivages de l'océan Arctique, vers l'extrémité orientale de la Sibérie, surtout aux embouchures des fleuves riches en poissons. Cette espèce ne paraît pas descendre au delà du 80e degré de latitude australe. Elle n'en remonte pas moins fort avant dans les rivières, suivant les gros poissons, particulièrement les saumons, dont il se nourrit lors de ses migrations.

Quant aux cétacés, dont nous ne pouvons embrasser l'étendue d'un regard, les cachalots, les rorquals et les baleines, ils semblent moins voyager que les espèces dont nous venons de nous occuper. Leurs dimensions et la crainte de l'homme les ont forcés de se restreindre dans leurs habitations, et ont relégué la plupart de leurs espèces dans les mers polaires. Cependant les cachalots se trouvent aussi bien dans la Méditerranée que dans l'Océan, quoiqu'ils atteignent jusqu'à cinquante et soixante pieds de longueur, et même, suivant certains observateurs, de quatre-vingts à cent pieds. Cette double habitation annonce que ces animaux se livrent aussi à des migrations. Rares maintenant dans la Méditerranée, où ils sont connus sous les noms de *campidoglio* et de *peis mular*, ils paraissent en quelque sorte relégués dans l'océan Austral, c'est-à-dire, vers les mers du Sud et dans l'océan Pacifique. Ce qui prouve que leur instinct les porte à se livrer à des migrations analogues à celles des autres espèces de cétacés, c'est que jadis ils étaient moins rares dans les mers du Nord que de nos jours. Ils voyagent du reste en troupes nombreuses, poursuivant les plus gros poissons, tels que le requin, le lump, les dauphins, les phoques et même les petites baleines.

Nous ignorons si les rorquals, dont les dimensions égalent celles des cachalots, puisqu'on a rencontré des jubartes de soixante-dix à quatre-vingts pieds, se livrent à des voyages, ou si les espèces de ce genre sont tout à fait sédentaires. Probablement les rorquals qui vivent ordinairement dans les profondeurs des mers, et qui ne s'approchent jamais des rivages, ont aussi leurs époques de passage. Quant aux baleines franches, leurs habitudes ont été tellement modifiées par notre influence, qu'il est presque impossible de reconnaître aujourd'hui leurs penchants primitifs. Ces animaux vivent maintenant réunis par paires, dans les mers du pôle boréal, où ils sont confinés. Ils ont fui devant nous; ils se sont réfugiés à l'abri des glaces du Groënland et du Spitzberg, dans le détroit de Davis, la baie de Baffin, et sans doute dans toutes les mers qui couvrent le globe, au nord du cercle polaire. C'est là que nous sommes forcés d'aller les chercher, et de triompher de ces animaux aussi bien que des glaces, entre les masses desquelles ils se tiennent constamment. On ne les voit plus descendre aujourd'hui vers le Midi, où ils se montraient pourtant dans les temps anciens. Il n'en paraît non plus maintenant sur nos côtes, et la mer n'y en apporte plus les débris. A quoi donc pourrait-on attribuer un pareil changement, si ce n'est à notre influence. Nous les avons repoussés, pour ainsi dire, des mers où nous naviguons ordinairement vers celles dont le voyageur n'approche pas sans effroi.

Serait-ce par suite des migrations, que des delphinorhinques (mammifères marins de l'ordre des herbivores ou des cétacés ordinaires) auraient été aperçus par M. d'Orbigny dans les rivières de l'Amérique méridionale. On pourrait le supposer d'après le genre de station général à cet ordre d'animaux, si M. d'Orbigny, à qui nous devons la connaissance de ce fait intéressant, n'avait fait observer que cette espèce était tout à fait nouvelle pour la science. Dès lors, on peut tout aussi bien admettre une pareille exception que la rejeter; on peut donc continuer à considérer les mers comme la seule station convenable pour des animaux d'une aussi grande taille que le sont le plus généralement les cétacés.

CHAPITRE II.

DES MIGRATIONS DES OISEAUX.

I. *Des causes des migrations des oiseaux.*

Le besoin d'une nourriture abondante, une des principales causes des migrations irrégulières des insectes, paraît ne pas être sans quelque influence sur les passages de certaines espèces d'oiseaux. On conçoit que les races insectivores qui habitent les pays tempérés ne peuvent y demeurer pendant l'hiver sans s'exposer à périr de faim. Pour échapper à un aussi triste avenir, ces espèces abandonnent les lieux où naguère elles trouvaient à remplir leurs conditions d'existence. Elles vont chercher ailleurs ce qu'elles ne peuvent plus espérer de rencontrer dans les lieux de leur naissance.

Cependant, tandis que les becs-fins (principalement les *sylvia nattererii* et *suecica* Temm.), les rossignols, les fauvettes et une foule d'autres oiseaux nous quittent l'hiver; par suite peut-être de cette cause, d'autres espèces viennent nous consoler de leur absence. Ainsi les troglodytes, les rouges-gorges (*sylvia rubeculà* Temm.), les becs-fins véloce et mélanocéphale (*sylvia melanocephala* et *rufa* Temm.), le roitelet à triple bandeau (*regulus ignicapillus* Temm.) trouvent, l'hiver dans nos champs, assez de petits insectes pour substanter leur frêle organisation, nourriture qui ne peut suffire aux premiers.

Le besoin d'une alimentation convenable se lie avec les variations de la température pour déterminer certaines espèces d'oiseaux à se transporter d'un climat dans un autre. En effet, une multitude d'espèces, après avoir passé le printemps et l'été dans les climats méridionaux, s'en éloignent vers la fin de l'automne et vont dans des contrées plus chaudes éprouver l'influence d'une température qu'ils ne rencontrent plus dans les régions qu'ils habitaient primitivement. D'autres, qui vivent dans des contrées plus froides que les pays tempérés, fréquentent uniquement les côtes et les rivages du midi de la France pendant l'hiver. Lorsque cette saison est passée, ils se réunissent de nouveau pour aller tous ensemble regagner les régions polaires. Ils espèrent y trouver une température analogue à celle qu'ils viennent de quitter et plus de sécurité pour vaquer à leur reproduction.

Les becs-croisés, parmi les passereaux, qui se nourrissent de préférence des sommités des tiges des pins, et qui, à raison de cette circonstance, ont été nommés *pinpiniers* dans le midi de la France, nous donnent quelquefois de pareils exemples. On les voit nicher et se reproduire dans le nord de l'Europe dans la rude saison de l'hiver. Ils arrivent ensuite en été vers les régions méridionales et vers le cercle arctique.

D'après la marche de la température à la surface terrestre, on conçoit pourquoi les migrations qui en dépendent sont si régulières que les oiseleurs dans certains cantons comptent sur le passage des becs-fins, comme sur le revenu d'une rente dont le terme échoit à chaque semestre. Ils calculent aussi d'avance l'époque et les chances de ce passage. L'époque précise venue, ces oiseaux arrivent en bandes si nombreuses et si serrées que la lumière en est pour ainsi dire interceptée.

Cette cause n'influe pas toujours sur les migrations des oiseaux; car les espèces erratiques ne changent pas assez de latitude pour éprouver des variations notables dans le climat des nouvelles contrées où elles se rendent. D'un autre côté, l'époque des inondations ou du débordement périodique des fleuves de l'Amérique détermine les migrations des canards. On a cependant de la peine à se rendre compte, par l'effet de cette seule cause, des voyages si courts que l'on voit avoir lieu chez les alouettes, les merles et les loriots. Ainsi les premiers de ces passereaux arrivent en Hollande à trois époques différentes, éloignées au plus les unes des autres de quinze à dix-huit jours. Cet espace de temps paraît peu considérable pour que, dans ce faible intervalle, la température ait varié d'une manière sensible.

Quant aux pinsons et à une foule d'autres espèces, rien n'est aussi régulier que leurs passages. Ils arrivent constamment dans le midi de la France soit au 15 octobre, soit vers le 15 du mois de novembre ou quelques jours du moins avant la Toussaint. Une fois qu'ils se trouvent dans nos contrées, ils ne les quittent plus qu'au retour du printemps, c'est-à-dire vers le commencement du mois de mars. Les pinsons, comme certaines espèces d'alouettes, ne nichent jamais dans les contrées méridionales de la France. Les premiers n'y chantent même pas; ils semblent ne retrouver leurs voix que lorsqu'on les élève et qu'en les tenant dans des pièces échauffées, on leur distribue une nourriture convenable et abondante.

Quoique les pinsons ne nichent pas dans le midi de la France, il n'en est pas de même dans des contrées qui en sont peu éloignées, comme les environs de Lyon. Quant aux alouettes, il arrive parfois qu'une variété ou une espèce plus petite y niche. Cette variété est connue dans le midi sous le nom particulier d'alouette des palus, ou de *paludengue*. Il en est de même de certains individus des cailles, qui, ne pouvant supporter les fatigues d'un long voyage, séjournent l'hiver dans nos contrées méridionales et reçoivent par suite le nom d'*hivernenque*.

Ces faits et une foule d'autres prouvent combien les circonstances sous lesquelles se trouvent les oiseaux modifient leurs habitudes, même dans ce qu'elles semblent avoir de plus essentiel. Mais ce qu'elles ne paraissent pas avoir le pouvoir de faire, c'est de changer les habitations que se sont choisies les espèces. Nous verrons plus tard, qu'il en est ainsi chez les poissons. On peut néanmoins citer parmi les oiseaux la calandre qui se trouve en assez grand nombre sur le littoral de la Méditerranée, et ne se retrouve pas dans les environs de Toulouse, quoique cette ville ne soit pas à une grande distance de cette mer. Du reste, d'après ce que nous avons déjà dit, on conçoit que les alouettes, qui se montrent en si grand nombre dans les campagnes du midi de la France, en disparaissent totalement au printemps pour n'y revenir que vers la fin de l'automne.

Les provinces méridionales de la France se font remarquer par le petit nombre d'espèces qui y nichent habituellement. La plupart des oiseaux que l'on y rencontre sont de passage. Pour en donner un exemple, nous dirons que sur trois cent trente ou trois cent cinquante espèces au plus qui fréquentent ces contrées, à peine sur ce nombre y en a-t-il soixante qui y fassent leurs nids. Parmi celles-ci, on ne peut guère citer des oiseaux de proie, si ce n'est quelques espèces nocturnes du genre des hiboux et, parmi les diurnes, les cathartes et quelques faucons.

C'est surtout parmi les passereaux de l'ordre des insectivores que se trouvent le plus grand nombre d'oiseaux qui font habituellement leurs nids dans le midi de la France. Tels sont particulièrement les fauvettes, les saxicoles, les pies-grièches, les ortolans, les bruants et les moineaux. On peut encore citer, parmi les gallinacés, les perdreaux et les cailles qui nichent constamment dans les provinces méridionales, tout comme les vanneaux, les avocettes et les flamants, parmi les échassiers. On peut encore signaler, parmi les palmipèdes, les mouettes, les hirondelles de mer, les goëlans et le canard commun.

Comment expliquer par le seul effet de la température cette particularité que nous présente le pinson (*fringilla cœlebs*) qui demeure en France et en Allemagne toute l'année, et se répand constamment aux mois d'octobre et de novembre en troupes innombrables en Hollande, où cependant il ne niche jamais? Cet oiseau ne trouverait-il pas dans ce pays, pendant la belle saison, tout ce qui peut lui être nécessaire aussi bien qu'en Belgique, en Allemagne et en France?

Ces migrations, dont le but est si difficile à deviner, quoiqu'elles soient à peu près régulières et constantes, sont ce que les chasseurs appellent le passage des oiseaux. Ces passages durent plus ou moins longtemps, selon les espèces, dont plusieurs semblent se disperser en tribus qui partent aussi chacune à des époques différentes.

Ils n'ont presque rien de commun avec les courses plus ou moins irrégulières auxquelles se livrent certaines espèces pour trouver ailleurs une température plus chaude et une nourriture plus abondante que celle qu'elles rencontrent dans les lieux de leur naissance.

Ainsi, tandis que les alouettes, les pinsons et une foule d'autres espèces prennent leurs quartiers d'hiver dans les provinces méridionales de la France, d'autres, au contraire, y arrivent constamment au printemps. Elles y font leurs nids, et en repartent lorsque la ponte est opérée. Ces oiseaux nous quittent donc avant que les premiers nous arrivent, comme pour nous dédommager de la perte des seconds.

D'autres espèces, qui habitent des pays plus chauds que les régions méridionales de la France, les quittent au printemps pour venir dans nos contrées où elles restent peu de temps. Les oiseaux qui offrent cette particularité sont tous de petites espèces; tel est le pipit à gorge rousse (*anthus rufogularis* Brisson). Quoique habitant la Syrie et l'Egypte, ce pipit nous arrive parfois au mois d'avril en petites troupes. Il fait entendre un petit cri semblable à celui du *pipit farlouse*, dont il a le vol. Comme il demeure peu de temps dans nos contrées, on se demande quels peuvent être les motifs qui ont porté ces oiseaux à exécuter d'aussi longues courses.

Ce pipit est encore venu nous visiter en 1842. Il a apparu dans le midi de la France comme les années précédentes, accompagné de sa femelle. Cette espèce (*anthus rufogularis* Brisson) voyage donc par couple ; elle paraît passer d'une manière régulière dans les contrées méridionales, quoiqu'elle n'ait été indiquée par aucun ornithologiste, comme propre à la France. Ce qui confirme cette supposition, c'est que depuis l'époque à laquelle il est arrivé parmi nous, M. Lebrun l'a constamment vu revenir, et déjà pendant trois années consécutives. Les observations qu'il a faites sur cet oiseau ne remontent pas au delà de l'année 1840.

Les visites de cette espèce dans les contrées méridionales remontent probablement à une époque plus reculée. Si jusqu'à présent ses voyages sont restés inaperçus, cette circonstance tient probablement aux petites dimensions de ce pipit qui en rendent l'observation plus difficile.

On ne saurait deviner les motifs qui les portent à se déplacer. La température ni le besoin d'une nourriture abondante ne peuvent les y déterminer ; si ces petits oiseaux entreprennent d'aussi longs voyages, ils le font par suite d'un instinct naturel ou d'un penchant irrésistible qui les porte à changer constamment de climats.

Cette humeur voyageuse est l'apanage de presque tous les pipits. Ainsi, le spioncelle (*anthus aquaticus* Vieillot), très-répandu dans toute l'Europe, pousse ses excursions jusqu'au Japon d'une part, et de l'autre, jusque dans l'Amérique méridionale. D'un autre côté, certaines espèces de ce genre ont deux époques de passage dans nos contrées. L'une au commencement d'avril, et l'autre vers les premiers jours du mois de septembre, ce qui prouve leurs habitudes coureuses. Elles sont encore confirmées par les mœurs d'autres espèces, dont les unes arrivent dans le Midi vers les premiers jours du mois d'octobre, y passent l'hiver, pour en repartir au printemps. Les autres, encore plus volages, arrivent vers les premiers beaux jours, pour n'y rester que quelques instants.

De pareilles mœurs sont également communes à une infinité d'oiseaux, parmi lesquels nous citerons les alouettes, et particulièrement celle à hausse-col noir (*alanda alpestrie* Linn.). Cette espèce habite le nord de l'Europe, de l'Asie et de l'Amérique; elle porte ses tribus en Allemagne, en Hollande, et quelquefois jusque dans le midi de la France, où son apparition est tout à fait accidentelle. Quant aux autres espèces, répandues pour la plupart dans toute l'Europe, elles traversent, à l'époque de leurs migrations, la Méditerranée, se rendent en Syrie, en Egypte, en Morée, et enfin dans toute l'Afrique. L'époque de leurs passages dure plus ou moins longtemps, quelquefois même jusqu'à vingt-cinq ou trente jours. Elle a lieu au commencement du printemps. Lorsque ces alouettes passent l'été dans nos régions, elles y nichent le plus ordinairement, et y veillent à l'éducation de leurs petits.

Le rollier vulgaire (*coracias garrula* Linn.) opère également deux passages accidentels dans le midi de la France, l'un en mai et l'autre en octobre. Cette espèce vit habituellement en Afrique, où elle fait son nid. Elle s'aventure quelquefois dans le nord de l'Europe, où elle est plus rare qu'ailleurs. L'Afrique est également la patrie du guêpier Savigny (*merops* Savigny); il se répand dans la Nubie, l'Egypte ou le Sénégal. Cet oiseau s'égare néanmoins avec les autres guêpiers dans les contrées méridionales de la France, à la suite d'orages violents. Cette circonstance en amena deux individus, le 11 mai 1832, dans les environs de Montpellier (Hérault). Ils furent portés à M. Lebrun que nous avons eu l'occasion de citer.

Nous avons déjà parlé des causes qui portent certains oiseaux insectivores à aller chercher dans d'autres cantons un genre de nourriture qui leur manque dans celui qu'ils abandonnent, mais nous avons omis de distinguer les espèces qui ont cette habitude, en insectivores proprement dits et en vermivores. Ces derniers vivent à peu près uniquement de larves d'insectes et de petits vermisseaux. Aussi, dès que la sécheresse arrive ou que l'herbe est tellement épaisse qu'ils ne peuvent pas trouver avec facilité la nourriture qui leur convient, ces oiseaux nous quittent. Ils se retirent pour lors dans les marais ou les lieux humides, où ils peuvent encore rencontrer les vermisseaux qu'ils recherchent avec avidité.

L'aspect qu'un soleil brûlant donne pendant l'été aux campagnes du midi de la France semble les y déterminer, tout autant que le besoin de nourriture. Ainsi les rossignols habitent rarement les lieux incultes et arides. Il leur faut de la verdure et des arbres, et ils la recherchent jusqu'à ce qu'ils l'aient rencontrée. D'après cette circonstance, on est peu étonné de voir toutes ces espèces quitter le midi de la France dès que les arbres commencent à jaunir et ont leurs feuilles flétries. Ils fuient d'autant plus vite vers des régions plus tempérées que les chaleurs de l'été ont été plus fortes et plus vives. Rien ne peut alors les retenir. Les mers ne sont point pour eux un obstacle qui puisse les empêcher d'abandonner au plus tôt un pays où ils ne peuvent plus trouver de quoi satisfaire aux exigences de leurs conditions d'existence.

Ces causes ne sont pas sans influence sur les passages accidentels des oiseaux; comme elles sont variables, elles exercent des effets fort inégaux sur le nombre des individus qui s'y livrent. Ainsi, plus la sécheresse est grande, plus les arbres sont dépouillés de verdure, plus les passages qui entraînent les espèces ailleurs sont considérables. Dans le cas contraire, un petit nombre d'individus se livrent à ces excursions qui n'ont rien de fixe ni de périodique.

De même, les cailles quittent nos vignobles pendant l'été; elles vont se réfugier dans les lieux plus humides et plus ombragés des marais et des prairies rapprochées des étangs salés des bords de la Méditerranée. Ces oiseaux y trouvent ce qu'ils recherchent singulièrement pendant l'été, la fraîcheur et surtout l'humidité.

Les oiseaux de proie, particulièrement les vautours, se donnent aussi le plaisir de voyager. Les deux espèces qui vivent en Europe quittent l'hiver cette contrée, pour aller passer cette saison, soit en Afrique, particulièrement en Egypte ou en Turquie. Probablement en raison de la température et de la grande quantité de nourriture dont usent ces oiseaux, ils sont généralement plus nombreux dans les contrées méridionales que dans les régions septentrionales.

Le vautour griffon (*vultur fulvus* Temm.), dont l'habitation ordinaire dans le midi de la France est dans les montagnes des Cévennes, est assez rare dans les environs de Montpellier. On en a tué cependant un certain nombre depuis quelques années, presque toujours dans les mêmes lieux et à la même époque. C'est à peu près constamment du 15 au 30 mars qu'on les a rencontrés sur les bords du Vidourse, au lieu appelé vulgairement *las Roquas*. Cette localité serait-elle pour eux, comme un lieu de repos, une sorte de station; car ces oiseaux se rendent des Alpes dans les Cévennes ou dans les Pyrénées. Peut-être est-ce un point où les mâles espèrent de rencontrer les femelles qui leur manquent. Ce qu'il y a de certain, c'est que jusqu'à présent tous les individus qui y ont été pris se sont rapportés à de jeunes mâles.

D'un autre côté, l'aigle Jean-le-blanc (*falco brachydactylus*) passe en Provence en mars. C'est toujours vers le milieu de ce mois que cette espèce exécute ses voyages, qui durent environ de huit à dix jours. Ces oiseaux, remarquables par leur plumage, planent pour lors à des hauteurs prodigieuses. Les jeunes passent dans la première quinzaine d'avril; mais, après cette époque, on n'en voit plus, si ce n'est en septembre. Ils opèrent pour lors leur retour sans s'arrêter dans les contrées méridionales de la France. Il en est de même de l'oiseau Saint-Martin et du busard montagu, que l'on rencontre dans le

Midi en avril et vers la fin du mois d'octobre, mais seulement comme des oiseaux de passage.

L'émérillon (*falco œsalon*) arrive parmi nous vers le milieu du mois d'octobre, et demeure dans nos contrées pendant tout l'hiver, jusque vers la fin de mars. Il en est ainsi de la cresserelle, qui habite les contrées méridionales depuis le mois de septembre jusqu'au mois de mars; cette espèce les quitte cependant dès que les premiers beaux jours du printemps ont fait sentir leur douce influence.

Le faucon à pieds rouges (*falco kobez*) arrive au contraire dans le Midi vers la fin de mai, c'est-à-dire à l'époque où les champs peuplés de grillons et d'insectes lui offrent en abondance une nourriture qu'il recherche avec avidité. Aussi peut-être est-ce faute de rencontrer cette nourriture qui lui convient que les passages de cette espèce ont si rarement lieu en automne. Quant à ceux des éperviers communs, ils sont moins réguliers. Ils commencent le plus ordinairement en septembre ou octobre et même parfois en novembre, selon la marche des saisons. L'époque de leur départ de nos contrées est d'autant plus retardée qu'ils y sont arrivés plus tard; aussi les retrouve-t-on souvent en avril et même jusqu'en mai. Enfin le scops ou petit duc (*strix scops* Temm.) est également très-commun pendant tout le mois de mai, arrivant dans le midi de la France, du 5 au 6 avril;

quelques individus y nichent et séjournent jusqu'à la fin de septembre.

Il est donc pour ces époques à peu près fixes des passages des oiseaux, comme pour tout ce qui tient aux habitudes des êtres, des conditions essentielles à leur manifestation. Ces conditions sont celles d'une organisation qui permette l'exécution prompte et facile des mouvements. Cependant la longueur des voyages que les animaux et particulièrement les oiseaux entreprennent n'est pas toujours en rapport avec la puissance du vol.

On s'étonne peu que les hirondelles et les martinets, dont les mouvements sont si vifs, et pour ainsi dire continuels, franchissent des distances immenses ; mais on est surpris de voir les cailles, qui, comme la plupart des gallinacés, sont de mauvais voiliers, traverser cependant la Méditerranée, pour passer du midi de la France, de l'Espagne ou de l'Italie, en Afrique. D'un autre côté, les grèbes, dont les ailes sont en quelque sorte avortées, font dans l'intérieur des terres, d'un lac à un autre, des voyages assez considérables. A la vérité, ceux-ci peuvent se reposer sur leur route, ce que ne peuvent faire les cailles, qui, dans leurs longues traversées, parcourent aussi bien l'Océan que les mers intérieures.

Aussi voyons-nous souvent sur les rivages de la Méditerranée un grand nombre de ces oiseaux, qui y sont rejetés par le roulis des flots. Leurs cadavres ne témoignent que trop le malheureux sort de ces animaux, dont le vol n'a pas été assez puissant ni assez soutenu pour les faire arriver sur la terre ferme. Arrêtés et culbutés dans les eaux par la violence du vent ou des tempêtes, la nage n'a pas pu les empêcher de subir leur triste sort.

Le voyage des cailles, dont les ailes sont si courtes et le vol si lourd, à travers l'immensité des mers, est un phénomène des plus remarquables. On peut en dire autant de celui qu'exécutent tant de petits oiseaux qui quittent l'hiver les régions du Nord pour aller plus au midi, en traversant la vaste étendue de l'Océan. On ne peut pas douter que ces chétifs habitants des airs n'exécutent de fort longs voyages, puisqu'il est assez fréquent de les saisir au milieu de leurs courses, et avant qu'ils soient parvenus au terme de leurs excursions.

Les uns et les autres le peuvent, parce que leur instinct les porte à attendre des semaines entières le vent propre à favoriser leurs migrations. Dès que ce vent souffle, ils en profitent de suite, et prennent néanmoins quelques instants de repos dans les îles, qui se trouvent sur leur passage. Aussi prend-on des milliers de ces oiseaux dans les îles Ioniennes et sur les côtes de l'Asie, au moment de leurs passages. Cette circonstance peut expliquer tout naturellement, ainsi que l'observe M. Brehm, comment les Hébreux purent rencontrer, dans le désert, des troupes considérables de cailles. D'autres oiseaux, dont la puissance du vol paraît encore au-dessous de celle que possèdent les cailles, ne se livrent pas moins à de longues migrations. Les poules d'eau, les rois des cailles, les râles d'eau et une foule d'autres espèces en sont des exemples assez connus, pour qu'il ne soit pas nécessaire d'insister plus longtemps à cet égard. Ces animaux usent pour lors de tous les moyens pour remplir une condition aussi essentielle à leur existence. Les uns font une partie du chemin à pied ou à la nage; lorsque cet exercice a diminué leur embonpoint, ils exécutent la fin de leur voyage en fendant les vastes plaines de l'air; ils cherchent de préférence les lieux des mers du sein desquelles s'élèvent des îles ou des récifs, afin de pouvoir y prendre quelque repos.

D'un autre côté, lorsque les oiseaux jugent que leur embonpoint les rendrait trop lourds pour s'élever dans les airs, ils ne quittent pas les lieux où ils se trouvent, surtout s'ils habitent des îles, n'osant pas se hasarder à traverser les mers à la nage. Quelques autres espèces, telles que le grand pingouin du Nord, qui ne peut guère voler, les plongeons et plusieurs oiseaux analogues, n'abandonnent au contraire les régions septentrionales qu'ils habitent ordinairement, qu'en voguant sur la surface des flots. Ainsi les uns et les autres semblent calculer, avec un instinct en quelque sorte merveilleux, les difficultés de leurs entreprises, et ils en triomphent toujours avec un égal bonheur.

Malgré leurs ailes courtes et leur faible puissance de vol, les cailles n'exécutent pas moins de fort longues migrations. Labillardière, dans son voyage à la recherche de Lapérouse, assure en avoir vu à la baie des Tempêtes dans le continent de la Nouvelle-Hollande (1). D'un autre côté, ces oiseaux paraissent se rencontrer dans la Chine, où l'on en fait usage pour se tenir chaud, en les portant tout vivants dans les mains (2). Il n'est pas rare de rencontrer au milieu des mers des cailles si fatiguées, qu'elles se laissent tomber sur les bâtiments, et se laissent prendre avec facilité. Souvent des coups de vent violents les forcent à s'abattre dans la mer. Il en périt beaucoup de cette manière, au dire de tous les navigateurs.

Quels motifs puissants portent ces animaux, dont le vol est si lourd, et les forces en apparence si faibles, à entreprendre d'aussi longs voyages, et à les exécuter en troupes extrêmement nombreuses? Elles

---

(1) Tom. 1er, pag. 177.

(2) Voy. Osborn Itei, 190.

le sont tellement, que Pline, dans ses exagérations, a prétendu qu'il en venait un si grand nombre sur les navires, pour s'y reposer, que leur poids les faisait couler au fond des eaux. En faisant la part de cette exagération, pour ainsi dire puérile, il est certain que dans nos parages les cailles (*perdrix coturnix* Temm.) arrivent en quantité prodigieuse. Ainsi, d'après Martyn, *Guide du voyageur en Italie,* on en prend dans l'île de Capri, autrefois Caprée, jusqu'à cent soixante mille par année (1). Il en est de même à Malte, dans l'île de Chypre, en Egypte et dans tout le Levant, où ces oiseaux se trouvent en nombre réellement considérable.

Est-ce la température ou le besoin d'une nourriture convenable, qui force ces oiseaux à changer de climats? ou plutôt est-ce un instinct impérieux qui les y pousserait? Quelle qu'en soit la cause, elle se fait sentir non-seulement sur toute l'espèce, mais encore sur les individus à qui une étroite captivité ne laisse aucune communication avec leurs semblables. On est tenté de supposer que ces voyages sont commandés à ces oiseaux par un instinct naturel, lorsqu'on voit de jeunes cailles, élevées dans des cages, presque depuis leur naissance, et qui ne peuvent ni connaître ni regretter la liberté, éprouver régulièrement deux fois par an

(1) Traduction française, part. II, pag. 61, 1791.

une inquiétude et des agitations extrêmes, dans les temps ordinaires des passages, c'est-à-dire au mois d'avril et de septembre.

Nous avons eu l'occasion de nous assurer que les fauvettes (*sylvia*) et les cailles en cage manifestaient ces inquiétudes pendant plusieurs années; elles durent souvent aux époques fixées, presque un mois. On les voit recommencer tous les jours, une heure avant le coucher du soleil. Ces oiseaux prisonniers parcourent pour lors leurs cages d'un bout à l'autre, s'élançant avec impétuosité contre le filet qui leur sert de couvercle, comme pour prendre leur essor. Ils se montrent dans un état d'agitation difficile à dépeindre. Lorsque le temps des passages est terminé, ils semblent tristes, abattus, fatigués et comme endormis. Plusieurs ne résistent pas à la violence de pareilles émotions et succombent souvent après les avoir éprouvées, sans qu'on puisse attribuer leur mort à d'autre cause qu'à celle dont nous venons de parler.

Le besoin de voyager et de changer de climat dans certaines saisons de l'année est donc une des exigences les plus impérieuses de leur organisation, ou plutôt de leur instinct. Ces oiseaux ne peuvent y résister; lorsqu'ils y sont forcés, ils languissent et finissent souvent par périr. Peut-être cet instinct, si puissant chez les espèces sauvages, rend l'éducation du plus grand nombre si difficile, malgré tout le pouvoir de notre influence.

Les cailles en pleine liberté ont deux époques différentes où elles arrivent dans les climats tempérés de l'Europe pendant la belle saison. En hiver, elles paraissent émigrer en Egypte, en Syrie et dans presque tout l'Orient; elles se répandent encore en Asie, principalement en Chine, et même, d'après Labillardière, jusque dans la Nouvelle-Hollande. Seulement l'époque de leurs passages, qui ont lieu pendant l'hiver dans les climats chauds, et pendant l'été dans les régions septentrionales et tempérées, n'est pas partout la même. Probablement elle n'est pas sans quelques rapports avec les latitudes des lieux où doivent se rendre les oiseaux.

Les cailles, qui changent deux fois de climat par année, arrivent dans les contrées méridionales de la France, situées sur le littoral de la Méditerranée, dès les premiers jours d'avril. C'est là leur premier passage; on donne à celles-ci le nom de *cailles vertes*, parce que leur apparition coïncide avec l'époque où la campagne est couverte de verdure. Le second a lieu vers le milieu du mois d'août et de septembre, temps où, d'après Aristote, les cailles quittent les contrées fortunées de la Grèce. Il paraît qu'il en est à peu près de même de leurs passages dans toute l'Italie. Seulement elles paraissent arriver en Sicile vers le mois de mai, et s'en retourner vers la fin d'août. A Malte, leur première apparition a toujours lieu en mai, et la seconde constamment en septembre.

Les cailles, qui nous arrivent en avril, se montrent plus tard dans le nord de la France, surtout lorsque le printemps est retardé, ou qu'elles sont fatiguées par la longueur de leur traversée. Quelques autres individus prennent possession de nos prairies; ils s'y livrent aux soins de la reproduction, et y font leurs nids; ceci explique le nombre des cailles que l'on trouve dans tous les lieux où elles se rendent.

Ces oiseaux effectuent leurs voyages pendant la nuit, quand il fait clair de lune, ainsi qu'au crépuscule. Cette observation singulière n'avait pas échappé à Pline, ni à Belon. Depuis eux, elle a été vérifiée par tous les zoologistes et par les chasseurs, qui ont tant d'occasions de s'en assurer. Une circonstance essentielle au succès de ces voyages, qui paraissent si témérairement entrepris, est celle du vent. Lorsqu'il leur est contraire, il les retarde singulièrement, mais lorsqu'il devient violent, il les précipite souvent dans la mer. Leurs excursions ne sont donc heureuses que lorsque les courants d'air leur permettent d'arriver vers les lieux où elles doivent terminer leurs traversées. A la vérité, celles qui parcourent la Méditerranée s'arrêtent souvent en chemin dans les nombreuses îles dont elle est parsemée. Elles attendent ainsi le retour des vents favorables, pour se mettre de nouveau en route.

Les cailles qui visitent les contrées méridionales de la France ne les quittent pas toutes. Plusieurs individus passent l'hiver parmi nous. On suppose que ce sont ceux qui ont été blessés ou qui proviennent de pontes tardives. Ces oiseaux, trop jeunes ou trop faibles à l'époque du départ, s'établissent dans les lieux les mieux exposés et les plus fertiles des cantons où ils sont forcés de rester. Leur nombre en est fort petit dans nos provinces, où ces oiseaux sont exposés à tant de dangers.

Il paraît cependant être plus considérable en Espagne et en Italie où l'hiver est plus doux. Cette circonstance influe peu cependant sur leur détermination. En effet, une partie seulement de celles qu'on voit en Angleterre quitte entièrement cette île, tandis que l'autre change de canton. Ces dernières passent vers le mois d'octobre de l'intérieur des terres dans les provinces maritimes, et particulièrement dans celles d'Essex où elles restent l'hiver. Lorsqu'elles en sont chassées par le mauvais temps, elles gagnent les côtes de la mer, où elles cherchent avec soin les meilleurs abris pour se mettre à couvert contre les intempéries des saisons.

Les précautions que les cailles prennent pour la

réussite de leurs longs voyages sont une preuve de l'instinct que la nature a placé dans le cerveau de chaque espèce, afin de mettre en harmonie les actes qu'elle doit exécuter et les conditions d'existence qu'elle leur a imposées. Par suite de cet instinct, aux approches de l'hiver, certains quadrupèdes s'ensevelissent en quelque sorte au fond de leurs tanières, dans un état de torpeur analogue à la mort; du moins les reptiles ainsi engourdis demeurent profondément assoupis dans les retraites qu'ils se sont creusées.

Cet instinct porte également un grand nombre de mollusques à s'enfoncer dans la vase. Il dirige les insectes, lorsqu'ils préparent d'avance les lieux où ils doivent passer la rude saison. Tout, dans le monde animé, est sous la dépendance de cette volonté puissante, dirigée par l'organisation, aussi bien sur les terres où brillait naguère une florissante verdure, que dans l'intérieur des eaux où vivent les poissons sous leurs dômes de glace.

Mais dans ce deuil général de la nature qu'amènent les frimas, l'oiseau seul s'élance dans la région des tempêtes. Il brave l'aquilon et fend d'une aile rapide le vaste domaine des airs. L'abaissement de la température lui est en quelque sorte aussi indifférent que les climats. On dirait qu'entre les animaux il est le seul qui ne tienne pas à la terre. Sûr de trouver partout une nourriture abondante, il quitte le pays qui l'a vu naître, dès que les frimas s'en emparent, et, poussé par un instinct impérieux, il part à jour et à point nommés. Rien ne l'arrête pour satisfaire ce penchant naturel, pas même sa famille naissante. Ce penchant est plus fort, plus irrésistible que le cours des saisons, qui semble en apparence déterminer seul les époques des migrations annuelles des légers habitants des airs.

Enfin une dernière circonstance relative aux passages des cailles est trop importante dans l'histoire de ces oiseaux pour être passée sous silence. Il est des individus qui, à raison de leurs livrées, ont été désignés sous le nom de *barbajoles* ou *barbes blanches*, et que l'on a voulu considérer comme appartenant à une espèce particulière. Ces individus ne sont pourtant que de jeunes cailleteaux. Il est facile d'en être convaincu, car, en les élevant, on les voit bientôt prendre la livrée des vieux mâles.

Ainsi, après le départ des cailles en automne, il en reste toujours vers les bords de la mer quelques-unes qui passent l'hiver en Europe; quelquefois même on les y voit en assez grande quantité. Ces cailles, nommées dans le midi de la France *hivernenques*, commencent à chanter et à s'apparier dès le mois de mars. Il n'est pas rare d'en découvrir des couvées dès les premiers jours d'avril, avant l'arrivée de leur espèce. A plus forte raison, les cailles qui sont dans un pays plus chaud s'accouplent et pondent plus tôt encore. Ce sont les cailleteaux provenus de ces nichées précoces, trop jeunes encore pour suivre leurs parents, à l'époque de leurs migrations. Ils nous arrivent aussi plus tard, lorsque quelque cause détermine leur déplacement, et que les vents les dirigent vers les contrées méridionales de la France. Lors donc que l'on remarque dans ces contrées une quantité considérable de ces cailles nommées *barbajoles* ou *barbes blanches*, on est presque assuré que le passage de ces oiseaux sera très-abondant en automne.

Cette variété arrive dans le Midi, lorsqu'au mois de juin et même en juillet le vent de mer a soufflé plusieurs jours de suite; ce qui est rare, surtout s'il a été accompagné de pluie. Il en est de même encore, lorsque le vent du nord souffle. Ces cailles, qui nous viennent pour lors, sont presque toutes des mâles. Comme les femelles, ils ont la gorge blanche et tous les autres caractères des cailleteaux. Ces mâles, dans le jeune âge, sont ceux dont la venue a lieu de bonne heure dans les climats du Midi. Ils sont la cause de bien des méprises que font à leur égard un assez grand nombre d'ornithologistes.

Quoique le phénomène des migrations, considéré isolément, ait peu attiré l'attention des auteurs qui se sont occupés de faunes particulières, on y trouve cependant quelques détails propres à en éclaircir l'histoire.

Sous ce rapport, l'ouvrage que M. d'Orbigny vient de publier sur les productions zoologiques de l'île de Cuba, île remarquable par son isolement et sa situation entre les deux Amériques, se recommande à tous et est d'un grand intérêt.

M. d'Orbigny a divisé les oiseaux que l'on trouve dans cette île en six groupes principaux :

1° Ceux qui habitent en même temps cette île et l'Amérique méridionale. Leurs espèces sont au nombre de quatorze.

2° Ceux qui y arrivent de l'Amérique septentrionale. Leur nombre est de quarante-neuf, parmi lesquels on compte trente-trois espèces de passereaux.

3° Ceux qui se rencontrent dans les deux continents américains. Il y en a vingt-six. Les ordres qui en fournissent le plus sont ceux des échassiers, dont on compte jusqu'à onze espèces et dix espèces de palmipèdes, c'est-à-dire vingt et un sur vingt-six.

4° Les oiseaux de Cuba, qui se répandent aussi dans tout l'hémisphère du nord sur l'ancien et le nouveau monde. Ces espèces s'y trouvent au nombre de huit. Une seule appartient aux oiseaux de proie ; quatre aux échassiers, et trois à différentes espèces de palmipèdes, principalement à celles qui nagent le mieux.

5° Quant aux oiseaux propres aux deux Amériques et à l'Europe, leur nombre est réduit à cinq, et celles-ci dépendent toutes des oiseaux de rivage, c'est-à-dire des races aquatiques.

6° Les espèces particulières à Cuba, et qu'on ne connaît encore que dans cette île et les autres Antilles, sont au nombre de vingt-sept, parmi lesquelles il en est plusieurs de nouvelles. Des observations plus exactes diminueront sans doute ce chiffre. Il est du moins certain que, parmi ces oiseaux sédentaires, on ne découvre aucune espèce de palmipède ou d'échassier.

Le nombre des espèces stationnaires que ce tableau indique est, ainsi que nous l'avons fait observer, beaucoup trop considérable. Il en porte le nombre jusqu'au cinquième de la totalité des oiseaux qui fréquentent l'île de Cuba. Cette proportion est tellement supérieure à ce qu'elle est ailleurs, que probablement elle est exagérée. En effet, le nombre total de ces espèces ne s'élève qu'à cent vingt-neuf. Toujours est-il que, d'après cet aperçu, les oiseaux de Cuba sont essentiellement voyageurs; aussi n'y a-t-on encore signalé que peu de gallinacés. Là, comme ailleurs, les espèces qui voyagent le plus sont les échassiers et les palmipèdes. Ainsi, sur toute la terre, aussi bien dans les îles que dans les continents, les oiseaux toujours en mouvement entreprennent des excursions dont l'étendue est aussi étonnante que leur régularité.

II. *De l'ordre qui règne dans les migrations des oiseaux.*

L'ordre et les précautions qui environnent les migrations des oiseaux ne sont pas moins admirables que leur constance et leur périodicité. Voyez ces hirondelles partir constamment le jour, sans s'inquiéter des oiseaux de proie, qui pourraient les harceler au moment où elles se réunissent sous la conduite d'un chef pour se diriger vers des climats nouveaux. Un instinct les y pousse bien plus que l'espérance d'y rencontrer une température plus douce que celle dont elles ressentent l'impression. Cependant les voyages auxquels se livrent habituellement les oiseaux ont lieu du nord au midi pendant l'hiver et, dans la direction contraire, pendant le solstice d'été.

Ainsi, à l'époque de leurs migrations pour d'autres contrées, les hirondelles, perchées sur des arbres élevés et au nombre de trois ou quatre cents, appellent par leurs gazouillements tumultueux le moment du départ. Lorsque le signal est donné, cette troupe immense et légère se dispose et s'arrange de maniere à vaincre, avec le moins d'effort possible, la résistance de l'air. Par avance et par suite d'un instinct merveilleux, ces oiseaux ont réuni chacun leurs familles. Toutes se sont ensuite rassemblées pour marcher de concert à travers les vastes plaines de l'air. Quoique sans boussole, elles ne se perdent pas au milieu de l'immensité de l'océan aérien. Elles arrivent sans efforts comme sans embarras aux lieux nouveaux de leur résidence.

Le départ des hirondelles a lieu ordinairement vers la mi-septembre; il est cependant retardé quelquefois jusqu'au milieu d'octobre ou même jusqu'à la fin de ce mois. L'époque de l'arrivée de ces oiseaux semble plus fixe; elle paraît même indépendante de la température, de la direction et de la force du vent; car les hirondelles arrivent parfois pendant les orages, ou lorsque la température est encore très-basse et la terre couverte de neige. Enfin la preuve que la température n'est pas le motif déterminant pour ces oiseaux de changer de climat, c'est que, par exemple, dans l'année 1838 où le printemps et l'été ont été si tardifs, ces oiseaux se sont avancés sur les années précédentes. Peut-être cette circonstance tient-elle à ce que les hirondelles auraient éprouvé un plus grand degré de froid dans les lieux où elles s'étaient retirées l'hiver.

Elles sont arrivées en France, en 1838, le même jour qu'en 1832, c'est-à-dire le 13 avril; tandis qu'en 1836 et en 1837 elles sont venues dans le midi de la France le 18 et le 21 du même mois. A la vérité, en 1831, elles y avaient paru le 6 avril ainsi qu'en 1833. D'un autre côté, en 1834, les hirondelles étaient arrivées parmi nous le 15 avril, tandis qu'en 1835 elles avaient été encore plus printanières ; leur premier passage avait eu lieu le 2 du même mois.

Des expériences faites avec soin en Angleterre et en Allemagne ont prouvé que le terme moyen de l'arrivée des hirondelles peut être fixé vers le 14 avril. La plus grande différence qui s'est présentée entre leur venue est du 1er avril au 23. Ces nombres extrêmes, pendant un intervalle de trente-quatre années, ne se sont reproduits chacun qu'une seule fois. Cette constance dans l'arrivée de ces oiseaux, soit en Angleterre, soit en Allemagne, soit en France, est des plus remarquables. Elle annonce combien le besoin de voyager est pour eux impérieux. S'il faut en croire M. Cantraine (*Bulletin de l'académie des sciences de Bruxelles*, année 1831, page 207), la température ne serait pas sans influence sur ces voyages ; car, d'après lui, l'arrivée des hirondelles aurait lieu en Sardaigne, en Sicile et en Italie plus tôt qu'en France, c'est-à-dire en mars et non en avril.

C'est un point d'observation qu'il importe d'éclaircir. Son intérêt est trop lié à la détermination des motifs ou des circonstances qui portent les hirondelles, comme les autres oiseaux, à se transporter à des époques à peu près fixes dans d'autres climats. Les voyages périodiques des hirondelles ont de tout temps occupé l'attention des hommes éclairés. Aussi ces oiseaux ont obtenu chez les anciens tout autant de protection que chez les modernes, soit en raison de leur utilité pour la destruction des insectes nuisibles à l'agriculture, soit enfin à cause de leurs longs et mystérieux voyages. Les poëtes leur ont consacré leurs chants, et les vers charmants qu'Anacréon et Ovide leur ont adressés prouvent combien les habitudes de ces légers habitants des airs les avaient frappés.

Les anciens se sont surtout occupés de la question de savoir quelles étaient les retraites que les hirondelles se choisissaient pendant l'hiver. Quelques-uns ont supposé que ces oiseaux se cachaient, pendant la saison des frimas, dans les anciens bâtiments et même dans l'eau. Cette dernière opinion a été adoptée par plusieurs modernes. D'autres, au contraire, ont admis avec plus de raison qu'à cette époque les hirondelles se retiraient dans des climats plus chauds que nos régions, surtout en Afrique. Il paraît certain que ces oiseaux se montrent au Sénégal depuis le mois d'octobre jusqu'au commencement d'avril, et qu'après ce dernier mois on n'y en voit plus une seule.

S'il en est ainsi, il est dans ces voyages une circonstance encore peu étudiée, et qui montre jusqu'à quel point l'instinct de conservation est puissant chez tous les animaux. Cette circonstance est relative à l'inégale dispersion, ou, si l'on veut, à la diversité de distribution des différentes espèces d'hirondelles. Ainsi, par exemple, leurs individus paraissent en plus grand nombre en Angleterre que dans la plupart des autres contrées de l'Europe. Si cette condition est constante, il faut bien qu'elle ait une cause ; on pourrait la trouver dans la culture plus avancée du sol de l'Angleterre, et enfin dans la destruction totale du moineau franc. Pour s'assurer si ces faits ont quelque influence sur ce phénomène, il faudrait rechercher dans les anciens documents s'il en a été toujours ainsi.

Nous avons déjà fait observer que la violence du vent n'avait aucun effet sur l'arrivée des hirondelles, puisqu'elles nous viennent tout aussi bien pendant les ouragans, que pendant les temps calmes. Nous ajouterons qu'il paraîtrait en être de même de la direction du vent. Du moins elle n'a pas toujours un rapport sensible avec l'époque de la venue de ces oiseaux. Seulement cette direction semble avoir une influence très-prononcée sur l'époque à laquelle ils partent. D'après les observations de Forster, prolongées pendant trente-huit années, le premier vent du nord ou du nord-est après le 20 septembre occasionne le départ de la plupart des hirondelles.

On n'a pas constaté avec le même soin le temps après lequel leur départ était complétement effectué. Il faut que ces oiseaux rencontrent de grands obstacles dans leurs migrations, à en juger par le nombre considérable de leurs individus qui quittent l'Europe en automne, et le petit nombre de ceux qui reviennent au printemps. Ce qu'il y a de certain, c'est que des hirondelles volaient encore dans les environs de Montpellier le 18 novembre 1838, quoique le thermomètre ne fût qu'à 7°, et que le vent du nord soufflât avec violence.

La première hirondelle qui arrive dans le midi de la France est l'hirondelle des rochers, dont les passages ont lieu dès le mois de mars. Ce n'est que vers le mois d'avril que paraît l'hirondelle de cheminée (*hirundo rustica* Temm.). Cette espèce se rapproche le plus des habitations de l'homme; elle précède ordinairement l'hirondelle de fenêtre, la plus commune de celles qui visitent l'Europe. Les migrations de cette dernière ne paraissent pas s'étendre au delà des tropiques. Quoique cette hirondelle (*hirundo urbica* Temm.) nous arrive plus tard que celle de cheminée, elle nous quitte néanmoins plus tôt. Elle est à peu près constamment accompagnée, lors de sa venue dans nos contrées, par l'hirondelle de rivage, ce qui a fait supposer que ces oiseaux passaient l'hiver engourdis au fond des lacs et des marais.

Les hirondelles paraissent conserver un souvenir fidèle des lieux qu'elles ont habités dans leur enfance. Aussi les voit-on retourner après leurs migrations dans le même nid qu'elles avaient occupé l'année précédente. D'après ce fait positif, on est peu surpris de toutes les précautions que prennent ces oiseaux lorsqu'ils vont exécuter leurs voyages. En effet, à l'approche de leur départ, on les voit se réunir en grand nombre, et se grouper, comme par essaims, surtout après une pluie suivie d'un soleil ardent. Dans les pays encore plus méridionaux que le sud de la France, ces oiseaux se réunissent en grand nombre sur les arbres morts, attendant ainsi un vent favorable pour traverser les mers, et aller soit en Asie, soit en Afrique. Il est même certaines espèces, particulièrement l'hirondelle des rochers (*hirundo rupestris* Linn.), qui d'Europe pousse ses migrations non-seulement en Afrique jusqu'au cap de Bonne-Espérance, mais encore dans l'Amérique méridionale.

De pareilles habitudes sont également propres aux martinets, oiseaux très-rapprochés des hirondelles, et dont le vol est d'une plus grande rapidité. Les martinets que l'on découvre depuis les îles de l'Archipel, l'Espagne, l'Italie, le Tyrol, la Sardaigne, les îles d'Hyères et de Malte, ainsi que dans la plus grande partie de la France, nous arrivent vers la fin du mois d'avril; ils nous quittent vers la fin de juillet ou les premiers jours du mois d'août. On assure que les martinets de muraille (*cypselus murarius* Temm.) retournent toutes les années dans le même trou qui l'année précédente leur avait servi de retraite. Parmi les deux espèces qui fréquentent les contrées méridionales de la France, il en est une qui porte ses excursions non-seulement dans toute l'Europe, mais encore en Afrique, jusqu'au cap de Bonne-Espérance. Elle parvient également sur les côtes nord-ouest de l'Amérique, sans cependant dépasser le tropique; c'est le martinet de muraille (*cypselus murarius* Meyer). Le martinet à ventre blanc (*cypselus alpinus* Meyer) ne paraît pas quitter l'Europe; du moins on le trouve en grand nombre sur les rochers de Gibraltar, de la Sardaigne, de Malte et de tout l'Archipel.

D'un autre côté, nous voyons chaque année des phalanges de grues, de cicognes, de hérons, d'oies et de canards exécuter sur l'aile des vents des évolutions aériennes. Tantôt à la file les uns des autres, tantôt disposés en triangle de la manière la plus régulière, ces oiseaux se dirigent sans boussole dans le vague des airs. On les voit suivre une route qu'on leur croirait tracée d'avance. Ils se groupent et s'arrangent de manière à ce que chacun puisse suivre et garder son rang et jouir en même temps d'un vol libre et ouvert devant eux.

Pour y parvenir, ils se rangent sur deux lignes obliques formant une sorte de V renversé; cette disposition est la plus favorable pour que chaque oiseau puisse fendre l'air avec plus d'avantages, et que la troupe entière éprouve le moins de fatigue. Seulement lorsque le nombre de ces oiseaux est peu considérable, ils se rangent sur une seule ligne; chacun d'entre eux y garde sa place avec une justesse parfaite.

Lorsque le chef de cette petite armée, dont la place est toujours en tête de la colonne, est fatigué, il va se reposer au dernier rang. Tour à tour les autres prennent la place que le chef vient d'abandonner. Ainsi se continue le voyage avec un ordre et une régularité qui feraient supposer à ces oiseaux une intelligence supérieure à un simple instinct. Mais les faits nous apprennent que la nature a mis dans le cerveau de chaque animal le degré de prévoyance qui lui est nécessaire pour sa conservation.

Par suite de cet instinct, tous les oiseaux de passage voyagent en troupes plus ou moins considérables, toujours en famille, ou du moins par couples. Les espèces ne se mêlent pas plus dans ces migrations lointaines que les divers âges d'une même race. Les vieux partent d'un côté, et les jeunes de l'autre. Il y a plus encore, lorsqu'ils voyagent ensemble, les adultes les précèdent constamment. Lorsqu'ils se quittent dans le trajet, cette séparation a lieu sans embarras et sans interrompre leur voyage aérien. Du reste, les uns et les autres exécutent rarement ensemble leurs excursions ; ils ne suivent presque jamais la même route.

Cette circonstance semble dépendre de l'époque à laquelle les vieux oiseaux éprouvent la crise de la mue et celle qui atteint les jeunes. Cette maladie enlève à ces animaux une partie de leurs facultés; mais, comme elle se termine plus tôt chez les adultes, ceux-ci éprouvent toujours les premiers le besoin de changer de climat. Ils sont donc de meilleure heure en état de supporter les fatigues d'un long voyage.

Aussi, les vieux quittent les premiers les cantons où ils étaient fixés, et, lorsque les jeunes les accompagnent, ils s'en séparent souvent étant plus tôt fatigués. Rarement les jeunes arrivent au terme du voyage. Les vieux seuls traversent la Méditerranée pour se répandre dans les contrées fertiles du nord de l'Afrique. Les jeunes demeurent, au contraire, sur les plages méridionales de l'Europe, ou sur les côtes de la Sicile et de la Calabre, ou dans les régions plus tempérées du cèntre de l'Europe. Les adultes poussent souvent leurs migrations vers l'Archipel de la Grèce, l'Egypte et la Nubie.

Lorsque les vieux partent avec les jeunes, les premiers sont presque toujours en tête de la bande. Ils dirigent la colonne et ne laissent jamais ce soin à d'autres, tant qu'ils accompagnent ceux qui doivent perpétuer leur race.

Rarement ces jeunes individus reviennent aux lieux de leur naissance, tandis qu'il n'en est pas de même des adultes. Aussi ne trouve-t-on dans une contrée que des individus dont le plumage indique qu'ils ne sont point encore parvenus à leur état normal, et dans telle autre, des individus qui ont acquis tout leur développement. Les vieux reviennent tous les ans couver dans les mêmes lieux, et pondre souvent dans le même nid lorsqu'ils le contruisent d'une manière durable.

Quelque singuliers que puissent paraître ces faits, ils n'en sont pas moins exacts. On peut facilement les vérifier en attachant des cordons de soie aux pattes des hirondelles et des autres oiseaux. L'année suivante, on les voit reparaître dans les mêmes maisons, ou auprès des mêmes bocages où les uns et les autres s'étaient primitivement fixés, et reprendre leurs anciens nids ou en construire de nouveaux. C'est dans ces couches nuptiales que ces oiseaux nous donnent tant d'exemples touchants de la tendresse conjugale. Images de la fidélité, les hirondelles ne s'abandonnent presque jamais, et leur union est en quelque sorte indissoluble.

Cet exemple, si connu, prouve que la nouvelle patrie que certains oiseaux adoptent dans leurs migrations est toujours la même chaque année. Ils paraissent encore suivre constamment la même route, soit lors de leur arrivée, soit au moment de leur départ, ainsi que l'annoncent les observations que nous avons déjà faites sur les cailles et sur tant d'autres espèces. Les retours dans les régions tempérées d'un assez grand nombre d'oiseaux sont si réguliers et si bien déterminés, que les chasseurs comptent sur eux, comme les oiseleurs le font relativement à ceux des becs-fins.

Malgré les nombreux exemples de tendresse pour leurs petits, que nous donnent les hirondelles, il est cependant des occasions où elles semblent abandonner ce sentiment. Voici du moins un fait qui porterait à le penser. Un jeune enfant avait mis un nid d'hirondelle dans une cage. Le père et la mère des petits oiseaux, qui se trouvaient dans le nid, volaient constamment autour de la cage, chagrins de ne pouvoir donner eux-mêmes à manger à leurs petits. Un jour, l'enfant ayant laissé quelques instants la porte de la cage ouverte, les hirondelles s'y précipitèrent, et tuèrent sans pitié les jeunes oiseaux.

Cet acte de désespoir annonce jusqu'à quel point d'exaltation les hirondelles poussent leur amour pour leurs petits. Du moins, cet acte bien apprécié, et qui au premier aperçu ne semble qu'un acte de cruauté, est peut-être une preuve de leur tendresse maternelle.

III. *De l'irrégularité des passages des oiseaux erratiques.*

Quoique le retour des mêmes espèces d'oiseaux ait lieu assez généralement avec une régularité remarquable, il ne faut pas croire cependant que cette loi générale soit sans exceptions. Elles sont au contraire fort nombreuses, non chez les espèces émigrantes, mais seulement chez les espèces erratiques. Ainsi, le merle rose (*pastor roseus* Temm.) est venu visiter en grand nombre les contrées méridionales de la France, en juin 1837 et 1838; il n'a pas reparu en 1839 ni en 1840. Cette espèce, dont les courses extrêmement irrégulières durent souvent près d'un mois, habite les parties les plus chaudes de l'Asie et de l'Afrique. Il étend néanmoins ses excursions dans les différentes contrées de l'Europe, principalement dans les provinces méridionales de l'Espagne, de l'Italie, du Piémont et de la France, et les pousse même jusque dans l'Indostan.

Lorsque ces oiseaux arrivent dans le midi de la France, on les voit voler très-bas et en silence; aussi sont-ils faciles à prendre, surtout aux filets. Généralement désireux de continuer leur route, ils séjournent peu dans nos contrées, impatients qu'ils sont de se rendre dans les régions septentrionales de l'Europe. L'époque de la venue des jeunes merles roses n'est pas tout à fait la même que celle des vieux. Les premiers visitent rarement et en petit nombre le midi de la France à la fin d'octobre ou aux premiers jours du mois de novembre. Ils accompagnent presque toujours les étourneaux, dont le genre de nourriture est à peu près le même. L'apparition des merles roses, toute incertaine qu'elle est, n'a jamais lieu en même temps que le premier passage des étourneaux.

L'époque à peu près constante de la venue de ces derniers est dans les premiers jours du mois de mars. Les merles roses ne nous arrivent presque jamais avant la fin de mai, et au plus tard vers le milieu de juin. Ils arrivent alors en grand nombre, du moins les vieux individus, dans les prairies, surtout dans celles où ils supposent trouver beaucoup de grillons dont ils sont fort friands. De pareils exemples nous sont fournis par d'autres espèces. Ainsi, les becs-croisés communs (*loxia curvirostra* Temm.) ne passent pas toutes les années en France. Leur apparition dans le Midi a lieu d'une manière fort irrégulière et à des époques plus ou moins éloignées. Ces oiseaux y sont venus en grande abondance en 1836, 1837, 1838 et 1839, tandis que pendant près de seize années on n'en avait pas aperçu un seul. Il faut remonter jusqu'en 1820 pour trouver un autre exemple d'un passage de becs-croisés presque aussi considérable que celui de 1839. A cette époque, ces oiseaux ne cessèrent de passer depuis le mois de juin jusqu'au 4 ou 5 août; mais le plus grand nombre arriva vers le 15 du mois de juillet.

Les becs-croisés n'ont aucune sorte de méfiance. Ils se laissent tuer avec la plus grande facilité, et les coups de fusil les effrayent si peu, qu'ils ne quittent pas même l'arbre sur lequel ils n'ont pas été atteints. On est donc à peu près sûr de les tuer tous, les uns après les autres, pour peu qu'on ait de l'adresse. Par suite de cette incroyable impassibilité, il n'est pas rare, dans le fort de leur passage, d'en abattre de dessus le même arbre cinq ou six de suite. D'un autre côté, si on leur tend des filets, ils s'y jettent sans crainte, surtout si on a le soin d'y attacher quelques individus de leur espèce.

L'irrégularité des migrations de ces oiseaux, qui nichent dans le nord de l'Europe, tiendrait-elle aux variations que la température et la marche des saisons éprouvent d'une année à l'autre? Il pourrait en être ainsi : leurs migrations tout à fait accidentelles ne sont point périodiques. D'un autre côté, de pareils passages ont lieu au contraire du sud au nord. Ainsi, le courre-vite isabelle (*cursorius isabellinus* Temm.) qui habite l'Egypte et la Nubie, visite à des époques indéterminées les côtes du midi de la France. Un individu, dont le corps était encore couvert de plumes à peine développées, fut pris en août 1839 sur la plage de Maguelonne, près de Montpellier. Quel motif a donc pu porter cet oiseau à s'expatrier dans un âge aussi tendre, et où il lui était si nécessaire de ne point abandonner le nid qui l'avait vu naître? Ce fait remarquable nous a été signalé par M. Lebrun.

L'irrégularité des passages d'un grand nombre d'oiseaux rend difficile l'appréciation des causes qui les provoquent. Parmi les faits singuliers qui se rattachent à ces voyages accidentels, M. Lebrun, que nous venons de citer, nous en a signalé un digne d'attention.

La mouette tridactyle (*larus tridactylus* Temm.) habite les pays froids; elle les quitte pourtant en automne et en hiver, et se répand vers les lacs salés, les mers intérieures, les golfes de l'Océan, principalement en Irlande. On voit rarement ces oiseaux s'aventurer en petites troupes vers les contrées méridionales : cependant cette année 1840, remarquable par la douceur de l'hiver, les mouettes tridactyles sont arrivées en grandes bandes dans le Midi. Quoique les étangs fussent encombrés de poissons, ces oiseaux se laissèrent mourir de faim. Plusieurs du moins furent trouvés morts, et leur maigreur, ainsi que celle des individus qui ont été tués, signalait assez quelle pouvait en être la cause, c'est-à-dire le défaut de nourriture, au milieu cependant de l'abondance qui les entourait.

On se demande quels motifs ont pu porter ces oiseaux à quitter les pays qu'ils habitent ordinairement, pour se transporter à de grandes distances, et là où ils devaient trouver la mort, quoique toutes les circonstances favorables à leur existence leur fussent offertes. C'est là un fait, il faut en convenir, dont il est difficile de donner une explication satisfaisante. Ce ne peut être le besoin d'une nourriture convenable, puisque ces mouettes n'ont point usé de celle qu'elles trouvaient partout en abondance. Serait-ce une température plus douce qu'elles auraient cherchée ? Elles l'ont rencontrée dans nos climats, et cependant elle ne leur a pas été utile; la plupart ont succombé malgré sa bienfaisante influence. Cette circonstance tiendrait-elle à cette merveilleuse police de la nature qui maintient dans une harmonie parfaite le nombre et les proportions des différentes espèces ? c'est ce que nous n'oserions décider.

D'un autre côté, des observations suivies avec le plus grand soin à Montpellier par divers ornithologistes n'avaient jamais fait connaître le bécasseau platyrinque comme une espèce de passage dans nos contrées. Du moins, M. Crespon, dans son ornithologie du Gard, n'a pas signalé cet oiseau parmi ceux qui fréquentent les contrées méridionales de la France. Cependant cinq individus de ce bécasseau, sur le genre duquel il s'est élevé entre les auteurs de grandes discussions, ont été récemment apportés à M. Lebrun. Un de ces individus fut tué le 30 juillet 1840 dans les environs de Montpellier; deux autres le 2 août suivant, et enfin les deux derniers le 5 et le 14 du même mois. Depuis lors, aucun autre individu de ces oiseaux qui habitent les marais du nord de l'Europe et de l'Amérique n'a été aperçu parmi nous, quoiqu'ils poussent leurs excursions jusque dans l'archipel de la Sonde et des Moluques.

Si donc cette espèce a paru dans le midi de la

France en 1840, et cela dans le jeune âge, après avoir resté si longtemps sans y arriver, il ne faut point l'attribuer à son humeur sédentaire, puisqu'elle fréquente à la fois l'Europe, l'Asie et l'Amérique, mais à l'irrégularité des passages accidentels des oiseaux. Cette irrégularité peut seule rendre raison de la tardive apparition de cette espèce dans les contrées méridionales de la France. Elle confirme aussi les autres faits que nous avons déjà énumérés.

Cette même année 1840 s'est fait encore remarquer parmi nous par une autre apparition d'une espèce de bécasseau, qui a été décrite comme habitant l'Amérique septentrionale. A la vérité Temminck, dans son quatrième volume supplémentaire de la seconde édition de son Manuel d'ornithologie, fait observer qu'un individu de cette espèce ou du bécasseau pectoral a été tué en Angleterre le 17 octobre 1830. A part cet individu unique, on n'avait jamais constaté, en Europe, l'apparition de cette espèce. Cet oiseau, capturé en 1840 dans le midi de la France, ne s'est pas borné, comme cette fois, à cinq ou six individus. Un seul fut d'abord apporté à M. Lebrun; cet ornithologiste présuma qu'il ne devait pas être isolé; en conséquence, il recommanda aux chasseurs de prendre tous ceux qu'ils pourraient trouver; de cette manière il s'est procuré vingt-cinq individus de la même espèce.

Les deux bécasseaux dont l'apparition dans les provinces méridionales de la France a été pour les naturalistes un objet de surprise, y sont venus en même temps que le cocorli (*tringa subarcuata*), dont les passages ont lieu régulièrement depuis le mois d'août jusqu'au 15 octobre. Les deux espèces de bécasseaux, le platyrinque et le pectoral, sont arrivées parmi nous presque tous dans le jeune âge; quelques individus du cocorli étaient cependant adultes, et avaient conservé leurs livrées d'été. Ces faits prouvent combien il serait essentiel que ceux qui sont témoins de la venue ou des passages des oiseaux fussent assez éclairés pour démêler les espèces différentes qui ne s'y trouvent que plus ou moins passagèrement. On arriverait ainsi à discerner avec plus de certitude les oiseaux qui opèrent leurs migrations avec régularité de ceux dont les excursions sont purement accidentelles.

IV. *De la diversité dans les époques des passages des jeunes et des vieux oiseaux.*

Un fait constant dans les migrations des oiseaux est la diversité des époques, à laquelle les jeunes et les vieux exécutent leurs voyages. Les différentes espèces de becs fins ou de fauvettes peuvent être citées comme des exemples frappants de cette circonstance remarquable. On voit du moins rarement la passerinette (*sylvia passerina* Temm.), la verderolle (*sylvia palustris* Temm.) et l'effarvatte (*sylvia arundinacea* Temm.) exécuter leurs passages aux mêmes époques de leur vie.

Les vieux arrivent à peu près constamment dans les contrées méridionales de la France avant les jeunes dont les passages ont lieu beaucoup plus tard. Par suite d'habitudes analogues, les ortolans mâles (*emberrizza hortulana* Temm.) précèdent le plus ordinairement leurs femelles dans leurs migrations régulières, et cela d'au moins une quinzaine de jours.

Ainsi, peu avant l'entrée de l'hiver, lorsque les premiers froids commencent à se faire sentir, les oiseaux de passage se réunissent par bandes, et, dans le plus grand nombre des espèces, les jeunes se rassemblent et se séparent des vieux comme s'ils avaient honte de demander leur chemin à leurs anciens.

Chez certaines espèces, les individus, soit erratiques, soit émigrants, volent isolés, tandis que chez d'autres ils forment au contraire de nombreuses bandes désordonnées, exécutant leurs voyages toujours en grand nombre. Quelques-uns volent rangés en colonnes régulières et plus ou moins serrées. Certaines de ces colonnes cheminent lentement, comme si elles obéissaient au froid qui les va chassant, tandis que les autres partent avec rapidité, et terminent en peu de jours leurs migrations.

Quelques oiseaux ont l'habitude de voler tout près de terre; on les voit se reposer aussi très-souvent, pour si peu qu'ils se sentent fatigués. D'autres, au contraire, s'élèvent au-dessus des nues, et, plus vigoureux et plus agiles que les premiers, ils ne s'arrêtent presque jamais. Mais les uns aussi bien que les autres jugent très-bien les époques qui peuvent favoriser leurs voyages. Il n'y a pour aucune de leurs espèces ni équivoque ni incertitude.

Tous connaissent également, par suite d'un instinct naturel, l'époque de leur retour; aucun d'entre eux ne se trompe jamais sur les lieux qu'ils ont déjà visités. Un martinet auquel on avait fait une marque, afin de le reconnaître, revint dix années de suite, construire son nid dans une caisse disposée à cet effet. Un faucon à queue rouge, très-reconnaissable, parce qu'à la suite d'un accident ses plumes avaient blanchi, revint pendant l'espace de douze hivers consécutifs prendre possession d'un vieux pin, dans le district de Colleton dans la Caroline.

Les migrations des animaux ont donc lieu par suite d'un instinct inné. Cet instinct les y pousse à peu près comme celui particulier au castor le force à bâtir lorsque, élevé loin de ses parents, il n'en a rien appris. En effet, des castors isolés, solitaires, placé tout exprès dans des cages, pour qu'ils n'aient aucun besoin d'édifier leurs constructions ordinaires, cherchent toujours à les faire, poussés par une force machinale et aveugle, ou par un instinct auquel ils ne savent ni ne peuvent résister.

De même, l'oiseau placé dans une cage, maintenu dans une température égale à celle qu'il va chercher ailleurs dans ses migrations ordinaires, et auquel on distribue une nourriture abondante et appropriée à ses besoins, ne montre pas moins à l'époque de ses voyages une agitation toute particulière. Il manifeste toujours la plus vive impatience pour quitter les lieux où on le retient. L'instinct qui le porte à voya ger est si impérieux, si irrésistible, que malgré l'accomplissement de tous ses besoins, nous pouvons même dire de tous ses désirs, il succombe souvent lorsqu'il ne peut remplir les exigences de son organisation.

Cet instinct porte l'oiseau comme le poisson à voyager, comme celui du castor le pousse à construire son admirable cabane; mais ni les uns ni les autres ne peuvent aller au delà. Sous ce rapport, comme sous tous les autres, l'instinct est borné à un acte déterminé qui s'exécute et se produit de la même manière et avec les mêmes conditions. Au contraire, tout dans l'intelligence est général. Sa flexibilité et sa perfectibilité sont telles, qu'il n'y a pas d'objets auxquels elle ne puisse s'appliquer. Sans doute, les animaux sentent, connaissent, pensent à leur manière; mais les êtres doués de l'intelligence, l'homme, qui jouit seul de ce noble attribut, est aussi le seul à qui le pouvoir ait été donné de sentir qu'il sent, de connaître qu'il connaît, et de penser qu'il pense.

Les animaux n'ont donc pas la réflexion, cette faculté suprême qu'a la pensée de l'homme de se replier sur elle-même, et d'étudier l'esprit. La réflexion, ainsi définie, est donc la limite qui sépare l'intelligence de l'instinct des animaux. On ne peut disconvenir, en effet, qu'il n'y ait là une démarcation profonde. Cette pensée qui se considère elle-même, cette intelligence qui se voit et qui s'étudie, cette connaissance qui se connaît, forme évidemment un ordre de phénomènes déterminés d'une manière tranchée, et auxquels nul animal ne saurait atteindre. C'est là tout à fait le monde purement intellectuel, et ce monde n'appartient qu'à l'homme.

On ne rencontre jamais dans les contrées méridionales de la France de vieux individus du plongeon imbrim (*colymbus glacialis* Linn.), ni du canard eider (*anas mollissima* Linn.). Les jeunes seuls les visitent, et, ce qui est non moins remarquable, on voit rarement parmi eux des mâles, du moins parmi les individus de cette dernière espèce. On assure cependant que des femelles adultes ont été tuées dans les environs de Montpellier. Cette circonstance tiendrait-elle à ce que la différence des sexes est plus difficile à reconnaître chez les jeunes individus que chez les vieux; nous n'oserions le décider. Il en est de même du moineau cisalpin (*fringilla cisalpina* Temm.). Cet oiseau arrive à peu près constamment dans le Midi, vers la fin d'octobre ou au commencement du mois de novembre; mais presque toujours dans le jeune âge.

Il nous quitte ensuite, et au plus tard vers la fin de décembre, ne séjournant guère dans les provinces méridionales de la France plus de deux mois. On ne voit plus ce moineau dans aucune autre saison de l'année. De pareilles habitudes sont communes au bruant montain (*emberizza calcarata* Temm.). Cet oiseau nous arrive assez souvent et isolément vers la fin de novembre, toujours dans le jeune âge, n'ayant pas opéré la mue des adultes.

On peut faire une remarque non moins singulière, relativement à la différence des distances que parcourent les vieux oiseaux dans leurs migrations, en comparaison de celles que franchissent les jeunes. On voit constamment les bandes composées de vieux oiseaux étendre leurs migrations plus loin, soit en automne, soit à leur retour au printemps, que les bandes formées par les jeunes oiseaux. Celles-ci s'avancent toujours moins en avant dans les régions plus froides que celles qu'elles viennent d'abandonner.

Ainsi, lorsque les vieux poussent leurs voyages jusque dans les régions du cercle arctique, les jeunes, moins audacieux et moins entreprenants, restent pendant une ou deux années dans les contrées du centre de l'Europe. Lorsque les vieux choisissent les climats tempérés, comme lieux de leur séjour, les jeunes sont retenus dans le Midi. Ils ne paraissent pas pour lors passer les mers qui séparent l'Europe de l'Afrique septentrionale ; cependant le plus grand nombre des espèces nomades qui n'arrivent pas à l'état adulte dès leur première année, choisissent de préférence ces contrées pour leur séjour d'hiver.

Si l'on arrête ces oiseaux au milieu de leurs migrations, plus ou moins loin des lieux où ils construisent ordinairement leurs nids, on ne peut pas les faire nicher, quels que soient les soins que l'on prenne à cet égard. Nous avons renouvelé cette observation bien des fois, particulièrement pour les becs croisés; jamais elle n'a été suivie du moindre succès. On conçoit fort bien pourquoi l'on ne peut parvenir à faire nicher les colibris, les oiseaux-mouches, les veuves et les souimangas dans les climats tempérés, puisque ces oiseaux ne sauraient y trouver cette température élevée qui dans leur pays natal est pour eux la saison des amours. Mais on ne comprend pas pourquoi les oiseaux que l'on arrête dans leurs passages ne cherchent pas à se reproduire et résistent à un besoin aussi impérieux que celui qui presse toutes les espèces de faire durer leur race.

On éprouve d'autant plus de difficultés à se rendre raison d'une pareille résistance, que des oiseaux qui habitent des climats extrêmement chauds, transportés dans les régions tempérées du midi de la France, y pondent leurs œufs, tout aussi bien que dans leur pays natal. Telle est l'autruche. Cette circonstance remarquable pourrait être considérée comme tenant à ce que ces oiseaux ne construisent pas des nids, puisqu'ils ne pondent qu'un seul œuf à la fois. Elle doit dépendre de toute autre cause; en effet, un grand nombre d'espèces des pays chauds nichent et pondent leurs œufs dans les climats tempérés, ainsi que dans les lieux de leur naissance.

Les oiseaux dont le plumage n'a point encore pris tout son développement et ses couleurs stables sont ceux qui étendent le moins loin leurs excursions. Comme ils sont souvent une ou deux années avant d'être en état de se reproduire, ils se choisissent des lieux tout autres que ceux où les adultes se rendent pour nicher. S'ils se trompaient, les vieux les chasseraient certainement, avant qu'ils eussent pu songer à se reproduire.

Lorsque le temps est venu de quitter les contrées où ils ont opéré leurs pontes, on voit ces jeunes oiseaux, devenus adultes, se rassembler pendant huit, dix ou même quinze jours, et se préparer ainsi aux voyages auxquels ils vont se livrer. Ces rassemblements durent ainsi jusqu'au moment où l'époque des passages est totalement terminée.

Comme les vieux individus poussent leurs excursions le plus loin, ils s'égarent le plus avant dans les régions du nord, ou les contrées polaires, où il est rare de rencontrer de jeunes oiseaux. Lorsque au retour du printemps, les palmipèdes et les échassiers quittent les contrées tempérées pour gagner l'extrême nord, les vieux y arrivent à peu près seuls. Les jeunes restent sur les bords de la Baltique, s'étendent sur les lacs de l'Autriche, de la Hongrie, et au plus loin sur ceux de la Russie.

Les sexes ne sont pas non plus sans quelques rapports avec le nombre des individus qui composent les passages. Souvent les deux sexes ne voyagent pas ensemble, soit que les mâles précèdent les femelles, soit que l'inverse ait lieu. Il arrive même quelquefois que l'un des sexes prédomine d'une manière marquée sur l'autre. Telle est, par exemple, la mésange remiz (*parus pendalinus*), qui offre constamment, dans le midi de la France, plus de mâles que de femelles. Il en est également chez les fauvettes, et particulièrement chez la passerinette, la mélanocéphale, et enfin chez le bec fin à lunette.

Cette circonstance dépendrait-elle de la plus grande

force motrice, dont les mâles sont doués. On conçoit qu'elle doit leur donner les moyens de franchir des espaces plus considérables, et d'arriver ainsi plus tôt que leurs femelles dans nos contrées. Cet excès des mâles tient peut-être encore à l'ardeur qu'ils montrent pour se reproduire, sentiment moins fort chez les individus de l'autre sexe, et qui par cela même les porte moins à se déplacer.

Si beaucoup d'oiseaux voyagent pendant le jour, un grand nombre, comme les hérons, les bécasses, les râles, et une foule d'autres espèces voyagent pendant la nuit. Les uns font entendre des cris plus ou moins perçants, tandis que les autres gardent le silence pendant leurs courses même les plus longues.

La plupart des espèces de passage qui ont de pareilles habitudes s'arrêtent à peine dans les voyages qu'ils font des pays chauds où ils passent l'hiver, jusqu'aux lieux où ils établissent leur principal domicile. C'est surtout vers les régions septentrionales que ces oiseaux se rendent pendant la belle saison.

Parmi ces espèces éminemment voyageuses, on peut signaler principalement les cicognes. Quoiqu'elles s'élèvent considérablement dans les plaines de l'air, elles n'en franchissent pas moins de grandes distances. On est peu surpris que les hirondelles et les martinets, dont les ailes sont si étendues et la puissance du vol si grande, aient de pareilles habitudes. D'ailleurs ces oiseaux ont leur corps peu pesant, et leurs mouvements sont extrêmement agiles.

Comme les hirondelles exécutent les plus longs voyages, et quittent le plus souvent les lieux qu'elles habitent pendant la nuit, on a longtemps supposé qu'elles se retiraient l'hiver dans des excavations ou de petites cavités au bord des rivières. Là elles resteraient engourdies pendant toute la saison des frimas.

Hunter a démontré que cette supposition n'était pas exacte; car l'organisation et la structure anatomique des organes respiratoires de ces animaux s'opposent non-seulement à ce qu'ils puissent vivre dans l'eau, mais encore à ce qu'ils puissent rester longtemps engourdis. D'ailleurs, comme nous avons déjà fait saisir à quelle cause il fallait attribuer cette erreur, nous ne nous y arrêterons pas plus longtemps. Nous ferons cependant observer que les routes suivies par les hirondelles dans leurs migrations sont parfaitement connues et qu'il est facile de suivre leur direction aussi bien que celle des autres oiseaux, ce qui empêche de les considérer comme hivernantes à la manière des loirs et des marmottes.

Il est du moins certain qu'au moment du départ les oiseaux voyageurs manifestent une sorte d'inquiétude et de malaise particuliers. Aussi M. Bachman a-t-il observé des canards du Canada (*anser canadiensis*) parfaitement apprivoisés à Charles-Town, lesquels, à chaque printemps, faisaient tous les efforts imaginables pour obéir à leur instinct. Quoiqu'on leur eût coupé une articulation de l'aile, du moment qu'ils se voyaient libres, ils s'échappaient en courant vers le nord, comme s'ils eussent voulu entreprendre leur voyage en marchant. Wilson cite également comme une chose certaine le fait d'une cane apprivoisée qui au printemps s'échappa de Long-Island, et revint à l'automne avec trois canetons, qui demeurèrent avec elle. Il paraît en être de même du cygne domestique et, ce qui est encore plus remarquable, du cygne noir de la Nouvelle-Hollande (*anas plutonia*) élevé en Europe. Les rouges-gorges, les chardonnerets et les autres oiseaux apportés jeunes des pays du nord, et mis en liberté, se dirigent de suite vers les pôles avec tout autant de précision que s'ils étaient munis de boussoles.

En refléchissant sur ces faits qui se renouvellent chaque année avec le retour des saisons, on est moins surpris que l'arrivée et le départ des oiseaux soit un des meilleurs pronostics du changement de temps qui va avoir lieu. Le capitaine Parry raconte avec quelle anxiété les Esquimaux attendent l'arrivée du pinson de neige. L'aigle pêcheur annonce à ceux qui habitent les rives des fleuves du Nord que le moment de la pêche est enfin venu. Le chant de la tête-de-chèvre (*caprimulgus caroliniensis*) rappelle également aux fermiers et aux laboureurs que le temps de semer le froment doit être arrivé, puisque cet oiseau fait entendre sa voix.

Ainsi les chants des oiseaux, tout comme les cris des autres animaux, animent non-seulement la nature, mais sont souvent des signes certains des événements et des circonstances qui vont suivre. Ils les annoncent beaucoup mieux que nous ne pourrions le faire avec toute notre intelligence, aidée par les instruments, fruits de son invention, qui nous ont mis en communication avec les objets extérieurs.

V. *De l'influence de la température et de la nourriture sur les passages des oiseaux.*

La température n'est donc pas sans quelque influence sur les passages des oiseaux. En effet, nous voyons avancer vers nous les ramiers, les linottes, les pinsons, les draines, les grives et les chardonnerets, à mesure que l'hiver les poursuit ailleurs. Quelques-uns vont à peu près seuls, ou voyagent en petites troupes, mendiant, pour ainsi dire, leur nourriture sur leur passage. D'autres, tels que les ramiers, s'élancent en grandes masses dans les vastes plaines de l'air, pleins de confiance dans la puissance de leur vol; ils s'arrêtent peu dans le trajet qu'ils ont à parcourir. Plusieurs espèces de bruants, plus timides, n'abandonnent qu'à regret les lieux de leur naissance. Elles ne les quittent que lorsqu'elles y sont forcées par les rigueurs de l'hiver : aussi ces oiseaux nous arrivent généralement fort tard.

Lorsque la bise souffle, que l'atmosphère est sombre et grisâtre, on voit passer dans les nuages épais des détachements de grues, de foulques, de vanneaux, de pluviers, d'oies, de canards. Enfin de nombreuses légions d'oiseaux aquatiques, qui abandonnent les régions glacées des pôles, viennent s'abattre dans les prairies inondées ou les marais remplis de joncs des contrées méridionales.

Mais lorsqu'aux approches du printemps les campagnes reprennent leur verdure, les guêpiers, les loriots, les coucous et les mauvis (*turdus iliacus*) reparaissent et se répandent dans les champs et dans les forêts du Midi. Les oiseaux palmipèdes, ainsi que toutes les espèces des rivages, retournent dans leur humide et froide patrie, dont les glaces les avaient chassés. Les oiseaux insectivores et granivores reviennent, au contraire, dans le Midi avec la belle saison, qui les rappelle dans leur pays natal. La faim les a fait fuir, l'amour nous les ramène. L'hirondelle reconnaît le nid qu'elle plaça sous les fenêtres de nos habitations. La cigogne retourne sur celui de l'antique tour où elle éleva sa famille. Le loriot retrouve le sien dans la forêt. Le rouge-gorge revoit avec plaisir le tronc mousseux de son vieux chêne, et le traquet son buisson. Ainsi les contrées du midi, comme toutes celles où le printemps fait sentir sa bienfaisante influence, sont saluées par des chants d'allégresse et d'amour jusqu'à ce que l'hiver, entouré de brumes épaisses et de froids rigoureux, vienne de nouveau y faire peser son sceptre de glace et de mort.

Les voyages constants que les oiseaux exécutent à des époques fixes n'ont rien de commun avec ceux que certaines espèces entreprennent sans aucun but apparent, pouvant supporter toutes sortes de variations dans la température et vivre en quelque sorte dans tous les climats. Ceux-ci paraissent voyager presque sans but. Ils ne suivent aucune direction fixe, et ne s'arrêtent que pour prendre un repos indispensable. Leurs apparitions, tout à fait accidentelles, jettent ensuite une grande confusion dans la distribution des espèces, lorsque ces oiseaux s'arrêtent et finissent par se fixer dans les lieux nouveaux où le hasard les a conduits. Dans ces migrations accidentelles et isolées, les deux sexes voyagent constamment ensemble. Le nombre de ces individus qui parcourent des pays divers, sans projet comme sans dessein déterminé est du reste peu considérable. On admire pourtant dans ces migrations partielles l'ordre qui y règne. On n'est pas moins surpris de cet instinct admirable qui porte ces oiseaux à s'appeler mutuellement, afin de se rassembler vers un point fixe et de se trouver réunis douze ou quinze jours avant celui du départ.

Ce jour est ordinairement l'indice du mauvais temps qui va suivre. En effet, les oiseaux prévoient mieux que les autres animaux les changements qui vont s'opérer dans la température ; aussi, après l'arrivée de certaines espèces, disparaissent les beaux jours et la douceur du climat. Les faits qu'ils nous présentent, nous les retrouvons également chez la plupart des espèces dont les voyages ont constamment lieu à l'époque du changement des saisons.

Qui ignore que la venue des oies, des canards, des grues, des cicognes et même des corneilles, est un signe certain des mauvais jours qui vont succéder à leur apparition. L'oiseau des tempêtes n'est-il pas également pour les navigateurs un indice assuré des orages qui vont survenir ? Sa présence, ainsi que l'observe avec raison Buffon, est à la fois un signe d'alarme et de salut. Par suite des sages desseins de la nature, cet oiseau, si utile à l'homme, est généralement répandu dans toutes les mers, comme pour mieux prévenir les marins contre les dangers qui les menacent (1).

---

(1) On pourrait encore citer parmi les oiseaux qui présagent les tempêtes la mouette à pieds bleus, le stercoraire cataracte et bien d'autres espèces.

On se demande si cette prévoyance est pour les oiseaux un effet de leur instinct ou un résultat de leur organisation. Celle-ci détermine les impressions qui produisent et développent les conséquences de l'instinct; dès lors, c'est dans l'organisation même qu'il faut chercher les conditions de cette prévision.

Nous avons déjà fait observer que les oiseaux étaient les animaux dont la température est la plus élevée; ils doivent donc être plus sensiblement affectés par les changements qui peuvent s'opérer dans les circonstances extérieures. Sans doute ces animaux sont entourés de plumes et de duvets, corps aussi mauvais conducteurs de la chaleur que l'air qui en remplit les cavités; par cela même, ils se trouvent dans des conditions qui affaiblissent l'impression des milieux sous l'influence desquels ils vivent. D'un autre côté, les oiseaux, comme les vertébrés les plus élevés dans la série animale, ne sont jamais en équilibre sous le rapport de leur température avec l'air ambiant; aussi, plus ils en reçoivent dans leurs poumons, dans leurs os, dans leurs plumes, enfin dans toutes les parties de leur corps, et plus ils doivent en être affectés. Ils le sont surtout lorsque ce fluide se trouve très au-dessous de leur propre chaleur, comme cela arrive lors des diverses variations atmosphériques.

Les outardes barbues (*otis tarda*) n'arrivent dans les contrées méridionales de la France que lorsque l'hiver est rigoureux. Si la température se maintient à des degrés assez élevés pendant cette saison, ces espèces n'en approchent pas. Leur venue est tellement liée à la température, qu'elle se montre constamment en harmonie avec la marche de la chaleur. Aussi la présence de ces espèces dans le Midi est un indice certain de la rigueur de l'hiver qui va suivre.

C'est sur des faits du même genre qu'est fondée l'opinion généralement accréditée parmi les cultivateurs, que l'arrivée de certaines espèces dans des pays plus méridionaux que ceux où elles ont coutume d'aller passer l'hiver, est presqu'un signe certain que la saison qui suivra leur venue sera froide. M. Brehm, qui a publié sur les migrations les observations les plus intéressantes, regarde cette opinion comme fondée. D'après lui, ce pronostic tromperait peu; il est principalement donné par des oiseaux dont les migrations ont lieu en août et en septembre, du moins en Angleterre. Parmi ces oiseaux, on peut comprendre les fauvettes des roseaux, les tarins, les bouvreuils et les accenteurs.

Il en est également de ceux qui, comme les cygnes et les harles, arrivent dans le Midi en grand nombre vers la fin de novembre. On serait tenté de croire, d'après ces faits et d'après quelques autres que nous énumérerons plus tard, que les oiseaux se trouvent, au moment de leurs migrations, dans un état tout particulier. Cet état leur permettrait de supporter tous les genres de privations, comme de prévoir certains changements atmosphériques, dont ils pourraient être affectés, s'ils ne se plaçaient pas hors de leurs atteintes.

Ainsi la plupart des oiseaux exécutent pendant le jour les voyages qui leur sont commandés par un besoin impérieux et irrésistible; d'autres, au contraire, comme les ortolans, les tourdes, les grives, le rossignol, les fauvettes, les cailles, enfin tous les véritables chanteurs, ne voyagent jamais que la nuit. Il paraît en être de même des foulques et de quelques espèces d'oies et de canards. Ces oiseaux, pendant toute la durée du voyage, restent constamment éveillés le jour. Or, s'ils peuvent ainsi passer le temps entier des migrations sans dormir, c'est qu'ils sont pour lors dans un état d'exaltation et dans une sorte de crise bien différents de leur état naturel.

Cette supposition semble confirmée par l'insomnie que ne présentent pas seulement ceux qui sont en liberté, mais même les espèces qu'on tient enfermées. On les voit dans leurs cages pendant le jour, dans une agitation continuelle, s'occuper à chercher leur nourriture, et cependant être alertes et en mouvement toute la nuit. Ces oiseaux ne paraissent pas pouvoir dormir tant que dure l'époque de leurs migrations. Ils ne reprennent du moins leur tranquillité que lorsque cette époque est passée. On les entend pour lors chanter toute la nuit, même lorsque l'appartement où on les tient enfermés n'est pas ou est très-peu éclairé. Cependant lorsqu'il fait clair de lune ils semblent plus inquiets que lorsque la nuit est obscure. Aussi, généralement les oiseaux libres et indépendants voyagent de préférence pendant les nuits claires.

Ces observations nous font comprendre que les migrations des oiseaux, comme tous les actes produits par l'instinct des animaux, sont principalement sous la dépendance de l'organisation propre à chacun d'eux. Elles annoncent encore qu'il existe un rapport constant entre les lois établies pour un but déterminé et les circonstances de l'organisme des animaux.

Le phénomène des migrations, dont il est si difficile d'apprécier les causes, a aussi son but d'utilité comme tous les phénomènes de la nature. Leurs résultats répartissent les oiseaux, comme les animaux qui s'y livrent, sur la totalité de la surface du globe, de manière que les lieux où ils peuvent se procurer une nourriture suffisante, en sont abondamment pourvus. En effet, toutes les contrées où les oiseaux espèrent trouver de quoi alimenter leurs forces épuisées sont visitées par eux soit en hiver, soit au printemps, soit enfin en été ou en automne; on y en voit un nombre plus ou moins considérable, toujours en rapport avec l'abondance de la nourriture, la douceur du climat et l'humidité qui leur est nécessaire.

Rien donc ne peut retenir les espèces émigrantes dans les lieux qui les ont vues naître. Lorsqu'on veut les y contraindre, elles périssent et succombent dans un état de maigreur particulier. Témoins, ces coucous auxquels on distribue pendant l'hiver une nourriture abondante et une température analogue à celle du commencement de l'automne. Malgré les soins les plus constants, on ne peut les conserver au delà du mois de décembre et de janvier. Tous périssent dans un état de langueur particulier, produit par l'impuissance où ils ont été de satisfaire à un des besoins les plus pressants de leurs conditions d'existence.

Une sorte de pressentiment des nouvelles circonstances atmosphériques dans lesquelles ils vont se trouver porte les oiseaux à se livrer à des voyages lointains. Leurs migrations ou leurs apparitions subites dans une contrée qu'ils n'avaient pas l'habitude de fréquenter donnent des indices certains sur la rigueur de la saison qui doit suivre. Ainsi, lorsque dans l'automne de 1822, M. Brehm, que nous avons déjà eu l'occasion de citer, vit tous les canards quitter le lac de Friessnitz, et, que d'un autre côté, il apprit l'arrivée des pingouins sur les côtes de l'Allemagne, il s'attendit à un hiver rigoureux. L'événement répondit à ses prévisions.

On peut même ajouter que par suite de ces prévisions, sur lesquelles il est si difficile de se former des idées justes, les oiseaux voyageurs présagent jusqu'à un certain point les grandes épidémies et même, au dire de certains observateurs, les perturbations des phénomènes atmosphériques et de certains faits physiques. On assure qu'il en a été ainsi avant les désastres arrivés à la Pointre-à-Pitre (Guadeloupe).

Enfin, lorsque dans les climats méridionaux on conserve à la fin de l'automne un grand nombre de pinsons, de linottes, de verdiers, en un mot tous les oiseaux qui peuvent se dispenser d'émigrer sans péril, on est presque sûr que le froid ne sera pas grand ni longtemps prolongé. Cette sorte de prévision peut paraître avoir quelque chose de merveilleux; mais elle n'en est pas moins réelle. Elle se manifeste aussi bien chez les jeunes que chez les vieux oiseaux, quoique les uns et les autres ne suivent pas toujours les mêmes routes, et n'arrivent pas constamment dans les mêmes contrées.

Ces actes tiennent tellement à la conservation des espèces, que la nature les a toutes douées d'un instinct suffisant pour les opérer, lorsqu'il est nécessaire. Il existe donc un rapport réel et évident entre les lois générales de la nature et les actes instinctifs des animaux. Ces relations n'ont d'autre but que d'assurer la perpétuité et la durée des espèces. En produisant les actes qui en sont la manifestation, l'oiseau ne les exécute point par suite d'une intelligence qui lui en ferait sentir la nécessité. Il obéit pour lors à un instinct aveugle qui le presse et le pousse. Quant à l'intelligence qui préside à tous les mouvements qu'elle produit et qu'elle détermine, elle est en entier hors de ses actes, toujours les mêmes et qui ne sont susceptibles d'aucun genre de progrès.

Diverses espèces d'oiseaux se déplacent donc à des époques fixes et toujours déterminées pour chaque espèce. Ces animaux y sont bien plus contraints par un instinct irrésistible que par l'effet des circonstances extérieures, sous l'influence desquelles ils vivent. L'action de ces circonstances exerce toute sa puissance sur les oiseaux erratiques, dont les passages sont aussi irréguliers et aussi inconstants que les causes qui les déterminent. Quant aux races cosmopolites, dans un mouvement continuel, l'agitation est leur habitude, peut-être parce qu'elles vivent sur un élément où elles ne sauraient trouver le repos, que n'exige pas du reste leur organisation. Elles volent constamment à la surface des eaux des mers, dont elles parcourent la vaste étendue. La plupart d'entre elles ne nagent cependant presque jamais. Cette particularité prouve la grande puissance du vol de ces oiseaux, dont rien n'égale l'agilité ; aussi les voit-on parcourir les espaces les plus considérables sans efforts comme sans fatigue.

De pareilles habitudes sont assez rares parmi les oiseaux ; ceux-ci nous fournissent peu d'exemples ainsi que les poissons, dont les mouvements sont non moins agiles et non moins soutenus. Il en est différemment des espèces sédentaires, qui ne quittent jamais les lieux qui les ont vues naître. Le nouveau monde nous en présente un plus grand nombre que l'ancien continent. La cause de cette différence tient peut-être au genre de nourriture des oiseaux d'Amérique. Leurs aliments les tiennent comme emprisonnés auprès des lieux de leur naissance. Il est possible encore que la température ne soit pas sans quelque influence sur les mœurs paisibles et tranquilles de ces races stationnaires.

L'homme dérange parfois cet ordre ; c'est lui qui a transporté dans les forêts de l'Amérique les gros becs d'Afrique. Il les a amenés dans le nouveau monde avec d'autres espèces, par suite des relations commerciales qu'il a établies entre ces deux contrées. Les gros becs ont trouvé dans les forêts du nouveau continent toutes les conditions favorables à leur existence ; aussi ils y ont tellement prospéré, que bientôt ils y seront aussi nombreux que les espèces indigènes. Cette influence de l'homme qui s'exerce déjà depuis bien des siècles empêche de démêler dans une foule de circonstances la véritable distribution primitive des animaux.

Les causes d'un pareil transport sont si rapprochées de nous, qu'il n'est point difficile d'en reconnaître les effets et de les distinguer de ceux dus aux déplacements naturels par suite des migrations. Mais lorsqu'elles remontent à des temps éloignés, il est difficile de les bien apprécier, et de les discerner des changements opérés par suite des passages des oiseaux.

L'influence de l'homme s'est fait ressentir, non-seulement sur les oiseaux émigrants et erratiques, mais elle s'est encore exercée sur les espèces sédentaires. A son action est due la disparition du moineau franc (*fringilla domestica*) des îles Britanniques. Si ce moineau avait eu des mœurs différentes, c'est-à-dire avait voyagé soit à des époques fixes et périodiques, soit à des époques irrégulières, toute la puissance anglaise aurait été sans effet pour détruire le moineau dans ses possessions. Cet oiseau, s'il avait été doué d'une plus grande puissance de vol, s'y serait constamment perpétué par suite de ses voyages, auxquels aucun pouvoir humain n'aurait pu mettre obstacle.

Les Anglais ont donc profité des mœurs du moineau franc, pour se délivrer d'un parasite fort incommode, et d'autant plus à redouter pour nos récoltes, qu'il se nourrit uniquement de graines ou de fruits, et détruit peu d'insectes. Sous ce rapport les espèces insectivores ont leur utilité, puisqu'elles dévorent ces derniers animaux, les fléaux des champs, et sous ce rapport l'homme leur doit en quelque sorte protection.

On conçoit aisément que les mauvais voiliers doivent être les oiseaux les plus sédentaires; peut-être aussi pour cette raison les gallinacés se livrent peu à de grandes migrations. Aussi cet ordre est-il plus nombreux dans l'ancien continent que dans le nouveau, et surtout que dans la Nouvelle-Hollande, où il en existe à peine. Si au contraire ces oiseaux s'étaient livrés, comme tant d'autres, à des voyages lointains, ils se seraient répandus dans diverses parties du globe, autres que celles où ils ont fixé leur séjour. Mais puisqu'ils sont bornés au lieu de leur naissance, ils annoncent par là qu'ils n'ont point changé de climat.

Il est cependant des gallinacés qui font encore d'assez longues courses, et cela indépendamment de la caille, des pigeons et des tourterelles, oiseaux fameux par l'étendue de leurs excursions. On peut citer particulièrement les dindons dont l'espèce domestique se trouve à l'état sauvage dans diverses parties de l'intérieur de l'Amérique septentrionale.

Ces dindons sauvages se nourrissent de baies et de fruits; lorsqu'ils ont épuisé ceux d'une contrée, ils se rendent dans une autre, afin d'y trouver ce qui leur manquait. Ainsi, vers le commencement d'octobre, lorsque les graines et les fruits ont disparu, on les voit s'assembler en troupes plus ou moins nombreuses, vers les plaines fertiles de l'Ohio et du Missisipi et y chercher leur nourriture. Les femelles, suivies de leurs petits, se tiennent constamment séparées des mâles, qu'elles redoutent. Les uns et les autres voyagent constamment à pied, et suivent la même direction.

Lorsque cette armée de dindons rencontre une rivière sur son passage, elle est forcée de suspendre sa marche et de s'arrêter. Etonnés par cet obstacle, on voit pour lors les dindons se porter sur les plus grandes hauteurs qui en couronnent les bords et y rester plusieurs jours, comme en délibération. Ils se décident enfin à monter sur le sommet des arbres les plus rapprochés de la rivière. A un signal donné par le chef de la troupe, tous prennent leur vol vers la rive opposée, où les vieux arrivent facilement, même lorsqu'elle a un mille de large. Quant aux jeunes, ils tombent souvent dans l'eau, et sont pour lors forcés d'achever leur traversée à la nage.

Parvenus ainsi dans un canton où les fruits abondent, ils se divisent par troupes, sans distinction d'âge ni de sexe, et dévorent tout ce qu'ils rencontrent. Ils passent ainsi une partie de l'automne et de l'hiver; vers le milieu de février, les femelles, bientôt suivies des mâles, vont s'occuper de la ponte. Elles construisent un nid à terre avec des feuilles sèches, et y pondent de dix à quinze œufs. Elles se réunissent quelquefois plusieurs pour déposer leurs œufs dans un même nid et élever leurs petits en commun. L'une des mères, toujours vigilante, veille constamment sur ces nids. Elle en défend l'approche aux autres oiseaux et aux mammifères qui voudraient en dévorer les œufs.

On conçoit comment avec de pareilles habitudes, les dindons sauvages n'ont jamais quitté le sol de l'Amérique, où ils ont pris naissance. Ils se bornent à faire, dans cette contrée, des voyages d'un canton à l'autre, selon l'espoir qu'ils ont de trouver ailleurs ce qu'ils n'ont plus dans les lieux qu'ils habitaient primitivement.

Mais pourquoi en est-il de même des jacanas, des toucans, des guit-guit et des colibris, dont le vol est aussi élégant que léger ? Si ceux-ci ne se dépaysent pas plus que les dindons, et si comme eux ils n'ont point d'autre patrie que le nouveau monde, n'est-ce point parce que ces différentes espèces y rencontrent constamment ce qui est nécessaire à leur existence? N'est-ce pas également par des causes du même genre que les promerops, les tangaras et les tamatias n'ont jamais abandonné les forêts du nouveau continent et que chaque espèce de perroquet est restée sédentaire dans les lieux qui l'ont vue naître ? Aussi il n'y a pas d'espèces de ce genre qui soient communes à l'Amérique et à la Nouvelle-Hollande; cependant ces deux continents sont à peu près la patrie exclusive des perroquets (1).

---

(1) L'influence de la température se fait ressentir non-seulement sur les mœurs des oiseaux, puisqu'elle en retient un certain nombre dans les lieux de leur naissance, mais elle exerce une influence non moins sensible sur la beauté de leur plumage.

On sait que les plus beaux oiseaux comme les insectes revêtus des plus magnifiques couleurs appartiennent aux contrées les plus chaudes de la terre. Parmi les plus belles espèces de cet ordre d'animaux on doit surtout citer le tangara de Vassor (*tangara Vassorii*) d'un beau bleu d'azur émaillé. Cet oiseau est de Santa-Fé de Bogota en Colombie. Si ces faits prouvent quelle est l'influence de la température sur les oiseaux, d'autres prouvent combien est grande celle de la nourriture.

Jusqu'à présent on n'avait pas pu parvenir à reproduire en Europe le cardinal huppé de Virginie (*loxia cardinalis* Linn.). On était seulement parvenu à opérer la reproduction du cardinal dominicain (*loxia dominicana* Linn.); mais toutes les tentatives avaient été sans succès pour la première espèce de gros bec. En fournissant à ces oiseaux la nourriture qui leur convenait, ils ont fait en France des couvées comme en Amérique. Les petits qu'elles ont produits ont très-bien réussi par suite des soins que leur a prodigués M. Grégory (*Comptes rendus de l'Académie des sciences de Paris*, tom. xv, n° 1, 4 juillet 1842, pag. 38).

Il serait curieux de s'assurer si l'on ne pourrait pas en faire de même des colibris; ces oiseaux restent constamment confinés dans les lieux de leur naissance, par suite peut-être de la difficulté qu'ils éprouveraient de rencontrer ailleurs une nourriture convenable. On ne voit pas pourquoi, si elle leur était donnée en Europe comme en Amérique, ces oiseaux ne pour-

Du moins les contrées brûlantes et stériles de l'Afrique n'ont jamais été fréquentées que par le perroquet cendré (*psittacus erythacus*). Le sol de l'Europe n'a jamais vu non plus aucune espèce de ce genre animer ses campagnes. D'un autre côté, les touracous, les courols, les barbicans, n'ont pas plus abandonné le sol de l'Afrique que d'autres espèces celui de l'Asie. Quelques circonstances particulières que l'on remarque chez des oiseaux bien connus et dont on peut facilement observer les passages, semblent propres à nous en faire apprécier les motifs.

Les cailles, dont nous avons déjà parlé, ont leurs migrations tellement régulières, qu'on les voit arriver constamment dans le midi de la France vers le commencement d'avril, et en repartir vers la fin d'août ou dans le courant du mois de septembre. Ces cailles quittent quelquefois les contrées méridionales lorsque la sécheresse y est trop grande, dans l'espoir de trouver ailleurs ce qui leur manque parmi nous. D'un autre côté, les foulques (*fulica atra* Linn.), qui ordinairement paraissent sur les côtes du midi de la France depuis le mois d'octobre jusqu'au mois d'a-

---

raient pas se reproduire dans les régions tempérées. Ce genre de recherches est trop intéressant pour ne pas être tenté par quelque observateur habile, qui pourra se procurer facilement des colibris vivants.

vril, ne s'y sont point arrêtées dans l'année 1837. La cause de la retraite de ces oiseaux des lieux où ils sont ordinairement si abondants a paru tenir à l'extrême sécheresse de cette année. Cette sécheresse fut si grande, que les étangs salés ne recevant presque plus d'eau douce, les herbes n'y poussèrent pas comme à l'ordinaire.

On se demandera peut-être comment les oiseaux peuvent prévoir de pareilles circonstances? On juge facilement pourquoi ils quittent des contrées où ils ne trouvent pas toutes les conditions qui leur conviennent, comme le font les cailles, soit celles qui, poussées par des vents violents, arrivent sur nos côtes vers la fin de mars, soit les vieilles qui ne s'y rendent que plus tard. Mais ce dont il est difficile de se rendre raison, c'est comment des oiseaux peuvent savoir d'avance qu'ils ne trouveront pas ce qui leur est nécessaire dans les contrées où ils ont l'habitude de se rendre à des époques fixes.

Certains faits permettent cependant d'entrevoir que cette prévoyance n'a rien d'extraordinaire, quoique les foulques dont nous nous occupons ici d'une manière particulière, arrivent constamment de nuit sur les étangs salés. Le lendemain de leur arrivée, ces oiseaux, après avoir reconnu les lieux où ils avaient l'habitude de séjourner, et n'y trouvant pas de quoi satisfaire leurs besoins, les abandonnent avec leurs compagnons, pour n'y revenir que l'année suivante.

Un exemple rendra ceci encore plus sensible, d'autant qu'il est facile de le vérifier. Pour prendre une grande quantité de moineaux, espèce complétement sédentaire dans les contrées méridionales de la France, un assez grand nombre de chasseurs sèment leurs champs en millet, graine dont ces oiseaux sont fort friands. Lorsque la graine est mûre, on les voit arriver de toutes parts, empressés qu'ils sont de s'en repaître. Leur nombre est pour lors tellement considérable, qu'on se demande comment ceux qui étaient les plus éloignés de ces champs ont pu savoir qu'ils y trouveraient de quoi satisfaire leurs goûts. Ils ne le peuvent, ce semble, que parce qu'ils ont quelques moyens de s'appeler mutuellement et de signaler à leurs compagnons une circonstance que tous recherchent avec ardeur.

Aussi lorsque des oiseaux tels que les espèces erratiques ne se déplacent que pour trouver ailleurs la nourriture qui leur convient, ils ne s'arrêtent pas dans les lieux où ils ont l'habitude de résider, lorsqu'ils ne présument pas l'y rencontrer. Ce que nous disons de la nourriture a lieu également pour l'eau, comme pour toute autre circonstance du même genre. Cette prévoyance est une suite du même tact qui leur permet de prévoir d'avance les changements qui vont avoir lieu dans la température.

Du reste, les oiseaux erratiques, aussi bien que les races émigrantes, suivent des directions bien déterminées et différentes dans les excursions auxquelles ils se livrent. Ainsi dans les climats méridionaux, les espèces émigrantes aquatiques y arrivent presque constamment du Nord, tandis que les cailles viennent au contraire du Sud. Ce fait est, du reste, une exception assez remarquable, relativement aux races terrestres. Du moins le passage des ortolans et des espèces analogues, qui commence vers le 15 du mois d'avril et dure jusqu'au 8 ou 10 de mai d'une manière régulière, semble avoir lieu de l'ouest à l'est; mais lorsque ces légers habitants des airs quittent les contrées méridionales de la France, ils suivent une direction tout à fait opposée.

Quand les ortolans, les hirondelles et les martinets abandonnent ces contrées la nuit et pendant la lune d'août, ils se dirigent de l'est à l'ouest, dans des climats où ils comptent rencontrer une température supérieure à celle des lieux qu'ils ont abandonnés. D'un autre côté, ces oiseaux, ainsi que les pipits, les tourterelles et les engoulevents, comme la plupart des oiseaux terrestres, arrivent toujours du sud, même dans les climats méridionaux. Mais tandis que les martinets et les hirondelles se dirigent constamment de l'est à l'ouest, lorsqu'ils abandonnent les régions méridionales, les autres partent du sud et gagnent toujours le nord.

Les migrations des oiseaux semblent donc commandées par leurs penchants naturels et irrésistibles; elles n'ont du moins rien de commun avec les passages accidentels des espèces erratiques qui sont nécessités ou par le manque d'eau et de nourriture, ou le besoin d'une température plus douce. Il est tout naturel que la plupart des oiseaux insectivores changent souvent de pays pour se procurer plus facilement des moyens de subsistance. Les voyages, commandés par ces circonstances, ont souvent lieu à des époques assez fixes, parce qu'elles sont ramenées par les mêmes causes qui ont elles-mêmes quelque chose de constant. On doit donc considérer dans ces passages d'une part, l'époque de l'arrivée, et de l'autre celle du départ, et porter en même temps son attention sur les diverses directions que suivent les différentes espèces, soit lorsqu'elles arrivent, soit lorsqu'elles quittent les lieux où elles avaient momentanément fixé leur séjour. Nous allons maintenant étudier ces directions, afin de reconnaître si elles ont quelque chose de constant, et quelle est celle que suivent les oiseaux dont nous connaissons bien les passages.

Auparavant d'entrer dans cet examen, citons un fait qui prouve que le déplacement de certains oiseaux n'a rien de commun avec leurs migrations; ces déplacements accidentels sont presque toujours déterminés par le besoin où ils sont d'aller chercher ailleurs la nourriture qui leur manque dans leurs parages habituels. Nous en trouvons du moins des exemples dans les habitudes des perroquets du nouveau monde. Ces oiseaux y ont en quelque sorte fixé leur séjour. Malgré notre influence, nous avons pu à peine les faire nicher dans les contrées tempérées, même en les maintenant sous l'influence d'une température élevée, et leur distribuant la nourriture qui leur convient. On rapporte bien quelques exemples de ces nichées; Sonini les mentionne, mais ils sont si rares, qu'on ne peut les considérer que comme de bien faibles exceptions aux habitudes de ces oiseaux.

Tous les matins, du moins dans la Guyane française, les perroquets quittent leur gîte ordinaire, vont en troupes nombreuses et presque en ligne droite dans les lieux où ils espèrent rencontrer des fruits. Là, tout occupés du soin de leur nourriture, ils y passent la journée entière. Lorsque le soir arrive, ils volent par paires, se tenant très-rapprochés les uns des autres. Ils retournent ainsi à leur habitation ordinaire qu'ils quittent le lendemain pour le même but, et vers laquelle ils retournent ensuite de nouveau. Ces voyages si courts peuvent nous donner une idée de ceux plus étendus qu'entreprennent pour le même motif tant d'oiseaux insectivores et granivores, quoique parmi ces ordres il y ait quelques espèces qui soient à peu près sédentaires, du moins dans les régions tempérées.

Il est certains déplacements ou certains passages qui paraissent uniquement déterminés par le besoin d'une nourriture appropriée aux conditions d'existence des espèces voyageuses. Tels sont ceux auxquels se livrent les oies et certains canards sauvages. Aussi, au mois d'août 1778, le capitaine Cook, naviguant vers le détroit de Bhéring, et ayant relevé toute la partie de la côte de Tchouktchen, les masses de glace lui ayant permis d'approcher très-près de cette côte, crut à l'existence d'un grand continent arctique.

Il allégua en faveur de cette opinion, d'accord avec la croyance populaire, le grand nombre d'oies et de canards sauvages qui viennent dans ces parages tous les ans, à l'époque du mois d'août. Cette dernière circonstance ne peut pas cependant être invoquée comme la preuve d'un grand continent arctique. Les oies sauvages vivent principalement de poissons. Lorsque les rivières fermées par les glaces ne leur en fournissent plus, ces oiseaux sont obligés, pour en rencontrer, de se diriger vers la mer ouverte, qui se trouve plus au nord. On sait aujourd'hui que lorsque le thermomètre centigrade descend à 19 degrés au-dessous de zéro, l'océan Arctique demeure libre de glace. A mesure que les glaçons déjà formés se brisent, les oiseaux sont forcés de se rapprocher de la terre, où ils arrivent d'ordinaire, un peu avant l'époque de la mue, et d'où ils retournent vers le midi, aussitôt que l'hiver recommence.

Ces excursions, qui ne font parcourir aux oiseaux que des espaces assez bornés, n'ont rien de commun avec les migrations. Celles-ci ont lieu en effet à des époques fixes et déterminées; elles portent les oiseaux à parcourir des contrées différentes et souvent très-éloignées de celles où ils ont fixé leur séjour. Mais les espèces dont l'apparition est aussi subite qu'extraordinaire dans des pays où elles n'ont pas l'habitude de se transporter, ne s'y voient jamais en troupes nombreuses, comme les véritables races émigrantes, et même comme les erratiques. Cet isolement annonce que leur apparition hors de leurs limites habituelles est un cas tout à fait exceptionnel, comme l'effet d'une tempête ou de violents coups de vent. Leur présence dans des lieux inaccoutumés à ces espèces n'a rien de commun avec les migrations ou les passages déterminés pour chaque oiseau, que l'on voit toujours s'effectuer par un concert unanime d'un grand nombre d'individus.

Les directions que les oiseaux suivent dans leurs voyages semblent avoir souvent quelque régularité. Du moins les espèces, soit les émigrantes, soit les erratiques, qui vivent sur les terres sèches et découvertes, paraissent aller directement du nord au sud. Les oiseaux aquatiques, ainsi que ceux qui vivent au bord des eaux, tels que les palmipèdes et les échassiers, voyagent au contraire dans la direction du nord-ouest au sud-est.

Les premiers, à l'exception d'un petit nombre, se rendent en Afrique, et traversent la Méditerranée, après avoir quitté les contrées tempérées. Aussi les voyageurs qui parcourent le nord de l'Afrique ont constamment sous les yeux des preuves matérielles de ces migrations périodiques, qui portent les espèces d'Europe en Afrique. Les oiseaux de l'Espagne, de la Sardaigne, de la Sicile et du Levant, viennent au contraire accidentellement ou périodiquement du nord de l'Afrique; ils ne dépassent point en Europe les chaînes de la Sienna et les Apennins.

L'existence simultanée d'un assez grand nombre d'oiseaux dans le Nord, sous l'équateur et les zones tropicales, est encore un fait non moins singulier et plus difficile à expliquer. Ce fait est d'autant plus extraordinaire, que ces mêmes espèces qui se multiplient pour la plupart dans ces diverses régions, ont leurs migrations limitées et leur apparition périodique. Ces oiseaux, qui se rapportent principalement aux fissipèdes, aux pinnatipèdes et aux palmipèdes, ne diffèrent les uns des autres par aucun caractère essentiel, malgré l'immense distance qui les sépare. On aperçoit seulement quelque diversité dans les nuances du plumage, quoiqu'il éprouve sous ces diverses températures les mêmes mues périodiques que celles que ces oiseaux subissent dans les régions tempérées.

Il est, par exemple, un oiseau rapace qui se trouve dans presque toutes les contrées, et qui, malgré l'éloignement qui sépare les lieux qu'il parcourt de ceux qu'il habite plus ou moins constamment, offre toujours une grande uniformité dans son plumage. Cette circonstance est réellement remarquable; elle prouve que certaines espèces résistent à toutes les impressions des agents extérieurs, et ne paraissent du moins en éprouver aucune sorte d'influence, et par suite aucun genre de variation. Telle est la chouette effraye (*strix flaminea*) que nous avons déjà citée.

Des comparaisons faites avec soin des mêmes espèces d'échassiers, qui habitent les diverses contrées de l'Europe, le midi de l'Afrique, les îles de la Sonde, la Nouvelle-Guinée et le Japon, ont prouvé qu'il n'existe pas de différence appréciable entre les individus qui se trouvent à d'aussi grandes distances. D'un autre côté, les mêmes races de cet ordre d'oiseaux peut-être en plus petit nombre que les premières, se rencontrent également du nord au midi, aussi bien dans l'ancien que dans le nouveau monde. Ces échassiers semblent en quelque sorte les cosmopolites de cette classe. Ils le sont bien plus que les palmipèdes répartis d'une manière beaucoup plus analogue sous le rapport du climat et de la température, quoique leur répartition soit encore très-disparate, relativement aux distances des lieux où on les rencontre habituellement.

En comparant ensemble un grand nombre d'oiseaux d'Europe, d'Amérique et du Japon, on est frappé de leur ressemblance sous le rapport des formes, de la taille, des teintes, des distributions du plumage, et même d'après M. Temminck, auquel nous empruntons ces faits, de la couleur de leurs œufs (1).

Ces observations prouvent que le plus grand nombre des oiseaux de passage des contrées tempérées de l'Europe émigre pendant l'hiver, soit vers les côtes méridionales de cette contrée, soit en Afrique. Les espèces qui poussent leurs voyages jusqu'en Afrique s'y répandent partout où elles trouvent à satisfaire aux conditions de leur existence. Les échassiers et les palmipèdes y fréquentent comme ailleurs les portions inondées de l'intérieur des terres, ou celles qui se trouvent aux bords des côtes. Quant aux tribus innombrables des races insectivores et granivores, ils pénètrent plus avant dans l'intérieur des terres, et

---

(1) *Manuel d'ornithologie*, seconde édition, troisième partie. Introduction, pag. LII.

vont chercher vers le sud la nourriture qui leur manquait dans les lieux qu'ils ont abandonnés.

Un grand nombre d'oiseaux se dirigent également des parties orientales de l'Europe dans les contrées les plus reculées de l'Asie; ils arrivent ainsi jusqu'au Japon, où l'on trouve une assez grande quantité des espèces propres à la première région. Ces races, que l'on découvre à la fois dans des lieux aussi éloignés, sont probablement celles qui habitent les limites les plus orientales de l'Europe. Dans leur humeur voyageuse, elles parcourent l'Asie et pénètrent jusqu'au Japon. Il est du moins certain que quelques échassiers, et particulièrement les grues, dont les tribus se trouvent en grand nombre en Asie, se dirigent dans leurs voyages de l'orient à l'occident. Du reste, un petit nombre de leurs individus poussent leurs migrations au delà des parties sud-est de l'Asie, à l'exception pourtant de ceux qui fréquentent les rivages. On les retrouve presque partout sur les plages maritimes de l'ancien continent.

Cette similitude des mêmes espèces dans les diverses régions de l'Europe et de l'Asie n'est pas bornée, comme on pourrait le supposer d'après ce que nous avons dit, aux passereaux, aux échassiers et aux palmipèdes. Elle est commune également à certains oiseaux de proie, et aux gallinacés; seulement les uns et les autres qui, dans leurs migrations, parcourent l'Asie et même le Japon, sont en moindre nombre que ceux qui se rapportent aux échassiers, aux palmipèdes et aux passereaux. Parmi les genres qui offrent le plus d'espèces communes à ces deux grandes régions, on peut citer au premier rang parmi les palmipèdes le genre canard, comme les hérons et les chevaliers parmi les échassiers. Enfin les gros becs (*fringilla*) parmi les passereaux, offrent le plus grand nombre de ces espèces communes à des contrées différentes. Ce fait semble nous annoncer que cet ordre d'oiseaux, qui manque d'une nourriture convenable d'une manière assez régulière pendant certaines saisons de l'année, doit par cela même avoir le plus de représentants vivants simultanément en Europe et en Asie. C'est aussi ce que l'observation confirme.

La caille, et peut-être la perdrix rouge, sont encore des espèces que l'on ne retrouve pas sans surprise à la fois en Europe, en Afrique, en Asie, au Japon et jusqu'à la Nouvelle-Hollande. L'étendue et la longueur des migrations ne sont donc pas toujours en rapport avec la force et la puissance du vol. On est moins surpris de retrouver dans des contrées aussi diverses le roitelet ordinaire, les traquets, les pipits, et tant d'autres petits passereaux ; ces oiseaux ont en effet un corps extrêmement léger et un vol aussi agile que soutenu.

On observe cependant un plus grand nombre d'espèces sédentaires parmi les passereaux de l'ordre des granivores et des insectivores que parmi les autres familles. Cette circonstance frappante, du moins parmi les oiseaux des contrées méridionales de la France, prouve d'une manière manifeste que la nourriture n'est pas toujours la condition la plus déterminante de leurs passages accidentels. On ne comprendrait pas autrement pourquoi les oiseaux n'épuiseraient pas dans nos contrées les graines et les vermisseaux, base de leur nourriture, comme ils le font ailleurs. S'ils ne quittent pas nos cantons, c'est que leur instinct ne les porte pas à les abandonner, et qu'ils y trouvent constamment de quoi satisfaire à leurs conditions d'existence. Quoique nous ayons cité des faits qui annoncent que certaines espèces délaissent parfois les lieux où elles s'étaient primitivement fixées pour aller chercher ailleurs les fruits et les vers qu'elles n'y rencontraient plus, il n'est pas moins réel que cette circonstance ne doit pas agir d'une manière générale. Du moins c'est parmi les espèces granivores et insectivores qu'on découvre la plus grande quantité d'oiseaux complétement sédentaires.

Des faits du même genre résultent encore des observations de M. Charles-Louis Bonaparte. En comparant les oiseaux du nord de l'Amérique avec ceux de l'Europe, il a reconnu qu'il existait un assez grand nombre d'espèces communes aux deux continents. Une pareille analogie, que l'on ne voit jamais entre les races qui ne se livrent point à des migrations lointaines, tient sans doute à la facilité que les oiseaux ont de se transporter à de grandes distances et de parcourir les climats les plus divers. Cette cause est si puissante sur le mélange des animaux voyageurs, que l'on retrouve également certains poissons d'Europe jusqu'en Amérique, à la vérité en fort petit nombre. Lorsque des catalogues comparatifs comprendront la liste exacte de ces races communes à diverses régions, on aura des idées plus positives sur les migrations des animaux et sur les habitudes de ceux qui, constamment sédentaires, restent dans les lieux qui les ont vus naître. En attendant que ces travaux viennent dissiper les doutes qui existent encore à cet égard, on ne consultera pas sans fruit le catalogue comparatif des oiseaux d'Europe et d'Amérique publié à Londres (1838) par le naturaliste que nous venons de citer.

Ce catalogue, dressé avec soin, indique les espèces dont les migrations s'étendent de l'Europe dans le nouveau monde, et celles qui sont communes aux deux continents.

Outre l'influence que la température et la nourriture exercent sur les migrations des oiseaux, d'autres circonstances accidentelles ne sont pas sans quelque effet sur ce phénomène. Parmi ces faits exceptionnels, on peut citer les inondations. Les grands débordements ne sont pas sans action sur les déplacements de ces animaux. Ainsi l'année 1840, fameuse par les désastres produits par les crues extraordinaires des fleuves qui parcourent le midi de la France, a été également remarquable par les passages de certaines espèces qui n'y avaient pas été encore aperçues.

On peut peut-être attribuer à cette influence la présence dans les environs de Montpellier de deux oiseaux, aussi nouveaux pour la faune de l'Europe, que pour la science. Ces deux espèces dont nous devons la connaissance à M. Lebrun, et qu'il compte publier sous peu, sont des plus remarquables. Elles ne paraissent pas avoir été observées dans les contrées méridionales de la France avant 1840. Cette circonstance fait présumer que les violentes inondations dont ces contrées ont été affligées ont été pour beaucoup dans leur apparition.

Nous sommes heureux de pouvoir donner une idée de ces oiseaux avant que M. Lebrun ait publié la description qu'il en prépare. Nous ne saurions trop le remercier de nous y avoir autorisé. Comme nous les avons vus avant qu'ils eussent été dépouillés, nous pouvons assurer que réellement ils ont été pris vivants vers la fin de novembre 1840, peu de temps après les inondations.

La première de ces espèces est un vanneau auquel

M. Lebrun a donné le nom d'échasse (*vanellus himantopus*). Plusieurs ornithologistes de Paris avaient supposé qu'il pouvait se rapporter au vanneau keptuschka de Temminck. On se convaincra facilement du contraire en comparant la description que nous allons en donner avec celle de l'espèce du Nord. Lors même qu'il appartiendrait à cette dernière, sa présence parmi nous n'en prouverait pas moins qu'un oiseau qui habite ordinairement la Russie orientale a fait, en 1840, des voyages encore plus étendus que ceux auxquels il se livre ordinairement.

Le *vanellus himantopus* paraîtrait donc une espèce différente de toutes celles décrites par M. Temminck dans son supplément publié cette même année 1840.

Ses dimensions sont de 0^{m},379 (14 pouces) depuis le bout du bec jusqu'à l'extrémité des doigts; la longueur de ses jambes n'est pas moindre de 0^{m},190 (7 pouces); les pieds et les jambes sont d'un jaune assez clair. Ce vanneau se fait remarquer par les teintes uniformes de son plumage, d'un brun cendré à petits reflets pourpres. Le front et la gorge blanchâtres, passent par des demi-teintes à la même nuance, qui est aussi celle du manteau. Elle s'étend jusqu'à la poitrine, et devient d'un blanc assez prononcé sur le ventre, où elle est néanmoins nuancée d'une teinte nankin vers l'abdomen. La queue, d'une seule couleur, est d'un blanc éclatant. Les grandes rémiges des ailes, terminées de noir, atteignent juste l'extrémité de la queue. Quant aux couvertures supérieures des ailes, elles sont blanches, mouchetées de noir, couleur dominante dans le bec de ce vanneau. L'iris est au contraire d'un rouge vif assez prononcé.

La seconde espèce, dont l'apparition nous a autant surpris que la précédente, se rapporte à un merle différent de ceux dont nous devons la connaissance à Temminck. Seulement, cet oiseau a beaucoup plus de rapports avec le merle bleu qu'avec tout autre.

Il diffère de celui-ci par la couleur du bec d'un brun grisâtre, ainsi que par la nuance blanchâtre de la gorge, terminée par une sorte de collier d'un bleu cendré. La poitrine et le ventre sont d'un blanc assez prononcé. La plupart des plumes qui couvrent ces parties sont terminées par une petite pointe bleuâtre. Les flancs se montrent mouchetés de bleu, de blanc et de roussâtre, terminés par une pointe noire encadrée de blanc. Les pennes caudales, au nombre de douze, sont bleues sur leurs barbes externes et internes, ainsi que sur leurs pointes : une teinte roussâtre domine sur le milieu de leur longueur. Les pieds sont d'un fauve assez clair. Les nuances du plumage se montrent généralement plus uniformes en dessous qu'en dessus. Elles sont bleuâtres et mouchetées légèrement de blanc et de brun clair. Les couvertures du croupion offrent des nuances d'un roux foncé, avec de petites baguettes bleuâtres encadrées de blanc.

M. Lebrun se propose de décrire cette charmante espèce sous le nom de merle azuré (*turdus azureus*). Ses dimensions sont à peu près les mêmes que celles du merle bleu. Les deux oiseaux ont également une assez grande conformité dans leur port et l'ensemble de leurs formes. Ils ont donc, sous ces points de vue, quelques conformités; mais ils diffèrent essentiellement par l'ensemble de leur plumage.

De même, les violentes inondations de la fin de 1840 qui ont submergé une grande partie de la Camargue et de la partie orientale du Gard ont refoulé dans nos parages une partie des oiseaux qui vivaient auparavant dans les lieux inondés. Nous citerons particulièrement le flamant; cet échassier aquatique qui ne nage presque jamais, quoiqu'il barbote presque continuellement, n'a pas pu rester dans des lieux couverts d'une trop grande quantité d'eau. Cet excès a rendu le nombre de ces oiseaux, du double plus considérable qu'il ne l'est ordinairement dans nos environs. Ces nouveaux venus y ont cependant peu séjourné, quoique les flamants soient généralement sédentaires dans les marais du midi de la France.

A une pareille condition ont été dus les prétendus

passages des cailles dans nos environs au moment de l'inondation, et dans les premiers jours du mois de novembre. Dus à la même cause que celle qui avait fait abandonner aux flamants les campagnes du Gard, on ne peut les considérer que comme des déplacements produits par l'effet de circonstances locales et tout à fait accidentelles.

Une espèce de l'Amérique septentrionale, le bécasseau pectoral (*tringa pectoralis* Temminck), commune sur les bords du New-Jersey dans les Etats-Unis, où elle vit dans les marais, a été tuée, d'après Temminck, en Angleterre le 17 octobre 1830. Plusieurs individus de ce bécasseau ont été également capturés à Montpellier vers la fin d'octobre de cette même année 1830. Ce fait prouve la coïncidence des migrations des oiseaux et leur étendue. Ce bécasseau, tué en Angleterre et dans le midi de la France, devait être parti des Etats-Unis d'Amérique, sa patrie ordinaire, à peu près à la même époque, puisqu'il est arrivé à sa destination dans le même mois.

Si cette circonstance ne se renouvelait pas, la présence du *tringa pectoralis* des Etats-Unis, soit en Angleterre, soit dans le midi de la France, ne prouverait pas l'importance des passages des oiseaux, pour en déduire la régularité et la périodicité des saisons, et par suite la stabilité des phénomènes terrestres; mais comme il se lie à une infinité d'autres considérations, il est intéressant de le mentionner. Il est donc essentiel de noter l'époque de l'arrivée et du départ des différentes espèces d'oiseaux et de poissons, puisque ces époques se rattachent à des phénomènes du globe, qu'il importe tant d'éclaircir. Ce point de vue est digne non-seulement d'attirer l'attention des savants, mais encore celle des administrateurs, qui devraient faire tenir note des espèces que l'on porte sur les marchés. Cet objet a, du reste, attiré la sollicitude d'un administrateur éclairé, de Marseille, M. Loubon, dont nous nous honorons d'être le confrère.

Il serait également utile qu'on tînt, dans les principales villes de l'Europe, des registres publics et authentiques du prix des grains pour résoudre à leur aide la question relative à la régularité périodique des saisons, question aussi intéressante pour le physicien que pour l'économie politique et sociale.

M. le révérend Everest, en combinant et additionnant les observations faites en Angleterre, depuis 1759 jusqu'en 1779, et depuis 1815 jusqu'en 1839, a montré quelle était leur importance. Elles lui ont indiqué un certain degré de parallélisme entre les deux lignes qui expriment graphiquement le résultat de ces observations en terme moyen. Aussi en a-t-il conclu qu'il devait exister une certaine régularité dans la révolution des saisons, régularité qui coïncide parfaitement avec celle des migrations.

Les progrès de l'agriculture, en déplaçant les végétaux, et introduisant de nouveaux grains et de nouveaux fourrages, ne sont pas sans quelque influence sur l'émigration de certains oiseaux. Ainsi le roitelet de la Caroline (*troglodytes ludovicianus*) et d'autres espèces, qui aujourd'hui sont communes dans les Etats du Nord, y étaient inconnues du temps de Wilson. L'hirondelle de lune (*hirundo lunifrons*, oiseau du Mexique, se présenta pour la première fois sur les bords de l'Ohio en 1815. Cet oiseau attira aussitôt l'attention par la structure de ses nids, maçonnés de boue et réunis en grand nombre, de manière à présenter l'aspect d'un monceau de calebasses jointes ensemble. Chaque année leur émigration a été en s'augmentant; maintenant elle va jusqu'à l'Etat du Maine et au Canada.

Un grand nombre d'oiseaux américains s'arrêtent dans les Carolines; d'autres passent au-dessus du golfe du Mexique, et se rendent dans l'Amérique du Sud; d'autres enfin suivent la direction du pays des Alkghanis, et vont dans le Mexique ou dans des pays encore plus méridionaux.

Des oiseaux très-communs dans le nord de l'Europe, et inconnus dans les Etats-Unis, émigrent des régions polaires jusqu'au Mexique, et suivent les montagnes couvertes de rochers, sans jamais entrer sur les terres cultivées de l'Union. C'est ce qui arrive à une espèce de pie.

On a calculé que des quatre cent cinquante espèces d'oiseaux connues dans l'Amérique du Nord, cent huit seulement sont communes aux deux hémisphères. Ce sont, parmi les oiseaux de proie, des aigles, des éperviers, des hiboux, des corbeaux, etc.; et parmi les oiseaux d'eau, des oies et des canards.

On a supposé que quelques oiseaux voyageurs, en quittant les Etats-Unis, traversaient les tropiques, et allaient vers le pôle sud chercher des climats analogues à ceux qu'ils avaient abandonnés dans le nord, ce qui leur permettait de faire une seconde course. Il paraît que c'est le cas dans lequel se trouve la cigogne d'Europe, qui va pondre et élever une nouvelle famille dans certaines contrées de l'Afrique.

Le râle est un des oiseaux qui a donné lieu aux conjectures les plus étranges sur sa manière de vivre. Aprés être resté absent pendant tout le printemps, il se présenta en août par milliers sur les bords de la Delaware, où il resta jusqu'au mois d'octobre. Alors il disparut tout à coup sans qu'on pût en trouver un seul dans les mêmes lieux où la veille on les rencontrait par centaines. Comme leur vol est pesant, quelques personnes ont pensé qu'ils se cachaient dans les fentes des rochers ou même sous la neige. La vérité est qu'ils émigrent tous ensemble et de nuit, parce qu'ils volent parfaitement dans l'obscurité. Ils vont s'établir beaucoup plus vers le nord; c'est sur les bords marécageux du haut Canada qu'on trouve ordinairement leurs nids.

De même, les espèces erratiques ou de passage proprement dit abandonnent souvent les contrées qu'ils habitaient dans le principe, pour aller chercher ailleurs une nourriture plus abondante. Parmi ceux qui restent sur les glaces du Nord, les uns sont omnivores, comme quelques corbeaux (*corvus corax* et *corvus canadiensis*); d'autres se nourrissent de graines et de fruits; mais les insectivores qui vivent dans les marais, dans les étangs ou sur le bord des courants d'eau, émigrent tous ensemble. Ils vont vers le sud chercher une nourriture qui autrement leur manquerait. Quelques espèces ne vont que du sud au nord et réciproquement; d'autres, au contraire, franchissent ces limites.

Quand les oiseaux d'hiver retournent aux régions hyperboréennes, ils sont remplacés par d'autres espèces analogues qui descendent des tropiques. Ainsi, le faucon à queue fourchue de Mexico et celui du Missisipi viennent nicher dans les bois qu'ont abandonnés les oiseaux de rapine du Nord; en sorte que chaque saison présente des espèces différentes.

D'autres espèces n'émigrent, au contraire, qu'en partie, et en quelque sorte d'une manière accidentelle. Quand les grains sont peu abondants, les perdrix de Virginie (*perdix virginiana*) traversent la Delaware et passent de New-Jersey dans la Pensylvanie. Leur vol est si lourd, que souvent elles ne peuvent achever leur trajet en volant, tombent à l'eau et gagnent l'autre bord à la nage. Lorsqu'elles arrivent ainsi mouillées et exténuées de fatigue, les habitants en prennent sans peine un grand nombre. Nos oiseaux d'Europe nous donnent souvent de pareils exemples d'un transport d'un canton à l'autre, par suite du manque de nourriture qu'ils commençaient à éprouver dans les lieux qu'ils habitaient.

VI. *De l'étendue des migrations des oiseaux.*

Les observations sont déjà assez avancées pour démontrer à quel point les migrations des oiseaux offrent en général de régularité, et en même temps l'étendue de la route qu'ils suivent dans leurs longues excursions. Plusieurs espèces parcourent à peu près toutes les contrées du globe : telles sont les hirondelles et une espèce de martinet. Le premier de ces oiseaux part d'Egypte, va régulièrement au cap de Bonne-Espérance, comme des Etats-Unis d'Amérique aux îles Malouines, et retourne ensuite sans fatigue jusque dans les contrées tempérées de l'Europe. Ce qui est bien plus extraordinaire, certains oiseaux nocturnes, comme l'effraie, en font de même. Ils se trouvent presque sur tous les points du globe, et n'offrent pas de différence essentielle dans l'ensemble de leurs caractères, malgré la distance des pays où on les observe.

Du reste, les longs voyages auxquels se livrent les hirondelles ainsi que les pigeons, les tourterelles, les grues, et principalement la cigogne, ont été connus de tout temps. L'Ecriture nous les dépeint avec la plus grande exactitude, ainsi que ceux qu'exécutent les milans. Elle nous parle également de la régularité des retours de ces oiseaux au printemps, dès que la saison des frimas est passée.

Ce ne sont pas toujours les oiseaux qui jouissent de la plus grande puissance de vol, dont l'étendue des migrations est la plus considérable. Nous avons cité comme un exemple fameux du contraire, les perdrix et particulièrement la caille. Nous ajouterons à ces exemples l'échasse. Malgré la faiblesse de son vol, on la rencontre dans toute l'Europe, en Asie, en Afrique et en Amérique. Si cet oiseau se trouvait dans la Nouvelle-Hollande, il habiterait tous les grands continents terrestres. On est moins surpris de retrouver les étourneaux sur presque toute la surface de la terre, ces oiseaux ayant un vol léger et soutenu. Ils sont si généralement répandus, qu'on les rencontre dans presque toutes les contrées, à l'exception pourtant de la Nouvelle-Hollande, et nous avons cherché à en expliquer les motifs.

La bécassine est encore une de ces espèces éminemment voyageuses, et que l'on retrouve aussi à peu près partout. Nous ignorons si cet oiseau a été observé dans la Nouvelle-Hollande.

Ces faits annoncent que les habitations des oiseaux sont moins circonscrites que celles des autres animaux que leur conformation fixe particulièrement sur la terre. Il en est de même des autres vertébrés qui semblent leur disputer l'empire de l'air, comme les chauves-souris dont le vol ne leur permet pas de se livrer à de longues courses. Aussi ces mammifères volants ne quittent jamais les pays où ils ont pris naissance. On est donc peu étonné de voir Pietro della Valle affirmer que la plupart des oiseaux voyageurs traversent les mers et parcourent tous les continents dans leurs migrations (1).

Il est non moins certain que les oiseaux mettent peu de temps à exécuter les plus longs voyages. L'observation de Belon, qui a trouvé du blé encore entier dans le jabot des cailles qui venaient d'Afrique (2), semble du moins le faire supposer.

Un autre sujet d'études qui se rattache aux migrations, et dont l'importance est bien grande pour la solution de ce problème si compliqué, c'est celui re-

---

(1) *Voyage*, liv. II, chap. XVII

(2) Belon, liv. V, pag. 265.

latif à la route que suivent les oiseaux. Cette route paraît déterminée, d'une part, par le point où ils veulent arriver, et de l'autre, par leurs besoins et surtout par celui de la nourriture.

Aussi les oiseaux d'eau et ceux des rivages suivent le plus constamment dans leurs voyages le cours des rivières, les grands lacs ou les côtes des mers. Lorsque ces espèces aquatiques pénètrent assez avant dans l'intérieur des terres, elles recherchent et séjournent plus ou moins longtemps auprès des amas d'eaux qui se trouvent sur leurs passages. Si ces oiseaux dirigent ainsi leur marche, et s'ils suspendent par là momentanément leurs voyages, c'est que les rivières ou les lacs qu'ils ont rencontrés sur leur route, ont fourni à leurs espèces une nourriture abondante. Ce motif les porte à n'abandonner ces lieux que lorsque le besoin d'aller couver ailleurs les force et les presse.

Par suite d'un instinct non moins merveilleux, ces espèces choisissent de préférence, pour point de ralliement et de départ, les endroits où le passage de la mer aux lacs et aux fleuves est le moins long et le plus occupé par les terres. Aussi la route la plus fréquentée par les oiseaux dont les habitudes sont aquatiques est celle qui longe le plus ordinairement les bords des mers. Du moins c'est celle que tiennent toutes les espèces des deux ordres que nous venons de signaler, et dont la puissance de vol est faible. On voit que dans ce choix, ces animaux ont pour but de suivre les routes les plus favorables pour trouver la nourriture qui leur convient, ne s'occupant guère dans ce choix de la longueur et de l'étendue du chemin.

Par une admirable prévoyance, la nature a donné aux races des eaux douces et salées qui volent peu ordinairement une grande puissance de vol au moment de leur reproduction. Aussi, lorsqu'ils sont dérangés dans cet acte important, leur vol est assez vigoureux et assez longtemps soutenu, pour s'élever même au-dessus des plus hautes montagnes. Il n'est pas rare, par exemple, d'apercevoir pour lors des plongeons, des grèbes, ainsi que divers autres palmipèdes et échassiers qui fréquentent les eaux douces, sur les lacs des Alpes ou des hautes montagnes.

Par des raisons toutes contraires, les espèces granivores, insectivores et rapaces, au lieu de suivre le cours des eaux comme les palmipèdes et les échassiers, se dirigent principalement vers l'intérieur des terres. Elles savent que là, elles rencontreront le genre de nourriture qui leur convient; c'est aussi l'unique motif de leur préférence. Des raisons du même genre portent les innombrables essaims des espèces insectivores et granivores à pousser leurs migrations plus avant vers le sud, que ne le font les oiseaux d'eau, qui étendent principalement leurs courses vers le nord.

Cette différence dans le choix des pays où se rendent ces diverses espèces est facile à comprendre. Les premières savent par instinct, que les insectes et les graines sont plus abondants dans les régions méridionales que dans les contrées septentrionales. La même prévoyance porte les races aquatiques vers ces dernières contrées, où elles comptent trouver dans le sein des eaux des aliments propres à réparer leurs forces épuisées par les fatigues d'un long voyage.

Ainsi, les troupes d'insectivores et de granivores qui viennent de l'est de l'Europe traversent la Grèce et remontent le Nil, tandis que celles qui partent du nord-est parcourent la France, et se rendent de là sur les côtes d'Espagne et de Portugal. Elles se dirigent ensuite vers le sud-ouest, le long des bords de l'Océan, jusqu'au Sénégal, en suivant le cours de la Gambie. On les voit enfin se rendre et séjourner dans cette partie de l'Afrique occidentale.

Les oiseaux rapaces dirigent leurs migrations du haut des régions élevées de l'atmosphère, où ils semblent avoir fixé leur séjour. Ils les étendent cependant de manière à perdre le moins possible la terre de vue. Ils savent fort bien que ce n'est point à la surface des eaux qu'ils peuvent espérer de trouver une pâture suffisante à la violence de leurs appétits. Les terres sèches peuvent seules la leur donner. Ce motif puissant les leur font peu abandonner, à moins qu'une nécessité impérieuse ne les y oblige.

Des vues d'instinct et de conservation dirigent donc ces espèces dans leurs migrations, généralement moins longues que celles auxquelles se livrent les granivores, les insectivores et les aquatiques. Les oiseaux de haut vol sont moins favorisés pour parcourir de grandes distances que pour s'élever dans les hautes plaines de l'air, leur séjour habituel. C'est surtout parmi ceux dont le vol est le plus bas que se trouvent les espèces dont le vol est le plus continu. On en a pour ainsi dire la preuve dans les oiseaux de proie eux-mêmes. Les rapaces nocturnes volent généralement plus rapprochés de la terre que les diurnes; aussi les premiers, malgré la difficulté que la plupart d'entre eux éprouvent pour se diriger pendant le jour, étendent leurs courses beaucoup plus loin, et se transportent dans des contrées plus diverses que les seconds, qui ne sont point éblouis par la lumière du soleil.

Les oiseaux de proie sont ceux qui s'égarent le plus souvent, par la raison toute simple que plusieurs d'entre eux ne peuvent pas toujours suivre la troupe à laquelle ils appartiennent. Les vautours, les aigles et les autres genres analogues de l'ordre des rapaces présentent fréquemment des exemples d'un pareil isolement. Ainsi, le 1er novembre 1838, un individu de l'aigle botté (*falco pennatus* Temm.) fut apporté à M. Lebrun, quoique cet oiseau habite principalement les régions orientales. Il était loin d'être dans le jeune âge; il paraissait tout à fait adulte, environ dans sa cinquième année. Ainsi, l'instinct de voyager ne tient nullement à l'âge des oiseaux.

Les points principaux où les oiseaux suspendent momentanément leurs excursions méritent également notre attention. Ces points ne sont pas choisis par eux d'une manière arbitraire. Du moins plusieurs conditions sont les motifs de leur préférence. Les localités où ils s'arrêtent le plus ordinairement sont rapprochées des îles. Elles sont, pour les espèces voyageuses, comme des sortes d'étapes, aussi bien pour celles qui entreprennent de lointaines migrations que pour les races erratiques. Celles-ci choisissent aussi comme lieu de repos les plages étendues qui servent comme de ceintures aux grandes îles. Les espèces fatiguées viennent s'y abattre et s'y délasser. Lorsque le repos leur a donné de nouvelles forces, on les voit prendre la direction qui convient le mieux à leurs mœurs et à leurs habitudes.

Toutes les plages ou toutes les îles sont loin de leur être indifférentes pour le lieu de leur repos. Ils choisissent préférablement celles qui sont le plus à l'abri des vents violents. Aussi ces animaux franchissent avec rapidité celles qui s'y trouvent exposées, loin de s'y arrêter, comme ils le font dans celles où toutes les circonstances favorables à leurs conditions d'existence semblent réunies.

Il est du reste facile de trouver des preuves évidentes de l'influence qu'exerce sur les passages des oiseaux la position des lieux où ils doivent s'arrêter. Si l'on cherche dans le midi de la France le département le moins exposé aux vents, et le plus riche par sa végétation, le Var semble plus favorisé sous ce rapport que ceux des Bouches-du-Rhône, du Gard, de l'Hérault, de l'Aude et des Pyrénées-Orientales. Aussi ce département est-il plus fréquenté par les oiseaux de passage que ceux dont il est rapproché. Une autre circonstance n'y est peut-être pas sans quelque influence; c'est sa proximité du golfe de Nice, dont les plages sablonneuses et basses sont d'un accès facile aux espèces qui arrivent sur les côtes de la Méditerranée.

Il serait encore possible que la position du Var coïncidât beaucoup mieux que les autres départements voisins avec la direction des vents qui nous amènent les races passagères et erratiques. On sait quelle influence exerce sur l'arrivée et le départ des oiseaux la direction du vent, et celle que sa violence a sur la hauteur de leur vol.

Du moins les vents dominants à l'époque des passages paraissent déterminer la direction que prennent ces animaux, et influer beaucoup sur la quantité plus ou moins considérable qu'il en arrive dans chaque contrée. En effet, pour s'élever et prendre leur essor dans l'air, les oiseaux vont toujours obliquement contre les courants et prennent le vent comme un vaisseau qui louvoie pour gagner le port. C'est également dans le sens opposé à sa direction qu'ils se retournent pour s'envoler ou se reposer, et lorsqu'ils sont posés ou perchés, ils ont toujours le bec au vent. Aussi lorsque, pour éviter un danger qui les menace, ils se laissent emporter par les courants; ils ne peuvent parcourir un long espace sans risquer d'être culbutés.

Il en est de même de ceux qui planent dans les airs ; tels que les martinets, les hirondelles, les alouettes, les calandres et les rapaces. Toutes ces espèces sont obligées de se tourner vers le vent pour se maintenir à la hauteur à laquelle elles parviennent, et surtout pour y conserver longtemps une sorte d'immobilité.

Parmi les oiseaux de passage qui arrivent sur les côtes de la Méditerranée, dont le nombre est d'autant plus considérable qu'ils cherchent à longer la mer, plusieurs voyagent de jour. Il est alors facile de reconnaître que c'est toujours en suivant la direction opposée à celle des vents qu'ils prennent leur essor.

La plupart des espèces qui arrivent vers les bords de la Méditerranée voyagent de l'ouest vers l'est au printemps, et s'en retournent de l'est vers l'ouest en automne. Aussi, pendant les mois de septembre et d'octobre, lorsque le vent est à l'ouest, on observe tous les matins des vols nombreux de divers oiseaux qui se dirigent dans le sens du courant dominant. Mais si sa direction vient à changer, le passage est interrompu, les oiseaux s'arrêtent là où ils se trouvent. Ils attendent ainsi le vent du couchant pour continuer leur voyage. Ce seraient donc les courants contraires à leurs desseins, et non, comme on le présume le plus communément, le vent favorable à leurs passages, qui font rencontrer un plus grand nombre d'espèces dans un canton que dans un autre, et cela parce qu'ils les forcent d'y séjourner.

Citons un exemple de ces faits; prenons-le chez un des oiseaux émigrants, dont les voyages sont les mieux connus et les plus constants. La caille (1) arrive, au printemps, d'Afrique dans le midi de la France. Elle re-

---

(1) Les habitudes voyageuses de cet oiseau ont été bien connues de l'Ecriture. La quantité qui en arriva dans le camp des Hébreux fut si considérable, que toute l'armée s'en nourrit. Elles sont encore extrêmement communes aux bords de la mer Rouge, ainsi qu'elles l'étaient du temps de Moïse et de Josèphe, d'après le dire de ce dernier.

tourne en automne aux lieux qu'elle avait quittés aux premières approches des beaux jours. Elle voyage donc ainsi du midi au nord, et du nord au midi. C'est vers les côtes de la Méditerranée que se dirige cet oiseau. Les rivages de cette mer sont bordés, en beaucoup d'endroits, de vastes étangs salés, dont ils ne sont séparés que par une lisière de terrain sablonneux, plus ou moins large, connue sous le nom de plage. Tous les ans à la fin d'avril et au commencement de mai, lorsque le vent souffle du midi, un grand nombre de cailles sont abattues sur la grève. Tant que le vent reste à la mer, les cailles séjournent sur la plage; mais s'il tourne au nord, même en plein jour, elles gagnent toutes l'intérieur des terres. Dans le mois de septembre, au contraire, lorsque le vent est au nord, on trouve une grande quantité de ces oiseaux dans les champs et les vignobles. Mais si la brise de mer se lève, ou même pendant un temps calme, pourvu toutefois que la mer gronde, ce qui indique du vent au large, les cailles continuent leur passage et disparaissent des contrées méridionales.

Une preuve évidente que ces oiseaux ne se laissent pas volontairement pousser par les courants, c'est que lorsque à l'époque de leur arrivée au printemps le vent du midi devient impétueux, on trouve aux bords de la mer beaucoup de cailles qui, ayant été culbutées, se sont noyées sans pouvoir atteindre la terre ferme. Ce fait prouve combien il doit en périr dans la traversée. Aussi est-il probable qu'une foule d'oiseaux succombent dans leurs migrations, précipités dans l'Océan par la violence des ouragans ou des tempêtes, ou enfin par celle des courants contraires à la direction qu'ils suivent.

Par une admirable prévoyance de la nature, les espèces cosmopolites, qui ne quittent le sein des eaux que pour déposer leurs œufs, peuvent échapper à ces dangers et se soutenir sur la surface des mers sans nager ni plonger. Au milieu des plus fortes tempêtes, on voit les pétrels, les frégates et quelques autres espèces aquatiques piétiner à la surface de l'Océan et s'y maintenir au moyen de leurs longues ailes, malgré le roulis des vagues.

Les cailles, de même que les autres oiseaux, voyagent donc vers le vent; mais en admettant, contre toute vraisemblance, qu'elles se laissent pousser par les courants, la direction de leur passage n'en serait pas changée. Elle serait toujours la même; seulement leur marche pourrait être contrariée par leur violence, et ces animaux seraient forcés de s'arrêter au milieu de leurs migrations, ce qui ne les empêcherait pas de les continuer plus tard.

Supposons que plusieurs cailles partent d'un même point de l'Afrique, les unes par le vent du nord-ouest et les autres par celui du nord-est, elles effectueront également leur passage. Mais les unes arriveront en Espagne ou en France, les autres en Turquie ou en Tartarie, toutes dans la même latitude, mais à deux mille lieues les unes des autres. Ainsi, sans contrarier les lois des migrations imposées aux oiseaux et même en les favorisant, le vent peut les diriger vers des points divers, et les faire trouver en plus grande quantité dans tel ou tel pays.

Cette circonstance a probablement la plus grande influence sur les lieux auxquels se transportent les oiseaux. Aussi voyons-nous un grand nombre d'espèces qui exécutent de longues migrations, voyager sur une très-grande échelle, et parcourir la presque totalité de la surface du globe. Cette cause exerce la plus grande influence sur l'irrégularité des voyages des oiseaux. Peu d'années se passent sans que l'on ne remarque des passages extraordinaires de certaines espèces, dans des lieux où on ne les avait jamais aperçues et où on ne les verra pas de longtemps.

Le nombre d'une espèce qui fréquente un même pays est donc très-variable d'une année à l'autre, et à tel point, que les chasseurs les désignent en disant l'année des *cygnes*, ou des *outardes*, ou enfin des *flamants*, des *oies*, des *canards*, des *merles roses*, des *becs-croisés*, des *pinsons* et des *tarins*. Ces irrégularités, comme les inégalités dans le nombre des espèces voyageuses, dépendent en partie de la direction des vents qui exerce une assez grande influence sur les migrations ou les passages des oiseaux.

Ce que nous venons de dire, sur la circonstance qui porte les oiseaux à se diriger dans une direction opposée à celle du vent, peut même être saisi à priori. S'ils suivaient la même direction que celle de l'air, le courant redresserait leurs plumes, et les empêcherait par conséquent de pouvoir voler. D'un autre côté, leur queue, qui leur sert en quelque sorte d'aviron ou de gouvernail dans leur ascension, ou qui lorsqu'elle manque est suppléée par la longueur des pattes, deviendrait pour lors un obstacle à leur marche. Loin de leur être utile, leur queue les forcerait à prendre une tout autre route que celle qu'ils voudraient suivre. Ainsi l'expérience aussi bien que leur organisation annoncent que pour que les oiseaux se livrent à de longues migrations, ou même à des passages, il faut qu'ils aient le vent au bec, c'est-à-dire que leur marche soit toujours oblique à la direction des courants.

VII. *De la constance dans les migrations des oiseaux.*

Malgré ces causes variables, une constance remarquable a lieu dans les passages des oiseaux émigrants, constance moins sensible dans ceux des espèces erratiques. Nous voyons presque régulièrement, dès le mois de février, les grives qui ont quitté les forêts de la Corse, arriver sur les côtes du midi de la France, pour regagner bientôt les forêts du Nord, d'où elles doivent nous revenir vers les mois d'octobre et de novembre. Les espèces de ce genre nichent aussi parmi nous, de même que la plupart des merles. On doit cependant en excepter la litorne, qui fait constamment son nid dans le Nord, qu'elle abandonne pourtant aux approches de l'hiver.

Les étourneaux comme les grives opèrent deux passages chaque année parmi nous; les uns et les autres se suivent de près, du moins à l'époque de leurs premières excursions. Lorsque les étourneaux arrivent, quelques bécasses se montrent encore dans nos bois, qu'elles vont bientôt quitter. Mais le mois de mars est le signal du départ des palmipèdes, qui fréquentent l'hiver, en grand nombre, les étangs salés des côtes de la France. Poules d'eau, morelles, râles, hérons, pluviers, vanneaux, courlis, bécasseaux, oies, canards, harles, et une foule d'autres oiseaux ont fui et ont fait place à de nouveaux hôtes. Les huppes, les loriots, les tourterelles, les merles de roche, les traquets, particulièrement le motteux, les pipits, les ortolans, les fauvettes, et les fringilles viennent pour lors nous visiter, et nous réjouir de leur présence. Tout le mois d'avril est consacré à leurs passages; mais dès les premiers jours du même mois, les hirondelles et les martinets ont salué le retour du printemps, et nous ont annoncé l'arrivée de la belle saison.

En mai paraissent les guêpiers, les rolliers et les cailles. Pendant que ces oiseaux opèrent leurs passages, les cresserelles et les hobereaux établissent leur domicile sur les caps les plus hauts, ou sur les sommités de quelques rochers élevés au-dessus des eaux. Mais après le mois de juin, les passages des oiseaux se bornent à de jeunes individus, dont les nichées ont eu lieu à peu de distance de nos contrées. A mesure que leur nombre augmente, on voit apparaître divers oiseaux de proie dont la mission est de les détruire, car il entre dans les vues de la nature d'empêcher une trop grande multiplication des espèces herbivores.

Vers la fin d'août et de septembre, les cailles nous visitent encore; à peu près à la même époque, les pies-grièches, les loriots, les ortolans, les huppes, les pipits, les engoulevents recommencent leurs courses aventureuses.

Les mois d'octobre et de novembre sont consacrés aux voyages des pigeons, des corbeaux et des grues, dont le nombre est d'autant plus grand, que la température s'est abaissée. Ces oiseaux décrivent souvent une ligne fort étendue, formant de longues processions dont les intervalles sont à peine sensibles. Plus tard enfin, les sarcelles, les canards, les foulques, viennent prendre possession des eaux de nos étangs, que ces espèces avaient quittés, il y avait quelques mois.

Chose non moins remarquable, tous ces oiseaux opèrent ordinairement ce tableau mouvant de leurs migrations constamment renouvelées, en troupes plus ou moins considérables. Ils voyagent toujours par bandes, et se réunissent pour mieux se défendre contre les dangers qui les menacent dans leurs longues traversées. Un autre motif peut bien aussi les y porter; c'est celui du même sentiment qui les anime pour satisfaire le besoin le plus impérieux de leur existence.

Il n'y a d'exception à cette loi générale que pour quelques oiseaux rapaces, comme par exemple les aigles et les vautours, ces tigres des airs, qui voyagent par couples séparés. Images des méchants dont ils accomplissent la fatale destinée, ces oiseaux de proie vivent solitaires et comme isolés, non-seulement au milieu des légers habitants de l'air, mais même au milieu de leurs espèces. Le besoin de société se fait néanmoins sentir chez plusieurs oiseaux rapaces. En effet, les faucons cresserelles, et à pieds rouges, qui vivent aussi de gros insectes, paraissent exécuter leurs voyages en grandes troupes; on assure qu'il en est de même des milans, des balbusards, des pygargues et des laniers.

Telle est en abrégé l'histoire des passages qu'opèrent les oiseaux émigrants dans le midi de la France. Cet exposé, tout succinct qu'il est, peut donner une idée assez juste des causes qui les déterminent. Si nous n'avons rien dit dans ce résumé des excursions auxquelles se livrent les espèces erratiques, c'est qu'elles n'ont rien de fixe ni de régulier, et qu'elles sont presque uniquement déterminées par l'espoir de trouver ailleurs une température et une nourriture qui leur manquaient dans les pays qu'ils viennent de quitter. Ces voyages, dont l'étendue est généralement peu considérable, n'ont presque rien de commun avec ces longues excursions déterminées non par des besoins impérieux, mais par un instinct plus puissant qui les force à changer de climat à des époques fixes et déterminées pour chaque espèce.

On nous demandera peut-être si le besoin de se reproduire, qui attirerait les oiseaux dans des lieux plus favorables, a quelque influence sur leurs migrations, ainsi qu'il paraît en exercer sur les passages des poissons, au dire de Bloch. Pour se former une idée juste à cet égard, il faut définir ce qu'on doit entendre par patrie des oiseaux; car si on suppose que là où ils pondent leurs œufs, là est aussi leur pays, il s'ensuit que la reproduction ne peut avoir beaucoup d'influence sur leurs passages.

Serait-ce parce que certains oiseaux voyageurs

viennent retrouver le nid qu'ils avaient quitté l'année précédente, ou pondent plusieurs années de suite, dans le même trou d'arbre, comme cet étourneau dont ont parlé Linné et Klein (1)? Ces circonstances, loin d'être générales, sont au contraire exceptionnelles; elles ne peuvent donc produire quelque effet sur un phénomène aussi constant et aussi régulier que celui des migrations. Tout au plus pourraient-elles exercer quelque influence sur les passages des oiseaux erratiques, qui, déterminés par des circonstances extérieures, pourraient bien en ressentir l'impression.

On le supposerait du moins, si l'on voulait s'en tenir aux observations de Casteby, auquel nous devons un excellent ouvrage sur les oiseaux d'Amérique, et qui admet, comme un fait, que leurs passages ont lieu par suite du besoin qu'ils éprouvent de chercher les endroits les plus favorables à opérer leur ponte.

Le besoin de se reproduire exerce si peu d'action sur les migrations et même sur les passages des oiseaux, que souvent les mâles arrivent dans une contrée avant les femelles. Il en est de même de l'époque de leur départ : les premiers quittent le pays où ils

---

(1) *Amœn. Academ.*, tom. IV, pag. 595. Id. Klein, *Prodrom. Hist. avium.*, pag. 191.

s'étaient rendus bien avant que les femelles songent à les abandonner, lors même que ces oiseaux n'y ont pas fait leurs nids. Si la reproduction déterminait ces voyages, les deux sexes devraient partir ensemble : il est loin, cependant, d'en être toujours ainsi.

Si les mâles quittaient seulement les premiers les contrées où les femelles auraient niché, on pourrait supposer que celles-ci demeurent pour veiller aux soins de leurs petits, tandis que les pères pourraient s'en dispenser. Cette circonstance ne se représentant pas dans la plupart des cas où les oiseaux ont niché dans le pays qu'ils abandonnent, le départ des mâles avant celui des femelles doit être déterminé par le même instinct qui porte les deux sexes à voyager, et qui se développerait plus tôt chez les uns que chez les autres.

L'inégalité dans l'époque du départ des mâles et des femelles est, du reste, aussi frappante que celle qui porte à peu près constamment les vieux oiseaux à partir avant les jeunes ; seulement la raison de cette dernière circonstance est plus facile à comprendre que celle de la première, ainsi qu'on aura pu en juger d'après l'ensemble de nos observations.

VIII. *Résumé.*

Les oiseaux, considérés relativement à leurs habitudes voyageuses, se divisent en quatre groupes principaux, c'est-à-dire en émigrants, en cosmopolites, en erratiques et en sédentaires.

Les premiers, ou les oiseaux émigrants, les seuls qui opèrent leurs migrations à des époques fixes et périodiques, exécutent aussi les voyages les plus étendus. Leurs passages d'une contrée à une autre, et souvent dans des pays séparés par de grandes distances, semblent déterminés par un instinct dépendant de leur organisation, ou par une puissance intérieure à laquelle ils ne savent ni ne peuvent résister. Les circonstances extérieures, telles que la température, la direction ou la force du vent, l'abondance ou la privation d'une nourriture convenable, peuvent bien avoir quelque influence sur leurs longues migrations ; mais elles ne les provoquent et ne les règlent jamais.

Ce phénomène est sous la dépendance d'une influence plus puissante que tous ces besoins. Ces besoins ne donnent jamais à ces animaux les inquiétudes, les agitations, et cette espèce de fièvre qui les assiége et les tourmente lorsque le moment du départ est arrivé. Cette époque venue, les oiseaux trouveraient-ils dans les lieux qu'ils vont quitter, toutes les circonstances favorables à leur existence ? Ces circonstances seraient-elles les mêmes que celles qu'ils vont rencontrer ailleurs, il n'en faudrait pas moins qu'ils partent. Leur nature, leur instinct, leur organisation, tout leur être enfin les force d'une manière irrésistible à se déplacer et à échanger contre la vie paisible des champ qui les ont vus naître, les hasards et les chances aven tureuses des longs voyages.

Le besoin de partir, de se transporter au loin dan d'autres climats, est plus impérieux pour les oiseau que celui de manger ou de ressentir l'impressio d'une douce température. C'est une condition encor plus essentielle de leur existence à laquelle ils son forcés de céder, et contre laquelle vient même se briser toute l'influence de l'homme.

Lorsque nous voulons retenir les espèces voyageuses à ces époques si importantes de leur vie, nous les voyons dans une anxiété et un état de souffrance presque continuel. Leurs mouvements brusques et irréguliers témoignent hautement combien ils sont impatients de satisfaire aux désirs pressants que la nature leur a inspirés. Si, contraints par notre influence, ils sont forcés de résister à cet instinct impérieux, ces animaux languissent et finissent par succomber sans s'occuper de la nourriture qu'on leur présente ou de la douce température qu'on maintient autour d'eux. Il y a plus encore, malgré toute la tendresse des oiseaux pour leurs petits, leur famille même ne les intéresse plus lorsque le moment du voyage est arrivé. Les mères les plus affectionnées la quittent sans efforts comme sans regrets, pour aller sur l'aile des vents gagner d'autres régions.

Les espèces erratiques ne voyagent au contraire, et n'exécutent leurs passages accidentels dans des pays différents de ceux qu'ils habitent ordinairement, que pour assouvir le besoin qui les presse, ou pour trouver ailleurs une température appropriée à leurs exigences. Aussi les excursions auxquelles elles se livrent n'ont rien de fixe ni de périodique ; bien différentes en cela des voyages des espèces émigrantes si remarquables par leur régularité.

Les courses vagabondes des oiseaux erratiques ont souvent lieu pendant plusieurs années de suite. Dans d'autres circonstances, elles restent le même espace de temps sans se reproduire et se renouveler. Inconstantes comme les saisons dont elles dépendent en partie, elles ne sont liées qu'avec des besoins qui peuvent se manifester à des époques plus ou moins éloignées les unes des autres, sans suite comme sans régularité. Les oiseaux erratiques n'éprouvent pas cependant le moindre inconvénient de ces variations; les motifs qui les portent à se déplacer n'ont eux-mêmes aucune sorte de fixité ni de constance.

Pour exécuter leurs voyages accidentels et passagers, les races erratiques, moins hardies et moins entreprenantes que les oiseaux émigrants, ne bravent pas comme eux les tempêtes ; elles n'affrontent pas l'aquilon lorsqu'il s'agit de quitter les pays qui les ont vus naître. Peu impatientes de changer de climats, elles attendent le moment favorable pour exécuter leurs voyages, commandés plutôt par un besoin vague que par un instinct impérieux tout à fait irrésistible. Aussi les étendent-ils rarement aussi loin que les excursions auxquelles se livrent les oiseaux émigrants. La longueur et la périodicité des voyages de ces derniers est pour nous un sujet continuel d'étonnement, tout autant que l'ordre et la régularité qui les caractérisent.

D'autres espèces ne voyagent ni d'une manière fixe comme les races émigrantes, ni d'une manière irrégulière comme les erratiques ; elles sont pour ainsi dire dans un mouvement et une agitation continuelle. Toujours en course, on les trouve dans presque toutes les mers ; on ne les voit à terre que pour se reproduire et y déposer leurs œufs. Les mers sont en quelque sorte leur unique élément; aussi leur organisation leur permet de se soutenir sur la surface des eaux par leurs piétinements, aidés à cet égard par la grandeur de leurs ailes. Elles leur servent de point d'appui lorsque fatiguées elles sont lasses de parcourir les vastes plaines de l'air. Véritables cosmopolites, ces espèces maritimes n'ont pour ainsi dire pas de patrie, car elles errent continuellement au milieu de l'immensité de l'Océan. On ne peut guère considérer comme leur pays les fentes de quelques écueils ou de quelques récifs isolés, plus ou moins élevés au-dessus des eaux, où ces oiseaux vont déposer leurs œufs.

S'il fallait caractériser d'une manière particulière les habitudes de ces animaux toujours en mouvement, on pourrait les considérer comme les cosmopolites des oiseaux. Cette expression semble leur convenir tout autant que celles d'émigrants et d'erratiques, que nous avons données aux autres espèces voyageuses. Du reste, ainsi qu'il est aisé de le pressentir, ces races cosmopolites sont uniquement des oiseaux aquatiques. On peut citer comme exemples les pétrels, les frégates qui volent continuellement sur la surface de l'Océan, à l'exception des courts moments où ils vont à terre déposer et pondre leurs œufs.

Des habitudes plus calmes et plus tranquilles caractérisent d'autres espèces. Elles ne paraissent pas cependant être déterminées par l'impuissance où elles sont de fendre les airs comme sont les manchots, les casoars et les toyous.

Ces derniers, qui ne peuvent pas se servir de leurs ailes pour voler, sont par cela même nécessairement sédentaires ; mais d'autres oiseaux, quoique bons voiliers, quittent peu les lieux de leur naissance. On ne les voit presque jamais abandonner leur pays, quelque changement qu'éprouve la température, ou quelque grandes que puissent être les exigences d'une nourriture convenable. Toujours fidèles à leur patrie, ils n'en ambitionnent pas d'autre, et mettent constamment leur bonheur dans une vie sans trouble comme sans danger.

Ces espèces stationnnaires ont des mœurs totalement différentes des races émigrantes, erratiques et cosmopolites : comme elles semblent tout à fait en opposition avec les habitudes que commande l'organisation de ces animaux, elles sont aussi fort rares chez les habitants des airs. C'est surtout chez les oiseaux de l'ancien continent, que le nombre des espèces sédentaires est le plus limité, tandis qu'il s'étend chez les races du nouveau monde. Cette particularité tient peut-être à ce que celles-ci exigent une température élevée et ne se nourrissent que du nectar des fleurs. Or, de pareilles circonstances ne peuvent pas se représenter sur une très-grande étendue de pays; dès lors elles rendent ces espèces sédentaires dans les lieux où elles les trouvent constamment réunies.

Chose non moins singulière, ces habitudes diverses sont propres à la fois à différentes espèces d'un même genre ou à la même espèce dans des âges différents. Quelquefois le même oiseau est erratique relativement à une contrée, où il fait des excursions accidentelles, tandis qu'il est sédentaire relativement à telle autre. De pareilles circonstances se représentent par rapport aux mêmes espèces, mais seulement dont l'âge est différent. Ainsi certains oiseaux sont à la fois émigrants ou erratiques à une époque de leur vie, et sédentaires dans une autre. Il est néanmoins curieux d'observer des habitudes aussi diverses chez la même espèce, et cela suivant les phases de son existence. Il n'y a donc rien d'absolu par rapport à ces oiseaux, puisque leurs mœurs sont totalement opposées suivant l'âge auquel on les observe.

D'un autre côté, des races qui ont dû être éminemment voyageuses, si elles ne le sont pas encore, puisqu'elles se trouvent dans toutes les régions du globe, contrairement aux lois de la distribution des animaux, paraissent néanmoins sédentaires. Elles semblent se maintenir assez constamment dans leur terre natale. La plupart des individus qui font partie de ces espèces si universellement répandues voyagent peu sans doute ; mais il n'en est pas de même de leur ensemble. On ne saurait supposer que ces oiseaux ont perdu les habitudes de leurs parents ; car la dispersion de ces derniers sur toute la surface de la terre prouve à quel point ils ont étendu leurs courses et leurs migrations.

Ainsi, la chouette effraie, quoiqu'elle soit éminemment voyageuse, puisqu'on la rencontre partout, n'en passe pas moins pour être une race essentiellement sédentaire. Si elle l'est dans ce moment, du moins en partie et dans certaines contrées, il est incontestable qu'elle n'a pas dû l'être d'une manière constante. C'est ce qu'annoncent à la fois sa dispersion et les lois générales de la distribution des êtres vivants.

Leur observation, et tout ce que nous savons de relatif à la géographie zoologique aussi bien qu'à la géographie botanique, nous prouve que chaque espèce vivante a été disséminée dans le principe des choses dans des centres particuliers de création, et a caractérisé telle ou telle région, ou tel ou tel continent. Chaque contrée a donc eu ses races particulières, souvent différentes même par leurs caracteres génériques de celles qui occupent des pays ou des contrées fort rapprochés les uns des autres. Ainsi il n'y a aucune espèce commune entre la Nouvelle-Hollande et l'Amérique, pas plus qu'il n'y en a entre celles qui animent le nouveau monde et celles qui peuplent l'ancien continent.

Les races délicates, ou celles qui ne peuvent pas éprouver de changement sensible dans les circonstances extérieures, sans en ressentir trop vivement l'impression, sont aussi peut-être les seules qui aient conservé leur position première. Il n'en est pas de même des races robustes. Leur organisation leur permet de résister à l'influence de la diversité des milieux ambiants. Aussi elles se sont d'autant plus écartées de leur primitive distribution, qu'elles ont pu surmonter sans danger de grands changements dans les climats qui leur avaient été assignés à leur origine.

Une autre circonstance, non moins puissante et non moins impérieuse, a encore contribué à les éloigner des lieux de leur naissance. Son influence a été d'autant plus sensible, que l'instinct, ou, si l'on veut, le besoin de se déplacer a été plus irrésistible et plus pressant. Dès lors les migrations, ainsi que les voyages accidentels auxquels se livrent tant d'animaux, ont considérablement altéré l'ordre primitif de leur distribution. La constance de ces phénomènes tend, par son action continuelle, à effacer les traits de leur position première, et à intervertir les lois de la nature.

Comme à ces influences qui entraînent après elles un grand nombre de variations vient s'ajouter celle de l'homme, nous sommes loin de connaître la véritable distribution des êtres vivants. Mais puisque, malgré les nombreuses variations produites par l'action des causes maintenant agissantes, la plupart des espèces gardent encore une position déterminée dans une zone qui lui a été affectée, évidemment ces stations ont dû être plus fixes à l'origine des choses.

En effet, la chouette effraie (*strix flammea*) ainsi que l'hirondelle de cheminée (*hirundo rustica*), contrairement à la généralité des animaux, n'ont pas été disséminées sur la presque totalité du globe, où elles se trouvent cependant. Elles doivent sans doute une distribution aussi universelle à leur humeur voyageuse et à leurs longues migrations. Du reste, en traçant sur notre carte la route que ces oiseaux paraissent suivre dans leurs migrations, nous n'avons pas entendu par là qu'ils la parcourussent chaque année. Il semble, au contraire, que parmi les individus qui composent ces espèces une faible partie seulement se déplace d'un pays à l'autre. Les mêmes individus sont loin de parcourir dans la même année, et quelquefois même dans tout le cours de leur vie, la totalité du globe. Nous avons eu égard plutôt au maximum de l'étendue des migrations, si l'on peut s'exprimer ainsi, qu'à leur réalité, en tant qu'elles auraient lieu dans le court intervalle d'une année.

Ces diverses irrégularités donnent au phénoméne des migrations quelque chose de mystérieux lorsqu'on l'étudie sans avoir égard aux circonstances qui y produisent ces variations. Elles sont d'autant plus frappantes, qu'elles apparaissent aussi bien chez les espèces émigrantes que chez les erratiques, quoique avec une moindre fréquence et une moindre intensité. En effet, les chasseurs et les pêcheurs qui observent seulement les faits de détail ne peuvent s'expliquer pourquoi une année les passages ou les migrations de telle ou telle espèce d'oiseaux ou de poissons sont beaucoup plus abondants que l'année précédente, et pourquoi enfin ces passages ou ces migrations n'ont plus lieu à une autre époque.

Si cette absence, ou si cette plus grande fréquence se fait remarquer chez les espèces erratiques, c'est une suite nécessaire des variations des circonstances qui les portent à se déplacer, et qui par cela même entraînent dans leurs voyages toutes sortes d'anomalies et d'irrégularités. Lorsqu'au contraire ces circonstances se présentent chez les races émigrantes, elles tiennent à l'étendue de leurs excursions, si considérable qu'elles ne peuvent les exécuter en entier, dans le court intervalle d'une année. Plus ces races éprouvent de fatigue par la longueur du trajet qu'elles ont à parcourir, et moins leurs passages sont nombreux dans une station déterminée.

Il peut encore arriver que des obstacles imprévus retardent l'arrivée ou même le départ de ces espèces voyageuses. L'une ou l'autre de ces causes ont nécessairement de l'influence sur la régularité de leurs excursions. Il est du reste facile de saisir que les légers habitants des airs, et les êtres qui vivent dans le sein des eaux, sont les seuls qui peuvent exécuter d'aussi longues et d'aussi périlleuses migrations. Sans doute les animaux qui habitent les terres sèches et découvertes se déplacent aussi ; mais les voyages auxquels ils se livrent parfois n'ont jamais l'étendue et encore moins la régularité des migrations ni même des passages des oiseaux et des poissons.

Les remarques précédentes ne s'appliquent pas seulement aux oiseaux ; elles sont également relatives aux courses auxquelles se livrent une foule de poissons. Pour ne pas trop surcharger de détails la carte destinée à montrer la route que suivent ces animaux dans leurs longues excursions, nous nous sommes borné à indiquer celle tenue par les harengs et les maquereaux. Il en est de ces poissons comme des oiseaux voyageurs ; très-certainement tous les individus de ces deux espèces ne font pas toutes les années le long circuit que nous avons indiqué. Cependant, comme parmi eux un grand nombre se livrent à d'aussi longues excursions, à eux seuls se rapportent les indications que nous avons données à cet égard. Ces indications sont donc loin de comprendre la totalité des individus qui composent ces espèces émigrantes.

Les tableaux que nous allons tracer de l'époque des migrations des oiseaux et des poissons feront du reste parfaitement saisir ce que ces faits ont de particulier et de constant.

Ces observations générales sur les habitudes des oiseaux semblent indiquer que le phénomène de leurs migrations ou de leurs passages n'est pas un fait simple que l'on puisse expliquer par une seule cause. Aussi n'est-il saisissable que lorsqu'on en étudie les conditions diverses et que l'on parvient à démêler les causes qui le provoquent et le déterminent.

L'examen des diverses circonstances qui accompagnent les migrations et les passages de ces animaux dont le sang est si chaud, semblent démontrer que les voyages des espèces émigrantes sont le résultat d'un instinct supérieur à tous les besoins, comme à l'action des milieux, sous l'influence desquels elles sont placées. Tout au plus les excursions accidentelles des races erratiques sont commandées par des besoins physiques plus ou moins pressants, ou déterminées par l'impression des agents extérieurs. Dès lors, les migrations des premières doivent avoir une périodicité remarquable, tandis que les passages des secondes sont aussi inconstants que les variations des saisons qui exercent sur ce phénomène une influence notable.

Les habitudes voyageuses des oiseaux cosmopolites leur sont aussi fortement inculquées que les mœurs stationnaires le sont chez les espèces sédentaires. Celles-ci manquent en effet de cet instinct qui pousse les espèces émigrantes à se déplacer à des époques fixes ; elles n'éprouvent pas non plus ces besoins qui tourmentent les oiseaux erratiques. Seules parmi les habitants des airs, les races sédentaires restent indifférentes au milieu du mouvement continuel qui agite les êtres qui leur sont communs par l'organisation. Leur stabilité leur paraît préférable à cette agitation sans cesse renaissante dont ils sont entourés, et dont ils ne comprennent pas plus sans doute les motifs que la cause.

Les observations précédentes ont certainement suffi pour faire saisir l'importance des mots à l'aide desquels nous avons voulu peindre à l'esprit les divers motifs qui portent les oiseaux à se livrer à des migrations ou à des voyages plus ou moins étendus. Ainsi nous avons nommé *émigrants* ceux qui, par suite d'un instinct particulier, se déplacent à des époques fixes et constantes. Nous avons désigné sous le nom d'*erratiques* les espèces qui se livrent à des courses passagères, et qui n'ont rien de régulier. Les excursions de ces dernières sont presque toujours déterminées par des motifs qu'il est facile de pressentir, comme par exemple ceux d'une température plus élevée ou d'une nourriture plus appropriée à leurs besoins. Quant aux oiseaux qui sont toujours en mouvement, et qui voyagent constamment, nous les avons considérés comme des *cosmopolites ;* c'est aussi sous cette dénomination que nous les avons signalés.

Enfin nous avons envisagé ceux qui ne quittent jamais les lieux qui les ont vus naître comme des espèces *sédentaires ;* et celles-ci sont, ainsi qu'on a pu le juger, les moins nombreuses. Ces dénominations bien comprises nous donnent en quelque sorte la clef du phénomène des migrations. Elles semblent du moins être l'expression générale des faits que nous venons de rappeler. Il nous reste maintenant à savoir si ceux qui sont relatifs aux autres classes des vertébrés, ou des invertébrés, nous conduiront aux mêmes conclusions. C'est à ce but que nous allons consacrer la fin de ces recherches.

IX. *Tableau de l'époque des passages des oiseaux.*

OBSERVATIONS GÉNÉRALES.

Les détails dans lesquels nous allons entrer sont comme les preuves des observations générales consignées dans la première partie de notre travail. Ils démontreront du moins que les habitations des oiseaux sont moins circonscrites que celles des autres animaux, et que la plupart des espèces émigrantes traversent les mers dans leurs voyages. Ils prouveront enfin que la plupart des oiseaux des pays froids, généralement gras, sont revêtus d'une fourrure plus épaisse que celle dont sont couvertes les races des régions équatoriales.

Partout les êtres vivants se montrent en harmonie avec les climats et les circonstances extérieures sous l'influence desquels ils sont placés. Ces rapports sont surtout sensibles, lorsqu'on étudie la distribution des familles des oiseaux dans les différentes contrées du globe.

Les palmipèdes, parmi lesquels on peut signaler les

diverses espèces d'oies et de canards, les harles, les macareux, les manchots, les pétrels, les goënlands, les stercoraires, les fous ou boubies, les cormorans, les plongeons, les guillemots, le pingouin brachyptère, s'avancent le plus vers le Nord. Après ce grand ordre d'oiseaux, quelques pinnatipèdes, parmi lesquels on peut citer les phalaropes, sont les races qui parviennent le plus avant vers les contrées polaires.

De pareilles habitudes caractérisent également un assez grand nombre d'échassiers; mais ceux-ci, moins bien fourrés que les précédents, s'arrêtent avant les premiers. Quoique du Nord, ils ne fréquentent pas cependant les régions les plus glacées, craignant davantage les rigueurs du froid. Les grues, les hérons, les spatules, les bécasses, les chevaliers, les maubêches, les sanderlings, le vanneau pluvier, qui appartiennent à cet ordre, sont du nombre de ces espèces qu'un froid trop vif épouvante, et fait quitter les pays où ils craignent d'en ressentir les rigueurs.

Des motifs tout à fait contraires portent les oiseaux granivores vers les régions tempérées, où ils sont sûrs de trouver en abondance la nourriture qui leur convient. On peut citer parmi les oiseaux qui ont de pareilles habitudes, les alouettes, les bruants, les gros-becs, les bouvreuils, les becs-croisés, du moins parmi ceux qui vivent en Europe. Quant aux espèces granivores de l'Afrique, de l'Asie et de l'Amérique, les tisserins, les phytotomes, les colious, les psittacins, les tangaras et une foule d'autres genres, elles se trouvent particulièrement à des distances considérables des régions septentrionales. Les oiseaux qui se nourrissent d'insectes se rencontrent surtout dans les régions tropicales. Des millions de ces animaux éclosent à chaque instant, et pullulent d'une manière réellement prodigieuse.

C'est en effet dans les contrées brûlantes qu'on découvre les pies-grièches, les loriots, les mainates, les couroucous, les barbus, les coucous, les oiseaux de paradis, les pies, les todiers, les alcyons, les promerops, les grimpereaux, les colibris, les gobe-mouches, les fauvettes, les bergeronnettes, les mésanges et une foule d'autres passereaux ; ceux-ci sont essentiellement insectivores, quoique quelques-uns d'entre eux se nourrissent également de graines ou de fruits, et quelques-uns même de poissons. Cependant plusieurs espèces insectivores émigrent d'une manière périodique vers les contrées tempérées. Les migrations des hirondelles et des martinets sont trop connues pour en douter ; mais leurs passages n'ont jamais lieu qu'au printemps ou lorsque les beaux jours ont fait naître une foule d'insectes, même dans les régions dont la température n'est pas très-élevée.

Les oiseaux piscivores se trouvent généralement répandus sur toutes les mers, aussi bien sur celles des régions tropicales, que sur les mers polaires. Les espèces qui ont de pareilles habitudes trouvent partout une nourriture suffisante et conforme à leurs besoins.

Les oiseaux se distinguent également par leurs mœurs et leurs habitudes intéressantes, qui les signalent entre les autres animaux. La plupart de leurs espèces sont non-seulement monogames; mais elles vivent dans une union qui ne cesse qu'avec la mort de l'un des sexes. L'union des oiseaux est caractérisée par cette circonstance, que les mâles, vivant en monogamie, prennent soin eux-mêmes de leur progéniture, tandis que chez les mammifères, l'homme excepté, la femelle seule s'occupe de ses petits.

Chez les animaux inférieurs, même chez les vertébrés, comme les poissons et les reptiles, la femelle est toujours dispensée de l'obligation de prendre soin de ses petits à partir de l'instant de la ponte. Les insectes qui vivent en société sont peut-être les seuls qui fassent exception à cette loi générale.

Faber rapporte pourtant que chez les poissons le mâle du *cyclopterus lumpus* se fixe auprès des œufs et les surveille avec tout autant d'activité que de satisfaction après les avoir fécondés ; ce fait, en le supposant exact, a peu d'importance en comparaison des soins que les mâles de plusieurs oiseaux prennent de leurs petits.

Ces soins commencent dès que ces animaux s'occupent de la construction de leur nid ; le mâle y fait le plus souvent sentinelle, et observe par avance tous les lieux où il peut être convenablement établi. On ignore s'il en est de même chez les rapaces. Les mœurs de ces oiseaux, et particulièrement celles des genres cathartes, des sarcophanges, des gypogermes et des vautours, sont encore trop peu connues, pour rien affirmer à cet égard. Il est difficile de dire quelque chose de satisfaisant de la manière d'être du mâle relativement à sa progéniture ; nous possédons seulement quelques observations intéressantes sur les mœurs et les habitudes des aigles. Quant à celles des espèces du genre gypaëte, elles sont totalement inconnues.

L'observation nous a seulement appris que les grands aigles de mer (*falco leucocephalus*) planent par couples sur leurs aires. Le mâle, comme la femelle, paraît prendre soin de l'éducation de ses petits. De plus, le mâle leur apporte leur nourriture et les guide de concert avec la femelle, quand ils ont quitté leur nid : les deux sexes continuent cette surveillance, jusqu'au moment où leurs petits sont assez grands pour pouvoir se procurer eux-mêmes leur subsistance et veiller à leur sûreté. De pareils faits s'observent également chez les vrais aigles et les aigles de rivière (*pandion*).

Probablement les mêmes habitudes existent chez les cacaetos et les archibates. Quant à ce qui est des vraies buses (*buteo*), du moins d'après ce que nous apprend M. Brehm, non-seulement le mâle nourrit la femelle pendant tout le temps qu'elle couve, mais il prend soin des petits avec le plus grand empressement et la plus tendre sollicitude. Ainsi le mâle du *buteo medius* de cet ornithologiste veille constamment sur sa femelle pendant tout le temps qu'elle couve. Il y a plus encore : lorsque celle-ci quitte le nid, le mâle y accourt de suite et se pose lui-même sur les œufs, et y reste jusqu'au retour de sa femelle.

Un de ces couples, où l'on avait suivi tous ces manéges, fut tué, la femelle d'abord et le mâle le lendemain. Un petit fut pris dans le nid ; on reconnut qu'il n'avait pas pris de nourriture depuis la veille, le mâle n'ayant pas osé braver le danger et lui en apporter, quelque grande que pût être sa tendresse. Une autre espèce de buse, le *buteo murum*, ayant fait son nid, on vit le mâle nourrir non-seulement la femelle pendant tout le temps qu'elle était occupée à couver, mais continuer ses tendres soins après que leurs petits étaient éclos. La femelle ayant été tuée, le mâle se rendit de suite au nid, où il eut le même sort. Un autre couple du même genre, le *buteo septentrionalis*, s'empara de ce nid, et la femelle y déposa ses œufs. Pendant tout le temps que dura la couvaison, le mâle fut aussi assidu que sa compagne pour soigner leurs petits. Il s'éloignait si peu du lieu où ils se trouvaient, qu'il fut pris, ainsi que sa femelle, dans un filet que l'on avait préparé pour les saisir.

Le mâle du pernis nous présente un exemple de tendresse pour sa progéniture, encore plus remarquable ; il offre du moins le seul exemple entre les oiseaux de proie d'assister, non-seulement sa femelle pour nourrir ses petits, mais encore pour couver leurs œufs. Les deux sexes se relèvent donc alternativement, afin de maintenir auprès d'eux cette douce température qui les fait plus tôt et plus sûrement éclore.

Les mâles des milans roux et brun noirâtre paraissent avoir à peu près les mêmes soins que les autres oiseaux de proie. Ils sont cependant plus craintifs et moins dévoués à leurs petits que les autres rapaces. Aussi, lorsqu'ils redoutent quelque danger, ils quittent le nid; ils planent pour lors sur leur aire, en se tenant hors de la portée des armes à feu. Lorsque la crainte du danger se prolonge, on assure qu'ils laissent tomber, de la hauteur à laquelle ils se maintiennent, la nourriture de leurs petits. On prétend qu'ils le font avec une si grande adresse, que les jeunes milans en profitent presque toujours.

Les mâles des faucons (*falco*) ont les mêmes habitudes et se donnent les mêmes soins pour leur progéniture. Quoique ceux du faucon voyageur (*falco peregrinus*) n'aient que les deux tiers de la grandeur de leurs femelles, ils ne les nourrissent pas moins pendant tout le temps qu'elles couvent. Ils les assistent également avec la plus grande tendresse dans tout ce qui tient à l'éducation de leurs petits. Ces mâles ont un grand attachement pour leur famille; ils se tiennent à peu près constamment sur le rocher où ils ont construit leur aire, longtemps après le moment où leurs femelles ayant été tuées, les petits ont été enlevés du nid.

Ils témoignent ainsi par cette position fixe, et dont rien ne peut les arracher, la douleur et les regrets qu'ils éprouvent de la perte de leur famille. Telles sont quelques-unes des précautions que les oiseaux apportent à la conservation et à la durée de leur race. Ces soins sont si constants et si actifs, qu'ils annoncent leur tendre sollicitude pour leurs petits. Sous ce rapport, il y a peu de distinction entre eux; du moins, les oiseaux rapaces, dont les mœurs sont les plus farouches, sont loin cependant d'être dépourvus d'attention et même d'amour pour leurs petits.

On s'est demandé si de pareilles habitudes étaient communes à tous les vertébrés ovipares, et si, par exemple, les reptiles qui pondent comme les oiseaux des œufs séparés, les couvaient comme ces derniers. Il paraît que les serpents des régions tempérées se bornent à déposer leurs œufs dans des trous exposés au midi, et qu'ils éclosent ainsi naturellement, lorsque l'époque de leur maturité est arrivée.

La difficulté d'observer les mœurs de ces animaux

généralement redoutés avait fait penser qu'il en était de même de toute la classe des reptiles. L'éclosion qui a eu lieu au mois de mai dernier de plusieurs petits *boas*, au jardin des plantes, a paru élever quelques doutes à cet égard. Du moins ce genre de serpents semble avoir couvé ses œufs à la manière des oiseaux. Il paraît même avoir développé dans l'incubation une chaleur suffisante à la naissance des jeunes de ces animaux.

Comme ces faits ont été contestés, il est nécessaire d'entrer dans quelques détails à cet égard. Les grands serpents des Indes sont enfermés dans la ménagerie du muséum de Paris, dans des caisses en bois sous des couvertures en laine, et échauffés par de l'eau maintenue entre 70 et 75 degrés de chaleur. Cette chaleur communique à la boîte une température d'environ 22 à 27 degrés. C'est dans l'une de ces boîtes qu'a été placée une femelle du serpent boa ou python à deux raies (*python bilineatus*). Cette femelle pleine, soumise à cette température, pondit quinze œufs elliptiques tous séparés les uns des autres et ayant à peu près deux fois la longueur des œufs d'une poule.

Livrée à elle même, elle enroula la partie postérieure de son corps autour des œufs rassemblés par elle en un tas. Elle replia le reste de son corps en spirale, dont sa tête occupait le sommet. Pendant toute la durée de la couvaison, la chaleur de ce serpent augmenta d'une manière sensible, d'après ce qu'a rapporté M. Valenciennes. Cet animal développa ainsi, d'après lui, une température supérieure de 15 à 18 degrés au milieu dans lequel il était plongé.

L'incubation dura ainsi 56 jours sans interruption. Pendant tout ce temps le serpent boa ne quitta pas un instant sa position. Les petits se mirent de suite à ramper du moment qu'ils furent sortis de l'œuf. Ils ne commencèrent pourtant à manger que quatorze jours après leur naissance. Il parut en être chez ce reptile comme chez les oiseaux, où l'élévation de température, quoique variable, est cependant plus élevée au commencement de l'incubation qu'à la fin.

D'après les expériences dues à M. Valenciennes, la température des oiseaux varierait de 42 à 46 degrés, du moins chez les poules, et cela d'après l'état plus ou moins avancé des oiseaux lors de leur incubation. Le même observateur a fait de plus remarquer que l'incubation des reptiles était un fait si connu dans l'Inde qu'il entrait même dans leurs contes populaires.

Cette opinion a été contredite de la manière la plus formelle par M. Duméril, auquel nous devons une histoire extrêmement détaillée des reptiles. Ce savant a fait observer que les serpents sont des animaux à sang froid, c'est-à-dire des animaux dont le corps prend la température du milieu dans lequel ils se trouvent, ou des objets avec lesquels ils sont en contact. Il croit donc que, lors des expériences de M. Valenciennes, il avait dû se développer, par le fait de quelques œufs écrasés ou des matières de déjections de l'animal répandues sur le foin de la litière, une fermentation capable d'élever la température ambiante, et nécessairement aussi la température du serpent.

M. Duméril rapporte la plus grande partie de la chaleur développée dans cette circonstance à la température du germe lui-même. Les œufs des serpents, de même que les graines des végétaux, ont besoin pour se développer d'éprouver l'action de la chaleur, de se trouver en contact avec l'humidité du sol et avec les éléments que l'air et l'eau leur transmettent. Quand une fois cette excitation de la vie végétale a été produite, elle paraît se continuer par une action interne qui ne peut s'arrêter qu'au détriment de l'existence. Ainsi les œufs fécondés d'une poule soumis à l'action d'une douce température, ont conservé ou développé le même degré de chaleur après qu'on a eu interrompu pendant plusieurs heures et même pendant une demi-journée cette température artificielle.

L'explication des faits observés par M. Valenciennes paraît, à M. Duméril, être dans l'application de ces idées. D'après ce dernier, l'élévation de température constatée chez la mère ne doit pas lui être attribuée. Elle provient du germe et de la conservation du calorique transmis antérieurement, ou de l'action vitale qui s'exerce dans l'intérieur des œufs.

D'après cette théorie, les germes qui avaient été échauffés artificiellement se sont développés. Leurs organes sont entrés en fonctions, et les phénomènes qui ont lieu pendant la vie se sont manifestés à l'aide de la pénétration du calorique. Le corps de la mère, qui le recevait, s'est mis probablement en équilibre avec la température moyenne. Les œufs ont partagé cette chaleur naturelle, elle s'est également distribuée entre eux, puisqu'ils étaient empilés les uns sur les autres sous une sorte de voûte fermée de toutes parts, et surtout dans sa partie supérieure, qui n'a pas permis à la chaleur de s'échapper de cette espèce de tour ainsi circonscrite.

Il ne serait pas du reste étonnant qu'au moment de la couvaison les serpents, comme la plupart des animaux, eussent une température plus élevée, que dans leur état ordinaire. Cet accroissement de chaleur peut d'autant plus avoir lieu, que les plantes, considérées longtemps comme tout à fait dépourvues de calorique, en acquièrent cependant des quantités très-notables pendant certains moments de leur développement et de leur floraison ou fructification.

TABLEAU

DE L'ÉPOQUE

DES PASSAGES DES OISEAUX.

ORDRES.	GENRES ET ESPÈCES.	ÉPOQUES DES PASSAGES DES OISEAUX.
I. Palmipèdes.	1° Pingouin (*alca* Linn.). Pingouin macroptère (*alca torda* Temm.).	Cette espèce erratique ne se montre pas constamment en hiver sur les côtes méridionales de la France où sa venue est assez irrégulière. Il est des années où elle passe cependant en grand nombre. La patrie de cet oiseau est vers les mers arctiques où il se reproduit. Il pond un seul œuf dans les fentes des rochers qui bordent les côtes de la mer. Néanmoins il porte ses excursions non-seulement en France, en Angleterre, en Hollande et en Norwége, mais toujours accidentellement et en hiver. Ce pingouin passe le plus ordinairement en janvier et en février, quoique cependant on le voie dans le midi de la France au mois de mars où il prend sa parure de noces.
	Pingouin brachiptère (*alca impennis* Temm.).	Cette espèce sédentaire abandonne peu les hautes latitudes du globe, préférant toujours les régions couvertes de neiges éternelles. Elle se trouve habituellement sur les glaces flottantes du pôle arctique, dont elle ne s'éloigne qu'accidentellement. Très-commun dans tout le Groënland, cet oiseau visite rarement les îles Orcades et Saint-Kilda.
	2° Macareux (*mormon* Illig.). Macareux moine (*mormon fratercula* Temm.).	Cette espèce habite les régions polaires des deux mondes. Elle appartient aux oiseaux émigrants. Ses passages ont lieu sur les côtes de la France, de l'Angleterre, de la Hollande et de la Norwége d'une manière périodique et régulière. Certains individus nichent dans les régions tempérées, quoique la véritable patrie de ces oiseaux soit l'extrême nord. Cette circonstance n'a peut-être lieu que par suite de quelques accidents survenus à certains d'entre eux. On voit constamment dans les provinces méridionales de la France plus de jeunes que de vieux individus de cette espèce, mais seulement en hiver.
	3° Guillemot (*uria* Briss.). Guillemot à	Le guillemot à capuchon habite les mers arctiques des deux mondes. Ses passages ont lieu en hiver d'une manière périodique et constante sur les côtes de la Norwége, de la

ORDRES.	GENRES ET ESPÈCES.	ÉPOQUES DES PASSAGES DES OISEAUX.
I. Palmipèdes.	capuchon (*uria troile* Lath.).	Baltique, enfin jusqu'en Hollande, en Angleterre et le nord de la France. Les voyages périodiques qu'exécute cette espèce ont lieu en grandes bandes, et d'une manière tellement régulière, qu'on doit la ranger parmi les oiseaux émigrants
	Guillemot à gros bec (*uria Francsii* Leach.).	Cet oiseau habite les mers glaciales du pôle arctique. Il paraît sédentaire dans le détroit de Davis, au Groënland, au Spitzberg et dans la baie de Baffin.
	Guillemot à miroir blanc (*uria grylle* Lath.).	Ce guillemot habite les mêmes contrées que le guillemot à gros bec, mais il paraît opérer en hiver des passages plus ou moins accidentels le long des côtes de l'Océan. Si ces faits sont exacts, il appartiendrait à l'ordre des oiseaux erratiques.
	Guillemot nain (*uria alle* Temm.).	Cette espèce habite jusque sous les glaces du pôle, étant plus abondant en Amérique qu'en Europe. Comme la précédente, ses passages n'ont lieu sur les côtes de la Hollande, de l'Angleterre et du nord de la France, que d'une manière accidentelle. Cette espèce erratique y semble amenée par la rigueur de l'hiver ou poussée par la violence des ouragans.
	4° Plongeon (*colymbus* Lath.). Plongeon imbrim (*colymbus glacialis* Linn.)	Ce plongeon habite les mers arctiques des deux mondes; il est très-abondant aux Hébrides, en Norwége, en Suède et en Russie où il niche constamment. Il ne fait que des passages accidentels en hiver le long des côtes de l'Océan : mais on n'y remarque que de jeunes individus. Vieux, ils n'y paraissent jamais. Ainsi cet oiseau serait erratique dans le jeune âge, tandis qu'à l'âge adulte il serait sédentaire, du moins nous ne voyons dans le midi de la France que des individus revêtus de la livrée de la première et deuxième mue.
	Plongeon lumme (*colymbus arcticus* Linn.).	Cette espèce, comme la précédente, très-abondante dans tous les pays du Nord, habite les mers arctiques des deux mondes. Elle fait en hiver des excursions accidentelles en Allemagne, en Hollande et en Angleterre, mais sans aucune distinction d'âge. Aussi n'avons-nous jamais vu cette espèce dans le midi de la France.
	Plongeon catmarin (*colymbus septentrionalis* Linn.).	Le plongeon catmarin habite les mers arctiques des deux mondes, où il niche constamment. Ses passages sont assez réguliers vers la fin de l'automne ou en hiver, sur les côtes de la Hollande, de l'Angleterre et de la France. Il parvient même jusque dans le midi de la France et de l'Italie; mais, à ce qu'il

ORDRES.	GENRES ET ESPÈCES.	ÉPOQUES DES PASSAGES DES OISEAUX.
I. Palmipèdes.		paraît, on n'y voit aussi que de jeunes individus, les vieux ne poussant pas leurs excursions aussi loin. Cet oiseau, par suite de ses habitudes incertaines, fait en quelque sorte le passage des espèces émigrantes aux erratiques. On le voit du moins se retirer avec promptitude vers les régions septentrionales, dès que les beaux jours sont revenus. Mais ce qui prouve qu'il doit être compris parmi les oiseaux émigrants, c'est qu'il paraît pousser ses excursions jusqu'en Asie et au Japon. D'un autre côté, il ne visite le midi de la France et le nord de cette contrée qu'à l'âge d'une année, tandis qu'il n'y paraît à l'âge adulte que rarement.
	5° Fou (*sula* Briss.). Fou de Bassan *sula alba* Meyer).	Cette espèce a encore pour patrie les mers arctiques des deux mondes. Elle est très-abondante aux Hébrides, en Ecosse et en Norwége. De passage accidentel sur les côtes de la Hollande et de l'Angleterre, on la dit très-commune dans une petite île du golfe d'Edimbourg. Elle niche constamment vers le nord. Cette race erratique ne paraît pas, jusqu'à présent, avoir été rencontrée sur les côtes du midi de la France, quoique Polydore Roux ait cru le contraire, et l'ait figurée dans son ouvrage destiné uniquement à faire connaître les oiseaux de la Provence.
	6° Paille-en-queue (*phaeton* Linn.).	Ce fou paraît du petit nombre des espèces sédentaires. Il quitte rarement la zone torride, où il vole continuellement sur la surface des eaux, n'allant jamais à terre que pour nicher. Aussi la rencontre de cette espèce au milieu des mers est un indice certain pour les navigateurs qu'ils sont dans le voisinage du tropique. Toutes les espèces de ce genre paraissent avoir les mêmes habitudes.
	7° Frégates (*pelecanus* Linn.).	Les oiseaux qui appartiennent à ce genre se font remarquer par l'étendue et la puissance de leur vol, qui leur permet de franchir des distances immenses. Aussi les trouve-t-on en pleine mer fort loin de toute terre, principalement entre les tropiques. On en a ainsi rencontré qui étaient à plus de quatre cents lieues des côtes. Comme les frégates ne se livrent pas à des passages périodiques et réguliers ni accidentels, et que d'un autre côté elles voyagent constamment au milieu de l'immensité des mers, abandonnant peu cependant le voisinage des tropiques, elles mériteraient peut-être de faire une classe à part par suite de leurs habitudes. C'est à l'ordre de ces oiseaux que nous avons donné le nom de *cosmopolites*, qui convient à leurs mœurs et à leur humeur vagabonde.

ORDRES.	GENRES ET ESPÈCES.	ÉPOQUES DES PASSAGES DES OISEAUX.
I. Palmipèdes.	8° Cormoran (*carbo* Meyer). Grand cormoran (*carbo cormoranus* Meyer).	Le cormoran habite les contrées septentrionales des deux mondes, d'où il étend ses passages assez constamment périodiques, en Hollande, en Angleterre et en France. Il est seulement beaucoup plus rare dans le Midi que dans le Nord, nichant habituellement dans ces dernières contrées, qu'il ne quitte guère que l'hiver. Néanmoins il niche parfois dans le midi de la France, soit dans les fentes des rochers, soit sur les arbres, soit enfin sur les joncs.
	9° Pélican blanc (*pelecanus onocrotalus* Linn.).	Le pélican habite les contrées orientales de l'Europe, notamment la Hongrie, la Dalmatie et la Russie. Il fréquente en général le bord des rivières et des lacs, ainsi que les côtes maritimes où il niche habituellement. Néanmoins cette espèce étend fort loin ses excursions ; en effet on la trouve en Afrique, en Asie, particulièrement au Japon, et même jusqu'en Amérique. Il n'est pas certain qu'on l'ait rencontrée jusqu'à présent dans le Midi; mais, d'après ses excursions lointaines qui paraissent être assez régulières, on peut comprendre le pélican parmi les oiseaux émigrants, d'autant que MM. Polydore Roux et Moquin l'ont observé parfois dans les provinces méridionales de la France.
	10° Harle (*mergus* Linn.). Grand harle (*mergus merganser* Temm.).	Cet oiseau habite les régions arctiques des deux mondes. Il étend ses excursions régulières lorsque le froid le chasse des pays où il niche ordinairement, non-seulement dans la plupart des contrées tempérées de l'Europe, mais encore dans toute l'Asie, et particulièrement au Japon. Il est fort commun l'hiver sur les côtes de l'Allemagne, de la Hollande, du nord de la France, et même parfois dans le Midi, comme par exemple en 1838. Lorsque la belle saison arrive, le grand harle se retire dans les contrées boréales, et passe même jusqu'en Islande. De pareilles habitudes sont communes aux autres espèces de ce genre, c'est-à-dire à l'harle huppé (*mergus serrator* Linn.), et à l'harle piette (*mergus albellus* Linn.).
	11° Canard (*anas* Linn.). Canard sauvage (*anas boschas* Temm.).	Ce canard habite le nord des deux continents; mais en automne il commence à se montrer par petites bandes dans les contrées tempérées, qu'il quitte ensuite dès les premiers jours de printemps. C'est principalement vers la mi-octobre ou au plus tard à la fin de ce mois qu'arrivent leurs premiers passages dans le midi de la France. Ils sont d'autant plus abondants que la température est plus élevée. Mais, lorsque les frimas se sont emparés de nos campagnes, ils nous aban-

ORDRES.	GENRES ET ESPÈCES.	ÉPOQUES DES PASSAGES DES OISEAUX.
I. Palmipèdes.		donnent, et étendent leurs migrations en Afrique, et même jusque dans l'Amérique septentrionale. D'autres passages, mais moins réguliers que ceux de l'automne, ont lieu vers la fin de février ou au commencement de mars. Ceux qui ne restent pas dans les contrées du midi de la France pendant la plus grande partie de l'année sont loin d'attendre le retour de l'été pour regagner le Nord, où ils vont passer la belle saison. Il est certain que plusieurs individus du canard sauvage nichent dans nos contrées, et y veillent aux soins de leur reproduction. Il existe même une chasse particulière qui commence vers la fin de juin et dure jusqu'au mois d'août. On la nomme en patois languedocien *à labrans;* cette chasse en fait périr un grand nombre. Les pennes alaires n'ayant pas acquis leur entier développement, ces oiseaux se laissent prendre pour lors avec facilité. Il est du reste aisé de se procurer un grand nombre d'œufs de cette espèce. Des habitudes à peu près semblables sont communes à un assez grand nombre d'autres espèces de canards; mais celles-ci, comme l'*anas boschas*, quittent en automne le nord de l'Europe pour gagner le Midi, d'où elles étendent ensuite leurs excursions jusqu'en Asie et particulièrement jusqu'au Japon. On peut citer parmi ces espèces de canards, le chipeau, le siffleur, le souchet, le garrot, le morillon, la sarcelle d'hiver, la double macreuse, la macreuse, et plusieurs autres espèces D'après les voyages périodiques et réguliers auxquels se livrent ces canards, ils paraissent appartenir aux oiseaux émigrants.
	Canard eider (*anas mollissima* Temm.).	L'eider habite les mers glaciales voisines des régions polaires. Il est surtout très-répandu en Islande, en Laponie, au Groënland et au Spitzberg. Il se trouve aussi assez communément aux Orcades et aux Hébrides; mais il est fort rare en Suède et en Danemark, où il est de passage accidentel, ainsi qu'en Allemagne. Il paraît enfin que les jeunes seuls se montrent sur les côtes de l'Océan où les vieux ne se rencontrent jamais. Cette espèce erratique, dont les passages n'ont rien de fixe ni de régulier, n'arrive presque jamais dans le midi de la France; on n'y voit guère en hiver que quelques individus égarés qui se rapportent toujours à des femelles et à de jeunes individus. Les vieux n'y paraissent pas plus que sur les côtes de l'Océan.
	Canard macreu-	Ce canard, ainsi que la double macreuse (*anas fusca* Temm.), est fort rare dans le

ORDRES.	GENRES ET ESPÈCES.	ÉPOQUES DES PASSAGES DES OISEAUX.
I. Palmipèdes.	se (*anas nigra* Temm.).	midi de la France. L'un et l'autre sont de passage périodique sur les côtes du nord de la France, d'où seulement quelques individus s'égarent jusque dans nos provinces méridionales, lorsque les froids sont vifs et piquants. La patrie de ces deux oiseaux est à peu près la même; l'un et l'autre habitent les mers arctiques des deux mondes, d'où ils se répandent vers les contrées tempérées, et en nombre d'autant plus considérable, que l'hiver fait sentir ses rigueurs dans les contrées où ils nichent. Aussi la macreuse peut-elle être rangée parmi les races émigrantes, par suite de la périodicité et de la constance de leurs passages.
	Canard tadorne (*anas tadorna* Temm.).	La tadorne habite le nord et les contrées occidentales de l'Europe le long des bords de la mer, d'où elle se répand d'une manière périodique sur les côtes de la Hollande, de l'Angleterre et de la France. Elle ne se montre guère dans l'intérieur des continents que d'une manière tout à fait accidentelle. Cet oiseau paraît cependant étendre ses migrations jusqu'en Asie, et particulièrement jusqu'au Japon. Il est certain que la tadorne est plus abondante sur les côtes de l'Océan que sur celles de la Méditerranée. Cet oiseau voyage toujours par paires, c'est-à-dire par couples uniques et séparés, habitudes qui sont communes à certaines espèces de canards. Une seule exception se fait remarquer; elle existe relativement à l'eider, qui arrive dans le midi de la France seul et tout à fait isolé. Probablement ces canards qui nous viennent ainsi solitaires ne sont que des individus égarés.
	12° Cygne (*cycnus* Linn.). Cygne sauvage (*cycnus musicus* Temm.).	Cet oiseau habite les contrées boréales des deux mondes, d'où il émigre en hiver vers les côtes maritimes de la Hollande, de l'Angleterre et de la France. Comme l'espèce précédente, il pénètre peu dans l'intérieur des terres; le cygne sauvage, qui souvent pousse ses excursions jusque dans le midi de la France, les étend même jusqu'en Asie, et particulièrement jusqu'au Japon.
	Cygne tuberculé (*cycnus olor* Temm.).	Ce cygne, dont l'élégance fait la parure de nos jardins, habite les grandes mers de l'intérieur, surtout vers les contrées orientales de l'Europe. Mais en hiver, lorsque le froid est vif et piquant, il passe accidentellement dans le midi de la France. Si l'espèce précédente peut être considérée comme un oiseau émigrant, il n'en est pas de même de celle-ci, dont les passages sont aussi accidentels que l'inconstance des saisons. Il paraît en être de même du cygne à

ORDRES.	GENRES ET ESPÈCES.	ÉPOQUES DES PASSAGES DES OISEAUX.
I. Palmipèdes.		bec noir (*cycnus musicus*), qui n'arrive jamais dans les pays tempérés que lors des très-grands froids. On ne l'a jamais aperçu dans le midi de la France.
	13° Oie (*anser* Temm.). Oie hyperborée (*anser hyperboreus* Temm.).	L'oie hyperborée habite les régions américaines du cercle arctique, d'où elle émigre régulièrement vers les contrées orientales de l'Europe. Quelques individus égarés arrivent en Autriche, en Prusse, rarement en Hollande, et plus rarement encore dans le midi de la France. Cette espèce niche en Sibérie et dans les contrées polaires de l'Amérique; d'après la régularité de ces excursions, elle doit être comprise parmi les oiseaux émigrants.
	Oie cendrée (*anser ferus* Temm.).	Cette espèce habite les mers, les plages et les marais des contrées orientales; elle avance rarement vers le Nord au delà de 53°. Ses passages en Allemagne et vers le centre de l'Europe sont aussi réguliers que ceux qu'elle fait en hiver en Hollande et dans le midi de la France. Elle reste peu dans cette dernière contrée, qu'elle quitte toujours à l'approche du printemps. Cette espèce paraît être la souche de toutes les oies domestiques, et se rattacher comme la précédente aux races émigrantes.
	Oie sauvage (*anser segetum* Tem.).	L'oie sauvage habite les contrées arctiques où elle niche constamment. Elle émigre périodiquement à deux époques différentes vers les régions tempérées dont elle n'est chassée que par de très-grands froids. Alors seulement elle se montre dans les contrées méridionales, particulièrement dans celles de la France. Mais, pour si peu que le froid devienne moins vif, elle quitte le Midi pour s'enfuir vers les contrées septentrionales, son séjour habituel. Elle est assez abondante lors de son double passage en Allemagne, et dans le nord de l'Europe, mais surtout, à ce qu'il paraît, en France. Il n'en est pas de même dans le centre et le midi de l'Europe, où ses excursions sont tout à fait accidentelles, en sorte que cette espèce est tantôt émigrante et erratique, du moins dans certaines contrées.
	Oie rieuse (*anser albifrons* Temm.)	Cette oie vit également dans les régions voisines du cercle arctique, où elle niche habituellement. Elle paraît être assez commune en Sibérie, d'où elle étend ses excursions jusqu'en Hollande et le midi de la France. Mais, dès que la belle saison approche, cette espèce, comme la précédente, nous quitte, pour voyager vers les régions arctiques, où elle a fixé son séjour.

ORDRES.	GENRES ET ESPÈCES.	ÉPOQUES DES PASSAGES DES OISEAUX.
I. Palmipèdes	Oie bernache (*anser leucops* Tem.).	La bernache habite les parties les plus froides et les plus sauvages du Groënland, de la Laponie et de la Sibérie. Elle est de passage accidentel en automne et en hiver dans les pays tempérés, d'où elle s'avance parfois jusque dans le midi de la France. Elle niche vers les contrées polaires, son séjour habituel.
	Oie cravant (*anser bernica* Tem.).	Cette oie a également pour patrie les régions arctiques, où elle niche constamment. Elle porte ses courses en automne et en hiver dans les pays tempérés, comme la Hollande et le nord de la France. Elle s'arrête peu en Allemagne, et parvient rarement jusque dans le midi de la France. Cet oiseau, ainsi que d'autres espèces de ce genre, retourne constamment, au printemps, vers les régions où il construit son nid et où il se reproduit. Il paraît donc erratique comme la bernache, dont il a à peu près les mœurs.
	Oie à cou roux (*anser rufficollis* Pallas).	L'oie à cou roux a pour patrie les contrées arctiques de l'Asie et les bords de la mer Glaciale. Elle paraît cependant émigrer d'une manière périodique en Russie; mais ce n'est que très-accidentellement qu'elle étend ses excursions jusqu'en Allemagne, et bien rarement en Angleterre. On ne rencontre jamais l'oie à cou roux ni en Hollande ni en France. Emigrante relativement à la Russie, cette espèce est simplement erratique eu égard à l'Allemagne.
	14° Thalassidrome (*thalassidroma* Temm.) (*thalassidroma pelagica* Temm.) (oiseau des tempêtes vulg.).	Cet oiseau a l'habitude, avant les tempêtes, d'aller chercher un asile à l'arrière des vaisseaux; aussi, à raison de cet instinct, on l'a nommé l'oiseau des tempêtes. La patrie de cette espèce intéressante paraît être les mers du Nord, particulièrement celles de l'Amérique septentrionale. Elle se tient également aux Orcades, et aux Hébrides. Elle s'égare rarement sur les côtes de l'Océan, et plus rarement encore sur celles de la Méditerranée, arrivant parfois jusque dans le midi de la France. D'après les mœurs que nous venons d'assigner à cette espèce, on doit la ranger, ce semble, parmi les oiseaux erratiques, dont les migrations n'ont rien de régulier ni de périodique. Comme nous avons déjà parlé de l'apparition de cet oiseau, qui est pour les navigateurs un signe presque certain des tempêtes qui vont suivre, nous croyons inutile d'insister plus longtemps à cet égard.
	15° Pétrel (*pro-*	Les pétrels vivent à peu près constamment comme les phaétons sur la surface des mers,

ORDRES.	GENRES ET ESPÈCES.	ÉPOQUES DES PASSAGES DES OISEAUX.
I. Palmipèdes.	*cellaria* Linn.). Pétrel fulmar (*procellaria glacialis* Linn.).	n'allant à terre que pour nicher. Ils se tiennent donc lorsqu'ils veulent se reposer sur les écueils et les glaces flottantes des régions polaires. Ils n'arrivent que très-accidentellement sur les côtes de l'Angleterre et de la Hollande, presque jamais sur celles de la France, et particulièrement sur celles du Midi. Ces oiseaux sont un de ceux qui s'éloignent le plus des côtes, et se trouvent à de plus grandes distances de tout continent. Peut-être doivent-ils, en partie, cette faculté, à l'habitude qu'ils ont de piétiner sur l'eau, et de s'y soutenir à l'aide de leurs ailes; c'est pour eux le seul repos qu'ils prennent. D'après leurs mœurs, les pétrels doivent être classés parmi les espèces erratiques. Du moins, les passages qu'ils font ailleurs que dans les contrées où ils nichent ordinairement, c'est-à-dire les mers polaires, sont tout à fait accidentels et n'ont rien de fixe ni de régulier. Tels sont ceux qui les font arriver, parfois, jusque sur les côtes de l'Amérique, et particulièrement sur celles du Chili.
	16° Puffin (*puffinus* Temm.). Le puffin cendré (*puffinus cinereus* Temm.).	Le puffin habite toutes les mers; il est très-répandu sur toutes les côtes de la Méditerranée, soit sur celles de la Corse, de l'Italie, du midi de la France et de l'Espagne. Il étend même ses excursions jusqu'au Sénégal et au cap de Bonne-Espérance, et, dans ce grand intervalle, cette espèce ne présente aucune différence appréciable. Les grandes excursions auxquelles se livre cet oiseau ne paraissent pas être régulières ni périodiques; il appartiendrait donc à l'ordre des espèces erratiques, ainsi que le genre suivant.
	17° Stercoraire (*lestris* Illig.). Stercoraire pomarin (*lestris pomarinus* Temm.).	Cet oiseau habite les régions glacées du Nord; on le trouve dans les régions du cercle arctique, aux Orcades, et sur les côtes d'Écosse, de Suède et de Norwége. Les vieux arrivent très-accidentellement sur les bords du Rhin, ainsi que sur les côtes de l'Océan. Les jeunes s'égarent plus souvent vers les bords de la mer des pays tempérés, et pénètrent parfois dans l'intérieur des continents, se tenant pour lors sur les bords des lacs de la Suisse et de l'Allemagne.
	Stercoraire cataracte (*lestris cataractus* Temm.).	Cette espèce habite, comme la précédente, les régions du cercle arctique. Elle passe accidentellement sur les côtes de la Hollande, surtout aux approches des tempêtes, dont sa présence est un signe presque certain. Parfois elle y est poussée après les orages et les ouragans, ce qui cependant est plus rare. Cet oiseau étend également ses excursions accidentelles jusque dans l'Amérique méridionale.

ORDRES.	GENRES ET ESPÈCES.	ÉPOQUES DES PASSAGES DES OISEAUX.
I. Palmipèdes.	Stercoraire parasite (*lestris parasiticus* Boie).	Cet oiseau habite les régions arctiques des deux mondes, surtout celles d'Amérique. Il est commun au Groënland, sur les bancs de Terre-Neuve et au Spitzberg, où il niche. Il se montre fort rarement dans les régions tempérées, vers lesquelles il paraît émigrer accidentellement. Il en est de même des excursions qu'il fait sur les côtes de Norwége, et moins souvent sur celles d'Islande. Observé jusqu'à présent sur les côtes maritimes de la Hollande, de l'Angleterre, du nord de la France, il n'a pas été aperçu dans le Midi.
	Stercoraire Richardson (*lestris Richardsonii* Tem.)	Cette espèce habite les bords de la mer Baltique, la Norwége, la Suède, se montre en été en Islande, à Féroe et aux Orcades, et pousse quelquefois ses excursions, dans cette saison, vers les lacs et les rivières situés dans l'intérieur des terres. On la voit aussi dans l'Amérique du Nord sous les régions du cercle arctique. Les jeunes s'avancent jusque dans les contrées méridionales; mais les vieux s'y montrent plus rarement. Toutes les excursions auxquelles se livre cette espèce paraissent accidentelles, en sorte que, comme tous les oiseaux du même genre, elle est essentiellement erratique.
	18° Mouette (*larus* Linn.). Mouette à manteau noir (*larus marinus* Linn.).	Cette mouette, très-répandue aux Orcades et aux Hébrides, habite constamment les rivages de la mer, surtout vers ceux du nord de l'Europe. Elle n'est pas moins commune lors de son double passage sur les côtes de la Hollande, de l'Angleterre et de la France; mais à peu près uniquement sur celles de l'Océan, étant fort rare sur les bords de la Méditerranée. Ces passages périodiques n'ont rien de commun avec les courses accidentelles et rares que font ces oiseaux vers l'intérieur des terres. Cette espèce, qui niche dans les régions du cercle arctique, paraît, d'après ses habitudes, se rapporter aux races émigrantes, du moins relativement aux courses qu'elle fait sur les côtes de l'Océan, courses qui paraissent périodiques et constantes.
	Mouette à manteau bleu (*larus argentatus* Tem.).	La mouette à manteau bleu habite toute l'année les côtes maritimes de la Hollande et de la France, aussi bien celles de l'Océan, que celles de la Méditerranée. Elle se montre aussi parfois sur les lacs d'eau douce comme, par exemple, ceux de la Suisse, et sur le bord des rivières. Ce sont principalement les jeunes qui se livrent à ces excursions. Cette mouette, essentiellement sédentaire, n'abandonne presque jamais les côtes maritimes de la France, où elle niche habituellement.

ORDRES.	GENRES ET ESPÈCES.	ÉPOQUES DES PASSAGES DES OISEAUX.
I. Palmipèdes.	Mouette à pieds jaunes (*larus flavipes* Temm.).	Cette espèce habite en hiver les bords de la mer dans toutes les contrées de l'Europe et de l'Amérique septentrionale. Elle est commune en été sur les côtes de la Baltique et de la Hollande. Comme le précédent, cet oiseau vit sédentaire sur les côtes de la mer des provinces méridionales de la France, où il niche habituellement.
	Mouette à pieds bleus (*larus canus* Linn.).	Cette mouette est également commune aux bords de la mer; mais elle paraît nicher habituellement dans les régions du cercle arctique où elle passe l'été, tandis qu'elle demeure constamment l'hiver dans les contrées tempérées de l'Europe, où elle arrive vers la fin de l'automne. Cet oiseau signale également l'approche des tempêtes, s'avançant pour lors dans l'intérieur des terres en troupes plus ou moins considérables. Ses passages périodiques et réguliers doivent le faire comprendre parmi les oiseaux émigrants.
	Mouette tridactyle (*larus tridactylus* Temm.).	La mouette tridactyle habite principalement les lacs salés, les mers intérieures et les golfes, et peu les côtes de l'Océan. Elle niche habituellement dans les régions du cercle arctique, surtout en Islande. Ses passages sont assez réguliers sur les côtes du midi de la France, vers la fin de l'automne. Elle ne nous quitte plus que vers le printemps, passant l'hiver dans nos contrées.
	Mouette à bec grêle (*larus tenuirostris* Temm.).	La mouette à bec grêle, toute nouvelle pour la science, paraît être du Midi et n'habiter que les bords de la Méditerranée. S'il en est ainsi, cet oiseau aurait des habitudes tout à fait sédentaires. Il n'a été encore aperçu que sur les côtes de la Sicile et du midi de la France.
	Mouette rieuse (*larus ridibundus* Temm.).	Cette espèce habite en été les rivières et les lacs salés et ceux d'eaux douces. Elle se trouve seulement en hiver sur les bords de la mer; aussi est-elle fort commune en Hollande et en Angleterre, tandis qu'elle est de passage en Allemagne et dans le nord de la France. Cependant la mouette rieuse se trouve constamment sur les côtes du midi de la France où elle est seulement plus fréquente en automne et au printemps que dans toute autre saison. Elle serait donc sédentaire par rapport à nous, tandis qu'elle serait erratique relativement à l'Allemagne et au nord de la France.
	Mouette pyg-	La mouette pygmée commune, en Russie, en Livonie et en Finnie, habite les fleuves,

ORDRES.	GENRES ET ESPÈCES.	ÉPOQUES DES PASSAGES DES OISEAUX.
I. Palmipèdes.	mée (*larus minutus* Temm.).	les lacs et les mers des contrées orientales de l'Europe; elle passe accidentellement en Allemagne, en Hollande, et en hiver dans les contrées maritimes des régions méridionales telles que la Sicile et le midi de la France. Quelques individus ont été rencontrés au printemps en habits de noces sur les côtes maritimes de nos provinces méridionales. Des mœurs à peu près pareilles sont communes aux autres espèces de ce genre; mais il n'en est aucune autre qui arrive jusque dans les provinces méridionales de la France, nous ne nous arrêterons donc pas plus longtemps sur ces oiseaux.
	19° Hirondelle de mer (*sterna* Linn.). Hirondelle de mer Tschegrava (*sterna caspia* Temm.).	L'hirondelle de mer habite les bords de la Baltique, les îles de ce golfe, la mer Caspienne et l'Archipel. Elle est assez rare sur les grands fleuves de l'Allemagne, et ne se montre qu'accidentellement le long des côtes de la Hollande, du nord et du midi de la France. Son apparition est bien plus rare encore sur les lacs et les rivières de l'intérieur des continents.
	Hirondelle de mer Caugek (*sterna canilaca* Tem.).	Cette hirondelle habite les bords de la mer, et rarement étend-elle ses excursions jusque dans l'intérieur des terres. Elle porte néanmoins ses migrations accidentelles sur presque toutes les côtes maritimes du globe. On la voit en effet en abondance au printemps sur celles du nord et du sud de la France, ainsi que sur celles de la Nouvelle-Hollande et des îles qui l'entourent. Il y a plus: quelques couples de cette espèce nichent et demeurent tout l'été dans le midi de la France.
	Hirondelle de mer Dougall (*sterna Dougallii* Tem.)	Cette espèce, très-commune sur toutes les côtes d'Angleterre et d'Ecosse, se trouve aussi en Norwége, et visite les côtes septentrionales de l'Océan Elle est assez rare dans le midi de la France.
	Hirondelle de mer Pierre-Garin (*sterna hirundo* Linn.).	Cet oiseau habite principalement les bords de la mer; aussi est-il répandu sur une grande étendue des côtes maritimes, et peu sur les eaux douces, ou dans l'intérieur des terres. L'hirondelle de mer Pierre-Garin n'est pas rare dans le midi de la France, où elle arrive au printemps et n'en repart qu'en automne.
	Hirondelle de mer épouvantail (*sterna nigra* Lin.)	Cette espèce, la plus commune du genre, arrive en grandes bandes vers la fin du mois d'avril dans le midi de la France. Elle y niche au milieu des étangs et des marais, et se montre aussi dans l'intérieur des terres, sur les rivières et même les ruisseaux où coule une eau saumâtre.

ORDRES.	GENRES ET ESPÈCES.	ÉPOQUES DES PASSAGES DES OISEAUX.
I. Palmipèdes.		Cet oiseau se trouve également dans le Nord et jusqu'au cercle arctique. Il paraît en grand nombre en Hollande et dans les grands marais de la Hongrie Les autres espèces de ce genre ont à peu près les mêmes habitudes; certaines se rapportent comme les précédentes à des oiseaux ou erratiques ou émigrants. Les détails que nous venons de rapporter semblent prouver que les coupes génériques n'ont aucun rapport avec les habitudes des oiseaux; car les mêmes genres de palmipèdes offrent à la fois des espèces dont les unes sont sédentaires, les autres erratiques, enfin plusieurs sont émigrantes. Les guillemots et bien d'autres oiseaux nous fournissent des exemples de mœurs aussi diverses. D'un autre côté, la même espèce se livre dans son jeune âge à des passages accidentels, tandis qu'elle est tout à fait stationnaire lorsqu'elle est adulte. Nous avons cité à cet égard le plongeon imbrim. D'un autre côté, la mouette rieuse, tout à fait sédentaire dans le midi de la France, est au contraire erratique en Allemagne et dans le nord de la France. Il est enfin quelques espèces de palmipèdes, tels que les frégates, les pétrels, qui, sans émigrer soit accidentellement, soit d'une manière périodique, voyagent constamment, parcourent les plus grandes distances et s'éloignent le plus des continents. Ces dernières espèces de la haute mer méritent de faire une classe à part, et doivent être distinguées d'après leurs habitudes des races précédentes. Elles sont en quelque sorte les cosmopolites des mers. On doit les désigner ainsi, quoique leurs mœurs ne soient communes qu'à un fort petit nombre d'espèces. Du reste, si la plupart des oiseaux ont des habitudes essentiellement voyageuses et sont ou émigrants ou erratiques, il n'en est pas moins un certain nombre tout à fait sédentaires. Les guillemots, les plongeons, les phaétons, les mouettes, et quelques moineaux nous en fournissent des exemples auxquels on pourrait ajouter les manchots, qui, d'après la conformation de leurs ailes, impropres au vol, sont essentiellement stationnaires. Ainsi le nombre plus ou moins considérable, plus ou moins restreint des espèces qui ont telles ou telles mœurs, est tout à fait indifférent aux dénominations que l'on doit employer pour les exprimer d'un seul mot. C'est aussi d'après leurs habitudes que nous avons classé les oiseaux en émigrants, en erratiques, en cosmopolites et en sédentaires, sans avoir égard au nombre de ceux qui ont adopté telle ou telle manière de vivre.

ORDRES.	GENRES ET ESPÈCES.	ÉPOQUES DES PASSAGES DES OISEAUX.
II. Pinnatipèdes.	Foulque (*fulica* Briss.). Foulque macroule (*fulica atra* Temm.).	Cette espèce est la seule du genre qui habite l'Europe. Elle se tient habituellement près des marais, des lacs et des golfes, où elle vit dispersée par petites troupes. Néanmoins ces oiseaux se réunissent l'hiver en bandes considérables sur les étangs salés assez rapprochés des côtes du midi de la France, étangs qui ne gèlent presque jamais. Sans aller à terre, ou du moins rarement, les foulques y demeurent jusqu'au commencement du printemps et quelquefois même plus tard. Elles y nichent communément, ou du moins plusieurs individus demeurent pendant tout l'été dans les provinces méridionales de la France, étant en quelque sorte, comme dans l'attente des autres qui viennent ordinairement en automne. Par suite de cette circonstance, les chasseurs tuent à peu près constamment au mois d'août de jeunes foulques. Les foulques sont tellement nombreuses dans les contrées marécageuses des provinces méridionales, qu'elles y sont l'objet d'une chasse particulière, à laquelle prennent part une grande quantité de chasseurs. Nous n'oserions dire, qu'à raison de ce nombre les foulques ou macreuses portent leurs excursions jusqu'en Asie, soit au Japon, soit aux îles de la Sonde. Comme les passages de cet oiseau ont une assez grande régularité, il appartient aux espèces que nous avons nommées émigrantes.
	Phalarope (*phalaropus* Briss.). Phalarope hyperboré (*phalaropus hyperboreus* Temm.).	Le phalarope hyperboré habite les environs du cercle arctique, et se trouve en Sibérie, en Islande, en Écosse, aux Orcades, aux Hébrides, et en Laponie, préférant constamment les eaux saumatres ou salées aux eaux douces. Il est de passage accidentel sur les côtes de la Baltique ainsi qu'en Allemagne, en Hollande et sur les côtes du midi de la France. C'est toujours en hiver qu'il arrive dans les régions tempérées; il niche constamment vers le 68e degré nord.
	Phalarope platyrhinque (*phalaropus platyrhinchas* Temm.).	Cette espèce habite les parties orientales du sud de l'Europe, où elle niche constamment. Elle est commune en Sibérie, sur les bords des grands lacs et des rivières. Ce phalarope est de passage accidentel sur les grands lacs d'Asie, sur la mer Caspienne et même en Amérique. Les excursions qu'il fait parfois en Allemagne, en Angleterre et plus rarement sur les lacs de la Suisse, ne sont pas moins irrégulières. Aussi cette espèce et la précédente sont des oiseaux essentiellement erratiques.

ORDRES.	GENRES ET ESPÈCES.	ÉPOQUES DES PASSAGES DES OISEAUX.
II. Pinnatipèdes.	Grèbe (*podiceps* Lath.). Grèbe huppé (*podiceps cristatus* Temm.).	Le grèbe huppé habite les bords de la mer, les étangs, les lacs et les rivières du nord de l'Europe. Il est de passage périodique en Allemagne, en Hollande, en Angleterre et en France, où il arrive en automne, et n'en repart qu'au printemps. Il se montre ordinairement par paires, mais jamais en nombre considérable, du moins dans le midi de la France, où cette espèce est plus commune qu'en Suisse.
	Grèbe jou-gris *podiceps rubricollis* Temm.).	Ce grebe habite les rivières, les lacs et les bords de la mer, de la partie orientale de l'Europe. Il passe accidentellement en Allemagne, en Hollande et en Suisse, mais plus rarement en France, surtout dans le midi.
	Grèbe cornu *podiceps cornutus* Temm.).	Cet oiseau habite principalement les parties septentrionales et orientales de l'Europe. Ses passages sont accidentels en Allemagne, en Hollande, en Suisse et en France; ils sont encore plus rares dans le Midi que partout ailleurs. Le grèbe cornu ne borne pas ses excursions à l'Europe; il les étend assez souvent jusqu'en Amérique.
	Grèbe oreillard (*podiceps auritus* Temm.).	L'oreillard est généralement très-répandu plutôt sur les lacs et les rivières que sur les côtes maritimes du nord et du midi de l'Europe. Il est très-commun en Allemagne, en Suisse, en Italie, en France, et se montre plus rarement en Hollande.
	Grèbe castagneux (*podiceps minor* Temm.).	Cette espèce habite les contrées méridionales de la France, où elle est à peu près sédentaire. Elle paraît assez rare dans les régions septentrionales. Comme ce grèbe construit son nid dans les roseaux, c'est dans les marais qui en sont couverts, que l'on en découvre le plus grand nombre. Les races de ce genre sont donc à la fois émigrantes, tel est le grèbe huppé, ou erratique, ce qui arrive au plus grand nombre, ou enfin elles sont sédentaires, comme le castagneux. Les coupes génériques sont donc sans influence sur le genre de migrations ou de passages auxquels se livrent les oiseaux.
III. Echassiers divisés en trois ordres. 1° Gralles.	Talève (*porphyrio* Briss.). Talève porphyrion (*porphyrio hyacinthinus* Tem.)	Les talèves vivent en grand nombre sur les bords des lacs et des fleuves de la Sicile, de la Calabre, des îles Ioniennes et de tout l'Archipel et du Levant. On les trouve également dans le nord de l'Afrique, et les contrées orientales de l'Europe; ils parviennent même accidentellement jusque dans le midi de la France; ce qui les fait rentrer dans la classe des oiseaux erratiques.

ORDRES.	GENRES ET ESPÈCES.	ÉPOQUES DES PASSAGES DES OISEAUX.
III. Echassiers. 1° Gralles.		Quant aux autres espèces de ce genre, elles n'arrivent jamais dans le midi de la France ; les unes sont d'Afrique, d'où elles ont été transportées à l'île de France et en Amérique, tel est le talève à manteau vert (*porphyrio smaragnotus* Temm.) ; et les autres sont de la Nouvelle-Hollande, du Bengale et de Java (*porphyrio melanopus et albus* Lath.).
	Poule d'eau (*gallinula* Lath.). Poule d'eau de genêt (*gallinula crex* Temm.).	Cette espèce, qui habite jusque dans le nord de l'Europe, arrive à peu près constamment dans le midi de la France à la suite des cailles ; aussi à raison de cette circonstance a-t-elle été nommée roi des cailles. Ses passages sont donc périodiques comme ceux de ces oiseaux : ces deux espèces ont encore cela de commun de faire leurs voyages de nuit. Cependant, certaines années, le roi des cailles, qui habite aussi le nord de l'Europe, est beaucoup plus abondant que dans certaines autres. En effet en 1835, il a été assez rare, tandis qu'en 1839 et 1840 il a été au contraire fort commun.
	Poule d'eau marouette (*gallinula porzana* Temm.).	La marouette habite plutôt les contrées méridionales que le nord de l'Europe. Elle fait deux passages régulièrement dans le midi de la France, l'un en automne et l'autre au printemps. Aussi niche-t-elle dans nos contrées comme l'espèce précédente. On la dit peu commune en Allemagne et en Hollande.
	Poule d'eau poussin (*gallinula pusilla* Temm.). Poule d'eau ordinaire (*gallinula chloropus* Tem.).	Cette espèce vit en grand nombre dans les contrées orientales de l'Europe ; elle est plus commune en Italie et le midi de la France que dans le nord de cette contrée. Elle passe régulièrement dans les premières de ces régions, vers la fin du mois de mars ; tandis qu'elle ne paraît en Hollande que d'une manière accidentelle. Des habitudes à peu près semblables sont partagées par les autres espèces de ce genre, dont la plupart sont émigrantes, leurs voyages étant périodiques. Seulement la poule d'eau ordinaire (*gallinula chloropus* Temm.) offre cette particularité, que nous avons remarquée chez un assez grand nombre d'oiseaux, d'opérer des passages accidentels dans quelques contrées, et d'être tout à fait sédentaire dans quelques autres. Ainsi, comme les *gallinula pusilla* et *Baillonii*, la poule d'eau ordinaire étend ses migrations jusqu'au Japon comme dans la plus grande partie de l'Asie, ainsi que dans les mers de l'Afrique et des îles de la Sonde.

ORDRES.	GENRES ET ESPÈCES.	ÉPOQUES DES PASSAGES DES OISEAUX.
III. Echassiers. 1° Gralles.	Râle (*rallus* Linn.). Râle d'eau (*rallus aquaticus* Lin.)	Cette espèce, commune en Allemagne, en Hollande et en France, est encore un de ces oiseaux qui sont de passage dans certains pays, et sédentaires dans d'autres.
	Bécasse (*scolopax* Illig.). Bécasse ordinaire (*scolopax rusticola* Temm.).	La bécasse, très-abondante dans le nord de l'ancien continent, étend ses excursions jusqu'en Asie et au Japon. Elle est de passage périodique dans la plupart des contrées de l'Europe. Ses passages ont lieu dans le midi de la France dans le commencement du mois de novembre, et le second vers le milieu de mars. Elle émigre alternativement des plaines aux montagnes, et des montagnes dans les plaines. En Europe, cet oiseau habite pendant l'été les Alpes, les Pyrénées, et descend en automne dans les bois les mieux abrités, et passe souvent l'hiver dans le midi de la France. L'humeur voyageuse de la bécasse ordinaire est si prononcée, qu'on la retrouve jusqu'en Amérique. Aussi doit-on la ranger parmi les espèces émigrantes.
	Bécassine double (*scolopax major* Temm.).	Cet oiseau se trouve dans presque toutes les contrées de l'Europe, partout où il existe des montagnes et des prairies inondées. Il est de passage régulier dans quelques pays, et accidentel dans d'autres, circonstances qui sont beaucoup moins rares qu'on pourrait le croire au premier aperçu. Elle arrive ordinairement dans le midi de la France, dans la première quinzaine d'avril, et n'y fait pour ainsi dire que passer. Elle reparaît encore vers la fin de l'été, mais toujours en petit nombre, et ne s'y arrête pas. La quantité de ces oiseaux de passage est si faible, que si leurs voyages n'avaient pas lieu avec une périodicité marquée, on serait tenté de les considérer comme tout à fait accidentels. Néanmoins celles qui passent dans le midi de la France au printemps semblent se rendre ensuite en Suisse et en Allemagne, où elles vont nicher. Enfin cette espèce étend si loin ses excursions, qu'elle arrive jusqu'au Japon et dans presque toute l'Asie. Les autres bécassines ont des mœurs à peu près pareilles; les seules particularités que présente la bécassine sourde (*scolopax gallinula* Linn.), c'est de paraître une seule fois dans le midi de la France en automne, pour quitter ces régions au printemps. Le passage des bécassines n'est considérable dans les contrées méridionales que lorsqu'il pleut beaucoup en automne. Aussi,

ORDRES.	GENRES ET ESPÈCES.	ÉPOQUES DES PASSAGES DES OISEAUX.
III. Echassiers. 1° Gralles.		pendant quelques années, ces oiseaux étaient si rares dans nos environs, qu'on croyait qu'ils avaient perdu l'habitude d'y venir. Les pluies abondantes de l'automne de 1830 les y ont ramenées, et jamais on n'en avait autant aperçu qu'à cette époque. Cette circonstance indique combien les passages accidentels des oiseaux sont inconstants et irréguliers.
	Barge (*limosa* Briss.). Barge à queue noire (*limosa melanura* Temm.).	La barge à queue noire passe souvent à deux reprises différentes. Du reste, dans le midi de la France, à l'exception des individus qui ont séjourné l'hiver dans les marécages, elle n'a qu'un seul passage en automne. Ces oiseaux arrivent pour lors par petites troupes de quatre à cinq individus, ou par paires. Les individus qui ont passé l'hiver dans nos contrées doivent y avoir niché; car ils reparaissent au mois d'avril en troupes assez nombreuses. Ces oiseaux habitent de préférence les bords de la mer, ou ceux des marais et des étangs salés. L'autre espèce de barge, ou la rousse (*limosa rufa* Temm.), est de passage au printemps dans le midi de la France; elle porte également ses excursions dans plusieurs contrées du midi et du centre de l'Europe, ainsi qu'à Timor, à Java et sur le continent de l'Inde, enfin dans la plus grande partie de l'Asie et jusqu'au Japon.
	Chevalier (*totanus* Bechst). Chevalier arlequin (*totanus fuscus* Temm.).	L'arlequin habite les bords des fleuves, des lacs et des marais. Il vit et se propage dans les régions du cercle arctique, d'où il étend ses migrations jusque dans l'Amérique méridionale et le Bengale. Le chevalier passe à deux reprises différentes dans les contrées méridionales de la France, c'est-à-dire au mois de mars ou à la dernière quinzaine d'avril. Mais au mois de mai il abandonne nos parages pour remonter vers le Nord, d'où il nous revient en automne. Cette espèce est bien moins nombreuse à ce second passage qu'au printemps. Les voyages de cet oiseau étant assez constants et périodiques, ils doivent le faire comprendre parmi les espèces émigrantes.
	Chevalier gambette (*totanus calidris* Temm.).	Ce chevalier est généralement sédentaire dans le midi de la France, qu'il quitte peu. Néanmoins, il en passe un certain nombre d'individus au printemps et en automne. Cette espèce habite au printemps les marais et les prairies, tandis que dans l'arrière-saison, ou en automne, elle se tient le long des côtes maritimes. Elle paraît très-abondante dans le nord de l'Europe, et surtout en Hollande. Cette espèce pousse ses excursions

ORDRES.	GENRES ET ESPÈCES.	ÉPOQUES DES PASSAGES DES OISEAUX.
III. Echassiers. 1° Gralles.		jusqu'au Bengale et au Japon. Ses mœurs sont tout à fait particulières, car elles portent tantôt cet oiseau à demeurer d'une manière tout à fait stationnaire dans les pays qui l'ont vu naître, et tantôt à se transporter à des époques plus ou moins périodiques dans les climats les plus divers. C'est ainsi qu'avec d'autres espèces du même genre, telles que les chevaliers sylvains et aboyeurs, il arrive jusqu'en Asie, et pénètre jusqu'au Japon
	Chevalier stagnatile (*totanus stagnatilis* Tem.).	Cet oiseau habite le nord de l'Europe, sur les bords des fleuves et des rivières; il émigre le long des provinces orientales de l'Europe, jusque vers la Méditerranée On ne le voit jamais sur les côtes de l'Océan. Il arrive vers la fin du mois d'avril sur les côtes maritimes et dans les marais du midi de la France, mais en petites bandes d'au plus cinq à six individus. Cette espèce s'y arrête peu, et à peine pour y prendre quelque nourriture.
	Chevalier - cul blanc (*totanus achropus* Temm.).	Le cul-blanc habite les bords des eaux douces, plus habituellement les ruisseaux limpides et les marais. Il ne se montre que très-accidentellement sur les côtes maritimes, quoiqu'à l'époque de son double passage il soit répandu dans presque toute l'Europe. Ce chevalier vit presque sédentaire dans le midi de la France; il y est seulement plus abondant en été qu'en hiver : ce qui est tout le contraire chez la plupart des oiseaux voyageurs
	Chevalier sylvain (*totanus glareola* Temm.).	Cet oiseau est assez abondant dans les parties orientales du midi et du nord de l'Europe, particulièrement dans les contrées où se trouvent des marais et des eaux douces. Il niche aussi bien dans le nord que dans les contrées tempérées de l'Europe. Il porte ses excursions fort loin et jusqu'au Bengale, aux îles de la Sonde, des Moluques et au Japon. Quant à celles qu'il fait dans le midi de la France, elles ont à peu près constamment lieu au mois d'avril et cela en bandes fort nombreuses.
	Chevalier guignette (*totanus hypoleucos* Tem.).	Cette espèce habite le bord des eaux douces et limpides, et rarement les bords des eaux marécageuses, de toute l'Europe. Elle se trouve même jusqu'en Sibérie, au Kamtschatka et aux îles de la Sonde, où on ne la trouve cependant qu'en plumage d'hiver. Généralement le chevalier guignette est assez répandu à son double passage.
	Chevalier aboyeur (*totanus*	L'aboyeur habite ordinairement les bords des fleuves, rarement ceux de la mer. Il passe à deux reprises différentes en troupes

ORDRES.	GENRES ET ESPÈCES.	ÉPOQUES DES PASSAGES DES OISEAUX.
III. Echassiers. 1° Gralles.	*glottis* Temm.).	peu nombreuses sur les côtes de la France et de la Hollande, beaucoup moins sur celles de l'Angleterre. Il est également assez rare sur les grandes rivières de l'Allemagne et les lacs de la Suisse. Enfin il pousse parfois ses excursions jusqu'au Bengale. Le premier des passages de ce chevalier a lieu vers la fin du mois d'avril dans le midi de la France, où il arrive en petites troupes de quatre à douze individus; quelquefois même ils voyagent par paires. Ils abandonnent tout à fait nos contrées au moment des nichées; mais dès la fin du mois d'août ils y reviennent, disparaissant encore à l'approche de l'hiver. On présume que ce chevalier niche en Norwége, près des bords de la mer et des marais salés. Quant aux autres espèces de ce genre, tels que le chevalier semi-palmé, celui à longue queue et le perlé, elles sont toutes de l'Amérique septentrionale, n'arrivant jamais que d'une manière très-accidentelle dans le Nord. On n'a jamais rencontré ces différents oiseaux dans le midi de la France.
	Combattant (*manchettes* Cuv.). Combattant variable (*manchettes pugnax* Cuv.).	Cette espèce habite les prairies humides et marécageuses de l'Europe, où il porte ses excursions très-avant dans le nord. Les émigrations de ces oiseaux ont lieu à des époques différentes, suivant les contrées qu'ils quittent, ou bien celles où ils se rendent. Ainsi ils partent de la Hollande vers la fin de juillet, et arrivent dans le midi de la France, en automne, et ils y restent tout l'hiver. Néanmoins, de forts passages de cette espèce, qui semble venir d'Espagne, ont lieu dans nos provinces méridionales en mars et en avril. Aucun de ces individus ne reste parmi nous pour y nicher. D'après M. Temminck, que nous avons si souvent l'occasion de citer, les mâles des combattants, comme du plus grand nombre des chevaliers, émigrent de la Hollande, longtemps avant que les femelles en partent. En effet ils quittent cette contrée vers la fin de juillet, les femelles en septembre, et les jeunes en octobre. Ce fait prouve que le besoin de se reproduire n'a pas une grande influence sur les migrations des oiseaux; car, s'il en était autrement, les deux sexes devraient, ce semble, partir en même temps, ce qu'ils ne font pas cependant, du moins chez cette espèce. Cette observation, ainsi que beaucoup d'autres que nous avons déjà rapportées, est une preuve que les jeunes oiseaux ne voyagent pas avec les vieux, et que ceux-ci précèdent le plus ordinairement les premiers, dans les migrations, et la raison est facile à saisir.

ORDRES.	GENRES ET ESPÈCES.	ÉPOQUES DES PASSAGES DES OISEAUX.
III. Echassiers. 1° Gralles.	Bécasseau (*tringa* Briss.). Bécasseau corli (*tringa subarquata* Temm.).	Cet oiseau, assez répandu au bord de la mer et des lacs de l'Europe, s'avance peu dans l'intérieur des terres, quoiqu'il étende ses migrations au Sénégal, au cap de Bonne-Espérance, et jusque dans l'Amérique septentrionale. Les passages de ce bécasseau ont lieu d'une manière régulière en automne et au printemps. Aussi les voyons-nous arriver à cette dernière époque de l'Espagne par troupes nombreuses. C'est ordinairement au mois d'avril qu'ils opèrent ces passages, mais au mois de mai ils nous quittent entièrement. Ils reparaissent de nouveau vers la fin de l'automne, ou du moins aux approches de l'hiver. Ces oiseaux se trouvent probablement à la même époque dans le midi de l'Espagne, où ils rencontrent comme dans nos provinces la température qui leur convient. Ils n'abandonnent pas non plus la Sicile et la Sardaigne pendant la mauvaise saison. Ces oiseaux n'en portent pas moins leurs excursions jusque dans les îles de la Sonde et de la Nouvelle-Guinée. On a donné le nom d'*espagnolé* à cette espèce, du moins dans le langage du midi de la France, à raison de ce qu'elle paraît venir, au printemps, des côtes de l'Espagne.
	Bécasseau brunette (*tringa variabilis* Temm.).	Cet oiseau habite les marais ainsi que les bords des rivières et des étangs, dans la plus grande partie de l'Europe. Il se tient cependant de préférence au printemps sur les côtes de la mer. On le trouve communément en Angleterre, en Hollande, et le long des côtes de la France. Il porte également ses excursions à de fort grandes distances; car on rencontre cet oiseau en plumage d'hiver au Japon, enfin jusqu'aux îles de la Sonde, et même jusqu'à Timor. Le bécasseau brunette a deux époques de passage dans le midi de la France, où il arrive par bandes nombreuses. En automne il nous vient du Nord. Un assez grand nombre de ces individus restent l'hiver parmi nous, et au printemps on les voit revenir en grand nombre de l'Espagne. Ces nouveaux venus nous quittent bientôt tout à fait. Du reste, cette espèce exécute de pareils voyages périodiques en automne et au printemps dans la plupart des provinces de l'Europe. Ces mœurs annoncent que cette espèce, comme les précédentes, appartient aux races émigrantes.
	Bécasseau platyrhinque (*tringa platyrhinca* Tem.).	Ce bécasseau, qui n'avait jamais été observé dans le midi de la France, y a paru au mois d'août 1840. Les individus qui y ont été pris étaient tous jeunes, ainsi que l'annonçaient les caractères de leur livrée.

ORDRES.	GENRES ET ESPÈCES.	ÉPOQUES DES PASSAGES DES OISEAUX.
III. Echassiers. 1° Gralles.	Bécasseau violet (*tringa maritima* Temm.).	Cet oiseau habite ordinairement les bords de la mer, surtout vers le nord de l'Europe. Ainsi il est assez commun en Norwége, sur les côtes de la Baltique, en Angleterre, et même accidentellement à la baie d'Hudson Le bécasseau violet niche très-avant dans les rivières des régions polaires, surtout en Islande. On le trouve du reste rarement dans le midi de la France, où il ne se montre qu'en automne et en hiver, mais toujours isolément.
	Bécasseau temmia (*tringa Temminckii* Leisler).	Ce bécasseau habite les régions du cercle arctique; d'où il passe à deux reprises différentes dans diverses parties de l'Allemagne, de la Hollande et de la France. Il pousse même ses excursions jusque dans l'île de la Sonde et de Timor, où on le rencontre en livrée d'hiver Peu abondant dans le midi de la France, il y passe seulement en automne, et demeure parmi nous l'hiver. Il opère constamment ses passages d'une manière isolée, et jamais en troupes nombreuses
	Bécasseau échasse (*tringa minuta* Temm.).	Le bécasseau échasse habite l'été très-avant dans le Nord, et se montre en grand nombre auprès des marais salants de la Dalmatie. On l'y voit en septembre revêtu de sa robe d'hiver, comme ceux que l'on rencontre dans l'Inde. Lors de ses passages en France, cet oiseau porte à peu près constamment le plumage parfait de noces. C'est donc pendant l'été que ce bécasseau s'avance très-avant dans le nord de l'Europe, d'où il étend ses migrations sur divers points. Il suit à peu près constamment la direction des rivières, et se montre successivement dans la Dalmatie, l'Allemagne, la Suisse, le nord de la France, et parvient enfin dans le midi de cette contrée. Il y arrive aux mêmes époques que l'espèce précédente, et nous quitte également en même temps.
	Bécasseau canut (*tringa cinerea* Linn.).	Cet oiseau habite les régions du cercle arctique, principalement dans les marais en été, au printemps et en automne, sur les bords de la mer. Il fait deux passages par année, et paraît être plus abondant dans certaines localités, à son passage du printemps, qu'à celui de l'automne. Le premier a lieu dans le midi de la France au mois de mai; il dure peu, étant tout à fait terminé dans l'espace de huit jours. Ces passages, ainsi que ceux qui ont lieu en automne, se font par petites troupes. Plusieurs des individus de ce second passage séjournent plus ou moins longtemps dans les contrées méridionales de la France, pendant l'hiver. Mais, comme un grand nom-

ORDRES.	GENRES ET ESPÈCES.	ÉPOQUES DES PASSAGES DES OISEAUX.
III. Echassiers. 1° Gralles.		bre d'autres oiseaux, ce bécasseau n'est pas également commun toutes les années.
	Bécasseau pectoral (*tringa pectoralis* Temm.).	Le bécasseau pectoral, commun sur les bords du New-Jersey, dans les Etats-Unis d'Amérique, où il vit dans les marais, a été, d'après Temminck, tué en Angleterre le 17 octobre 1830. Plusieurs individus ont été également capturés dans les environs de Montpellier, vers la fin d'octobre 1840. Ces faits prouvent la coïncidence des époques des migrations des oiseaux, et leur étendue; car les individus tués en Angleterre et en France étaient partis de l'Amérique septentrionale, contrée qu'ils habitent ordinairement.
	Courlis (*numenius* Briss.). Grand courlis cendré (*numenius arquatus* Temm.).	Le courlis cendré, commun dans plusieurs contrées de l'Europe, fréquente principalement les bords des rivières et les lieux abandonnés par les eaux. Ses passages sont réguliers sur les côtes de la Hollande et de la France. Quoique ce courlis soit sédentaire dans le midi de cette contrée, et qu'il niche en assez grand nombre dans le voisinage des eaux ou dans les marais, nous en avons néanmoins deux passages, l'un en mars et l'autre à la fin du mois d'août. Cet oiseau, comme une infinité d'autres, pousse ses excursions jusqu'au Japon. Il est donc émigrant dans certaines contrées et sédentaire dans d'autres.
	Courlis corlieu (*numenius phœopus* Temm.)	Cette espèce, assez répandue dans les contrées tempérées et méridionales de l'Europe, se trouve également en assez grand nombre au Japon et dans toutes les parties de l'Inde. On la trouve également dans l'Amérique septentrionale, le Bengale et la Nouvelle-Hollande. Elle ne fait qu'un seul passage au printemps, lequel dure peu de temps, surtout lorsqu'il n'y a pas beaucoup d'humidité sur le sol. En général, il est moins commun dans les provinces méridionales de la France que le grand courlis cendré. On assure que cet oiseau niche dans les régions boréales, et même en Asie. Du reste, comme ses voyages n'ont rien de périodique ni de régulier, il appartient aux races erratiques. Il en est de même de la suivante.
	Courlis à bec grêle (*numenius tenuirostris* Temm.)	Ce courlis est de passage dans les parties méridionales de l'Italie et de la France, où il s'égare accidentellement à l'époque du mois d'octobre. L'Egypte paraît être sa véritable patrie, point d'où il visite également la Grèce et la Dalmatie. Quatre individus de cet oiseau ont été pris vers le milieu du mois d'octobre 1840, dans les environs de

ORDRES.	GENRES ET ESPÈCES.	ÉPOQUES DES PASSAGES DES OISEAUX.
III. Echassiers. **1° Gralles.**		Montpellier. Cette année, remarquable par la douceur de sa température, l'a été également par les nombreuses espèces intéressantes d'oiseaux, dont les passages ont eu lieu dans nos contrées.
	Ibis (*ibis* Lacépède) (*ibis falcinellus* Lacépède).	On suppose que cet oiseau niche en Asie, d'où il se rend en Egypte, dans tout l'Archipel, en Turquie, en Hongrie, parcourant les bords du Danube. Il étend ses courses jusqu'en Pologne, en Suisse et en Italie. On le trouve aussi accidentellement en Hollande, en Angleterre et dans le midi de la France Il ne fait que passer dans cette dernière contrée en troupes plus ou moins nombreuses dans les premiers jours du mois de mai ; il paraît venir pour lors de l'Espagne, après avoir franchi le détroit de Gibraltar. Les individus qui passent dans le midi de la France ne paraissent pas différer de ceux qui habitent l'Egypte ; mais ceux qui arrivent jusqu'aux îles de la Sonde, des Moluques et de la Nouvelle-Guinée sont toujours des jeunes en livrée d'hiver. Du reste, les passages de cet oiseau n'ayant rien de régulier ni de périodique, comme ceux auxquels se livre l'espèce suivante, il doit être classé parmi les races erratiques.
	Spatule (*platalea* Linn.). Spatule blanche (*platalea leucorodia* Temm.).	La spatule, qui fréquente les bords des fleuves et des mers, se réunit quelquefois avec les cigognes pour voyager. Elle fait, à deux reprises différentes et périodiques, des passages le long des côtes maritimes : néanmoins elle est fort rare dans le midi de la France, où elle ne se montre que l'hiver. Sa présence est loin d'y être régulière, quoique les jeunes et les vieux nous visitent également. Cette espèce est assez commune pendant l'hiver en Italie. Au dire de Temminck, la spatule est également fort répandue en Hollande, où elle passe constamment deux fois par année.
	Avocette (*recurvirostra* Linn.). Avocette à nuque noire (*recurvirostra avocetta* Linn.).	Cet oiseau erratique habite les prairies et les plages inondées par les eaux. Il est plus rare le long des côtes de la mer, et très-accidentellement s'avance-t-il dans l'intérieur des terres. Cette espèce est assez répandue dans toute l'Europe, d'où elle pousse ses excursions jusqu'en Egypte et au cap de Bonne-Espérance. L'avocette à nuque noire arrive à l'époque du printemps dans le midi de la France, y passe l'été, et ne le quitte que dans les premiers jours de l'automne. Elle niche dans les environs d'Aigues-Mortes, dans la Camargue, et vers les embouchures du Rhône. Quant aux autres espèces de ce genre, les unes habitent l'Amérique méri-

ORDRES.	GENRES ET ESPÈCES.	ÉPOQUES DES PASSAGES DES OISEAUX.
III. Echassiers.		dionale, les autres l'Inde, et enfin il en est une qui vit dans l'Australo-Asie ; mais ces oiseaux ne paraissent pas faire de voyages même accidentels en Europe.
1° Gralles.	Flamant (*phœnicopterus* Linn.). Flamant rose (*phœnicopterus antiquorum* Tem.)	Le flamant habite l'Europe, passe en Afrique et au cap de Bonne-Espérance ; il paraît même pousser ses excursions jusqu'en Asie, et être répandu dans les deux hémisphères. On assure même que cet oiseau habite toutes les contrées méridionales du nouveau et de l'ancien continent, et qu'il niche partout. Il arrive dans le midi de la France aux approches de l'hiver, disposé en grand nombre en bandes triangulaires à la manière des grues. Il niche dans ces contrées quand les eaux sont abondantes, ayant l'habitude de déposer ses œufs dans les plages sablonneuses et désertes. On assure qu'il a les mêmes habitudes en Sardaigne, en Sicile et en Calabre, et qu'il en est de même de ceux qui émigrent accidentellement au delà du Rhin. Quoi qu'il en soit, cet oiseau est sédentaire dans le midi de la France, où il se trouve parfois en quantité fort considérable, comme par exemple, en l'année 1840, époque fameuse par le grand nombre d'oiseaux remarquables qui ont paru sur les côtes du midi de la France. En Sardaigne, les flamants émigrent en grande partie vers la fin de mars pour reparaître constamment vers le milieu du mois d'août. Alors, du haut du bastion qui sert de promenade aux habitants de Cagliari, on voit arriver de l'Afrique des vols nombreux de ces oiseaux. Disposés, comme les canards sauvages, en bandes triangulaires, ils se montrent d'abord comme une ligne de feux dans le ciel. Ils s'avancent dans l'ordre le plus régulier ; à la vue des étangs voisins de Cagliari, qu'ils reconnaissent pour leurs anciens domaines, ils ralentissent leur marche et paraissent un instant immobiles dans les airs; puis traçant, par un mouvement lent et circulaire, une spirale conique renversée, ils atteignent le terme de leur émigration. Brillant de tout l'éclat de leur parure flamboyante, et rangés sur une même ligne, ces oiseaux offrent un nouveau spectacle, et représentent très-bien une petite armée en ordre de bataille, ne laissant rien à désirer pour l'ordre et la symétrie. Par un contraste aussi singulier que constant (dit M. de la Marmora dans son *Voyage en Sardaigne*) (1), aux flamants venus des

(1) Paris, chez Arthus Bertrand, 2e édition, Paris, 1840. Chez Jos. Bocca, 1839.

ORDRES.	GENRES ET ESPÈCES.	ÉPOQUES DES PASSAGES DES OISEAUX.
III. Echassiers. 1° Gralles.		régions australes succèdent de fort près les oiseaux du Nord. Le mois d'octobre est à peine commencé que les cygnes, les oies, et des milliers de canards arrivent en Sardaigne comme à un rendez-vous général. On distingue surtout le cygne et l'oie sauvage, les canards siffleurs, huppés, couronnés, et une foule d'autres espèces émigrantes qui viennent peupler les étangs de l'île et animer leurs ondes. A la même époque paraissent en grand nombre les différentes espèces de hérons; les grèbes, les cormorans et les foulques sont plus nombreux en hiver. On y rencontre également, dans les roseaux qui bordent les marais, la brillante poule sultane, le *porphyrion* des anciens.
	Nycticorax (*nycticorax* Cuv.). Bihoreau à manteau (*nycticorax ardeola* Temm.).	Le bihoreau habite les bois et les buissons des lieux humides de la plus grande partie de l'Europe. Il est du moins commun en Allemagne, en Hollande, en Angleterre et en France. Il arrive dans le midi de la France à l'époque du printemps, au commencement du mois d'avril, et quitte cette contrée souvent en automne. On assure que le bihoreau y passe parfois l'hiver, et niche parmi nous. Cette espèce dépose ses œufs aussi bien dans les rochers que dans les marais. Il paraît se trouver également dans l'Amérique septentrionale. Les individus que l'on rencontre dans cette contrée ne diffèrent pas de ceux que l'on prend en Europe, dans la Chine, ainsi qu'au Japon.
	Héron (*ardea* Linn.). Héron cendré (*ardea cinerea* Tem.)	Le héron cendré habite les terrains entrecoupés d'eau de la plus grande partie de l'Europe; il se trouve même jusque dans les régions du cercle arctique. Cette espèce vit dans le midi de la France; elle y opère constamment deux passages, l'un en automne et l'autre au printemps. Ces passages réguliers ont souvent lieu en troupes fort nombreuses, et la font rentrer parmi les oiseaux émigrants. Le héron cendré, comme le pourpré, l'aigrette, la garzette et le blongios, pousse ses excursions dans toute l'Asie et jusqu'au Japon.
	Héron pourpré (*ardea purpurea* Temm.).	Les mœurs de cette espèce sont à peu près les mêmes que celles de la précédente espèce. Elle se trouve peu et accidentellement dans le Nord, étant plus commune dans le Midi, où elle niche ordinairement. Quelques individus de ce héron pourpré passent l'hiver dans les régions méridionales de la France; enfin ce héron paraît se rencontrer en abondance jusque vers les confins de l'Asie, et passe dans le midi de la France au commencement du mois d'avril.

ORDRES.	GENRES ET ESPÈCES.	ÉPOQUES DES PASSAGES DES OISEAUX.
III. Echassiers. 1° Gralles.	Héron aigrette (*ardea egretta* Temm.).	Cet oiseau a les mêmes habitudes que les autres espèces du même genre. Il habite la Hongrie, la Pologne, la Russie, la Turquie et la Sardaigne. Cette espèce erratique, de passage accidentel dans quelques parties de l'Allemagne, ne se montre que l'hiver dans le midi de la France.
	Héron garzette (*ardea garzetta* Temm.).	La garzette habite toute l'Asie; elle se montre en assez grande abondance dans la Turquie, tout l'Archipel, la Sicile, la Sardaigne et l'Italie. On la trouve du reste dans tous les pays qui bordent la Méditerranée. Elle est de passage périodique en Suisse et en France, et accidentel seulement en Allemagne. Elle passe d'une manière régulière dans le midi de la France, où l'on suppose qu'elle niche dans les marais. L'époque de ses passages est ordinairement dans la première quinzaine du mois de mai.
	Héron verany (*ardea verany* Temm.).	Cet oiseau, qui habite l'Afrique, mais principalement l'Egypte, le Sénégal, la Barbarie, se trouve parfois en Sicile et dans le midi de la France : du moins, on y rencontre quelques individus que l'on doit supposer égarés, ce héron ayant été aperçu constamment seul.
	Héron grand butor (*ardea stellaris* Temm.).	Le butor habite les marais ou les lieux à demi inondés de la plus grande partie de l'Europe. Il niche dans le midi de la France, et il dépose ses œufs au milieu des roseaux.
	Héron crabier (*ardea ralloides* Temm.).	Cette espèce, beaucoup plus répandue que la précédente, se trouve en abondance vers les confins de l'Asie, de la Turquie, dans tout l'Archipel, en Sicile et en Italie. Elle est de passage accidentel dans quelques parties méridionales de l'Allemagne. Les passages qu'elle fait en Suisse et dans le midi de la France se composent d'un assez grand nombre d'individus. Les jeunes nous arrivent aussi bien que les vieux. De pareilles mœurs annoncent que cet oiseau rentre dans les races aquatiques.
	Héron blongios (*ardea minuta* Temm.).	Ce héron habite les contrées méridionales de l'Europe, où il niche. Le héron blongios est même assez commun en Hollande, et se montre de passage en Allemagne et en Angleterre.
	Cigogne (*ciconia* Briss.). Cigogne blan-	La cigogne blanche se trouve en Europe, en Egypte, en Barbarie et dans l'Asie occidentale. Elle fait presque partout des migrations annuelles et périodiques. Celles qu'elle exécute dans le midi de la France ont lieu en automne et au printemps, en

ORDRES.	GENRES ET ESPÈCES.	ÉPOQUES DES PASSAGES DES OISEAUX.
III. Echassiers. **1° Gralles.**	che (*ciconia alba* Temm.).	général par troupes nombreuses. Quoiqu'elle habite à peu près constamment le Nord pendant l'été, il n'est pas rare cependant d'en trouver au mois d'août dans le midi de la France. Peut-être, cet oiseau y est-il égaré, ou y vient-il par suite de quelque cause particulière à nous inconnue. Ainsi dans le courant de l'été de 1842, cette cigogne est venue s'abattre sur le pont de pierre de Lyon; elle s'est promenée en tout sens jusqu'à la nuit sur le bord de l'eau, pêchant le goujon, et ne paraissant pas s'inquiéter de tout le bruit que le mouvement des passants faisait autour d'elle. Le lendemain, on ne l'a plus revue; elle avait repris sa route aérienne pour aller dans d'autres climats.
	Cigogne noire (*ciconia nigra* Temm.).	Loin d'habiter, comme la cigogne blanche, les villes et les villages, la cigogne noire s'enfonce, au contraire, dans les sombres forêts et les marais boisés. Elle est assez généralement répandue en Turquie, en Hongrie, en Pologne et en Suisse, se trouvant plus rarement en Allemagne et en France, et jamais en Hollande. On ne la voit du reste dans le Midi que l'hiver; elle ne paraît pas y nicher. Ces deux espèces, dont les passages sont constants et périodiques, rentrent dans la classe des oiseaux émigrants. Quant à la dernière espèce, la cigogne maguari de Temminck, elle ne paraît pas quitter l'Amérique, sa patrie.
	Grue (*grus* Pallas). Grue cendrée *grus cinerea* Tem.)	La grue cendrée habite les contrées orientales de l'Europe, comme la Pologne et la Suède, d'où elle émigre l'hiver vers les régions méridionales, et particulièrement en Afrique. Cette espèce voyage par bandes nombreuses disposées en triangle, et plus souvent de nuit que de jour. Lorsqu'elle se repose à terre, elle place toujours en avant de la troupe des sentinelles avancées chargées de l'avertir au moindre danger; aussi les grues ont-elles de tout temps attiré l'attention par la longueur de leurs voyages et les précautions qui les accompagnent. Ces oiseaux se font encore remarquer par la hauteur, l'étendue et la puissance de leur vol, qui est si grande, qu'ils parcourent en peu de temps des espaces immenses. Ils arrivent à la fin de l'automne dans le midi de la France, y passent l'hiver, et d'autres passages ont lieu au printemps; ils quittent bientôt cette contrée pour s'élever vers les parties les plus septentrionales de l'Europe. Des mœurs à peu près pareilles distinguent les deux autres espèces de grues, qui, comme la première, habitent en Europe et sont également émigrantes.

ORDRES.	GENRES ET ESPÈCES.	ÉPOQUES DES PASSAGES DES OISEAUX.
III. Echassiers. 1° Gralles.	Tourne-pierre (*strepsilas* Illig.). Tourne-pierre à collier (*strepsilas collaris* Temm.).	Cet oiseau, qui fréquente principalement les bords des mers, des lacs et des rivières, est très-commun sur les îles de la mer Baltique et de la Norwége. Il est plus rare sur les rivières du centre de l'Europe, comme sur les lacs de la Suisse et de l'Italie. Il vit également dans l'Amérique septentrionale et méridionale, au Sénégal, et enfin au cap de Bonne-Espérance, n'éprouvant dans cet immense intervalle aucune différence dans ses caractères et ses habitudes. Le tourne-pierre fait habituellement deux apparitions dans le midi de la France, l'une au printemps et l'autre en automne; il y arrive le plus souvent seul ou par paires, ou bien mêlé aux vols des bécasseaux variables. Il y passe, du reste, une partie de l'hiver. Quelques individus de cette espèce poussent leurs excursions dans toute l'Asie et jusqu'au Japon.
	Vanneau (*vanellus* Briss.). Vanneau pluvier (*vanellus melanogaster* Tem.).	Ce vanneau habite les bords de la mer des pays tempérés de l'Europe, où il est de passage plus ou moins accidentel. Il est plus commun en Hollande et en France qu'en Allemagne, et surtout qu'en Suisse, où il se montre moins fréquemment. Il paraît se répandre en été dans le Nord jusque dans les régions du cercle arctique et sur les confins de l'Asie, où l'on assure qu'il niche. Cette espèce erratique arrive dans le midi de la France en automne; elle y reste l'hiver. Néanmoins un second passage, non moins nombreux que le premier, a lieu au printemps. Cet oiseau, ainsi que le vanneau huppé, se livre à des émigrations fort étendues; car d'Europe il parcourt toute l'Asie et pénètre jusqu'au Japon.
	Vanneau huppé (*vanellus cristatus* Temm.).	Cet échassier habite l'Europe, l'Egypte et le Japon. Il arrive en France, et particulièrement dans le Midi, par grandes troupes, vers la fin de février ou au commencement de mars. La ponte a lieu en avril, époque à laquelle les vanneaux huppés cherchent les localités les plus favorables aux soins de leur progéniture. Au mois d'octobre, les familles de ces oiseaux, dispersées dans les champs marécageux, se rassemblent en bandes de cinq à six cents et émigrent vers le Sud. La régularité des passages de ces deux espèces de vanneaux doivent les faire comprendre parmi les oiseaux émigrants.
	Pluvier (*charadrius* Linn.). Pluvier doré (*charadrius plu-*	Ce pluvier est commun dans les terrains fangeux et humides du midi et du nord de l'Europe. Il paraît être assez abondant à ses deux passages en Hollande et en Allemagne. Il arrive dans le midi de la France, et en

ORDRES.	GENRES ET ESPÈCES.	ÉPOQUES DES PASSAGES DES OISEAUX.
III. Echassiers. 1° Gralles.	*vialis* Temm.).	Sardaigne en automne ; il y passe l'hiver : mais au printemps il quitte ces contrées pour aller vers le Nord. Ces oiseaux volent par grandes bandes, suivent la direction des vents, et se tiennent rangés de front sur une même ligne horizontale. Lorsqu'ils s'abattent, ils se dirigent à peu près constamment le long du cours des eaux. Cette espèce émigrante, ainsi que les pluviers à grand et à petit collier, quoique fréquentant principalement les contrées tempérées de l'Europe, n'en parcourt pas moins l'Asie, et arrive jusqu'au Japon, où elle séjourne plus ou moins longtemps.
	Pluvier guignard (*charadrius morinellus* Tem.).	Le guignard habite les lieux fangeux, soit de l'Asie, soit de l'Europe ; il est seulement plus abondant dans la première de ces contrées. Il est de passage en Allemagne et en France, et très-accidentellement en Hollande. En hiver il est assez commun dans l'Archipel, le Levant et l'Italie ; il est au contraire assez rare dans le midi de la France, où on ne le rencontre jamais qu'isolé. C'est ordinairement au commencement de l'hiver et au mois de mai que son apparition a lieu. On assure que cette espèce erratique niche en Russie.
	Grand pluvier à collier (*charadrius hiaticula* Temm.).	Cette espèce, assez répandue sur les bords de la mer et des fleuves, se trouve dans presque toutes les contrées tempérées de l'Europe. Elle est commune en Allemagne, en Hollande, en France et en Italie ; elle pousse également ses excursions jusqu'en Amérique et au Japon. Cet oiseau passe régulièrement par petites bandes au printemps et en automne ; mais, dans cette dernière saison, il est peu abondant. Au mois d'avril, les grands pluviers à collier se séparent, et on ne les rencontre plus alors que par paires dans les lieux qu'ils ont choisis pour leur résidence d'été.
	Petit pluvier à collier (*charadrius minor* Temm.).	Le petit pluvier a des mœurs à peu près semblables à celles de l'espèce précédente et le même genre d'habitation ; seulement il est plus abondant dans les contrées méridionales que vers le Nord, et passe par petites troupes dans le midi de la France au mois d'avril.
	Pluvier à collier interrompu (*charadrius cantianus*).	Quant au pluvier à collier interrompu (*charadrius cantianus*), il est également très-répandu dans le Nord ainsi que dans les Indes et les Archipels. Il passe deux fois l'année dans le midi de la France, en automne et au printemps, et généralement en petit nombre.

ORDRES.	GENRES ET ESPÈCES.	ÉPOQUES DES PASSAGES DES OISEAUX.
III. Echassiers. 1° Gralles.	Huîtrier (*hæmatopus* Linn.). Huîtrier pie (*hæmatopus ostralegus* Temm.).	Cet oiseau habite les côtes maritimes de toute l'Europe pendant l'été et l'automne; l'hiver, il se répand dans l'intérieur des terres humides, et pousse ses excursions jusqu'au Japon et au Sénégal. Il vit sédentaire sur les côtes de la mer du midi de la France; quoiqu'un passage de cette espèce ait lieu au mois de mars, il en reste cependant quelques-uns dans le midi de la France pour y nicher. Lorsque l'huîtrier pie veut entreprendre ses voyages périodiques, il se réunit le plus souvent en troupes assez considérables; il est donc à la fois erratique et sédentaire, double circonstance qui, d'après les faits que nous avons déjà rapportés, se représente chez une infinité d'oiseaux, et dont l'œdicnème nous fournira plus tard un exemple remarquable. Les autres espèces du même genre sont de l'Afrique ou de l'Amérique méridionale; mais elles ne paraissent pas dans les régions tempérées de l'Europe.
	Echasse (*Himantopus* Briss.). Echasse à manteau noir (*himantopus melanopterus* Temm.).	L'échasse est répandue dans les parties orientales de l'Europe, ainsi qu'en Asie, en Amérique, c'est-à-dire au Brésil, et enfin en Afrique, particulièrement en Egypte. Elle paraît nicher dans les vastes marais de la Hongrie et de la Russie, où elle émigre en troupes plus ou moins considérables. Il en est de même dans le midi de la France, où elle passe au mois d'avril, et ne nous quitte qu'au mois d'août. Cette espèce ne s'y trouve jamais qu'en assez petit nombre. L'échasse, oiseau de passage dans quelques contrées du Midi, et jamais dans le Nord, est une espèce des plus répandues, quoique son vol soit lourd. Si on la découvrait dans la Nouvelle-Hollande, elle appartiendrait à toutes les régions de la terre; ce qui prouve que la puissance et l'étendue du vol ne sont pas des conditions absolues pour déterminer une pareille universalité dans la dispersion des oiseaux.
	Sanderling (*calidris* Illig.). Sanderling variable (*calidris arenaria* Temm.).	Le sanderling est assez généralement répandu le long des bords de la mer sur toute l'étendue de l'Europe. Il niche dans les régions du cercle arctique, et se trouve très-fréquemment, en automne et au printemps, sur les côtes de la Hollande et de l'Angleterre. Cette espèce, fort rare dans le midi de la France, étend néanmoins ses excursions dans des contrées bien différentes et bien éloignées. On la trouve à la fois en Asie, dans l'Amérique du Nord, ainsi que dans les îles de la Sonde et de la Nouvelle-Guinée, et enfin jusqu'au Japon.

ORDRES.	GENRES ET ESPÈCES.	ÉPOQUES DES PASSAGES DES OISEAUX.
III. Echassiers. 1° Gralles.	OEdicnème (*œdicnemus* Temm.). OEdicnème criard (*œdicnemus crepitans* Temm.).	L'œdicnème habite les terres et les bandes incultes plutôt du midi que du nord de l'Europe. Il se montre peu communément dans les régions orientales. Cette espèce est de passage en Allemagne et très-accidentellement en Hollande. Quoique cet oiseau soit sédentaire dans le midi de la France, il n'y opère pas moins deux passages, l'un au mois de mars et l'autre au mois de novembre. Les œdicnèmes se réunissent pour lors en troupes plus ou moins nombreuses, et constamment la nuit.
2° Coureurs.	Coure-vite (*cursorius* Temm.). Coure-vite isabelle (*cursorius isabellinus* Temm.).	Habitant de l'Afrique méridionale, le coure-vite paraît étendre ses excursions jusqu'en Asie. Il se montre quelquefois en Europe et particulièrement dans le midi de la France, où il est fort rare et ne se montre qu'accidentellement. C'est une des espèces erratiques les mieux caractérisées.
	Outarde (*otis* Linn.). Outarde barbue (*otis tarda* Temm.)	L'outarde barbue est généralement moins commune dans le Nord que dans le Midi. On la trouve en Dalmatie, en Italie et dans quelques parties de la France, où elle niche ainsi qu'en Allemagne. Elle est rare en Hollande et en Angleterre. Cette espèce visite les contrées méridionales de la France pendant l'hiver; elle y arrive de nuit et en grande abondance lorsque la température est très-basse; dans le cas contraire, on n'en voit pas une seule, ce qui prouve que les voyages accidentels des oiseaux sont principalement déterminés par la température, et en même temps à quel point ces animaux sont impressionnés par ses variations.
	Outarde canepetière (*otis tetrao* Temm.).	Cette espèce habite les lieux arides et découverts de la Turquie, de l'Afrique, de l'Italie et de l'Espagne. Elle ne se trouve jamais dans le Nord; aussi est-elle rare en Allemagne et en Suisse. Elle passe accidentellement l'hiver dans le midi de la France, tandis qu'elle se montre régulièrement dans les départements de l'ouest de cette contrée, où elle fait son nid à terre, à la manière des gallinacés.
3° Alectorides.	Glaréole (*glareola* Briss.). Glaréole à collier (*glareola torquata* Temm.).	Cet oiseau habite le bord des mers, des lacs et des fleuves de l'Asie, de la Hongrie et de la Sardaigne. Il est de passage en Allemagne, en Suisse, en Italie et en France; mais très-rarement pousse-t-il ses excursions jusqu'en Hollande et en Angleterre. Cette glaréole arrive dans le midi de la France vers le milieu du mois d'avril, voyageant par petites troupes de quinze à vingt individus; elle quitte cette contrée dans les premiers jours du mois d'août, époque où la ponte est accomplie. Cet oiseau niche dans le Midi et appartient, comme le précédent, aux races erratiques.

ORDRES.	GENRES ET ESPÈCES.	ÉPOQUES DES PASSAGES DES OISEAUX.
IV. Gallinacés.	Dindon sauvage (*meleagris gallopavo* Temm.).	Nous avons déjà fait observer que cette espèce sauvage, souche des dindons domestiques, habite l'Amérique septentrionale; quoique son vol soit fort lourd, elle n'en fait pas moins des excursions d'un canton à un autre. Ces voyages paraissent déterminés par le manque de nourriture dans celui qu'elle avait choisi primitivement. Nous ignorons si c'est par suite de circonstances du même genre que cet oiseau serait entraîné accidentellement jusqu'en Sicile; ce fait si extraordinaire mérite d'être confirmé par des observations bien positives, pour être admis comme exact et hors de toute contestation. Quoi qu'il en soit, cette espèce, essentiellement sédentaire, devient quelquefois erratique, par suite de circonstances qui la forcent à se déplacer et à faire des excursions, mais généralement d'une petite étendue.
	Faisan (*phasianus* Linn.). Faisan vulgaire (*phasianus colchicus* Temm.).	Le faisan habite les provinces méridionales des confins de l'Asie, et se trouve également dans plusieurs contrées boréales de l'Allemagne, de la Hollande, de l'Angleterre et de la France; ces derniers proviennent probablement de la Corse, où cet oiseau se trouve assez habituellement. Des individus isolés et probablement égarés passent parfois dans le midi de la France; du reste, le faisan se trouve en abondance dans le Caucase et les plaines couvertes de joncs qui entourent la mer Caspienne. On croit généralement que son introduction en Grèce date de l'expédition des Argonautes aux bords du Phase; depuis lors, le faisan a été recherché à cause de la bonté de sa chair. Le nom anglais de cet oiseau, *pheasant*, rappelle beaucoup mieux que son nom français qu'il est originaire des bords du Phase.
	Tétras (*tetrao* Linn.). Tétras gelinotte (*tetrao bonasia* Temm.).	Cette espèce vit au milieu des bois et des montagnes où croissent des pins, des sapins, des bouleaux et des coudriers; aussi est-elle connue vulgairement sous le nom de poule de coudrier. Elle se trouve principalement sur les hautes montagnes des Pyrénées, du Dauphiné et de la Provence. Quoique rare dans les plaines du midi de la France, elle y vient cependant parfois, à des époques plus ou moins éloignées, toujours l'automne ou l'hiver. En 1839, un assez grand nombre de ces gelinottes fut aperçu dans le département de l'Hérault. Elle niche uniquement dans les hautes montagnes, faisant son nid au milieu des bruyères et des buissons, dans des lieux solitaires qu'elle choisit de préférence.

ORDRES.	GENRES ET ESPÈCES.	ÉPOQUES DES PASSAGES DES OISEAUX.
IV. Gallinacés.	Le grand coq de bruyère (*tetrao urogallus*).	Le grand coq de bruyère (*tetrao urogallus*), assez rare dans le nord de la France, se trouve néanmoins dans les forêts des hautes montagnes, depuis l'Allemagne jusqu'au nord de l'Asie. Quant au petit coq de bruyère (*tetrao tetrix* Linn.), il est plus répandu dans les parties centrales de l'Europe que partout ailleurs. On le trouve en plus grand nombre en Allemagne et en France que le grand coq de bruyère.
	Tétras ptammigan ou lagopède ordinaire (*tetrao lagopus* Linn.).	Cette espèce habite l'été les montagnes les plus élevées de la Suisse et des Pyrénées, et descend en hiver dans les régions moyennes de ces montagnes. Elle est assez commune en Suède, en Laponie, en Ecosse et dans le nord de la Suisse. On la trouve également en Amérique; elle n'y diffère pas des lagopèdes d'Europe. Les autres espèces de ce genre ont les mêmes habitudes, et l'une d'elles, le tétras des saules, se trouve à la fois en Amérique et en Europe; celle-ci serait erratique comme la précédente, tandis que le grand et le petit coq de bruyère paraissent être sédentaires.
	Ganga (*pterocles* Temm.). Ganga cata (*pterocles setarius* Temm.).	Cet oiseau habite les lieux arides et incultes des contrées méridionales de l'Espagne, de la Sicile, de l'Italie, et dans tout le Levant. Il est commun en Perse, ainsi que dans les plaines stériles de la Provence, particulièrement dans celle de la Crau, qu'il habite en grand nombre toute l'année. Quelques individus s'égarent parfois dans les plaines du Languedoc, soit qu'ils y viennent des Pyrénées orientales ou de la Provence, où ces oiseaux nichent assez habituellement. L'autre espèce de ce genre, le ganga unibande, est plus généralement répandue, quoiqu'elle ne se montre pas en France. Elle se trouve cependant en Espagne, en Sicile et en Turquie, ainsi que dans l'Asie méridionale et les déserts de l'Afrique.
	Perdrix (*perdix* Latham). Perdrix bartavelle (*perdix saxatilis* Temm.).	La bartavelle habite la Grèce, ainsi que quelques parties méridionales de l'Allemagne, du Tyrol, de la Suisse, de l'Italie, et jusqu'en Turquie. Elle n'est pas rare sur les hautes montagnes du Jura et des Pyrénées, d'où elle descend en hiver dans les régions moyennes des montagnes. Elle est fort rare dans le midi de la France, peut-être parce qu'elle est fort recherchée par les chasseurs; quoi qu'il en soit, cet oiseau niche dans le Jura et appartient aux espèces erratiques.

ORDRES.	GENRES ET ESPÈCES.	ÉPOQUES DES PASSAGES DES OISEAUX.
IV. Gallinacés.	Perdrix rouge (*perdix rubra* Temm.).	La perdrix rouge habite les plaines de l'Italie et de la France méridionale, où elle niche constamment vers le milieu du mois de mars. Elle fréquente peu le nord de la France et la Hollande, ne se trouve jamais en Allemagne, et rarement en Suisse. Comme nous avons déjà parlé des migrations de cet oiseau, il nous paraît inutile d'y revenir, ainsi que sur celles auxquelles se livre particulièrement la caille. Nous dirons seulement que, quoique le vol de cet oiseau soit lourd, il n'en pousse pas moins ses excursions en Asie et jusqu'au Japon.
	Perdrix grise (*perdix cinerea* Temm.).	Cette perdrix habite jusque fort avant dans le Nord, et pousse ses courses jusqu'en Egypte et en Barbarie. Elle est de passage dans certains pays, et sédentaire dans d'autres. Quant aux migrations auxquelles se livre cet oiseau, elles ont lieu en automne, par bandes composées de plus de cent à deux cents individus. Le vol de la perdrix grise pouvant être longtemps soutenu, leurs migrations sont généralement lointaines. Cette espèce, assez rare dans le midi de la France, est tantôt sédentaire et tantôt erratique ; elle n'est commune que dans le nord de cette contrée, où elle remplace la perdrix rouge. On ne la voit guère dans le Midi que pendant l'hiver à l'exception de celles qui y nichent. Du reste, elle se tient en troupes plus ou moins considérables jusqu'au mois d'avril, dans les pays tempérés, même froids, qu'elle recherche de préférence ; mais, passé cette époque, ces oiseaux se retirent par paires dans les lieux écartés et solitaires, et passent l'été en monogamie ou par couples séparés.
	Caille (*perdix coturnix* Latham).	La caille habite l'été plusieurs contrées de l'Europe ; en hiver elle émigre en Egypte, d'où elle se répand en Asie, en Syrie et dans d'autres pays de l'Orient. La caille, fameuse par l'étendue de ses migrations, quoique son vol soit lourd, arrive dans le midi de la France au commencement d'avril, où elle niche bientôt après sa venue; car dès la première quinzaine de mai on voit déjà des cailleteaux. Vers le milieu des mois d'août et de septembre, elle fait un second passage, et quitte les provinces méridionales de la France au commencement de l'hiver, pour aller dans des pays plus chauds ; néanmoins quelques individus y demeurent tout l'hiver, et, à raison de cette circonstance, on les désigne en patois languedocien sous le nom d'*hivernenques*. Les cailles qui nous viennent chaque année s'en retournent avec la même régularité en Afrique. Mais ce n'est pas là que ces oi-

ORDRES.	GENRES ET ESPÈCES.	ÉPOQUES DES PASSAGES DES OISEAUX.
IV. Gallinacés.		seaux bornent leurs voyages; ils en exécutent en effet de plus étendus, et parcourent pour ainsi dire le globe entier. Comme nous avons tracé la route que suivent les cailles dans leurs longues excursions, nous croyons inutile d'ajouter quelques détails à ceux que nous avons donnés dans l'explication de notre carte. Nous y renverrons donc; ils seront sans doute suffisants pour en faire comprendre toute l'importance et toute l'étendue. Il règne encore de grandes incertitudes, non pas précisément sur le passage des cailles, mais sur les lieux d'où elles arrivent, et sur ceux où elles vont passer l'hiver lorsqu'elles quittent les régions tempérées. On sait que ces oiseaux nous viennent d'Afrique, et qu'en Egypte et sur les côtes de Barbarie ils sont de passage, comme sur celles du midi de la France. Si à leur départ des provinces méridionales elles franchissent également les contrées africaines, elles parviennent bientôt sous la ligne; car il y a une moindre distance de l'équateur au nord de l'Afrique que de cette contrée au nord de l'Europe, et jusqu'en Islande et en Norwége, où l'on trouve encore des cailles. Une fois sous la ligne, ou l'ayant dépassée, elles vont chercher un climat plus tempéré, indifféremment vers le Midi ou vers le Nord, selon le vent le plus favorable. Aussi la plupart des navigateurs ont-ils rencontré les cailles dans la mer du Sud et dans la mer des Indes, comme sur tous les points de la terre. Levaillant a observé au cap de Bonne-Espérance des passages considérables de cailles de la même espèce, et peut-être les mêmes qu'il avait déjà vues en Europe. Que de chances pour leurs stations et pour la quantité qu'il peut s'en diriger annuellement vers la France. Outre leurs migrations à des époques fixes et invariables, qui font de ces oiseaux des espèces essentiellement émigrantes, les cailles sont encore assujetties à des déplacements forcés, occasionnés par la sécheresse ou le manque de nourriture. Comme une foule d'autres oiseaux, elles n'aiment pas les lieux secs et arides; aussi, comme il est rare dans le midi de la France qu'il n'y ait pas deux ou trois mois de sécheresse en été, quoique les cailles y soient souvent abondantes au commencement de mai, elles abandonnent bientôt cette région dès que la sécheresse commence. On ne les revoit plus ensuite en certain nombre qu'au mois de septembre; celles-ci sont les cailles du passage qui a lieu à cette dernière époque. Cette fuite momentanée est avantageuse à la multiplication de ces oiseaux; la récolte

ORDRES.	GENRES ET ESPÈCES.	ÉPOQUES DES PASSAGES DES OISEAUX.
IV. Gallinacés.		des fourrages a lieu, dans les provinces méridionales de la France, au mois de mai, et la moisson en juin ; la plupart des couvées auraient été détruites avant que les petits fussent éclos. Mais si, pendant la sécheresse, il survient une pluie abondante, le lendemain ou quelques jours après on entend chanter un assez grand nombre de cailles dans les lieux qu'elles avaient naguère abandonnés. Cette circonstance prouve combien est erronée l'opinion de ceux qui prétendent que le nombre des cailles diminue. Cette diminution supposée est occasionnée par la sécheresse de certaines années : du moins dans celles qui sont humides, on prend toujours ces oiseaux par milliers, ce qui a eu lieu pendant deux années consécutives 1837 et 1838), et s'est répété toutes les fois que des pluies ont été abondantes. Les cailles diminuent si peu, que pendant l'année 1842 elles sont arrivées sur les côtes du Roussillon en nombre immense. Leur quantité y a été si considérable qu'elles se sont vendues sur le marché de Perpignan depuis vingt jusqu'à trente centimes. Les revendeurs ont trouvé leur compte, en les portant à Montpellier, où ils en ont trouvé de quarante à quarante-cinq centimes. A la vérité l'année 1842 s'est fait remarquer par un printemps très-pluvieux, ce qui est fort rare dans le midi de la France. Cette circonstance n'a pas été la cause de l'arrivée de ces cailles printanières. Car, si leurs passages ont été nombreux dans le Roussillon, ils ont été au contraire peu abondants en individus dans le Languedoc, qui est cependant si rapproché de cette province. Ainsi, une année, une espèce émigrante est extrêmement commune dans une localité, et fort rare au contraire dans une autre ; mais il ne faut pas admettre de cette circonstance, que telle ou telle espèce diminue ; car de pareils faits il faut les embrasser dans leur ensemble, et non dans quelques-uns de leurs détails. La caille est un oiseau fameux dans l'Ecriture. Il en arriva une quantité si prodigieuse dans le camp des Israélites que toute l'armée des Hébreux s'en nourrit. Il paraît, d'après Josèphe, qu'elles sont extrêmement communes aux environs de la mer Rouge.
	Turnix tachydrome (*hemipodius tachydromus* Temm.).	Cet oiseau habite le midi de l'Espagne et la Sicile ; il n'a pas encore été aperçu dans le midi de la France, mais seulement dans les parties les plus septentrionales de l'Afrique. Une autre espèce du même genre, le turnix à croissants (*hemipodius lunatus*) habite à peu près les mêmes lieux. Elle paraît avoir également les mêmes habitudes que la pré-

ORDRES.	GENRES ET ESPÈCES.	ÉPOQUES DES PASSAGES DES OISEAUX.
IV. Gallinacés.		cédente. L'inconstance et l'irrégularité des passages de ces deux turnix est si grande, que ces oiseaux doivent être considérés comme erratiques.
	Pigeon ramier (*columba palumbus* Temm.).	Le ramier habite jusque vers le Nord; mais il est plus abondant dans les contrées méridionales, où il vit dans les bois et les forêts. Il est de passage dans les pays froids et tempérés, et sédentaire dans les pays chauds. Aussi trouve-t-on le ramier l'été en Suède, en Russie et jusqu'en Sibérie. Néanmoins les ramiers passent en assez grand nombre dans le midi de la France, pendant les mois d'octobre et de novembre. Il en reste peu l'hiver ; mais, au mois de février ou de mars, ils reparaissent de nouveau, par petites troupes, ou par paires; quelquefois même, ils voyagent isolément, mais ceci a lieu du reste fort rarement. Les passages des pigeons dans les Pyrénées, attestés par un assez grand nombre d'observateurs, et sur lesquels M. Jubinal, professeur à la faculté de Montpellier, a publié récemment une note détaillée, sont environnés de circonstances assez particulières pour mériter d'être décrits. Depuis la fin d'août jusqu'à la mi-septembre, les ramiers (*columba palumbus* Linn.) exécutent en grandes troupes leurs passages dans la vallée de Saint-Pé. Ces oiseaux ne s'élèvent pas à une grande hauteur en traversant les montagnes des Pyrénées, peut-être à raison des neiges qui en couvrent à cette époque la plupart des cimes. En effet, rarement ces hauteurs, supérieures au niveau des neiges perpétuelles, n'en sont-elles pas couronnées; il faut des chaleurs bien extraordinaires, pour qu'elles en soient totalement dépourvues. Aussi les ramiers, comme cela a lieu pour les cailles, suivent à peu près constamment la ligne des collines, jusqu'au point où la chaîne s'abaisse, c'est-à-dire, au bout de la vallée de Saint-Pé. Les montagnards, qui ont observé les habitudes de ces oiseaux, ont cherché à en profiter pour s'en emparer : pour cela ils ont établi sur le lieu de leurs routes, sortes d'endroits privilégiés, des cabanes où ils s'établissent et se cachent en sentinelles avancées. Si les ramiers volent directement vers la gorge en demi-cercle, à l'extrémité la plus élevée de laquelle des filets ont été tendus, et que ces oiseaux doivent franchir pour sortir de cette enceinte, on les laisse s'y engager. Si au contraire ils veulent s'en écarter et passer ailleurs, les sentinelles s'efforcent, par leurs gestes et leurs cris, de les faire rentrer dans le demi-cercle où des filets ont été placés.

ORDRES.	GENRES ET ESPÈCES.	ÉPOQUES DES PASSAGES DES OISEAUX.
IV. Gallinacés.		Il arrive parfois que, parvenus à l'extrémité de la gorge, les ramiers soupçonnent quelque piége. Pour l'éviter, ils cherchent à s'élever en l'air ou à retourner en arrière; mais des chasseurs, placés sur de grands trépieds, lancent au-dessus d'eux un bâton en forme de croix, recouvert d'un léger enduit de chaux, et par conséquent d'un blanc fauve assez éclatant. A l'aspect de ce bâton, lancé en l'air avec violence, les ramiers croient voir l'épervier fondre sur eux, et dans leur frayeur ils s'abattent le plus près de terre possible. Ils rasent pour lors le sol avec vitesse, et vont donner tête baissée dans le filet, qui lâché à leur approche, au moyen d'une petite corde que tire le chasseur suspendu dans le trépied, tombe sur la troupe et la recouvre de ses mailles. De cette manière on prend dans la saison plusieurs milliers de ces oiseaux voyageurs; l'homme les arrête ainsi au milieu de leurs courses vagabondes, et, par suite de leur instinct, ils reviennent l'année suivante éprouver les mêmes périls et succomber sous les mêmes dangers. Le vol de ces pigeons n'a pas, du reste, une aussi grande rapidité que celui des pigeons sauvages (*columba migratoria*). On assure que cette espèce et quelques oies sauvages parcourent, sans se fatiguer, jusqu'à quarante milles par heure, et font sans se poser à terre, un vol de quatre cent quatre-vingts milles ou cent soixante-dix lieues Ainsi ces oiseaux peuvent en un seul jour, se rendre de Charles-Town, jusqu'aux établissements les plus septentrionaux des Etats-Unis. Cette rapidité explique comment quelques pigeons tués dans les Etats du Nord avaient encore dans leur jabot des grains de riz qui n'étaient pas digérés, et qu'ils avaient dû manger la veille dans la Caroline, ou dans la Géorgie. On cite aussi l'exemple d'un faucon envoyé au duc de Lerme, qui retourna en seize heures d'Espagne à l'île de Ténériffe, bien que la distance soit de sept cent cinquante milles. Les pigeons ne sont pas chassés des pays froids, que certains individus de ce genre habitent, par l'abaissement de la température, mais plutôt par le défaut de nourriture qui se fait sentir dans les lieux où ils avaient primitivement fixé leur séjour. Buchmand tient la première de ces opinions pour erronée, et assure avoir vu au Canada de nombreuses bandes de pigeons, pendant un hiver excessivement froid. A la vérité cet hiver succédait à un automne où les fruits et les semences dont ces oiseaux se nourrissent avaient été très-abondants, en sorte qu'il paraît, d'après ces faits et ceux que nous

ORDRES.	GENRES ET ESPÈCES.	ÉPOQUES DES PASSAGES DES OISEAUX.
IV. Gallinacés.		avons consignés dans cet ouvrage, que le manque d'aliments oblige bien plutôt les oiseaux à se transporter d'un pays dans un autre, que le changement dans la température. Les faits que nous venons de rapporter, sur la rapidité du vol des pigeons, acquièrent une nouvelle probabilité, d'après ceux qui se trouvent consignés dans *la Presse de Seine-et-Oise*. D'après ce journal, le dimanche 4 juillet 1841, une nouvelle expérience de pigeons voyageurs eut lieu à Versailles. La veille on avait reçu à la mairie quarante pigeons expédiés par la société d'amateurs établie à Berchem près d'Anvers. Ces oiseaux étaient arrivés à Versailles par la diligence, renfermés dans un grand panier, par conséquent sans avoir pu acquérir par eux-mêmes la moindre notion du chemin qu'ils avaient parcouru et de la direction qu'ils avaient suivie. Le lendemain, à sept heures et demie du matin, on en a lâché trente-neuf à la fois, de la cour de la mairie, après avoir eu la précaution de leur apposer une estampille contenant la note du moment de leur départ. Le quarantième s'était échappé quelque temps auparavant, et avait pris sa volée, en brisant un carreau. La troupe emplumée, une fois en liberté, s'est élevée à une grande hauteur, en décrivant un grand cercle, et après avoir reconnu la position, par le merveilleux et inexplicable instinct qui leur est propre, les trente-neuf oiseaux se sont élancés dans la direction convenable (nord-nord-est). D'après la nouvelle que l'on en a reçue, le premier pigeon est parvenu à son colombier à midi quinze minutes; trente-cinq autres sont successivement arrivés à quelques minutes de distance; celui qui s'était évadé n'y a été rendu que dans la soirée. Ces oiseaux ont donc parcouru en quatre heures quarante-six minutes à cinq heures dix minutes, un espace d'environ soixante-quinze lieues en ligne directe, ce qui égale la plus grande vitesse des chemins de fer, en supposant qu'ils puissent parcourir une pareille distance sans s'arrêter. Dès le même jour, trente-deux pigeons de ceux qui arrivaient de Versailles étaient déjà en route pour une autre excursion. Si ces faits sont exacts, comme tout porte à le supposer, il en résulterait que les plus longs voyages, exécutés même avec la plus grande célérité, ne sauraient fatiguer les oiseaux. D'un autre côté, ils pourraient faire supposer, avec d'autres faits que nous avons énumérés, que les bandes voyageuses de ces animaux s'égarent beaucoup moins

ORDRES.	GENRES ET ESPÈCES.	ÉPOQUES DES PASSAGES DES OISEAUX.
IV. Gallinacés.		que les individus isolés, et que généralement elles trouvent bien mieux leurs routes. Il est en effet, d'observation vulgaire, que c'est uniquement les oiseaux isolés qui s'égarent, et jamais les bandes auxquelles ils appartenaient, et dont ils faisaient partie. Du reste, si les pigeons ramiers sont sédentaires dans certaines contrées, principalement dans les pays chauds, ils ne sont pas émigrants pour d'autres régions, qu'ils quittent à des époques déterminées, et où ils reviennent à des époques qui ne sont pas moins fixes que les premières. Quelque merveilleux que soit l'instinct qui porte tant d'oiseaux à se transporter dans des régions différentes, il est possible de le développer encore et de faire retrouver aux habitants des airs leur gîte natal après les avoir complétement dépaysés. C'est ce que font tous les jours plusieurs sociétés de la Belgique et de la Hollande qui élèvent dans ce but un grand nombre de pigeons, et quelques autres oiseaux voyageurs. Parmi les exemples de ces faits curieux, il en est un qui vient de se passer sous nos yeux, et dont nous ne pouvons nous empêcher de rendre compte. La compagnie du Phénix de Liége (Belgique) a adressé à M. le maire de Montpellier soixante et onze pigeons portant chacun sous la queue l'empreinte d'un cachet. Cet envoi avait été précédé d'une lettre dans laquelle la société priait M. le maire, après avoir fait constater l'identité des pigeons, de les faire contre-marquer. On devait leur donner le vol à jour et à heure fixes, en transmettant à la société la date précise de leur départ simultané. Ces pigeons arrivés à Montpellier le 23 juillet 1843, en bonne santé, sous la direction du sieur Constant, ont été lâchés de la plateforme de l'Arc de triomphe ou porte du Peyrou, le mercredi 26 juillet à cinq heures précises du matin. Pour certitude que les mêmes pigeons retrouveraient leur gîte, ils ont été timbrés du sceau de la mairie. En conséquence, à l'heure fixée, les paniers, où étaient renfermés les pigeons, ont été ouverts, tous les prisonniers se sont élevés simultanément en décrivant des cercles concentriques; après deux minutes, ils ont pris ensemble la direction du Nord. Quatre d'entre eux ont suivi d'abord une autre route, mais après un quart d'heure, ils sont revenus sur la plate-forme du Peyrou; ils y ont demeuré dix-sept jours, tant qu'ils y ont trouvé à manger. Au bout de ce temps on ne les a plus revus. Il serait possible que ceux-ci fissent partie de ceux qui ont été tués à Celle-Neuve, à

ORDRES.	GENRES ET ESPÈCES.	ÉPOQUES DES PASSAGES DES OISEAUX.
IV. Gallinacés.		Adge et à Rodez, localités plus ou moins éloignées de Montpellier et qui n'étaient pas dans leur vraie direction. Une lettre adressée à M. le maire de Montpellier, par la société du Phénix, sous la date du 17 août, lui a annoncé, qu'un des oiseaux lâchés de Montpellier le 26 juillet était arrivé à Liége le 29 juillet à six heures du soir. Dix-sept autres se sont suivis successivement de jour en jour, en sorte que le 16 août, dix-huit étaient rendus, un dix-neuvième avait été pris dans l'intervalle à douze lieues de distance de son colombier succombant à la fatigue et probablement à des blessures. Aussi la société du Phénix, sans rien dire de tous ceux qui ont manqué à l'appel, fait observer à M. le maire, que sur deux des pigeons arrivés à Liége, on remarquait des blessures qui ne pouvaient être que le résultat de morsures et de déchirures. Ces plaies avaient dû être faites, d'après elle, à ces volatiles, pendant qu'ils étaient renfermés dans des corbeilles, et avoir singulièrement compromis leur santé, et par suite le succès de leur voyage. J'ai consulté à cet égard les personnes nommées par M. le maire pour prendre soin de ces pigeons pendant leur séjour à Montpellier. Elles m'ont affirmé que ces oiseaux étaient arrivés bien sains, et que si on avait remarqué des blessures à leur retour en Belgique, elles devaient leur avoir été faites dans leur traversée. Quant à la perte du plus grand nombre de ces volatiles, elle s'explique par les accidents inévitables dans un aussi long voyage. Quoi qu'il en soit, dix-huit de ces pigeons ont retrouvé leurs colombiers éloignés de plus de trois cents lieues de leur point de départ. Ils y sont parvenus sans boussole et sans aucune connaissance de la route qu'ils devaient suivre. Ils avaient été exactement enfermés dans des corbeilles voilées qui avaient été placées sur l'impériale d'une diligence. L'un d'entre eux a fait régulièrement cent lieues par jour. Admirable instinct supérieur à l'intelligence en prise avec de pareilles et d'aussi grandes difficultés. Quel homme pourrait en effet répondre de retrouver son chemin au milieu de l'océan aérien, où rien ne saurait le guider? On se demandera peut-être, si ces dix-huit pigeons qui ont retrouvé leurs colombiers étaient ou non à leurs premiers voyages, ou si ce n'étaient pas ceux qui n'ont pas su retrouver le lieu de leur naissance. Voici l'unique renseignement que nous fournit la lettre de la compagnie du Phénix du 17 août. Il y est dit « que le procès-verbal du direc-

ORDRES.	GENRES ET ESPÈCES.	ÉPOQUES DES PASSAGES DES OISEAUX.
IV. Gallinacés.		teur de la police de Montpellier mentionnait que deux ou trois pigeons s'étaient élevés en l'air en tournoyant, et qu'ils avaient mis un quart d'heure à s'orienter; ceci nous annonce qu'ils avaient dû être blessés, car les pigeons habitués à faire de longs voyages ne perdent pas de temps, et sont hors de vue en moins d'une minute. » Ces termes semblent assez clairs pour prouver que les oiseaux envoyés de Liége à Montpellier n'étaient pas à leur première course lorsqu'ils se sont envolés de cette dernière ville.
	Pigeon colombin (*columba œnas* Linn.).	Ce pigeon habite les bois comme l'espèce précédente, mais on le rencontre en plus grand nombre dans les contrées méridionales que le premier de ces oiseaux. Aussi est-il très-répandu en Afrique ; il ne dépasse pas pourtant le tropique. Le colombin est de passage régulier en Allemagne et dans quelques parties de la France, où il arrive par bandes composées de plusieurs centaines d'individus. Leur vol haut est longtemps soutenu. C'est ordinairement vers la fin du mois d'octobre ou vers la mi-novembre, à la suite des gros vents du nord, qu'il arrive dans le midi de la France. Cette espèce est donc émigrante, comme la plupart des pigeons.
	Pigeon biset (*columba livia* Tem.)	Le biset se trouve rarement à l'état sauvage en Europe ; c'est uniquement dans le nord de l'Afrique et dans quelques îles de la Méditerranée qu'il se maintient dans une entière indépendance. Il ne pousse pourtant pas ses migrations jusqu'au delà du tropique. Cet oiseau vit, dans les contrées tempérées de l'Europe, dans une sorte de soumission volontaire. Il se plaît à peupler de ses nombreuses tribus les gîtes qu'on lui offre, et dans lesquels il se multiplie d'une manière prodigieuse. Quelques individus à demi sauvages fréquentent le midi de la France, où ils nichent entre les fentes des rochers, ou plutôt de quelques vieux édifices. Le biset pond seulement deux œufs blancs.
	Pigeon tourterelle (*columba turtur* Temm.).	La tourterelle habite assez avant dans le Nord, pas cependant vers les régions du cercle arctique. Elle vit néanmoins en plus grand nombre dans les bois et les taillis du Midi. Quoique sédentaire dans quelques pays, elle n'en est pas moins émigrante, ou de passage périodique dans quelques autres. Cet oiseau arrive dans le midi de l'Afrique et de la France, souvent si épuisé de fatigue qu'il se laisse tuer sans songer à prendre la fuite. Il en reste un assez grand nombre dans cette

ORDRES.	GENRES ET ESPÈCES.	ÉPOQUES DES PASSAGES DES OISEAUX.
IV. Gallinacés.		contrée, où cette espèce passe la belle saison et s'y reproduit. Les tourterelles nous quittent cependant en automne, et vont passer l'hiver dans les contrées plus chaudes de la Chine et de l'Afrique. Elles vivent du reste dans le Midi par paires, réunies par troupes plus ou moins nombreuses, et nous donnent des exemples d'une fidélité touchante. C'est à cette fidélité, ou à leur constance conjugale dont il est en quelque sorte l'emblème, que cet oiseau doit sa célébrité.
V. Passereaux. 1° Chélidons.	Engoulevent (*caprimulgus* Linn.). Engoulevent ordinaire (*caprimulgus europœus* Temm.).	L'engoulevent vit au milieu des bois et des forêts rapprochés des bruyères et des prairies, et cela dans toute l'Europe, plus communément dans le Midi que dans le Nord. Il se trouve plus fréquemment en Allemagne et en France qu'en Hollande. Au printemps, vers le mois d'avril, ou au plus tard en mai, il arrive dans le midi de la France; rarement on en voit plusieurs ensemble. Ces oiseaux volent peu pendant le jour. Ils ne sortent guère que le soir, poursuivant les insectes en volant, à la manière des hirondelles et des martinets. Les engoulevents nichent du reste dans le Midi, se bornant à déposer leurs œufs dans un trou à terre, dans le creux d'un arbre, ou dans une fente de rocher.
	Engoulevent à collier roux (*caprimulgus ruficollis* Temm.).	Cet engoulevent se trouve dans les parties septentrionales de l'Afrique, le midi de l'Espagne, à Gibraltar et dans le Roussillon, où il arrive presque tous les printemps. C'est également au mois de mai, qu'ont été pris ceux qui ont été observés jusqu'à présent dans la partie sud du Languedoc. Cet oiseau paraît avoir les mêmes mœurs et les mêmes habitudes que l'espèce précédente.
	Martinet (*cypselus* Illig.). Martinet à ventre blanc (*cypselus alpinus* Temm.).	Le martinet à ventre blanc, assez répandu peut-être à raison de la rapidité de son vol, se trouve dans toutes les îles de l'Archipel, à Malte, en Sardaigne, aux îles d'Hyères, en Tyrol, en Italie et en France. Il est plus abondant en automne, et principalement au mois de septembre, que dans aucune autre saison de l'année. Ces oiseaux nichent habituellement dans le midi de la France. Ils arrivent du reste plus tôt dans le Midi que le martinet de muraille. C'est le plus souvent au commencement du mois d'avril qu'ils apparaissent parmi nous.
	Martinet de muraille (*cypselus murarius* Temm.).	Cette espèce visite non-seulement toute l'Europe, mais elle étend encore ses excursions jusqu'au cap de Bonne-Espérance et sur la côte nord-ouest de l'Amérique. Leur séjour se prolonge peu dans le midi de la

ORDRES.	GENRES ET ESPÈCES.	ÉPOQUES DES PASSAGES DES OISEAUX.
V. Passereaux. 1° Chélidons.		France, comme dans le reste de cette contrée, où ces oiseaux arrivent à la fin d'avril, et en repartent vers la fin de juillet ou dans les premiers jours du mois d'août. D'après toutes ces circonstances, il est facile de saisir que les martinets, comme les hirondelles, avec lesquelles ils ont les plus grandes analogies, sont des oiseaux essentiellement émigrants.
	Hirondelle (*hirundo* Linn.). Hirondelle de cheminée (*hirundo rustica* Temm.).	L'hirondelle de cheminée se trouve dans toutes les contrées de l'Europe où l'homme a fixé son séjour. C'est aussi auprès des habitations qu'elle place son nid et dépose l'espoir de sa race. Elle précède le plus ordinairement le retour du printemps dans le midi de la France. Du reste, l'arrivée de ces oiseaux est aussi fixe que régulière. En effet, d'après des observations suivies avec constance pendant trente-quatre années en Angleterre et quatre années sur le continent, l'apparition de ces oiseaux a varié du 1er avril au 23 du même mois. Leur venue a lieu par toutes sortes de vents, quelquefois même pendant des vents très-violents, ou même pendant des ouragans. Elle s'est également opérée, quoique la terre fût encore couverte de neige et le temps extrêmement froid. Le 14 avril a été dans ce long intervalle de temps le terme moyen de l'apparition des hirondelles; mais il faut observer que ces oiseaux continuent souvent d'arriver quinze jours après leur première venue. Il en est de même de leur départ : quoique en général ils quittent les régions tempérées vers la mi-septembre, il n'est que trop connu qu'il en est un assez grand nombre qui en partent beaucoup plus tard, ou vers le milieu ou vers la fin d'octobre. Nous ferons encore remarquer que les hirondelles ont à peine paru, du moins en France, en 1832, dans les lieux où le choléra exerçait le plus complétement ses ravages. Ces oiseaux paraissent étendre leurs migrations au delà du tropique, et les poussent, ainsi que l'hirondelle rousseline, jusqu'au Japon et même dans les diverses parties du globe. Comme nous avons décrit avec détail, dans l'explication de notre carte, la route suivie par cette hirondelle dans ses longues excursions, nous y renverrons. Nous ferons seulement observer que ce genre se signale principalement entre tous les oiseaux par l'étendue et la régularité de ses migrations. Mais parmi les hirondelles, celle de cheminée se distingue surtout par l'universalité de ses voyages. Elle se trouve partout, ainsi que nous l'avons déjà dit.

ORDRES.	GENRES ET ESPÈCES.	ÉPOQUES DES PASSAGES DES OISEAUX.
V. Passereaux. 1° Chélidons.		C'est de cette espèce que l'Ecriture a voulu parler, en décrivant les longs voyages qu'elle entreprend, ainsi que les tourterelles, les milans et la cigogne. Elle nous a dépeint également la régularité des retours de ces oiseaux au printemps, dès que la saison des frimas est passée.
	Hirondelle rousseline (*hirundo rufula* Levaillant).	Cette hirondelle habite les contrées méridionales de l'Afrique, particulièrement l'Egypte, d'où elle porte ses excursions jusque dans le midi de l'Europe. Elle est de passage accidentel dans le midi de la France, ainsi que dans la Sicile et l'Archipel. Ses excursions ont lieu au mois de mai; les seuls individus qui aient été rencontrés jusqu'à présent étaient des mâles.
	Hirondelle de fenêtre (*hirundo urbica* Temm.).	L'hirondelle de fenêtre fréquente toutes les contrées de l'Europe, et ne pousse pas ses migrations au delà du tropique. Elle arrive ordinairement dans le midi de la France après l'hirondelle de cheminée, et cependant elle paraît en repartir constamment avant cette espèce.
	Hirondelle de rivage (*hirundo riparia* Temm.).	Cette hirondelle habite le bord des rivières de l'Europe et de l'Afrique méridionale, et niche ordinairement dans les mêmes contrées. Elle paraît être sédentaire dans l'île de Malte, et ne faire que passer dans le midi de la France, où elle arrive plus tard que l'hirondelle de cheminée. Comme nous avons décrit avec détail la route suivie par cette espèce pendant ses longues excursions, dans l'explication que nous avons donnée de notre carte, nous renverrons à cet égard aux observations que nous ferons plus tard. Ses mœurs diffèrent de celles des espèces précédentes, qui ne nous quittent guère que vers l'équinoxe d'automne, pour se rendre dans des climats plus chauds. Du moins ces hirondelles se montrent pour lors au Sénégal, où elles passeraient l'hiver et changeraient de plumes. Cependant, d'après d'autres observations, les plus jeunes de ces oiseaux s'engourdiraient l'hiver, et passeraient ainsi la rude saison, à la manière des loirs et des marmottes. Mais cet engourdissement ne les porterait pas, comme on l'avait supposé avant Spallanzani, à passer l'hiver au fond des lacs ou des étangs. Quoi qu'il en soit, l'hirondelle des rivages niche dans le midi de la France. On l'a observée particulièrement dans les environs de Beziers. Elle se cache dans des trous qu'elle creuse sur les bords de la rivière de l'Ord. En

ORDRES.	GENRES ET ESPÈCES.	ÉPOQUES DES PASSAGES DES OISEAUX.
V. Passereaux. 1° Chélidons.		frappant fortement le sol, on parvient souvent à lui faire quitter sa retraite. L'opinion que nous venons de rapporter n'a jamais été appuyée sur des faits assez positifs pour être adoptée. Quelques individus pourraient bien se mettre l'hiver à l'abri du froid dans quelques trous de rochers, sans pour cela y être dans un engourdissement complet. Les individus qui se tapiraient ainsi succomberaient bientôt; aussi n'en a-t-on jamais vu dans un pareil état dans les contrées méridionales pendant l'hiver. Le 10 décembre 1843, passant sur les bords du Lez au bord du bassin de la chaussée de Sauret, nous avons aperçu, à notre grand étonnement, quatre hirondelles de rivage (*hirundo riparia*) qui planaient en se jouant à la surface des eaux. Nous sommes repassé deux jours après, le 12, dans le même lieu, et ces oiseaux y étaient encore. La présence de ces oiseaux dans les environs de Montpellier à une pareille époque tient sans doute à la beauté du mois de décembre de l'année 1843, et à la température élevée qui l'a particulièrement signalé.
	Hirondelle de rochers (*hirundo rupestris* Temm.).	Cette hirondelle habite les rochers escarpés des contrées méridionales de l'Europe. Elle ne paraît pas du moins se rencontrer dans le Nord, quoiqu'elle se montre dans la Suisse, la Savoie, le Piémont et les Alpes. On est moins surpris de la trouver en Espagne et dans les Pyrénées-Orientales. La plus printanière, elle arrive dans le midi de la France dès le mois de mars, et avant toutes les autres hirondelles. Elle niche dans le midi de la France, et dépose ses œufs entre les fentes des rochers. L'article relatif aux palmipèdes étant imprimé, nous croyons devoir placer ici une addition d'un certain intérêt et qui est relative à l'apparition de l'hirondelle arctique (*sterna arctica*) sur les côtes de la Manche. Cet oiseau n'a de commun avec les hirondelles que son nom vulgaire; il habite principalement les rochers qui bordent les mers arctiques. On le voit communément au Groënland, en Islande, aux îles Féroé et enfin à l'île Melville. Quoique habitant les pays froids, cet oiseau est arrivé en assez grand nombre aux environs de Dieppe le 2 octobre 1843. Il y est venu pour y chercher un abri contre le mauvais temps; mais on ne se rappelait pas dans cette ville de l'avoir jamais vu en aussi grande quantité que pendant l'automne de l'année 1843. M. Josse Hardi qui habite Dieppe, et s'oc-

ORDRES.	GENRES ET ESPÈCES.	ÉPOQUES DES PASSAGES DES OISEAUX.
V. Passereaux.		cupe avec zèle de l'histoire des oiseaux du nord de la France, a recueilli plus d'une trentaine d'individus de cette hirondelle si rare dans cette contrée. Elle l'est bien plus encore dans les départements méridionaux.
2° Alcyons.	Martin-pêcheur (*alcedo* Temm.). Martin-pêcheur alcyon (*alcedo hispida* Temm.).	Le martin-pêcheur vit au bord des eaux dans les différentes parties de l'Europe ; il y est généralement plus rare dans le Midi que dans le Nord. Il fait deux passages dans les provinces méridionales de la France, l'un en automne et l'autre en hiver. Plusieurs individus y passent cette dernière saison ; quelques autres y nichent assez ordinairement, et restent sédentaires dans nos contrées, où on les trouve constamment dans toutes les saisons. Si donc cet oiseau est sédentaire en partie, il n'en est pas moins émigrant, puisqu'il exécute des migrations à des époques fixes et régulières.
	Guêpier (*merops* Linn.). Guêpier vulgaire (*merops apiaster* Temm.).	Le guêpier se rencontre principalement dans les parties méridionales de l'Allemagne, de la Suisse et de l'Italie. Il est plus commun en Italie, en Espagne, dans la Sicile, la Turquie et tout l'Archipel ; il pousse même ses excursions jusqu'au cap de Bonne-Espérance. C'est à l'époque du mois d'avril que ce guêpier arrive dans le midi de la France, où il nous vient d'Afrique. Quoique ses passages soient constants et périodiques, ils ne sont pas toujours aussi nombreux qu'ils le furent pendant l'année 1839. Ces oiseaux émigrants effectuent leurs retours aux mois de septembre et d'octobre ; mais alors ils se montrent en petit nombre et comme isolés. On ne voit jamais cette espèce nicher dans nos localités.
	Guêpier de Savigny (*merops Savignyi* Temm.).	Cette espèce, qui habite l'Afrique, principalement la Nubie, l'Egypte et le Sénégal, étend ses excursions jusque dans le midi de la France. C'est le 11 mai 1832 que cet oiseau s'est présenté pour la première fois à M. Lebrun, ornithologiste de Montpellier ; d'autres individus ont été rencontrés depuis lors même en assez grand nombre.
3° Anisodactyles.	Huppe (*upupa* Linn.). Huppe (*upupa epops* Temm.).	La huppe se trouve dans toute l'Europe, au printemps et en été, étant partout de passage périodique. Comme elle vient d'Afrique, elle est plus commune dans le Midi que dans le Nord. Elle nous arrive dès les premiers jours du mois de mars, et, lorsqu'elle a pourvu à sa reproduction, elle retourne en Afrique aux mois de septembre et d'octobre.

ORDRES.	GENRES ET ESPÈCES.	ÉPOQUES DES PASSAGES DES OISEAUX.
V. Passereaux. 3° Anisodactyles.		Quant à l'autre espèce de huppe (*upupa capensis*), elle ne paraît pas quitter l'Afrique, en sorte que dans le même genre il existe des espèces sédentaires et émigrantes, circonstance que nous voyons se reproduire chez cet oiseau.
	Tichodrome (*tichodroma* Temm.) Tichodrome échelette (*tichodroma phœnicoptera* Temm.).	Le tichodrome habite constamment les contrées méridionales de l'Europe; il ne paraît pas du moins se montrer dans le Nord; il est au contraire assez commun en Italie et en Espagne. Cet oiseau se rencontre dans le midi de la France depuis l'automne, époque à laquelle il y arrive, jusque vers le milieu du mois de mai, où il nous quitte pour se rendre dans les régions tempérées de l'Europe. Cet oiseau vit solitaire; aussi voyage-t-il le plus ordinairement seul et silencieux. D'après les chasseurs, quelques couples resteraient dans le midi de la France, et nicheraient sur les rochers escarpés des bords de l'Hérault.
	Grimpereau (*certhia* Temm.). Grimpereau familier (*certhia familiaris* Temm.).	Le grimpereau fréquente les bois des différentes parties de l'Europe; il est cependant de passage dans plusieurs contrées, comme par exemple, pendant l'hiver en Hollande, où il est pour lors extrêmement commun. Il arrive au contraire au printemps dans le midi de la France, et ne l'abandonne que dans le courant des mois de septembre et d'octobre. Il paraît pousser ses excursions jusque dans le nord de l'Asie et de l'Amérique. Cet oiseau émigrant paraît nicher dans les trous des arbres des forêts de la Lozère et des montagnes environnantes.
	Sitelle (*sitta* Linn.). Sitelle torchepot (*sitta europæa* Temm.).	La sitelle se rencontre fort avant dans le nord et dans le midi de l'Europe, et se montre en grande abondance dans le centre de cette contrée. Les sitelles vivent sédentaires dans tous les climats; aussi les voit-on nicher dans les trous des arbres, et cela presque partout. Quoique ces oiseaux ne fassent pas leurs nids dans les environs de Montpellier, ils les construisent à peu de distance de cette ville.
4° Zigodactyles.	Torcol (*yunx* Linn.). Torcol ordinaire (*yunx torquilla* Temm.).	Le torcol se trouve dans le nord, le midi et le centre de l'Europe; mais il ne s'avance guère au delà de la Suède. Il ne fait pas de nid; il se contente de déposer ses œufs dans les trous des arbres. Le torcol fait deux passages dans le midi de la France, l'un au printemps, et l'autre aux mois de septembre et d'octobre. Ces oiseaux poussent leurs courses jusqu'au Japon.
	Pic (*picus* Linn.)	Ce pic habite le nord de l'Europe jusqu'en

ORDRES.	GENRES ET ESPÈCES.	ÉPOQUES DES PASSAGES DES OISEAUX.
V. Passereaux. 4° Zigodactyles.	Pic noir (*picus martius* Temm.).	Sibérie. Il est peu commun dans les forêts de l'Allemagne, et se montre rarement dans le midi de la France. Il fait son nid dans les trous des arbres, mais il ne paraît pas nicher dans cette dernière contrée.
	Pic vert (*picus viridis* Temm.).	Cette espèce se trouve dans toutes les parties de l'Europe, et notamment dans le midi de la France, où elle est sédentaire, et par conséquent où elle niche.
	Pic épeiche (*picus major* Temm.)	L'épeiche fréquente principalement les bois des pays montagneux de l'Europe. Il se montre aussi pendant l'été dans ceux du midi de la France; mais en hiver on le rencontre assez souvent dans les champs.
	Pic moyen (*picus medius* Linn.).	Ce pic, dont les habitudes sont à peu près les mêmes que celles de l'espèce précédente, semble seulement plus rare dans le midi de la France, où l'on en découvre par intervalles quelques individus égarés.
	Pic épeichette (*picus minor* Lin.)	L'épeichette, peu répandue en France, est plus commune dans le nord que dans le midi de l'Europe; néanmoins elle passe en nombre assez considérable en automne dans le midi de la France, où par cela même elle ne niche jamais.
	Coucou (*cuculus* Linn.). Coucou gris (*cuculus canorus* Linn.).	Ce coucou se trouve dans toute l'Europe pendant l'été; mais il émigre l'hiver en Afrique et peut-être en Asie, où on le rencontre aussi. Ses passages ont lieu dans le midi de la France dès les premiers jours d'avril; ces oiseaux se répandent ensuite partout, et se livrent aux soins de la reproduction. Dès que la ponte est terminée, les mâles perdent leur voix, c'est-à-dire vers le milieu de juillet, époque à laquelle commence la mue. Au mois de septembre, les coucous émigrent et passent en Afrique, en Asie, poussant leurs courses jusqu'au Japon.
	Coucou geai ou tacheté (*cuculus glandarius* Tem.)	Ce coucou habite les côtes de la Barbarie, la Syrie, l'Egypte, le Sénégal, le Levant et l'Espagne. Il est partout ailleurs de passage accidentel, et, par conséquent, au lieu d'être une espèce émigrante comme le coucou gris, il est au contraire erratique. Il se montre donc d'une manière fort irrégulière dans le midi de la France, où ses apparitions sont fort rares. Le coucou geai ou tacheté (*cuculus glandarius*) a visité le midi de la France en mars et avril 1842. Cet oiseau voyage par couples; l'un de ces couples fut pris à Aigues-Mortes vers la fin d'avril; mais ses excursions sont

ORDRES.	GENRES ET ESPÈCES.	ÉPOQUES DES PASSAGES DES OISEAUX.
V. Passereaux.		si irrégulières, que depuis cinq ou six ans on n'avait pas aperçu cette espèce dans le midi de la France
4° Zigodactyles.		Des mœurs non moins remarquables caractérisent un oiseau de Madagascar qui appartient à la seconde section du grand genre coucou (*cuculus* Linn.). Cet oiseau, nommé *coua* ou *tamac acora* par les Malgaches, c'est-à-dire *hache escargot*, a des habitudes extrêmement singulières. Il vit dans les bois, sautant de branche en branche, de rocher en rocher pour chercher des agathines, animaux de la grande famille des hélices ou escargots, qui forment sa principale nourriture. Lorsqu'il en a découvert une, quelle que soit sa grosseur, il l'emporte près d'une grosse pierre sur laquelle il monte tournant toujours, avec le bout de son bec, la coquille par l'extrémité de son ouverture. Il la frappe alors sur la pierre en levant et tournant la tête tantôt à droite, tantôt à gauche. Lorsque, par le bruit du choc, il reconnaît que la coquille est cassée, il met une patte dessus, et avec son bec il retire le mollusque qu'il avale aussitôt. Si l'ouverture n'est pas assez grande pour en laisser passer le corps, le coua frappe de nouveau jusqu'à ce que la coquille soit suffisamment brisée.
5° Granivores.	Gros-bec (*fringilla* Temm.). Gros-bec chardonneret (*fringilla carduelis* Temm.).	Cet oiseau habite depuis le Midi jusqu'en Sibérie; mais il n'est pas sédentaire partout comme dans le midi de la France. En automne, les chardonnerets se réunissent par petites troupes et parcourent ainsi divers cantons. Pendant l'hiver ils s'abritent dans les buissons, et font leurs nids sur les branches flexibles des arbres.
	Gros-bec tarin (*fringilla spinus* Temm.).	Le tarin, de passage périodique en France, habite le nord de l'Europe, où il paraît nicher. Il ne dépasse pourtant pas la Suède. Il passe dans le midi de la France en nombre plus ou moins considérable au mois de novembre et même une partie de l'hiver. Quelquefois ce gros-bec fait un second passage au mois de mars, mais pour lors il ne s'arrête pas dans nos cantons.
	Gros-bec sizerin (*fringilla linaria* Temm.).	Cette espèce fréquente les contrées du cercle arctique, en Sibérie et au Kamtschatka. Il est également abondant dans l'Amérique méridionale, et de passage accidentel dans le midi de la France. En effet, il ne s'y montre guère qu'à des intervalles de trois ou quatre années, et encore avec peu d'abondance. Leur apparition a lieu par troupes de six à douze individus dans les mois de novembre et de décembre; mais cet oiseau

ORDRES.	GENRES ET ESPÈCES.	ÉPOQUES DES PASSAGES DES OISEAUX.
V. Passereaux.		ne niche jamais dans le midi de la France. Cette espèce est donc erratique dans nos contrées.
5° Granivores.	Gros-bec venturon (*fringilla citrinella* Temm.).	Le venturon se rencontre dans les provinces méridionales de l'Europe, de la Grèce, de la Turquie, de l'Italie; il est assez commun en Suisse et dans le Tyrol. Il est de passage accidentel en Allemagne et en France, mais jamais en Hollande. Ses passages ont lieu dans le midi de la France au mois de novembre et par troupes plus ou moins nombreuses. Ces oiseaux erratiques sont cependant très-rares certaines années; ils prouvent, ainsi que tant d'autres espèces, que rien n'est plus irrégulier ni plus incertain que les passages accidentels.
	Gros-bec linotte (*fringilla cannabina* Temm.).	Ces oiseaux habitent la plus grande partie de l'Europe; on les voit jusqu'au cap de Bonne-Espérance. Quoique sédentaires dans le midi de la France, les linottes n'y font pas moins deux passages, l'un en automne, et l'autre au printemps, et cela par bandes souvent assez nombreuses. Elles nichent dans nos contrées, et prouvent, comme tant d'autres, que la même espèce est à la fois sédentaire et émigrante.
	Gros-bec niverolle (*fringilla nivalis* Temm.).	Le gros-bec niverolle fréquente les hautes montagnes de l'Europe; aussi ne se montre-t-il dans le midi de la France que très-rarement et d'une manière accidentelle pendant l'hiver. Les individus qui nous arrivent ainsi paraissent des oiseaux égarés.
	Gros-bec d'Ardennes (*fringilla monti fringilla* Linn.).	Cette espèce habite les régions polaires et les hautes montagnes où elle niche; ce qu'elle ne fait pas en France. Ses passages sont réguliers, mais ils ne sont pas toujours nombreux en individus. Du moins on en voit peu dans les contrées méridionales, quand le froid n'y est pas rigoureux et que la terre n'est pas couverte de neige. Ces oiseaux volent par troupes, mais ils ne nous arrivent qu'une seule fois, c'est-à-dire en hiver. Néanmoins ils sont sédentaires dans quelques contrées, et de passage régulier dans d'autres, comme par exemple la Hollande. Ils poussent parfois leurs excursions jusqu'au Japon.
	Gros-bec pinson (*fringilla cœlebs* Linn.).	Le pinson se rencontre dans presque toute l'Europe, où il est à peu près généralement de passage. Ainsi il émigre dans le midi dans les premiers jours du mois d'octobre. Contrairement aux habitudes des oiseaux, les femelles y précèdent les mâles. Mais à l'époque du printemps, ces oiseaux opèrent leur retour dans les régions plus froides; néan-

ORDRES.	GENRES ET ESPÈCES.	ÉPOQUES DES PASSAGES DES OISEAUX.
V. Passereaux. 5° Granivores.		moins il en reste un certain nombre qui nichent dans nos contrées méridionales, où ils recherchent les lieux les plus frais et les plus ombragés.
	Gros-bec cini (*fringilla serinus* Linn.).	Le cini est plus rare dans le centre de l'Allemagne et de la France que dans le Midi, où il est assez abondant. Quoique sédentaire dans la dernière de ces contrées, il y opère cependant deux passages, l'un au commencement de novembre, et l'autre au mois de mars. Ces oiseaux voyagent ordinairemnt par troupes nombreuses, et font leurs nids sur les branches des arbres.
	Gros-bec friquet (*fringilla montana* Linn.).	Cet oiseau se trouve dans le nord et le midi de l'Europe, depuis le Portugal jusqu'en Sibérie et en Laponie Il vole ordinairement en grandes bandes, reste sédentaire dans le midi de la France, où il niche. Il pousse parfois ses excursions jusqu'au Japon.
	Gros-bec cisalpin (*fringilla cisalpina* Temm.).	Le gros-bec cisalpin est répandu dans la Dalmatie, le Piémont, l'Italie et l'Archipel, ainsi que sur le mont Cenis. Il arrive dans le midi de la France en septembre et en octobre, et se mêle presque toujours avec les troupes du moineau ordinaire. Mais il ne niche point en deçà des Alpes d'Italie.
	Gros-bec moineau (*fringilla domestica* Linn.).	Le moineau se trouve depuis les provinces méridionales de la France jusque dans les régions du cercle arctique. Cette espèce, rare en Italie, est répandue depuis les Alpes jusqu'aux Pyrénées, où elle est sédentaire et niche constamment. On sait combien les moineaux sont des parasites incommodes pour nous ou nos habitations, dont on ne peut guère les expulser. C'est une des espèces les plus complétement sédentaires; aussi les Anglais ont profité de cette circonstance pour détruire cet oiseau dans les îles Britanniques, ce qu'ils n'auraient pas pu faire si le moineau avait voyagé.
	Gros-bec soulcie (*fringilla petronia* Linn.).	Les soulcies habitent principalement les provinces méridionales de l'Europe ; elles sont sédentaires en Italie et en Grèce. Ces oiseaux, de passage accidentel dans le midi de la France, y arrivent ordinairement dans le courant du mois d'octobre. Ils n'y sont, du reste, abondants que lorsque le froid est rigoureux, et que les pays d'alentour sont couverts de neige. Aussi ne nichent-ils jamais parmi nous.
	Gros-bec ver-	Le verdier fréquente presque toutes les contrées de l'Europe. Quoique sédentaire dans

ORDRES.	GENRES ET ESPÈCES.	ÉPOQUES DES PASSAGES DES OISEAUX.
V. Passereaux. 5° Granivores.	dier (*fringilla chloris* Temm.).	le midi de la France, il en passe néanmoins une grande quantité en automne, qui semblent se diriger vers le sud. Ceux qui nous restent l'hiver se réunissent par grandes troupes, se mêlent aux pinsons et aux linottes, et vivent ainsi avec eux de communauté jusqu'à l'approche du printemps. Cette espèce niche dans le midi de la France.
	Gros-bec vulgaire (*fringilla coccothraustes* Tem.)	Cet oiseau habite presque toute la France, où il niche principalement vers le nord de cette contrée. Aussi, pour satisfaire au besoin de la reproduction, il quitte le midi de la France au printemps. Il n'est, du reste, jamais abondant dans cette contrée que pendant les années où l'hiver est rigoureux. Lorsque le froid est peu intense, on n'en voit presque pas parmi nous. Cet aperçu des mœurs des gros-becs est suffisant pour prouver qu'il existe à la fois dans ce genre des espèces sédentaires, émigrantes et erratiques, ce qui confirme pleinement tout ce que nous avons dit à cet égard.
	Bouvreuil (*pyrrhula* Briss.). Bouvreuil commun (*pyrrhula vulgaris*).	Le bouvreuil, commun dans toute la France, est également assez répandu dans le Nord, même en Sibérie, ainsi que dans tout l'Orient. Il pousse ses excursions jusqu'au Japon. Cet oiseau arrive dans le midi de la France en automne, et reste l'hiver dans les bois de nos montagnes, où il ne niche pourtant jamais. Quant à l'autre espèce de ce genre, le bouvreuil à longue queue (*pyrrhula longicauda* Temm.), il ne passe jamais parmi nous, n'étendant pas ses excursions au delà de la Sibérie, des provinces méridionales de la Russie et de la Hongrie. Il en est de même des bouvreuils dur-bec de Pallas et cramoisi (*pyrrhula enucleator, rosea* et *erythrina*), qui habitent le nord de l'Europe et de l'Amérique.
	Bec-croisé (*loxia* Briss.). Bec-croisé commun (*loxia curvirostra* Temm.).	Le bec-croisé vit dans le nord de l'Europe, où il semble séjourner pour nicher. Il est moins commun en Pologne, en Allemagne et en France. Il ne passe que très-accidentellement dans le Midi, et à des époques plus ou moins éloignées. Les passages des gros-becs dans nos régions paraissent déterminés par la rigueur des saisons des pays qu'ils habitent. Ainsi il y en a eu beaucoup dans le Midi en 1836, 1837, 1838 et 1839, surtout dans les bois de pins, où ces oiseaux se réfugient en troupes nombreuses. On les y rencontre principalement en été et en automne, mais non d'une manière constante, ainsi que nous l'avons déjà fait observer. Aussi ne niche-t-il point parmi nous. Il doit être rangé parmi les espèces er-

ORDRES.	GENRES ET ESPÈCES.	ÉPOQUES DES PASSAGES DES OISEAUX.
V. Passereaux. 5° Granivores.		ratiques, ses passages étant aussi irréguliers qu'accidentels. Quant au bec-croisé des sapins (*loxia pythiocampus*), il n'arrive pas jusque dans le midi de la France.
	Bruant (*emberiza* Linn.). Bruant montain (*emberiza calcarata* Linn.).	Le bruant montain habite les régions boréales, et niche au Groenland, en Sibérie et en Laponie. Il en émigre l'hiver, d'où il se répand jusqu'en Allemagne. Les jeunes étendent leurs migrations jusqu'en Suisse, en Angleterre, et plus rarement jusque dans le midi de la France. Mais ces passages ne paraissent pas être fixes ni périodiques, ce qui rattache le montain aux oiseaux erratiques.
	Bruant mitilène (*emberiza lesbia* Temm.).	Cette espèce des parties orientales du midi de l'Europe paraît également être commune en Crimée et en Grèce. Elle pousse ses excursions jusqu'au Japon, et quelques individus s'égarent dans le midi de la France et en Allemagne.
	Bruant rustique (*emberiza rustica* Temm.).	Ce bruant, qui habite les parties orientales de l'hémisphère boréal, se trouve en Asie, au Japon, en Daourie, en Crimée, et accidentellement dans le nord de l'Europe. C'est aussi très-rarement que cet oiseau erratique se rencontre dans le midi de la France.
	Bruant fou ou de pré (*emberiza cia* Linn.).	Le fou se rencontre dans les parties orientales de l'Europe. Très-abondant en Italie, en Espagne, et sur les bords de la Méditerranée, il est beaucoup plus rare en France. Du moins il ne passe que très-accidentellement dans le midi de la France lorsque le froid est rigoureux. Il est alors assez commun pendant l'hiver, et paraît arriver de l'Auvergne. Cet oiseau, qui niche en Allemagne, étend ses migrations jusqu'en Sibérie et au Japon.
	Bruant zizi (*emberiza cirlus* Temm.).	Le zizi se trouve principalement dans les contrées méridionales, comme la Suisse et l'Italie. Il ne paraît pas avoir été rencontré dans le Nord. Il arrive plus ou moins accidentellement dans le midi de la France, aux mois d'octobre et de novembre, par petites troupes de six à dix individus. Leur second passage a lieu au mois d'avril ; plusieurs restent l'été dans les contrées méridionales pour y nicher ; ils fréquentent alors les bois des pays montueux avec d'autres oiseaux erratiques.
	Bruant cendrillard (*emberiza cœsia* Temm.).	Cet oiseau habite la Syrie, l'Egypte, la Nubie, et peut-être la Barbarie. Il se montre accidentellement en Autriche, comme dans le midi de la France.

ORDRES.	GENRES ET ESPÈCES.	ÉPOQUES DES PASSAGES DES OISEAUX.
V. Passereaux. 5° Granivores.	Bruant ortolan (*emberiza hortulana* Linn.).	Les ortolans sont plus répandus dans le midi que dans les provinces du centre de l'Europe. Quelques individus s'avancent cependant jusqu'en Hollande et en Suède. Ces oiseaux, fort communs en Italie et en Espagne, paraissent arriver de cette contrée en avril par petites troupes de six à vingt individus. Ils voyagent le plus ordinairement la nuit, et lorsqu'il fait clair de lune. Un grand nombre s'arrête dans le Midi pour nicher soit dans les bois soit dans les vignes. Les plus jeunes individus de cette espèce préfèrent généralement les lieux ombragés aux champs où végètent les vignes. Cette espèce commence à quitter le midi de la France dans le courant des mois d'août et de septembre, les jeunes avant les vieux. Comme la plupart des oiseaux qui passent l'été dans nos climats, les ortolans y nichent ainsi que nous l'avons déjà fait observer, et sont des espèces essentiellement émigrantes.
	Bruant des marais (*emberiza palustris* Temm.).	Ce bruant fréquente le midi de la France et de l'Italie ; il n'a pas du moins été rencontré ailleurs. Cette espèce niche dans les contrées méridionales au bord des marais. Ses passages ont lieu à la fin d'octobre, ou au commencement de novembre ; mais ils sont entièrement terminés en décembre.
	Bruant des roseaux (*emberiza schœniculus* Tem.)	Cet oiseau habite depuis les provinces méridionales de l'Italie jusque dans les régions froides de la Suède et de la Russie. Il est commun en Hollande et dans le midi de la France, surtout en hiver dans cette dernière contrée. Il diffère essentiellement de l'espèce précédente par ses habitudes qui ne le portent jamais à faire son nid dans les provinces méridionales de la France.
	Bruant proyer (*emberiza miliaria* Temm.).	Le proyer, répandu dans toute l'Europe, se trouve jusqu'en Morée. Il est également très-commun dans le midi de la France, où il est sédentaire. Aussi au printemps chaque couple cherche un endroit favorable pour nicher. La ponte opérée, ces oiseaux se réunissent en familles ; à l'approche de l'hiver, ils forment de petites troupes, et commencent leurs voyages, mais ils n'abandonnent jamais les contrées méridionales de la France, en sorte que cet oiseau est tantôt sédentaire et tantôt erratique.
	Bruant jaune (*emberiza citrinella* Linn.).	Ce bruant habite les provinces méridionales des contrées orientales de l'Europe. Il est commun en Dalmatie, dans tout le Levant, en Istrie, à Trieste, ainsi que sur les côtes de l'Adriatique. Il visite en hiver le midi de la France, et nous quitte à l'approche du prin-

ORDRES.	GENRES ET ESPÈCES.	ÉPOQUES DES PASSAGES DES OISEAUX.
V. Passereaux. 5° Granivores.		temps. On le voit dans nos provinces en grand nombre, lorsque le froid est rigoureux, et que la terre est couverte de neige et de frimas. D'après cette énumération, on voit que, parmi les nombreuses espèces de bruants, trois espèces seulement nichent parmi nous ; ce sont le bruant des marais, le proyer et l'ortolan.
	Mésange (*parus* Linn.). **Mésange remiz** (*parus pendulinus* Temm.).	Les mésanges remiz habitent la Pologne, l'Autriche, l'Italie, la Silésie, mais jamais le centre et le nord de la France Elles vivent sédentaires dans le Midi, où elles nichent habituellement, s'occupant environ dix-huit ou vingt jours à la confection de leur nid, un des mieux construits de ceux qu'exécutent les oiseaux. En automne, ces mésanges se répandent ailleurs par petites troupes de six à huit individus, qui ne s'arrêtent guère que dans les endroits humides. Les mâles paraissent être plus nombreux que les femelles. Du reste, nous ferons remarquer que les petites troupes de ces mésanges semblent composées de diverses familles qui ne se séparent qu'aux approches du mois de mars.
	Mésange à moustache (*parus biarmicus* Temm.).	Cette mésange fréquente le nord de l'Europe, l'Angleterre, la Suède, l'Asie et les bords de la mer Caspienne, se montrant en grande abondance en Hollande Elle est sédentaire dans le midi de la France, et se réunit en hiver après les couvées, en troupes assez nombreuses Cette espèce niche principalement dans les lieux marécageux de la France méridionale.
	Mésange à longue queue (*parus caudatus* Temm.).	La mésange à longue queue est commune en hiver dans tous les pays de l'Europe, et surtout en Hollande. Elle vit en été dans l'épaisseur des bois; mais en automne et en hiver, elle s'approche des habitations. C'est surtout dans cette saison que ces mésanges se montrent dans le midi de la France Cette espèce, ainsi que la mésange bleue, grande et petite charbonnière, se rencontre jusqu'en Asie et au Japon. Malgré les habitudes que nous venons d'attribuer à cette mésange, elle ne paraît pas nicher dans nos provinces méridionales.
	Mésange nonnette (*parus palustris* Temm.).	La nonnette, très-commune en Hollande, est assez répandue dans toute l'Europe, surtout dans le Nord On ne la voit guère dans le midi de la France qu'en hiver ; encore y est-elle assez rare.
	Mésange hup-	Quoique cet oiseau soit peu commun en Hollande, il habite cependant le nord de

ORDRES.	GENRES ET ESPÈCES.	ÉPOQUES DES PASSAGES DES OISEAUX.
V. Passereaux. 5° Granivores.	pée (*parus cristatus* Temm.).	l'Europe. Il est peu répandu en France, et se montre assez rarement dans le Midi. Il ne s'y trouve que d'une manière tout à fait accidentelle, seulement lorsque les hivers sont rigoureux.
	Mésange bleue (*parus cœruleus* Linn.).	Cette espèce vit dans toute l'Europe, ainsi que sur la côte d'Afrique et aux Canaries. Elle arrive dans le midi de la France au mois d'octobre, et en général en grandes troupes. Elle y séjourne jusqu'au mois de janvier; après cette époque on la voit plus rarement seule et par paires. Cette espèce ne niche pas non plus dans le midi de la France.
	Mésange petite charbonnière (*parus ater* Linn.).	Cette mésange habite le nord de l'Europe pendant la belle saison, et visite les contrées méridionales pendant l'hiver. Elle arrive du Nord dans le midi de la France en automne; rarement y vient-elle avec une certaine abondance.
	Mésange charbonnière (*parus major* Linn.).	Cet oiseau se rencontre dans toute l'Europe; il vit sédentaire dans le midi de la France, niche au printemps, et se fait remarquer par sa fécondité. En automne, les charbonnières sont beaucoup plus abondantes dans nos provinces, parce qu'outre celles qui sont provenues des pontes il nous en arrive des pays septentrionaux. Elles font leurs nids dans les trous profonds des arbres, et nichent habituellement dans nos contrées. Du reste, quoique les mésanges soient assez généralement des oiseaux sédentaires, il est cependant quelques espèces de ce genre qui, se livrant accidentellement à des passages, doivent être considérées comme erratiques.
	Alouette (*alauda*). Alouette calandre (*alauda calandra* Linn.).	La calandre habite seulement le sud de l'Europe; elle est fort commune dans le midi de la France, surtout après la ponte, où les jeunes se réunissent aux vieux et volent de concert en troupes nombreuses. Cette espèce est donc sédentaire dans les provinces méridionales, où elle niche constamment On la trouve également dans le nord de l'Afrique, en Turquie, dans les provinces méridionales de l'Asie, en Espagne, en Italie, et, ce qui est plus remarquable, en Allemagne, où cependant elle est fort rare.
	Alouette calandrelle (*alauda brachidactyla* Tem.).	La calandrelle se trouve dans toutes les contrées du midi de l'Europe, qui avoisinent la Méditerranée. Elle paraît émigrer en Afrique; du moins elle commence à arriver dans les contrées méridionales de la France du 6 au 10 avril. Leurs passages durent environ vingt-cinq jours; un assez grand nombre des individus qui en font partie y restent pen-

ORDRES.	GENRES ET ESPÈCES.	ÉPOQUES DES PASSAGES DES OISEAUX.
V. Passereaux. 5° Granivores.		dant l'été. Ils nichent chez nous dans un sillon, sous une souche de vigne, ou entre deux mottes de terre. Cet oiseau ne paraît pas se trouver dans le nord de la France, ni en Hollande.
	Alouette cochevis (*alauda cristata* Linn.).	Cette espèce vit dans plusieurs contrées du midi de l'Europe, ainsi qu'en Egypte et en Morée. On la trouve néanmoins en Suisse et en Allemagne; elle s'avance parfois plus avant dans le Nord. Elle est sédentaire dans le midi de la France, et vit par familles une fois que les couvées sont opérées: les jeunes suivent le plus constamment les vieux.
	Alouette lulu (*alauda arborea* Linn.).	Cette alouette habite une grande partie de l'Europe jusqu'en Suède et en Russie. Elle vit sédentaire dans le midi de la France, où elle établit son nid, sous quelques mottes de bruyères, ou auprès d'un buisson. Elle forme souvent de petites troupes de quinze à vingt individus, et souvent d'un plus grand nombre. Quoique sédentaire dans nos provinces méridionales, l'alouette lulu y passe en automne. Plusieurs familles de ces nouveaux venus y séjournent l'hiver; mais, à l'approche du printemps, elles partent pour d'autres régions plus froides, à l'exception du petit nombre d'individus qui restent pour nicher.
	Alouette Dupont (*alauda Dupontii* Vieillot).	Cette espèce se montre parfois dans le midi de la France, paraissant nous arriver d'Afrique; mais généralement elle y est de passage très-accidentel, et s'y montre fort rarement.
	Alouette des champs (*alauda arvensis* Linn.).	L'alouette des champs se rencontre dans toute l'Europe jusqu'en Sibérie, elle étend même ses courses en Asie et jusque dans toutes les parties septentrionales de l'Afrique, principalement l'Egypte et la Syrie. Elle est très-répandue dès le mois d'octobre dans les plaines du midi de la France. Elle y arrive par petites bandes; pendant tout le temps que dure leur passage, ces oiseaux se répandent dans les champs, où ils se tiennent constamment à terre Le nombre de ceux qui restent l'hiver est assez considérable; mais, à l'approche du printemps, les alouettes s'isolent et se dispersent De communes qu'elles étaient, il n'en reste plus qu'un petit nombre qui nichent dans nos environs. Elles s'établissent pour lors dans les marais, ce qui leur a même valu le nom de l'*aouzetto de Palus*. Elles ne les quittent qu'à l'arrivée des individus qui ont été nicher plus au nord.
	Alouette à col	Cette alouette habite le nord de l'Europe, de l'Asie et de l'Amérique; elle se montre à

ORDRES.	GENRES ET ESPÈCES.	ÉPOQUES DES PASSAGES DES OISEAUX.
V. Passereaux. 5° Granivores.	noir (*alauda alpestris*).	l'époque de ses passages en Allemagne, en Hollande et quelquefois en France. Elle est très-rare dans le midi de cette contrée, où elle ne niche jamais. On peut faire sur les alouettes les mêmes observations que nous avons faites sur les mésanges, c'est-à-dire que, quoique le plus généralement sédentaires, elles se livrent cependant à des excursions passagères et plus ou moins éloignées.
6° Insectivores.	Pipit (*anthus* Bechst). Pipit des buissons (*anthus arboreus* Bechst).	Le pipit des buissons visite toute l'Europe; il est très-abondant dans le midi de la France, à l'époque de son passage en automne. Il reparaît au printemps; mais alors cet oiseau ne fait que passer rapidement : ce n'est jamais que quelques individus égarés qui y séjournent l'hiver. Cette espèce, ainsi que le pipit spioncelle, pousse ses migrations jusque dans toute l'Asie et même jusqu'au Japon. Ce dernier a même été observé dans l'Amérique septentrionale. Le pipit des buissons a tellement l'amour des voyages, qu'il est le compagnon fidèle des ortolans, lors de leurs passages, abandonnant peu ces oiseaux dans leurs longues traversées. Il est donc émigrant comme eux; car ses passages sont également périodiques et réguliers.
	Pipit farlouse (*anthus pratensis*).	Cette espèce, nommée en Provence *pivouettoun*, habite toute l'Europe; elle paraît passer l'hiver en Afrique. Elle se montre dans le midi de la France, dans les premiers jours du mois d'octobre et y passe l'hiver. Ce pipit voyage par petites troupes, fréquente nos bois, et va nicher dans les montagnes des Cévennes. Cet oiseau se trouve en Asie et particulièrement au Japon.
	Pipit rousseline (*anthus rufescens* Temm.).	Cette espèce fréquente la plus grande partie de l'Europe, et principalement le Midi pendant l'été; elle arrive dans les provinces méridionales de la France au commencement d'avril. Une assez grande quantité reste pendant l'été; aussi cet oiseau niche-t-il parmi nous. Néanmoins nous en avons un second passage dès les premiers jours du mois de septembre; mais bientôt, quoique ce dernier soit fort abondant, il n'en reste plus un seul dans nos contrées.
	Pipit spioncelle (*anthus aquaticus* Bechst).	Ce pipit vit dans toute l'Europe, mais particulièrement dans le Midi; il se trouve néanmoins, ainsi que nous l'avons déjà fait observer, dans l'Amérique septentrionale et au Japon. Il arrive dans le midi de la France, au mois d'octobre, et y reste jusque vers la fin d'avril; mais il ne paraît pas nicher parmi nous dans ce long intervalle.

ORDRES.	GENRES ET ESPÈCES.	ÉPOQUES DES PASSAGES DES OISEAUX.
V. Passereaux. 6° Insectivores.	Pipit Richard (*anthus Richardi* Vieillot).	Cet oiseau se rencontre en Allemagne, en Autriche, en France et en Espagne. Il passe dans le midi de la France vers la fin du mois de septembre et en octobre, généralement en petit nombre et isolément. D'après l'exact observateur de la Provence, Roux, cet oiseau y ferait un second passage dans le mois d'avril ; mais il n'y a pas d'exemple qu'il ait niché dans nos environs. Parmi les faits qui démontrent l'influence des saisons sur les migrations, nous en citerons un que nous avons eu l'occasion d'observer récemment. L'époque des passages du pipi Richard (*anthus Richardi*) est d'ordinaire, vers la fin du mois de septembre et le commencement d'octobre. En 1840, ces oiseaux ne sont arrivés dans les contrées méridionales de la France que vers le commencement du mois de novembre, c'est-à-dire depuis le 7 ou le 8. Dès ce moment, ces oiseaux ont été vus en grand nombre dans le midi ; ils y ont paru non avec la livrée du jeune âge, mais bien avec celle des adultes. Ce retard a été en rapport avec celui des saisons et des lunes. La lune d'octobre se trouvant, en 1840, au mois de novembre, les orages ordinairement fréquents en août et en septembre, ont eu lieu un mois plus tard, en septembre et en octobre, et dans les premiers jours du mois de novembre. C'est vers la fin d'octobre et le commencement du mois suivant, que les pluies ont fait sortir de leurs lits la Loire, le Rhône, la Saône et tant d'autres rivières dont les débordements ont occasionné des inondations plus terribles que celles fameuses de l'année 1755. La température a été en harmonie avec ces phénomènes ; du moins elle s'est maintenue pendant tout le mois de novembre à peu près au même degré qu'elle a le plus ordinairement pendant le mois précédent. Les oiseaux, trompés par ces circonstances, sont arrivés dans les régions méridionales plus tard qu'ils ne le font ordinairement ; ainsi les saisons et leurs variations ne sont pas sans influence sur les migrations et les passages des oiseaux. L'époque de la mue n'aurait donc pas d'action sensible sur les voyages de ces animaux, dont on ne peut comprendre les motifs sans étudier une à une les causes qui peuvent les provoquer et en régler le cours. Du reste, les retards que les passages de ces oiseaux ont éprouvés dans le midi de la France en 1840, n'ont rien de commun avec les excursions habituelles auxquelles se livrent certaines espèces. Telles sont celles des cailles, qui sont arrivées dans les environs de Montpellier vers la mi-novembre, ou deux mois environ après l'époque où elles nous viennent ordinairement.

ORDRES.	GENRES ET ESPÈCES.	ÉPOQUES DES PASSAGES DES OISEAUX.
V. Passereaux. 6° Insectivores.		Leur venue extraordinaire a tenu aux grandes inondations qui ont eu lieu dans la Camargue et le département du Gard ; elles les ont fait refluer vers le département de l'Hérault, où de pareils débordements ne se sont point opérés. Il en a été de même de l'apparition subite des flamants (*phenicopterus antiquorum*) ; ces oiseaux sont venus en grand nombre dans le département de l'Hérault à la même époque que les cailles, et par suite de la même cause. Sans doute les flamants sont à peu près sédentaires dans nos cantons, mais on les y a aperçus en plus grande quantité en 1840, à raison des terribles inondations qui ont eu lieu au mois de novembre. Il serait d'un haut intérêt pour l'étude du phénomène des migrations, que les personnes placées dans des positions exceptionnelles, telles par exemple que les moines du Saint-Bernard, tinssent note des passages des oiseaux, surtout au renouvellement des saisons. Cet objet a déjà attiré l'attention de ces bons moines. En effet, M. Deléglise a donné quelques détails à cet égard dans le cahier de novembre 1848 de la Bibliothèque universelle de Genève. Il rapporte que, le 3 novembre, un passage considérable d'oiseaux avait eu lieu au Saint-Bernard, et qu'il avait duré depuis sept heures du matin jusqu'à deux heures de l'après midi. On ne put reconnaître parmi ces oiseaux que le bruant, la linotte, le pinson, le chardonneret et l'alouettte. Ce passage a continué pendant toute la matinée du 4. Cette observation prouve que les espèces différentes voyagent souvent ensemble, quoique leurs mœurs et leurs habitudes ne soient pas les mêmes. Enfin M. Deléglise nous apprend encore que le 13 du même mois on a pris auprès de l'hospice un pluvier gris et une bécasse ; mais ce qui est le plus extraordinaire, c'est que l'on y a aperçu également une foulque, quoique cette espèce soit essentiellement aquatique. Du reste tous ces oiseaux, comme il est facile de le présumer, sont très-rares à une hauteur aussi considérable que celle à laquelle est situé le couvent du Saint-Bernard. Si de pareilles observations se continuaient dans un grand nombre de lieux, et si l'on y tenait une note exacte de l'époque à laquelle s'opèrent les passages des oiseaux, et de leurs espèces, on pourrait de cette manière contrôler tout ce que nous savons sur un phénomène dont la régularité n'est pas un des faits les moins curieux.
	Pipit à gorge	Quant au pipit à gorge rousse (*anthus rufogularis*), il est de passage très-accidentel

ORDRES.	GENRES ET ESPÈCES.	ÉPOQUES DES PASSAGES DES OISEAUX.
V. Passereaux.. 6° Insectivores.	rousse (*anthus rufogularis*).	dans le midi de la France, où il arrive de la Syrie et de l'Egypte. On en a tué quatre individus à Montpellier, en 1841. Ces oiseaux paraissent tellement voyager par couples que parmi ces quatre individus, les seuls qui aient été aperçus, il y avait deux mâles et deux femelles.
	Bergeronnette (*motacilla* Linn.). Bergeronnette flavéole (*motacilla flaveola* Gould).	La bergeronnette se trouve en Angleterre et dans le midi de la France, où elle arrive au mois de mai; elle se répand pour lors dans les champs, et y niche constamment. Vers la fin du mois d'août, elle repasse de nouveau, mais elle reste peu dans nos contrées méridionales, où M. Lebrun fils l'a observée le premier.
	Bergeronnette printanière (*motacilla flava* Linn.).	Cette espèce, répandue très-avant dans le nord de l'Europe, se trouve néanmoins communément dans le Midi. Elle est très-abondante en Hollande et dans le midi de la France, où elle arrive par petites troupes au mois d'avril. Cet oiseau est très-commun en été; mais, dès le mois d'août, il abandonne les contrées méridionales et commence ses migrations. Il ne les quitte pourtant qu'en partie, car on les revoit encore dans nos plaines, jusqu'à la fin de septembre. Cet oiseau niche constamment dans nos contrées.
	Bergeronnette citrine (*motacilla citreola* Pallas).	Quant à la bergeronnette citrine (*motacilla citreola* Pallas), rare dans le nord de l'Europe, elle n'a jamais été aperçue dans les contrées méridionales de la France. Nous avons aussi accidentellement dans le midi de la France la bergeronnette cutti capo-negro (*motacilla melano-cephala*) de Bonaparte ; elle y est constamment rare.
	Bergeronnette jaune (*motacilla boorula* Linn.).	Cette bergeronnette habite les diverses contrées de l'Europe, et s'avance très-avant dans le Nord. Elle arrive dans le midi de la France dans les premiers jours du mois d'octobre. Mais, à l'approche de la belle saison, elle regagne les contrées du Nord; néanmoins quel ques individus restent dans nos environs, où l'on assure qu'elle niche.
	Bergeronnette grise (*motacilla alba* Linn.).	On découvre cet oiseau depuis les contrées les plus méridionales jusqu'en Sibérie et au Kamtschatka. Il arrive dans les contrées méridionales de la France, pendant l'automne, et cela en petites troupes. Mais au printemps ces bergeronnettes quittent nos contrées à l'exception d'un petit nombre qui se retirent, pour se reproduire vers le bord des eaux courantes, où elles nichent dans les fentes des rochers, dans les prairies ou dans les troncs des arbres.

ORDRES.	GENRES ET ESPÈCES.	ÉPOQUES DES PASSAGES DES OISEAUX.
V. Passereaux. 6° Insectivores.		Les observations que nous venons de faire sur les pipits et les bergeronnettes sont sans doute suffisantes pour faire comprendre que les espèces de ces genres sont émigrantes comme la plupart des oiseaux insectivores.
	Accenteur (*accentor* Temm.). Accenteur mouchet (*accentor modularis* Temm.).	Cette espèce fréquente presque toutes les contrées tempérées de l'Europe; elle s'avance très en avant dans le Nord, surtout en été. Elle n'est pas rare l'hiver dans le midi de la France. En automne elle s'approche des habitations, et en hiver elle se retire dans les forêts des pays montagneux. Un petit nombre reste l'été dans le nord des contrées méridionales, où cet oiseau niche habituellement.
	Accenteur des Alpes (*accentor alpinus* Bechst).	L'accenteur des Alpes se rencontre dans les contrées montagneuses de l'Allemagne, de la Suisse et de la France. Il ne paraît dans le midi de la France que d'une manière tout à fait accidentelle, lorsque le mauvais temps ou les rigueurs de l'hiver le chassent des montagnes des Pyrénées. Cette espèce, comme l'accenteur calliope, pousse ses excursions jusqu'en Asie et au Japon.
	Traquet (*saxicola* Bechst). Traquet tarier (*saxicola rubetra* Temm.).	Ce traquet se trouve dans toutes les contrées tempérées de l'Europe, et même dans le nord de la Russie. Il est très-commun au printemps et en automne, dans le midi de la France, où il niche habituellement. Cet oiseau émigre en hiver dans des pays plus chauds que les nôtres.
	Traquet rubicole (*saxicola rubicola* Bechst).	Le rubicole se rencontre dans presque toutes les contrées de l'Europe, préférant les pays montueux. Il est assez ordinairement le compagnon fidèle du bec-fin pitchou (*sylvia provincialis*), du moins en hiver. Cet oiseau niche dans les contrées méridionales de la France.
	Traquet oreillard (*saxicola aurita* Temm.).	Le traquet oreillard vit dans plusieurs provinces du midi de la France, de l'Espagne et de l'Italie. Il arrive dans les contrées méridionales au commencement d'avril, et les quitte en septembre. Il niche habituellement dans le Midi.
	Traquet stapazin (*saxicola stapazina* Temm.).	Cet oiseau habite les mêmes contrées que l'espèce précédente. Il arrive également à la même époque et les quitte en même temps que le traquet oreillard. Comme ce dernier, il niche dans les parties méridionales de la France.
	Traquet mot-	Le motteux se trouve depuis le midi de l'Europe jusqu'au cercle arctique. Il est ce-

ORDRES.	GENRES ET ESPÈCES.	ÉPOQUES DES PASSAGES DES OISEAUX.
V. Passereaux. 6° Insectivores.	teux (*saxicola œnanthe* Temm.).	pendant plus commun dans les parties tempérées de l'Europe que dans le Nord ou le Midi Il est surtout très-abondant en Hollande et même dans le midi de la France, où il se montre en avril. Il recherche, à cette époque, les endroits arides et montueux, pour s'y reproduire, et niche entre les herbes, les pierres amoncelées, ou les trous des murailles. Au mois d'août, il descend dans les plaines, affectionnant d'une manière toute particulière les terres labourées, où il cherche sa nourriture.
	Traquet rieur (*saxicola cacchinnans* Temm.).	Le traquet rieur se trouve principalement dans les contrées méridionales de l'Europe, comme le midi de l'Espagne et de la France, la Sicile, la Sardaigne, les îles de l'Archipel, et enfin Gibraltar Il est rare néanmoins aux environs de Nice et de Gênes, et se rencontre très-accidentellement dans les Apennins Cet oiseau niche habituellement dans le midi de la France; il dépose ses œufs entre les anfractuosités des rochers, les vieilles murailles et les trous des vieux édifices isolés. Si tous les traquets ne sont point des espèces émigrantes, la plupart se rapportent du moins à des races erratiques.
	Roitelet (*regulus*). Roitelet à triple bandeau (*regulus ignicapillus* Tem.)	Ce roitelet est plus abondant dans le nord de l'Europe que dans le Midi. Il niche cependant dans cette dernière contrée, fréquentant l'été les montagnes des contrées méridionales de la France, qu'il quitte en automne, pour venir dans les plaines chercher sa nourriture jusqu'auprès des habitations.
	Roitelet ordinaire (*regulus cristatus* Temm.).	Cet oiseau, le plus petit de ceux qui habitent les régions tempérées, se rencontre dans toute l'Europe jusqu'au cercle arctique. Il est très-commun, surtout l'hiver, dans le midi de la France. Dès le mois d'avril, il se retire dans les pays situés plus au nord; mais il en reste néanmoins quelques couples qui nichent dans les montagnes environnantes; de là ces oiseaux arrivent dans les plaines, lorsque le mauvais temps commence à faire sentir ses rigueurs. Le roitelet est une des espèces les plus utiles pour la destruction des insectes. Ce petit oiseau, loin de craindre la présence de l'homme, recherche au contraire sa société, et place le plus souvent son nid auprès des habitations. Dans plusieurs Etats de l'Amérique du Nord, on a si bien remarqué le parti qu'on peut en tirer, qu'on met à leur disposition, près de chaque habitation rurale, une boîte en bois attachée au bout d'une perche, afin qu'ils y établissent leur ménage, ce qui ne

ORDRES.	GENRES ET ESPÈCES.	ÉPOQUES DES PASSAGES DES OISEAUX.
V. Passereaux. 6° Insectivores.		manque jamais. Lorsque les petits sont éclos, les parents recherchent soigneusement les insectes, pour la pâture de leur jeune couvée. On a eu la patience de compter le nombre des voyages exécutés par une paire de roitelets logés dans une de ces boîtes. On a évalué la moyenne de ces voyages à cinquante par heure. Le *minimum* a toujours été de quarante, et le *maximum* de soixante; une fois seulement, ils avaient fait en une heure soixante et onze tours. Cette chasse dure sans relâche toute la journée : une moyenne de cinquante donne en douze heures six cents chenilles ou autres insectes, dont chaque paire de roitelets débarrasse chaque jour les vergers et les potagers, tant leurs petits sont avides de ce genre de nourriture. Ce calcul ne suppose qu'un seul insecte enlevé à chaque voyage; mais en réalité ils en rapportent souvent deux ou trois à la fois, ce qui donne une destruction de douze cents ou de dix-huit cents insectes par jour.
	Troglodyte (*troglodytes* Cuv.). Troglodyte ordinaire (*troglodytes vulgaris* Tem.)	Ce troglodyte habite également toute l'Europe, étant seulement plus abondant dans le Midi que dans le Nord. Il niche dans les parties boisées du midi de la France, lieux qu'il fréquente l'été, ne descendant guère que l'automne dans les plaines, où il passe l'hiver. Ce petit oiseau étend néanmoins ses excursions jusqu'en Asie et les pousse jusqu'au Japon.
	Bec-fin (*sylvia* Temm.). Bec-fin Natterer (*sylvia Nattererii* Temm.).	Ce bec-fin se trouve dans le midi de l'Espagne et de la France, où néanmoins il niche dans les montagnes de cette dernière contrée.
	Bec-fin pouillot (*sylvia trochilus* Temm.).	Le pouillot habite les bois de la Suède, de la Hollande, de l'Allemagne, de l'Angleterre et de la France. Il étend même ses excursions jusque dans l'Amérique septentrionale. Cet oiseau niche habituellement dans le midi de la France; il y est très-abondant au printemps; mais il nous quitte en automne pour revenir avec les premiers beaux jours de la belle saison.
	Bec-fin véloce (*sylvia rufa* Tem.)	Cette espèce se trouve dans plusieurs contrées de l'Europe, et dans la presque totalité de la France. Elle est sédentaire, et a l'habitude de s'approcher en automne des habitations. Dès les premiers beaux jours, ce bec-fin se retire dans les bois avec la compagne qu'il a choisie, et il dépose son nid

ORDRES.	GENRES ET ESPÈCES.	ÉPOQUES DES PASSAGES DES OISEAUX.
V. Passereaux.		parmi les feuilles tombées, ou entre les racines qui sortent de terre.
6° Insectivores.	Bec-fin siffleur (*sylvia sibilatrix* Temm.).	Cette espèce est plus répandue dans le centre et le midi de l'Europe que dans le Nord. Elle arrive dans les contrées méridionales de la France au printemps, et y demeure jusqu'au milieu de l'automne. Aussi niche-t-elle habituellement parmi nous.
	Bec-fin de muraille (*sylvia phœnicurus* Temm.).	Cette fauvette, qui habite toute l'Europe, se rencontre également au Sénégal. Elle n'est pas rare dans le midi de la France, à l'époque de ses passages, surtout au printemps. Elle niche, comme la précédente, dans cette contrée.
	Bec-fin rouge queue (*sylvia tithys* Temm.).	Ce bec-fin, peu répandu dans les provinces septentrionales de la France, s'avance très-avant dans le Nord. Il ne se trouve qu'accidentellement en Hollande. Cet oiseau arrive dans le midi de la France dès les premiers jours d'automne, et passe souvent l'hiver dans cette contrée. Aussi n'y niche-t-il pas.
	Bec-fin gorge bleue à miroirs roux (*sylvia suecica* Lath.).	Cet oiseau niche dans le nord de l'Europe, et ne s'en éloigne que très-accidentellement. Le petit nombre d'individus qui ont été aperçus dans les contrées méridionales ne sont probablement que des oiseaux égarés, comme ceux que l'on rencontre parfois en Allemagne.
	Bec-fin gorge bleue (*sylvia suecica* Temm.).	Ce bec-fin, peut-être différent de l'espèce précédente, est peu connu en France, surtout dans le Midi, où cependant il en arrive quelques individus à chaque printemps, du 10 au 15 avril, et d'autres au commencement du mois de septembre. Cet oiseau, ainsi que l'espèce précédente, ne fait pour ainsi dire que passer parmi nous.
	Bec-fin rouge-gorge (*sylvia rubecula* Temm.).	Le rouge-gorge est abondant en Hollande et en France, qu'il ne quitte point pendant l'hiver. Il arrive en grand nombre dans le midi de la France, au commencement du mois d'octobre ; mais dès le mois de mars il se retire constamment plus au nord. Néanmoins quelques individus nichent à la base des Cévennes, plaçant leurs nids à terre, dans les herbes ou dans la mousse, ou enfin entre les racines des arbres.
	Bec-fin passerinette (*sylvia passerina* Temm.).	Cet oiseau habite principalement les parties méridionales de l'Europe, le Portugal, l'Espagne, la Sardaigne, l'Italie, la Dalmatie et l'Egypte. Il arrive dans les contrées méridionales vers la fin du mois de mars,

ORDRES.	GENRES ET ESPÈCES.	ÉPOQUES DES PASSAGES DES OISEAUX.
V. Passereaux. 6° Insectivores.		il y fait deux pontes par an. Du reste la passerinette ne paraît pas demeurer l'hiver dans le midi de la France. Dans ses migrations, cet oiseau, comme la fauvette des roseaux et le bruant ortolan, arrive à peu près constamment dans le midi de la France quinze jours avant leurs femelles. Il en est de même de la fauvette verderolle (*sylvia palustris*).
	Bec-fin pitchou (*sylvia provincialis* Temm.).	Le pitchou fréquente particulièrement les contrées méridionales rapprochées de la Méditerranée, telles que l'Italie, le midi de la France et l'Espagne. Il est au contraire fort rare en Angleterre, dans le centre de la France, et n'a jamais été rencontré en Hollande et en Allemagne. Cette espèce est sédentaire dans les mêmes lieux dans toutes les saisons, et par conséquent elle ne déserte pas le midi de la France pendant l'hiver. Elle niche habituellement dans cette contrée, plaçant son nid dans les bruyères et les genêts.
	Bec-fin à lunettes (*sylvia conspicillata* Temm.).	Ce bec-fin, observé pour la première fois en Sardaigne, se montre du 10 au 15 avril dans le midi de la France. Il paraît y nicher aussi bien dans les lieux humides et marécageux que dans les terrains secs et arides, cherchant ceux où il a l'espoir de ne pas être dérangé dans la construction de son nid
	Bec-fin babillard (*sylvia curruca* Temm.).	Le babillard, assez répandu dans les contrées tempérées de l'Europe, ne s'avance pas dans le Nord au delà de la Suède. Il est assez fréquent en Asie. Il arrive dans le midi de la France au milieu du mois d'avril, et il nous abandonne en octobre pour aller passer l'hiver en Afrique et en Asie. Cet oiseau niche dans les provinces méridionales, où il place son nid dans les buissons à quelques pieds de terre.
	Bec-fin grisette (*sylvia cinerea* Temm.).	Cette espèce habite très-avant dans le Nord, et ne se trouve pas moins dans les parties les plus chaudes du midi de la France et de la Sardaigne. Elle est également fort abondante en Hollande. Elle arrive dans les contrées méridionales au printemps, et les quitte en septembre. Elle y niche dans les buissons, les taillis ou les haies.
	Bec-fin fauvette (*sylvia hortensis* Bechst).	La fauvette, qui vit plus particulièrement dans les contrées méridionales, se trouve néanmoins dans presque tous les pays tempérés de l'Europe. Elle arrive dans le midi de la France vers le milieu du mois d'avril, et nous abandonne en octobre, pour aller passer l'hiver en Afrique ou en Asie. Cet oi-

ORDRES.	GENRES ET ESPÈCES.	ÉPOQUES DES PASSAGES DES OISEAUX.
V. Passereaux.		seau niche habituellement parmi nous, et dépose son nid sur les taillis ou sur les arbrisseaux
6e Insectivores.	Bec-fin mélanocéphale (*sylvia melanocephala* Lath.).	Ce bec-fin est assez répandu dans les parties les plus méridionales de l'Europe, telles que le midi de la France, de l'Espagne, de la Sardaigne, des États napolitains et de l'Italie. On l'a rencontré également à Gibraltar, mais on ne l'a point encore aperçu dans le Nord. Il habite également aux îles Canaries, et vit sédentaire dans le midi de la France, où il niche dans les buissons.
	Bec-fin à tête noire (*sylvia atricapilla* Temm.).	Cet oiseau se trouve depuis la Laponie jusque dans le midi de la France et le nord de l'Italie. Commun en Allemagne et dans les parties orientales de l'Europe, il est au contraire très-rare au delà des Apennins et des Pyrénées. Il en est tout le contraire dans le midi de la France, où il a ses doubles passages en automne et au printemps. Il en reste beaucoup dans cette contrée, où cet oiseau niche ordinairement.
	Bec-fin orphée (*sylvia orphea* Temm.).	Cette grande fauvette se trouve dans l'Italie, le Piémont, l'Espagne, le midi de la France et de la Savoie. Elle se montre accidentellement en Suisse, dans les Vosges, les Ardennes, et ne paraît pas se rencontrer dans le Nord. Cet oiseau ne commence à arriver dans le midi de la France que vers les premiers jours du mois d'avril. Il niche dans cette contrée, et place le plus ordinairement son nid entre les branches des oliviers.
	Bec-fin philomèle (*sylvia philomela*).	Le bec-fin philomèle, assez répandu dans le Nord, principalement en Allemagne, est plus rare en France, et ne se trouve jamais en Hollande. Il arrive dans le Midi en même temps que le rossignol, et se cache comme lui dans les buissons les plus épais. Il niche, à ce qu'il paraît, dans les bois et les lieux ombragés et humides.
	Bec-fin rossignol (*sylvia luscinia* Temm.).	Cette espèce, commune dans presque toutes les contrées de l'Europe, se trouve jusqu'en Suède. Elle émigre l'hiver en Egypte et en Syrie. Le rossignol arrive dans le midi de la France dès la fin de mars; mais il ne commence guère à chanter que du 6 au 20 avril. Au mois de mai, il s'enfonce dans les taillis les plus épais des bois, pour y construire son nid. Alors cet oiseau développe toute la beauté de sa voix : mais vers la fin de juin il la perd à peu près tout à fait. Il ne lui reste plus à cette époque qu'un cri rauque et désagréable. Il paraît cependant retrouver

ORDRES.	GENRES ET ESPÈCES.	ÉPOQUES DES PASSAGES DES OISEAUX.
V. Passereaux. 6° Insectivores.		ensuite sa voix ; car les rossignols en captivité chantent tout l'hiver ; à la vérité leurs chants ont moins d'éclat qu'aux beaux jours du printemps. Au mois de septembre, ces oiseaux s'enfuient et vont gagner l'Egypte et la Syrie, où ils passent l'hiver.
	Bec-fin cisticole (*sylvia cisticola* Temm.).	Cette fauvette est assez répandue dans les contrées méridionales de l'Europe, le Portugal, l'Espagne, l'Italie et le midi de la France. C'est vers le milieu d'avril ou au commencement de mai qu'elle arrive dans le midi de la France. Elle se répand d'abord dans les plaines, qu'elle quitte bientôt pour gagner les bords de la mer et des étangs. Cette fauvette niche dans les régions méridionales ; elle y fait même jusqu'à trois pontes.
	Bec-fin à moustaches noires (*sylvia melanopogon* Roux).	Le bec-fin à moustaches noires paraît propre aux contrées méridionales, aussi est-il sédentaire dans le midi de la France, où il niche au milieu des roseaux dans les terrains à demi mondés. Ce qu'il y a de certain, c'est que cet oiseau se rencontre dans les régions méridionales, presque pendant toute l'année.
	Bec-fin des saules (*sylvia luscinoïdes* Roux).	La fauvette des saules, qui fréquente les marais de la Toscane, arrive au printemps dans le midi de la France, mais accidentellement et toujours en fort petit nombre. On pourrait considérer ces individus comme des oiseaux égarés, si de pareilles habitudes de venir passer l'été dans des régions méridionales n'étaient assez communes aux becs-fins.
	Bec-fin cetti (*sylvia cetti* Marmora).	Cet oiseau, qui habite la Sardaigne et l'Italie, se trouve néanmoins en Angleterre et dans le midi de la France, où même il niche. En effet il est sédentaire dans les provinces méridionales, et par cela même très-répandu dans un grand nombre de localités de ces provinces.
	Bec-fin verderolles (*sylvia palustris* Temm.).	Quoique cet oiseau se rencontre principalement dans les contrées méridionales soit de la France, soit de l'Italie, on l'observe néanmoins dans les contrées occidentales, le long du Danube, en Allemagne et en Suisse. Il nous arrive au printemps, et nous quitte en octobre ou en automne. Aussi, d'après ce long séjour dans les contrées méridionales, il y niche habituellement.
	Bec-fin des roseaux ou effervatte (*sylvia arundinacea* Lath.).	Le bec-fin des roseaux habite les diverses contrées de l'Europe, où il est fort commun. Il arrive dans le midi de la France au printemps, et nous quitte comme l'espèce précédente dans le courant du mois d'octobre. Cet

ORDRES.	GENRES ET ESPÈCES.	ÉPOQUES DES PASSAGES DES OISEAUX.
V. Passereaux. 6° Insectivores.		oiseau niche dans les contrées méridionales, et construit son nid en forme de panier allongé, qu'il entrelace à trois ou quatre tiges de roseaux. C'est à cette circonstance qu'il doit le nom qu'il porte.
	Bec-fin phragmite (*sylvia phragmitii* Bechst).	Ce bec-fin, assez répandu en Europe, se trouve en Allemagne, en Hollande, en Angleterre, en France et en Italie. Il ne se rencontre cependant qu'accidentellement dans le midi de la France, où il est ordinairement confondu dans les passages des autres petits oiseaux, principalement avec ceux du même genre. Il se tient le plus ordinairement dans les lieux marécageux, et ne niche jamais parmi nous.
	Bec-fin aquatique (*sylvia aquatica* Lath.).	Cette espèce habite également le bord des fleuves des contrées tempérées de l'Europe, le Piémont, l'Italie et le midi de la France. Il est seulement moins abondant en Allemagne, et ne se trouve que très-accidentellement en Hollande. Il paraît sédentaire dans les provinces méridionales de la France, où il niche habituellement, construisant son nid à peu près de la même manière que l'espèce précédente. Cette espèce ne les quitte donc point aux approches de l'hiver.
	Bec-fin locustelle (*sylvia locustella* Lath.).	Comme l'espèce précédente, cet oiseau se tient sur le bord des fleuves de l'Autriche, de la Hongrie, de l'Italie et du midi de la France; il est plus rare en Hollande et en Angleterre. Il est peu abondant dans les provinces méridionales de la France, où il arrive dans les premiers jours d'avril, et niche au milieu des roseaux.
	Bec-fin rousserolle (*sylvia turdoides* Meyer).	Ce bec-fin, commun en Hollande, en Piémont et en France, se montre assez rarement en Allemagne. Il arrive dans le midi de la France, dans les premiers jours du printemps, et fréquente les marais, les bords des étangs où il place son nid entre les joncs. Il nous quitte en automne. On a pu comprendre, d'après les observations précédentes, que les becs-fins sont des espèces émigrantes.
	Cincle (*cinclus* Temm.). Cincle plongeur (*cinclus aquaticus* Temm.).	Le cincle habite la plupart des contrées de l'Europe, la Suède, l'Allemagne, la Suisse, l'Italie, la France et l'Angleterre. Il est assez commun dans le Midi, où il vit presque seul. Il y passe même quelquefois l'hiver, et cache son nid dans les environs des eaux, où il se tient le plus ordinairement. On ne le voit guère en société qu'au temps des amours.
	Merle (*turdus* Lin.)	Le merle bleu est assez abondant dans les contrées méridionales de l'Europe, le Levant,

ORDRES.	GENRES ET ESPÈCES.	ÉPOQUES DES PASSAGES DES OISEAUX.
V. Passereaux. 6° Insectivores.	Merle bleu (*turdus cyanus* (Gmelin).	l'Espagne, la Sardaigne, l'Italie et le midi de la France. Il est peu commun dans le Tyrol, rare en Suisse, plus rare encore dans les Vosges. Il en est tout le contraire au delà des Apennins, où il est assez fréquent. Il vit sédentaire dans le midi de la France, où il fait son nid dans les rochers et dans les fentes des vieux bâtiments isolés. Néanmoins nous en avons communément un passage en automne et au printemps. Ces passages proviennent d'une part des individus qui ont niché dans les pays montagneux du Midi, et de l'autre de ceux qui veulent s'établir parmi nous : ainsi cette espèce est à la fois sédentaire et erratique.
	Merle de roche (*turdus saxatilis* Lath.).	Cette espèce habite les hautes montagnes de l'Archipel, de la Turquie, de la Hongrie, du Tyrol, de la Suisse, des Apennins, des Alpes et des Pyrénées. Il est plus rare sur les bords de la Méditerranée, et se trouve isolément sur les Vosges et les montagnes de la France. Il se montre peu en Allemagne, tandis qu'il est fort commun dans le nord de l'Italie. Cet oiseau arrive constamment dans le midi de la France au printemps, et part en automne. De pareilles habitudes annoncent assez qu'il niche parmi nous, et appartient aux oiseaux émigrants. Ordinairement il place son nid sur de vieux bâtiments isolés, et souvent sur ceux qui font partie des villes les plus peuplées.
	Merle noir ou commun (*turdus merula* Linn.).	Le merle noir, assez répandu en Europe, est de passage périodique dans telle contrée et accidentel dans telle autre. Commun en automne en Hollande, il y est beaucoup plus rare en hiver. Il en est tout le contraire dans le midi de la France, où ce merle est sédentaire ; néanmoins il s'y montre en plus grande abondance en automne et en hiver qu'en été. Il place son nid dans les bois et les buissons fourrés. Le merle commun voyage solitairement dans plusieurs contrées de l'Europe qu'il visite l'hiver ; c'est ainsi qu'il arrive jusqu'en Morée, et dans le midi de la France vers la fin du mois de septembre. Cette espèce est donc alternativement émigrante, sédentaire et erratique.
	Merle à gorge noire (*turdus atrogularis* Temm.).	Quant au merle à gorge noire (*turdus atrogularis* Temm.), assez commun en Russie, en Hongrie, et rare en Autriche et en Silésie, il arrive parfois et d'une manière très-accidentelle dans le midi de la France. Il est donc pour nous tout à fait erratique.

ORDRES.	GENRES ET ESPÈCES.	ÉPOQUES DES PASSAGES DES OISEAUX.
V. Passereaux. 6º Insectivores.	Merle à plastron (*turdus torquatus* Linn.).	Cette espèce se trouve dans presque toutes les contrées boisées et montagneuses de l'Europe, telles que la Suède, l'Ecosse, l'Allemagne et la France. Elle est beaucoup plus rare en Hollande. Ce merle est au contraire assez commun dans le midi de la France, en automne ou en hiver, surtout lorsque le froid est rigoureux. Il descend alors en grand nombre des montagnes environnantes. Mais, lorsque le mois de mars arrive, il nous quitte, et ne reparaît plus pendant l'été. Aussi niche-t-il rarement dans les plaines du Midi, tandis que dans les montagnes des Cévennes, de la Lozère, de l'Auvergne et des Vosges, cet oiseau y fait son nid plus habituellement.
	Merle mauvis (*turdus iliacus* Linn.).	Le mauvis habite très-avant dans le Nord pendant l'été. Il passe à deux reprises différentes et d'une manière régulière dans le midi de la France, au printemps et en automne. Quelques individus y restent l'hiver, et se réunissent dans les champs couverts d'oliviers et dans les bois, dès que le froid est rigoureux. Néanmoins cet oiseau émigrant ne paraît pas nicher dans les contrées méridionales, ce que font au contraire les espèces qui y sont sédentaires.
	Merle grive (*turdus musicus* Lin.).	Cette espèce, que l'on rencontre dans tout le nord de l'Europe, émigre régulièrement, en septembre, vers le Midi C'est à peu près à cette époque, c'est-à-dire en octobre et en novembre, qu'il arrive dans le midi de la France, où il fait un second passage au mois de mars. Celui-ci est généralement fort nombreux; cet oiseau voyage pour lors en grandes troupes. Quoique généralement les grives nous quittent en mai, quelques individus restent dans nos contrées, et y nichent assez habituellement, bien qu'elles soient émigrantes.
	Merle litorne (*turdus pilaris* Linn.).	Ce merle, fort répandu dans les forêts du nord de l'Europe, les quitte en automne, et se disperse par troupes nombreuses dans les autres contrées, pour regagner de nouveau le Nord en mars et en avril. La litorne exécute également dans les contrées méridionales ses migrations périodiques; elle arrive en automne, y passe l'hiver, et s'en retourne, dès que les beaux jours sont revenus, pour aller nicher dans le Nord, la véritable patrie de cet oiseau.
	Merle draine (*turdus muscicorus* Linn.).	Le draine, qui est sédentaire en Allemagne, et de passage accidentel en Hollande, est au contraire de passage périodique dans quelques autres. Cet oiseau est même quelquefois sédentaire et émigrant dans le même

ORDRES.	GENRES ET ESPÈCES.	ÉPOQUES DES PASSAGES DES OISEAUX.
V. Passereaux. 6° Insectivores.		pays, ce qui a lieu pour le midi de la France. En effet, quoiqu'il niche dans ces contrées, il y fait néanmoins deux passages constants, l'un en automne et l'autre au printemps, et cela par suite des circonstances que nous avons énumérées. Le draine voyage du reste solitairement, tout au plus par petites familles, mais jamais en bandes considérables, comme la plupart des oiseaux voyageurs.
	Gobe-mouches (*muscicapa*Linn.).	Cette espèce, assez commune dans les provinces méridionales de l'Europe, situées aux bords de la Méditerranée, se rencontre également dans le centre de la France et de l'Allemagne. Cependant elle est fort rare en Angleterre, et n'a pas encore été observée en Hollande.
	Gobe-mouches bec-figue (*muscicapa luctuosa* Temm.).	Le bec-figue, très-commun dans le midi de la France à l'époque de son arrivée, c'est-à-dire au mois d'avril, en repart dans les premiers jours du mois de septembre, après avoir niché.
	Gobe-mouches à collier (*muscicapa albicollis* Temm.).	Le gobe-mouches à collier, assez répandu dans le centre de l'Europe, est peu abondant en Allemagne et dans le nord de la France, mais il n'arrive pas jusqu'en Hollande. Cet oiseau, triste et solitaire, visite peu les contrées méridionales de la France, où il ne niche pas.
	Gobe-mouches gris (*muscicapa grisola* (Temm.).	Cet oiseau habite la Suède et les provinces tempérées de la Russie. Il est rare en Hollande, et arrive dans le midi de la France vers le milieu d'avril, pour en repartir au mois d'août, mais après avoir niché.
	Pie-grièche (*lanius*). Pie-grièche écorcheur (*lanius collurio* Brisson).	Cette espèce, que l'on trouve communément dans toute l'Europe, jusqu'en Suède et en Russie, se rencontre également dans l'Amérique méridionale. Elle arrive dans le midi de la France, en troupes nombreuses, du 15 au 20 avril, et y demeure jusqu'à la fin de septembre. Elle niche aussi dans les contrées méridionales, et place son nid dans les haies ou dans les buissons, plus ou moins au-dessus du sol.
	Pie-grièche rousse (*lanius rufus* Brisson).	La pie-grièche rousse vit dans les principales contrées de l'Europe, l'Allemagne, la Suisse, l'Italie, la France et jusque dans le Nord. Elle est fort rare en Hollande; cependant elle pousse ses excursions jusqu'en Egypte, au cap de Bonne-Espérance, et enfin dans presque toute l'Afrique Mais, comme ses excursions ne paraissent pas avoir rien

ORDRES.	GENRES ET ESPÈCES.	ÉPOQUES DES PASSAGES DES OISEAUX.
V. Passereaux. 6° Insectivores.	. .	de régulier, elle appartient aux espèces erratiques. Elle arrive dans le midi de la France, au mois d'avril, et se répand dans les bois et les champs d'oliviers, où elle niche et dépose son nid.
	Pie-grièche à poitrine rose (*lanius minor* Linn.).	Cet oiseau habite l'Archipel, la Turquie, l'Italie, l'Espagne, et visite quelquefois le nord de l'Europe jusqu'en Russie Il étend également ses excursions dans le midi de la France, où il arrive au milieu du mois d'avril, et en repart dans les premiers jours de septembre, après avoir niché dans les contrées méridionales.
	Pie-grièche grise (*lanius excubitor* Linn.).	La pie-grièche grise, sédentaire dans certaines contrées, est de passage dans d'autres. C'est ainsi qu'elle se présente au printemps et en automne dans les provinces méridionales de la France. Elle paraît y nicher, quoiqu'elle n'y passe pas l'hiver. On en rencontre cependant parfois quelques individus isolés jusqu'à la fin de novembre.
	Pie-grièche méridionale (*lanius meridionalis* Temm.).	Cette espèce, qui fréquente la Dalmatie, l'Italie, l'Espagne, l'Egypte et toutes les contrées situées sur les bords de la Méditerranée, est également de passage accidentel dans le midi de la France, où elle niche habituellement.
7° Omnivores.	Martin (*pastor* Temm.). Martin rosselin (*pastor roseus* Temm.).	Le merle rose habite les parties chaudes de l'Asie, de l'Afrique, et parcourt différentes contrées de l'Europe à l'époque de ses passages. Il ne paraît guère dans le midi de la France qu'après les orages qui ont lieu vers le mois de juin. Cependant en 1837 et en 1838, il y en eut beaucoup à l'époque du printemps. Cet oiseau, dont les passages sont fort irréguliers, arrive en troupes assez nombreuses, volant très-bas et en silence. Il se dirige bientôt vers les pays chauds, restant peu parmi nous, quoique souvent les femelles aient leurs oviductes remplies d'œufs. Les jeunes arrivent vers la fin d'octobre, ou au commencement de novembre, avec les étourneaux, qui ont le même genre de nourriture. Mais, lorsque ces derniers nous viennent au printemps, ils visitent seuls nos champs; les merles roses ne les accompagnent pas pour lors, ne pouvant pas se livrer à d'aussi longues excursions, la mue de ces oiseaux n'étant pas terminée, comme elle l'est à l'époque du mois de juin.
	Etourneau (*sturnus* Linn.).	Cet oiseau, fameux par ses migrations, se trouve dans la plus grande partie de l'Europe, le nord de l'Asie et l'Afrique. Ses mi-

ORDRES.	GENRES ET ESPÈCES.	ÉPOQUES DES PASSAGES DES OISEAUX.
V. Passereaux. 7° Omnivores.	Etourneau vulgaire (*sturnus vulgaris* Linn.).	gations ont lieu d'une manière régulière dans le midi de la France ; l'une dans les premiers jours d'octobre, et l'autre au mois de mars. A l'époque de ces deux passages, les étourneaux sont extrêmement nombreux dans nos contrées, où l'on en fait une chasse fort abondante. Ces oiseaux ne nichent jamais dans les provinces méridionales de la France. Contrairement aux merles roses, ils sont donc essentiellement émigrants.
	Loriot *oriolus* Linn.). Loriot (*oriolus galbula* Linn.).	Le loriot est assez abondant dans les différentes parties de l'Europe, à l'époque de ses passages. Quoique commun en Hollande, il l'est encore plus en France et en Italie. Il arrive d'Afrique au mois d'avril, et se répand dans nos bois pour y nicher. Mais au mois d'août, ou au plus tard en septembre, cet oiseau nous quitte pour se rendre dans des contrées plus chaudes La régularité des passages de cette espèce doit la faire ranger parmi les races émigrantes. Nous n'en dirons pas davantage au sujet de ses migrations, devant les décrire plus tard, ainsi que celles de l'étourneau, lors de l'explication de la carte où nous avons tracé la route qu'elle suit dans ses voyages.
	Rollier (*coracias* Linn.). Rollier vulgaire (*coracias garrula* Temm.).	Le rollier habite l'été les régions du cercle arctique ; il passe régulièrement dans les contrées orientales et accidentellement dans les pays tempérés de l'Europe. Il arrive dans le midi de la France au printemps, et fait un second passage au mois d'octobre ; mais il s'en retourne bientôt, pour aller passer l'hiver en Afrique, où il niche habituellement. On cite un exemple d'un rollier qui a niché dans les environs de Nîmes. D'après ses habitudes diverses, le rollier est tantôt émigrant et tantôt erratique.
	Jaseur (*bombycivora* Temm.) Jaseur de Bohême (*bombycivora garrula*).	Le grand jaseur, qui habite l'été dans les régions du cercle arctique, pousse ses excursions dans les contrées orientales et jusqu'au nord de l'Asie et au Japon, et se montre rarement dans le midi de la France. Il est extrêmement probable que ce sont des individus égarés.
	Pyrrhocorax (*pyrrhocorax* Cuv.).	Cet oiseau vit dans les hautes montagnes de la Suisse, du Tyrol, de l'Italie, de la Bavière et de la Carinthie. Les hivers rigoureux, il descend dans les montagnes moins élevées du Jura et des Vosges, parvient même dans les Pyrénées et les Cévennes. Il est assez abondant dans les hivers rigoureux, où on le voit descendre dans les plaines du midi de la France.

ORDRES.	GENRES ET ESPÈCES.	ÉPOQUES DES PASSAGES DES OISEAUX.
V. Passereaux. 7° Omnivores.	Pyrrhocorax chocquart (*pyrrhocorax pyrrhocorax* Cuv.).	Le chocquart vit également dans les hautes montagnes de l'Europe; il est sédentaire dans les Cévennes, qu'il ne quitte que très-rarement dans les hivers rigoureux. Il descend pour lors soit de ces montagnes, soit des Alpes, en grandes bandes rangées en ligne, et parvient quelquefois ainsi jusque dans le midi de la France. On assure également que le chocquart des Alpes pousse ses excursions dans l'Inde et les étend jusque sur les monts Himalaya.
	Casse-noix (*nucifraga* Brisson). Le casse-noix (*nucifraga caryocatactes* Brisson).	Le casse-noix se trouve dans les bois d'une grande partie de l'Europe. Il est régulièrement de passage dans quelques contrées, tandis qu'il voyage accidentellement, et à l'intervalle de quelques années, dans d'autres. C'est ainsi qu'il se montre rarement dans les provinces méridionales de la France, où l'on n'en voit jamais que des individus égarés.
	Geai (*garrulus* Vieillot). Geai glandivore (*garrulus glandarius* Vieillot).	Le geai, répandu dans toute l'Europe, porte ses excursions en Asie et dans l'Afrique. Il descend au mois d'octobre des montagnes, pour se disperser dans les plaines du midi de la France. Quelques individus y restent pendant la mauvaise saison; mais au mois de mars ils abandonnent entièrement les plaines. Aussi nichent-ils dans les montagnes des Cévennes, de l'Aveyron et de la Lozère, mais non pas dans les plaines du Midi, qui sont pour lors échauffées par les rayons du soleil.
	Pie (*pica* Roux) (*pica albiventris* Roux).	La pie, commune dans toute l'Europe, pousse ses excursions jusqu'en Chine, au Japon et dans toute l'Amérique. Néanmoins cet oiseau est peu voyageur; il passe sa vie entièrement dans le même canton, où il niche entre l'embranchement des arbres très-élevés ou dans quelques buissons épais. Ainsi la pie est souvent sédentaire, et particulièrement dans le Midi; mais comme elle se livre parfois, ainsi que les espèces précédentes, à des passages accidentels, elle est aussi erratique.
	Corbeau (*corvus* Linn.). Corbeau choucas (*corvus monedula* Temm.).	Le choucas se rencontre dans toute l'Europe ainsi qu'en Morée. Il arrive seulement pendant la mauvaise saison dans le midi de la France, où il s'établit volontiers dans les vieilles tours ruinées.
	Corbeau freux	Cette espèce habite également toute l'Europe; elle est plus abondante dans le Nord que

ORDRES.	GENRES ET ESPÈCES.	ÉPOQUES DES PASSAGES DES OISEAUX.
V. Passereaux. 7° Omnivores.	(*corvus frugilegus* Temm.).	dans le Midi. Elle pousse ses excursions jusqu'au Japon. On la voit seulement l'hiver dans le midi de la France ; elle y est souvent fort commune, et se mêle aux troupes des corneilles noires qui fréquentent les plaines.
	Corneille mantelée (*corvus cornix* Linn.).	La corneille mantelée vit, comme les espèces précédentes, dans presque toute l'Europe ; elle se montre toute l'année dans les pays montueux des contrées orientales, ainsi que dans les Alpes, où elle niche habituellement. On ne la rencontre qu'en septembre et en octobre dans les contrées occidentales. Ses passages sont loin d'être réguliers dans le midi de la France, où elle ne paraît que par intervalles et en automne. Cette espèce nous quitte de bonne heure, pour retourner dans le nord de l'Europe. Elle pousse avec la corneille noire ses excursions jusqu'au Japon. Mais elle exécute toutes ses courses sans aucune espèce de régularité, et rentre par conséquent dans les races erratiques.
	Corneille noire (*corvus corone* Linn.).	Cette corneille, répandue dans toute l'étendue de l'Europe occidentale, l'est beaucoup moins dans les contrées orientales. Elle arrive dans le midi de la France, par troupes nombreuses, vers la fin du mois d'octobre. Elle paraît suivre la direction des côtes de Barbarie, ou du midi de l'Espagne. Quelques bandes de cet oiseau rôdent pendant l'hiver dans les contrées méridionales, où elle ne niche jamais.
	Corbeau noir (*corvus corax* Linn.).	Le corbeau commun habite la plus grande partie des lieux montagneux de l'Europe, plutôt que les plaines. On le trouve aussi en Afrique, en Islande, au Japon et dans l'Amérique méridionale. Il est sédentaire dans le midi de la France, et s'approche assez des habitations. Cet oiseau vit ordinairement par paires isolées, et place son nid dans les crevasses des rochers ou sur de grands arbres isolés. Parmi les oiseaux terrestres qui parcourent les espaces les plus étendus, et qui se trouvent dans les régions les plus différentes du globe, on peut citer au premier rang la corneille et le corbeau. Ils appartiennent au même genre de l'ordre des passereaux ; cette tribu est celle où l'on découvre les espèces qui étendent le plus au loin leurs migrations, et le plus d'oiseaux émigrants. Aussi est-ce parmi elle que nous avons choisi les exemples d'oiseaux essentiellement voyageurs. Il suffit de jeter les yeux sur notre carte, pour saisir que sur les neuf oiseaux dont nous avons indiqué les voyages, sept appartiennent aux passereaux, et deux seuls à d'autres ordres.

ORDRES.	GENRES ET ESPÈCES.	ÉPOQUES DES PASSAGES DES OISEAUX.
V. Passereaux. 7° Omnivores.		

En effet, le corbeau (*corvus corax* Linné) se trouve depuis le cercle polaire jusqu'au cap de Bonne-Espérance, et même à ce qu'il paraît, d'après des observations récentes, jusqu'en Amérique. On le rencontre également à Madagascar, île qu'on serait fondé de considérer comme un débris de quelque continent ancien, ou une dépendance de quelque centre de création particulière, bien distincte de celles qui ont peuplé les régions voisines, tant sa faune a un caractère particulier et remarquable. Aussi n'est-ce probablement que d'une manière transitoire que le corbeau commun a été aperçu à Madagascar, dont les animaux sont si différents de ceux des autres contrées.

De pareilles habitudes lui sont également communes avec la corneille, qui voyage peut-être plus que le corbeau; nous ignorons cependant si cette espèce a été observée en Amérique, comme le corbeau commun. A raison de cette ignorance nous n'avons pas indiqué sur la carte le trajet que ces oiseaux parcourraient dans le nouveau monde. Comme nous les avons réunis dans le tracé du chemin qu'ils suivent, nous n'avons pas osé indiquer la route tenue à cet égard par ces deux espèces. Afin d'éviter des redites, nous n'indiquons pas ici le chemin tenu par la corneille et le corbeau dans leurs longs et grands voyages, devant le faire plus tard.

Des habitudes non moins particulières signalent également d'autres espèces de passereaux. On peut surtout citer le coucou (*cuculus canorus*), fameux par la singulière habitude qu'il a de pondre ses œufs dans les nids d'autres espèces insectivores (1). Les oiseaux étrangers, souvent d'une plus petite taille, prennent soin des jeunes coucous comme de leur progéniture, même lorsque leurs œufs ont été détruits par ces hôtes dangereux. La cause de ce phénomène, à peu près unique chez cette classe, est inconnue; il nous paraît du moins difficile d'en trouver l'explication avec Hérissant dans la position du gésier Sans doute, cet organe placé plus en arrière dans l'abdomen est moins garanti par le sternum que dans les autres oiseaux. Le gésier éprouve, par suite de cette disposition, une gêne très-grande dans les contractions continuelles qu'il exerce sur les aliments

(1) Le hibou moyen duc, ainsi que nous le ferons observer plus tard, paraît avoir de pareilles habitudes Du moins, ne construisant pas de nid, il est forcé de pondre ses œufs dans ceux abandonnés par d'autres oiseaux. Il paraît pourtant qu'il ne les livre pas au hasard, qu'il en prend soin et qu'il les couve.

ORDRES.	GENRES ET ESPÈCES.	ÉPOQUES DES PASSAGES DES OISEAUX.
V. Passereaux. 7° Omnivores.		pour les réduire en chyme La compression trop forte des parois abdominales qui se trouvent superposées aux œufs, compression augmentée par le poids du corps, s'oppose à ce que ces oiseaux puissent rester longtemps dans la position qu'il leur est nécessaire de prendre pour couver leurs œufs Cet obstacle est peut-être assez puissant pour les empêcher de se livrer à cet acte, qui doit assurer la perpétuité de leur race; ils sont donc forcés d'abandonner ce soin à d'autres espèces Telle est l'explication que l'on peut donner à ce fait aussi rare que singulier, chez une classe d'animaux caractérisée par une tendresse maternelle toute particulière. Elle est du moins la conséquence de la disposition organique qu'Hérissant paraît avoir le premier signalée. Cette habitude, générale chez cette espèce, n'a rien de commun avec l'instinct qui porte d'autres oiseaux à s'emparer de nids occupés naguère par d'autres espèces. Le moineau commun (*fringilla domestica*) s'avise quelquefois d'aller, avec sa famille, occuper les nids des hirondelles; mais il ne le fait pas toujours impunément. M. de Tarragon a été témoin d'un fait qui prouve que ce n'est pas toujours sans danger (1). Un couple de ces moineaux parasites s'était logé dans un nid d'hirondelle, dont ils avaient chassé les propriétaires. Ceux-ci ameutèrent toute la troupe des hirondelles de fenêtre qui se trouvaient à portée de leur habitation, et, lorsqu'ils se furent assurés de la présence dans le nid de leurs ennemis mortels, la troupe ailée fit entendre son cri de guerre et disparut en un instant. Elle alla chercher de la terre humide dans une mare voisine, et se précipita toute à la fois, comme d'un accord unanime, vers le repaire des moineaux. En quelques secondes elle en boucha toutes les issues avec une masse de terre assez considérable Fières de cet exploit, assurées de la mort des parasites incommodes qui s'étaient emparés de leurs nids, elles poussèrent des cris aigus et continuels comme pour célébrer leur victoire. Quelques instants après, ces oiseaux avaient tous disparu autour des tombeaux où ils avaient enfermé les imprudents moineaux Quelques jours après, le même M. de Tarragon s'empara de l'un de ces nids pour l'observer. Il remarqua que la masse de terre qui en fermait l'ouverture avait à peu près la forme et la grosseur d'un petit œuf de poule. Les deux bouts ressortaient en dehors

(1) *Echo du monde savant*. Paris, 28 décembre 1843, n° 51.

ORDRES.	GENRES ET ESPÈCES.	ÉPOQUES DES PASSAGES DES OISEAUX.
V. Passereaux. 7° Omnivores.		et en dedans du nid, dont on distinguait très-bien l'origine, formé de petites boulettes de terre arrondies, tandis que l'opercule était composé de petites portions aplaties placées confusément. Cet opercule avait été formé en dernier lieu par la troupe d'hirondelles qui l'avait produit avec de la terre humide qu'elle avait été chercher dans une mare voisine. Quant au moineau, on l'y trouva ainsi que ses œufs, mais à peu près complétement desséché.
VI. Rapaces. 1° Hiboux.	Hibou scops (*strix scops* Linn.).	Le scops est répandu dans un assez grand nombre de contrées de l'Europe où il est de passage, comme, par exemple, dans le midi de la France, où il arrive du 5 au 6 avril. On en voit cependant encore en septembre, mais ces individus, les derniers à passer, sont pour la plupart des jeunes. Cet oiseau niche parmi nous dans les troncs peu élevés des arbres. Il est sédentaire dans d'autres contrées, tandis qu'il est de passage en Afrique. Ainsi cette espèce nous fournit encore un exemple d'un oiseau qui est alternativement sédentaire dans certains lieux, et erratique dans d'autres.
	Hibou moyen duc (*strix otus* Linn.).	Le moyen duc, très-commun en France, en Allemagne et dans tout le Nord, pousse ses excursions, comme l'espèce précédente, jusqu'en Afrique. Cette espèce fréquente les bois et les buissons du midi de la France, pendant l'automne et l'hiver ; mais, au mois de mars et d'avril, il se retire dans les lieux boisés et montagneux, où il se plaît dans les cavernes des rochers. Ce hibou ne paraît pas faire de nid ; il dépose ses œufs dans ceux qui ont été abandonnés par d'autres gros oiseaux ; c'est du moins ce qu'il pratique ordinairement dans les contrées méridionales.
	Hibou grand duc (*strix bubo* Linn.).	Ce hibou se trouve dans toute l'Europe, à l'exception pourtant de la Hollande, où il n'a jamais été observé. On le rencontre pourtant jusqu'au cap de Bonne-Espérance. Il vit sur les rochers escarpés du midi de la France ; mais l'hiver on le voit souvent dans les bois, les plaines, ainsi qu'aux bords des marais. Il niche habituellement dans les fentes de rochers, ou dans de vieux édifices abandonnés, et cela dans tout le midi de la France.
	Hibou brachyote (*strix brachyotos* Temm.).	Le brachyote est répandu dans presque toutes les contrées de l'Europe, jusqu'en Sibérie, où il accompagne le lemming dans ses excursions. On le trouve fréquemment en Hollande, en septembre et en octobre. Il passe ordinairement dans le midi de la France,

ORDRES.	GENRES ET ESPÈCES.	ÉPOQUES DES PASSAGES DES OISEAUX.
VI. Rapaces. 1° Hihoux.		pendant le dernier de ces deux mois. Il y demeure jusqu'au mois d'avril, époque à laquelle il est fort commun; d'après de pareilles habitudes, il est facile de saisir que cet oiseau ne doit pas nicher dans les contrées méridionales. Il y est donc constamment de passage, et, comme il y renouvelle ses courses avec une certaine régularité, il paraît se rattacher, ainsi que la plupart des hiboux, aux races émigrantes.
2° Chouettes.	Chouette (*strix* Linn.). Chouette chevêche (*strix passerina* Temm.).	La chevêche habite la plus grande partie de l'Europe. Elle est assez commune dans les plaines des contrées méridionales de la France, où elle vit sédentaire. Elle fait sa nourriture de petits oiseaux et même de quelques mammifères. Il paraît qu'elle est également friande de sauterelles et de grillons. Cette espèce dépose ses œufs dans de vieux édifices, des amas de pierres et les trous des rochers, où elle fait ordinairement son nid. Leur nombre est de quatre ou de cinq; ses œufs sont arrondis, blanchâtres, ou lavés de roussâtre, avec quelques taches un peu plus foncées.
	Chouette effraie (*strix flammea* Linn.).	La chouette effraie habite la plus grande partie de l'ancien continent et de l'Asie, et ne se trouve pas moins dans les deux Amériques. Cette espèce est donc éminemment voyageuse; car il ne faut pas perdre de vue qu'il n'existe pas une seule espèce commune aux deux hémisphères. Donc toutes celles qui, comme la chevêche, se trouvent à la fois dans l'ancien continent et dans le nouveau monde, doivent cette particularité à leurs migrations, qui ont dérangé l'ordre primitif de leur distribution. Ces migrations ont porté la chouette effraie dans presque toutes les parties de la terre. Il est probable que, par suite de cet instinct impérieux qui presse les oiseaux à se déplacer, cette espèce portera ses tribus jusque dans la Nouvelle-Hollande, où elle deviendra peut-être à la fois sédentaire et émigrante. Du moins elle a de pareilles habitudes en Europe, où certains individus sont stationnaires dans les lieux qu'ils ont choisis pour leur demeure ordinaire, tandis que d'autres se livrent à des voyages extrêmement étendus. Des mœurs aussi différentes sont non-seulement propres à la chouette effraie, mais elles caractérisent également une infinité d'autres oiseaux, et même, ainsi que nous le ferons plus tard observer, plusieurs espèces de poissons. Comme nous avons indiqué avec détail la route que paraît suivre cette espèce dans ses

ORDRES.	GENRES ET ESPÈCES.	ÉPOQUES DES PASSAGES DES OISEAUX.
VI. Rapaces. 2° Chouettes.		migrations lointaines, lors de l'explication de notre carte, nous renverrons à ce que nous en dirons plus tard. Nous ferons seulement observer que nous ignorons complétement quel espace de temps cet oiseau met à parcourir le globe; mais, dans aucun cas, il n'est point à supposer qu'il exécute un aussi grand et un aussi long voyage dans le court espace d'une année. Quoi qu'il en soit, les individus sédentaires de cette espèce préfèrent pour leur habitation ordinaire les vieux édifices, les clochers et les toits élevés des anciennes églises. C'est sur ces bâtiments que la chouette effraie place son nid, qu'elle fait sans apprêt et dans lequel elle dépose jusqu'à cinq œufs blancs, un peu allongés. Cette espèce paraît se plaire dans les lieux les plus populeux, il n'est pas rare d'en trouver de blotties dans nos greniers et même dans nos appartements, où elle se réfugie pour se cacher pendant le jour. On donne à cette espèce le nom de *béou l'oli* dans les provinces méridionales de la France, parce qu'on suppose qu'elle aime à boire l'huile des lampes suspendues dans les églises. Quant au nom d'effraie ou de fresaie, sous lequel elle est aussi connue, il vient du soufflement que cet oiseau fait entendre pendant la nuit.
	Chouette hulotte (*strix aluco* Meyer).	Cette chouette fréquente les contrées boisées de la plupart des contrées de l'Europe; elle en fait de même dans le midi de la France, où elle est assez rare dans les plaines. Cette espèce, nommée aussi *chat-huant*, fait son nid dans ceux qu'ont abandonnés les pies et les cresserelles. Elle paraît être sédentaire dans les contrées méridionales; du moins elle y niche habituellement, quoiqu'elle soit ailleurs erratique et peut-être même émigrante.
3° Busards.	Busard (*falco*). Busard méridional (*falco pallidus* Gould).	Cette espèce, encore peu connue, paraît propre aux contrées méridionales de l'Espagne et de la France. Elle est peu abondante dans la dernière de ces contrées. Nous ignorons si elle y niche: ce qui est peu probable, à raison de son extrême rareté parmi nous. Une femelle adulte a été capturée, au mois d'octobre 1840, dans les environs de Montpellier. L'estomac de cet oiseau était rempli de trois têtes de fringilles qui n'avaient pas été digérées.
	Busard montagu (*falco cineraceus* Montagu).	Ce busard habite principalement les contrées orientales et méridionales de l'Europe. Il est très-répandu en Hongrie, en Pologne, en Silésie, en Autriche, en Dalmatie et dans les provinces illyriennes. Cette espèce est également abondante en

ORDRES.	GENRES ET ESPÈCES.	ÉPOQUES DES PASSAGES DES OISEAUX.
VI. Rapaces. 3° Busards.		Italie; les jeunes se rencontrent assez souvent en Suisse. Elle est rare en Angleterre, et dans le midi de la France, surtout les vieux individus, qui ne s'y trouvent guère. Nous voyons seulement en hiver les jeunes de ces oiseaux; ce qui nous annonce que ce busard ne niche point dans le midi de la France.
	Busard saint-martin (*falco cyanus* Montagu).	Le busard saint-martin habite l'Allemagne, la Hollande, l'Angleterre, la France et la Morée. Il arrive ordinairement en automne dans le midi de la France, principalement les jeunes et les femelles. Les vieux sont généralement plus rares. Il niche, dans les contrées méridionales, dans les champs et les marais. Cet oiseau paraît pousser ses excursions dans toute l'Asie et jusqu'au Japon.
	Busard harpaye ou des marais (*falco rufus* Linn.).	L'harpaye fréquente toutes les parties de l'Europe où l'on trouve des marais; aussi est-il fort commun en Hollande, rare en Suisse et dans le Midi. Il y est néanmoins sédentaire, et construit son nid à terre, mais dans les lieux ombragés, parmi les tamaris ou les roseaux. Il est certain que cet oiseau dépose ses œufs au milieu des marais de la France méridionale.
4° Buses.	Buse bondrée (*falco apivorus* Linn.).	Cette buse se trouve dans les contrées orientales de l'Europe; elle se montre peu et accidentellement en Hollande. Elle est plus abondante en France, dans les Vosges et le Midi, où elle est de passage périodique au printemps. Elle y arrive de grand matin, en compagnie de quatre, six ou dix individus; mais dans le courant de la journée elle vole isolée ou par paires. Cet oiseau, uniquement de passage dans nos contrées comme par toute l'Europe, ne niche pas parmi nous. Si le genre précédent nous a donné un exemple d'espèces erratiques; cette buse nous en fournit d'une race émigrante parmi des oiseaux de proie, qui ont les plus grandes analogies avec les premiers.
	Buse pattue (*falco lagopus* Linn.).	La buse pattue fréquente les lisières des bois du nord de l'Europe, en automne et en hiver. Elle se montre quelquefois en Hollande et rarement dans le Midi, où elle n'arrive jamais que dans la mauvaise saison. Ainsi cet oiseau ne niche point dans les dernières contrées.
	Buse commune (*falco buteo* Linn.).	Cette espèce habite toute l'Europe. Elle vient dans le midi de la France en automne, et y demeure jusqu'à l'approche de la belle saison. Elle ne niche pas plus que la précédente dans les provinces méridionales de

ORDRES.	GENRES ET ESPÈCES.	ÉPOQUES DES PASSAGES DES OISEAUX.
VI. Rapaces.		cette contrée. Ses passages sont irréguliers, et par conséquent elle appartient aux oiseaux erratiques.
5° Milans.	Milan (*falco* Linn.). Milan royal (*falco milvus* Linn.).	Le milan royal se trouve dans presque toute l'Europe, toujours dans le voisinage des montagnes. Il pousse ses excursions jusqu'en Asie, quoiqu'en général cet oiseau, d'un naturel timide et lâche, voyage peu. Il ne niche point dans les provinces méridionales de la France. On suppose qu'il fait son nid dans les montagnes de la Lozère et de l'Aveyron.
	Milan noir (*falco ater* Temm.).	Le milan noir habite l'Allemagne, la France et la Suisse. Assez rare dans le Nord, il se montre plus communément dans le Midi. Il paraît très-abondant à Gibraltar, ainsi que dans toute l'Afrique, en Egypte et au cap de Bonne-Espérance. Il pousse également ses excursions jusqu'en Asie et parvient jusqu'au Japon. Cette espèce ne se montre que d'une manière accidentelle dans le midi de la France, où elle est erratique. La plupart des individus de cet oiseau qui ont été saisis étaient des jeunes On ne la voit pas nicher dans nos contrées méridionales.
6° Autours.	Autour (*falco* Linn.). Autour ordinaire (*falco palumbarius* Linn.).	L'autour, assez commun en Russie, en Allemagne, en Suisse et en France, est plus rare en Hollande. Son apparition n'a pas lieu souvent dans le midi de la France, où l'on voit beaucoup plus de jeunes individus que de vieux. Il paraît habiter également l'Afrique, où il niche très-probablement.
	Autour épervier (*falco nisus* Linn.).	L'épervier se rencontre dans presque toutes les parties du monde. Il passe régulièrement dans le midi de la France en septembre; il y est fort abondant en octobre et en novembre. Il reparaît ensuite en avril et en mai, et niche dans les contrées méridionales, sur les grands arbres, où il construit son nid. Cet oiseau nous quitte ensuite et va passer l'hiver dans des régions plus chaudes. D'après les habitudes de l'épervier, cet oiseau fait partie des races émigrantes, ainsi que le pygargue, le balbusard et l'aigle jean-le-blanc.
7° Aigles.	Aigle (*falco* Linn.). Aigle pygargue (*falco albicila* Linn.).	Cet aigle se rencontre principalement sur les côtes maritimes de l'Europe, particulièrement de la Hollande, de l'Angleterre et de la France. Il arrive assez régulièrement l'hiver dans le midi de la France; mais il nous abandonne dès que la belle saison arrive. Enfin cet oiseau pousse ses excursions

ORDRES.	GENRES ET ESPÈCES.	ÉPOQUES DES PASSAGES DES OISEAUX.
VI. Rapaces.		dans toute l'Asie et jusqu'au Japon. Il ne niche point parmi nous.
7° Aigles.	Aigle balbusard (*falco haliæetus* Linn.).	Cette espèce vit indifféremment dans toutes les contrées de l'Europe, de l'Afrique et de l'Amérique. On la rencontre dans le midi de la France à différentes époques, mais principalement en automne et en hiver. Elle se tient toujours au bord des eaux, quoiqu'elle niche sur les grands arbres et sur les rochers de nos contrées, à ce que disent les chasseurs.
	Aigle jean-le-blanc (*falco brachydactylus* Wolf).	Le jean-le-blanc fréquente les grandes forêts de sapins des parties orientales du nord de l'Europe. Il est peu commun en Allemagne, en Suisse et en France, et ne se trouve jamais en Hollande. Cet oiseau arrive régulièrement dans le midi de la France vers le milieu du mois de novembre, y passe l'hiver, et n'y niche jamais. Quelques individus y demeurent même jusqu'à la fin du mois d'avril. Mais nous en avons un autre passage au milieu du mois de mars. Celui-ci dure huit à dix jours. Ils volent pour lors à des hauteurs prodigieuses.
	Aigle botté (*falco pennatus* Lin.).	L'aigle botté habite les régions orientales. Il est de passage régulier en Autriche et en Moravie. Il niche en Hongrie et en Espagne. Les jeunes et les vieux individus de cette espèce visitent également les contrées méridionales de la France, mais d'une manière assez irrégulière ; ils ne s'y arrêtent jamais pour y nicher, ce qu'ils paraissent faire en Espagne.
	Aigle criard (*falco nœvius* Linn.).	Cet aigle, commun dans les parties orientales de l'Europe et dans le Midi, est aussi très-abondant en Russie, en Suisse, dans les Pyrénées, et dans les pays boisés et montueux de l'Allemagne. On ne le voit jamais en Hollande ; tandis qu'il est assez fréquent en Egypte et dans la plus grande partie de l'Afrique. Cet oiseau n'arrive guere dans le midi de la France que pendant l'hiver, presque toujours à la suite des gros vents du sud. Les vieux nous viennent plus rarement que les jeunes d'un ou deux ans. Cette espèce ne niche pas plus que la précédente dans les contrées méridionales; elle le peut d'autant moins que la plupart des individus de passage n'étant pas adultes, ne peuvent se livrer aux besoins de la reproduction.
	Aigle bonelli (*falco bonelli* Tem.).	L'aigle bonelli habite la Sardaigne, l'Egypte, le nord de l'Afrique et le midi de la France, où il vit sédentaire. En hiver il des-

ORDRES.	GENRES ET ESPÈCES.	ÉPOQUES DES PASSAGES DES OISEAUX.
VI. Rapaces.		cend dans les marais, où il fait la chasse aux oies et aux canards.
7° Aigles.	Aigle royal (*falco fulvus* Linn.).	L'aigle royal est très-répandu non-seulement dans toute l'Europe, mais encore dans l'Asie-Mineure et l'Afrique. Il vit dans les basses montagnes du midi de la France, où il niche habituellement. Une circonstance assez particulière a prouvé d'une manière incontestable que l'aigle royal n'est point un oiseau de passage dans le midi de la France, mais qu'au contraire il y habite les lieux montueux et arides. Un œuf de cet oiseau a été apporté en septembre 1841, à M. Lebrun, habile ornithologiste de Montpellier. Cet œuf devait avoir été couvé, car le petit aigle (*falco fulvus*) qu'il renfermait était déjà formé. Il avait été pris avec plusieurs autres dans une fente d'un rocher de Saint-Bauzille de Montmiel près de Montpellier Ces faits prouvent que l'aigle royal est réellement sédentaire dans les provinces méridionales de la France, et lorsqu'il les abandonne, c'est toujours accidentellement.
	Aigle impérial (*falco imperialis* Temm.).	Cet aigle fréquente les parties orientales et méridionales de l'Europe. On le trouve en Hongrie, en Dalmatie, en Egypte, sur les côtes de Barbarie et dans le midi de la France, où il s'égare parfois. Cette espèce est trop rare pour être certain si réellement elle niche dans les contrées méridionales.
8° Faucons.	Faucon (*falco* Linn.). Faucon à pieds rouges (*falco rufipes* Bechst).	Le faucon à pieds rouges se trouve communément en Russie, en Pologne, en Autriche, dans le Tyrol, en Suisse et au delà des Apennins. Il est assez rare en France, et ne se trouve pas en Hollande. Cet oiseau, de passage accidentel dans le midi de la France au printemps, nous arrive encore plus rarement en automne. C'est assez dire qu'il ne niche point parmi nous et qu'il appartient aux races erratiques.
	Faucon cresserellette (*falco tinnunculoides* Tem.)	Cet oiseau habite les contrées orientales et méridionales de l'Europe ; il est particulièrement commun en Sicile, en Sardaigne, dans le royaume de Naples et en Espagne. Il est de passage en Hongrie, en Autriche, dans les provinces illyriennes, comme dans le midi de la France. Il se montre tout à fait accidentellement dans cette dernière contrée au printemps, où il ne niche jamais.
	Faucon cresserelle (*falco tinnunculus* Linn.).	La cresserelle, répandue dans toute l'Europe et l'Asie, se rencontre communément en Hollande. Quoique cette espèce soit sédentaire dans le midi de la France, nous en avons ce-

ORDRES.	GENRES ET ESPÈCES.	ÉPOQUES DES PASSAGES DES OISEAUX.
VI. Rapaces. 8° Faucons.		pendant deux passages par année, en automne et au printemps. Elle niche parmi nous, et place son nid soit dans les vieux édifices, soit dans les fentes des rochers, soit enfin dans les bois Elle est donc à la fois, dans les provinces méridionales de la France, sédentaire et émigrante; car ses passages sont aussi constants que périodiques.
	Faucon émerillon (*falco æsalon* Temm.).	L'émerillon, originaire de l'Allemagne et de la France, se montre rarement en Hollande. Il arrive dans le midi vers le milieu du mois d'octobre, et quitte cette contrée au printemps. D'après de pareilles habitudes, l'émerillon ne niche point parmi nous, et rentre dans les espèces émigrantes.
	Faucon hobereau (*falco subbuteo* Linn.).	L'hobereau est assez commun dans plusieurs parties de l'Europe, et particulièrement en France, où il vit dans le voisinage des bois et des champs Cet oiseau niche dans les provinces méridionales de la France, et place son nid sur les arbres de haute futaie.
	Faucon pèlerin (*falco peregrinus* Linn.).	Le faucon pèlerin, assez commun en Allemagne, en Hollande, en Angleterre et en France, est rare en Suisse. Néanmoins il étend fort loin ses voyages, et le nom qu'il porte lui a été donné à raison de ses habitudes. C'est en automne qu'il abandonne les montagnes pour entreprendre ses courses vagabondes. Il paraît nicher, dans le midi de la France, dans les trous des rochers, et rarement sur les arbres Comme les excursions de cette espèce ne paraissent avoir aucune régularité, elle rentre dans la classe des oiseaux erratiques
9° Vautours.	Gypaète (*gypaetus* Storr.). Gypaète barbu (*gypaetus barbatus* Cuv.).	Cet oiseau habite les Alpes de la Suisse, les montagnes du Tyrol et de la Hongrie, et se montre rarement en Allemagne, en France et dans les Pyrénées. Il est commun au contraire en Egypte, où il niche probablement, ce qu'il ne fait point dans les provinces méridionales de la France. La connaissance de cet oiseau comme une espèce qui visite ces contrées ne nous a été donnée que par la capture de quelques jeunes individus.
	Catharte (*cathartes* Illig.). Catharte alimoche (*cathartes percnopterus* Tem.).	Le catharte fréquente principalement l'Afrique et le midi de l'Europe. Il se montre dans le midi de la France dès les premiers jours du mois d'avril. Il paraît même y nicher et y être dès lors sédentaire. L'alimoche se tient de préférence sur les hautes montagnes et les rochers les plus inaccessibles pour y passer la belle saison et s'y reproduire. Cet oiseau niche dans les antres des

ORDRES.	GENRES ET ESPÈCES.	ÉPOQUES DES PASSAGES DES OISEAUX.
VI. Rapaces. 9° Vautours.		rochers, choisissant les points les plus escarpés, où il vit solitaire. D'après la régularité de ses passages, il doit être compris parmi les espèces émigrantes, ainsi que le vautour-griffon.
	Vautour (*vultur* Illiger). Vautour griffon (*vultur fulvus* Linn.).	Le vautour griffon paraît nous venir d'Afrique au printemps ; il est cependant sédentaire dans le midi de la France, et se trouve en assez grand nombre sur les hautes montagnes des Cévennes. Les passages de ces oiseaux ont lieu du 15 au 20 mars, soit en Sicile, soit en Italie, soit dans le midi de la France ; ils arrivent tous de la Méditerranée, venant probablement d'Afrique, ainsi que nous l'avons déjà fait observer. Ce qu'il y a de singulier, les individus qui ont été tués dans les plaines de nos contrées étaient tous des mâles et ont été rencontrés dans les mêmes lieux. Peut-être y cherchaient-ils des femelles de leur espèce qui leur manquaient. Ces vautours sont très-communs dans les Alpes, les Pyrénées et les Cévennes, ainsi que dans les autres montagnes de l'Europe et de l'Afrique, où ils paraissent vivre en grandes troupes. Ils volent généralement très-haut, mais leur vol n'est pas soutenu ; aussi ne franchissent-ils pas de grandes distances horizontales. On dirait que les oiseaux qui planent dans les régions élevées sont moins propres à parcourir de grands espaces que ceux dont le vol bas est aussi par cela même plus continu et plus prolongé. Le condor (*vultur gryphus*), qui s'élève au-dessus du Chimborazzo, dans la chaîne des Andes, à plus de huit mille mètres de hauteur, quitte peu le voisinage de cette montagne et ne s'en éloigne guère. Si l'on compare les habitudes de cet oiseau, qui dans un instant parcourt en ligne verticale une aussi grande étendue, en supportant une différence de pression de 0m,325 à 0m,756, avec celles des canards répandus dans toutes les parties du globe, on saisira facilement que les oiseaux de haut vol ne sont pas toujours les meilleurs voiliers et ceux dont les migrations sont les plus étendues. En effet le condor, l'espèce qui s'élève le plus haut, ne paraît pas abandonner les contrées qui l'ont vu naître. On ne l'a pas encore trouvé ailleurs que sur les hautes cimes des Andes, où il semble se complaire, et se précipiter de toute leur élévation sur les quadrupèdes qui paissent dans les vallées profondes des Cordillères. Quant au vautour griffon (*vultur fulvus*), il est plus commun au printemps dans le midi de la France que dans aucune autre saison de l'année. Alors ils se réunissent en grandes troupes ; toujours af-

ORDRES.	GENRES ET ESPÈCES.	ÉPOQUES DES PASSAGES DES OISEAUX.
VI. Rapaces. 9° Vautours.		famés, ces oiseaux se jettent plusieurs ensemble sur les charognes, ou sur les petits mammifères, ou les reptiles, qu'ils ont aperçus du haut des airs. Cette espèce niche sur les hautes montagnes des Cévennes, de la Lozère et de l'Aveyron.
	Vautour arrian (*vultur cinereus* Linn.).	Ce vautour habite les hautes montagnes et les vastes forêts de la Hongrie, du Tyrol, de la Suisse, des Pyrénées, du midi de l'Espagne et de l'Italie. Au printemps il visite assez souvent le midi de la France, mais accidentellement. Cet oiseau ne niche jamais dans les contrées méridionales de la France.
		Un fait remarquable qui prouve à quelle distance les oiseaux étendent leurs migrations, est celui qui a été rapporté dans le n° 639 (mercredi 9 juin 1841) de l'*Echo du monde savant*. M. Morel, membre du conseil municipal de Saint-Sixte (Loire), a apporté à M. d'Allard un oricou grand vautour d'Afrique (*vultur auricularis* Daud.), qu'il venait de tuer. Cet oiseau se rapportait à une femelle. Il pesait près de huit kilogrammes, et ses ailes offraient un développement de deux mètres soixante centimètres d'envergure. Au moment où il a été tué, il était en compagnie d'un autre gros oiseau, qui pourrait bien être le mâle. Du reste le oricou ne paraît pas jusqu'à cette époque avoir été observé en France ; ce qui est peu étonnant, les vautours voyageant généralement fort peu, quoique l'on observe dans ce genre plusieurs espèces émigrantes.

ADDITION A L'ARTICLE DES OISEAUX PALMIPÈDES.

Nous ferons à la fin de ces tableaux quelques remarques relatives à des oiseaux palmipèdes, qui n'ont pas pu être placées à leur véritable rang et que nous avons été forcé de renvoyer à ce moment.

I. Palmipèdes.		Plusieurs îles, et parmi elles on peut nommer les Hébrides, ont cette particularité de ne présenter aucun mammifère à l'état sauvage et fort peu d'oiseaux de terre. Cependant ces mêmes îles se font remarquer par l'affluence continuelle des myriades d'oiseaux de mer qui y nichent. Les rochers du rivage en sont totalement couverts ; leurs bandes obscurcissent l'air, et la terre en fourmille à une grande distance. Le plus remarquable de ces oiseaux, le pétrel gris blanc (*procellaria glacialis*), y bâtit son nid sur les rebords gazonnés des rochers qui surplombent la côte ; chaque saillie

ORDRES.	GENRES ET ESPÈCES.	ÉPOQUES DES PASSAGES DES OISEAUX.
I. Palmipèdes.		du rocher est recouverte de ces nids qui ne sont guère qu'une légère excavation dans le gazon, dont le fond est garni d'herbes marines sèches. Le pétrel n'y dépose qu'un œuf d'un blanc de neige, que cet oiseau remplace bientôt lorsqu'il lui a été enlevé. Cet oiseau vole très-vite, et rase de très-près la surface de la mer. Il semble toujours en mouvement, et vole en décrivant de grands cercles près des précipices qu'il habite, et en suivant toujours la même direction, apparemment pour éviter la confusion qui résulterait, pour une multitude si immense, de tout mouvement individuel irrégulier. Il ne pousse aucun cri, même lorsqu'on enlève ses œufs; mais, si on vient à le saisir, il se défend avec vigueur à coups de bec. Le fou blanc (*sula alba*) est un des oiseaux les plus abondants et les plus utiles qui habitent Saint-Kilda. Ces oiseaux vont chaque matin pêcher à d'immenses distances, jusqu'à quatre-vingt-dix milles, et reviennent chaque soir. La vigueur avec laquelle cet oiseau plonge dans la mer à la poursuite du poisson est incroyable. Un de ces oiseaux passant au-dessus d'un bateau ouvert revenant de Saint-Kilda à Harris, et au fond duquel se trouvaient quelques harengs, plongea tout à coup avec une telle force que son bec perça les planches du bateau. Cet oiseau niche seul et sans se mélanger avec d'autres espèces sur les rochers escarpés qui de loin semblent recouverts de neige. La nature et la position de leur habitation en rend la chasse encore plus périlleuse et plus difficile que celle du pétrel; aussi le moyen le plus sûr pour le saisir est de le surprendre endormi et gorgé de poissons à la surface de la mer. On se sert pour cela d'un bateau à voile, et l'on évite de faire le moindre bruit, afin de ne point le réveiller. Les macareux (*mormon arcticus*) nichent dans les cavités des rochers ou dans des trous qu'ils y creusent. Ces oiseaux volent et se posent en masses si serrées sur les rochers de Saint-Kilda, que l'on en abat souvent une douzaine et même une vingtaine d'un seul coup de fusil. Aussi forment-ils la principale nourriture des habitants de Saint-Kilda pendant l'été. Ceci n'empêche pas que le macareux, dont la taille égale celle des pigeons, ne niche quelquefois sur les côtes escarpées de l'Angleterre, et n'abonde en hiver sur les côtes de la Manche.

Nous croyons utile d'ajouter au tableau précédent l'indication des temps moyens de l'époque de l'apparition de certains oiseaux, soit en France, soit en Angleterre. Nous y ajouterons encore la date précise à laquelle ont été capturées dans le midi de la France certaines espèces qui n'y passent que d'une manière accidentelle.

Les nombres indiqués dans nos tableaux ne se rapportent pas à toutes les régions ; ils ne sont pas même constants pour le midi de la France auquel ils se réfèrent. Les passages annuels des oiseaux ont une aussi grande régularité que les saisons ; ils n'en suivent pas moins les variations. Ainsi les hirondelles quittent les contrées méridionales en septembre, mais il est des années où l'on en voit encore en décembre. C'est ce qui est arrivé en 1843.

Ces tableaux montrent combien, à part quelques années exceptionnelles, les passages des oiseaux sont réguliers. Mais, pour leur donner l'importance qu'ils ont réellement, il faudrait pouvoir en dresser pour un grand nombre de contrées, afin de résumer toutes les observations dans un tableau général. On concevrait alors beaucoup mieux l'un des plus curieux phénomènes de la nature.

TABLEAU DES TEMPS MOYENS

DE LA PREMIERE APPARITION

DE PLUSIEURS OISEAUX DANS LE MIDI DE LA FRANCE.

OISEAUX.	ÉPOQUES DE LEUR APPARITION.	
	ANNÉES ET MOIS.	JOURS.
I. PALMIPÈDES.		
Pingouin macroptère (*alca torda*).	Janvier.	10 au 25 et jusqu'au 15 avril.
Macareux moine (*mormon fratercula*).	Décembre et janvier.	
Plongeon imbrim (*colymbus glacialis*).	Décembre et janvier.	
Grand cormoran (*carbo cormoranus*).	Janvier et février.	
Harles (*mergus*). Toutes les espèces de ce genre paraissent depuis	Novembre jusqu'en janvier.	
Canard sauvage (*anas boschas*): Quelques individus s'arrêtent dans le midi de la France.	1° Fin octobre au comm. de novemb. 2° Fin février au commenc. de mars.	
Canard double macreuse (*anas fusca*).	Octobre.	5 au 15.
Canard petite sarcelle (*anas oreca*)	Novembre.	10 au 25.
Canard couronné (*anas leucocephala*), capturé en 1833.	Février.	15.
Canard de Miclon (*anas glacialis*), capturé en 1840.	Janvier.	4.
Cygne sauvage (*cycnus musicus*).	Décembre.	5 au 15.

OISEAUX.	ÉPOQUES DE LEUR APPARITION.	
	ANNÉES ET MOIS.	JOURS.
I. PALMIPÈDES.		
Oie sauvage (*anser segetum*).	Novembre.	10 au 20.
Oie rieuse (*anser albifrons*).	Janvier.	5 au 20.
Mouette tridactyle (*larus tridactylus*), capturée en 1840.	Janvier.	10 au 15.
Mouette pygmée (*larus minutus*).	Janvier, fin de février et mars.	
Hirondelle de mer leucoptère (*sterna leucoptera*).	Du 20 avril au 10 mai.	
Hirondelle de mer moustac (*sterna leucopareia*).	Du 20 avril au 15 mai.	
Hirondelle de mer cangeck (*sterna cantiaca*).	Du 25 avril au 15 mai.	
Hirondelle de mer dougal (*sterna Dougalii*).	Du 30 avril au 15 mai.	

Plusieurs individus de ces diverses hirondelles de mer s'arrêtent souvent dans les marais de l'embouchure du Rhône. Ils nichent au milieu de ces marais, en sorte qu'en août on y observe un certain nombre de ces jeunes oiseaux occupés avec les vieux à poursuivre les insectes aquatiques dont ils sont fort friands.

De pareilles habitudes sont communes aux foulques qui nichent aussi dans les mêmes lieux. S'il faut en croire les pêcheurs de nos côtes, la foulque caroncule nicherait dans les contrées méridionales de la France, dans les mêmes localités que la macroule. Si ce fait était exact, il faudrait ajouter cette espèce à celles qui visitent les contrées euro-

OISEAUX.	ÉPOQUES DE LEUR APPARITION.	
	ANNÉES ET MOIS.	JOURS.
pécnnes. Le grèbe oreillard (*podiceps auritus*) nous offre un exemple pareil ; il passe souvent en mai avec sa belle parure de noce.		
II. PINNATIPES.		
Foulque macroule (*fulica atra*).	Octobre.	20 au 30.
Grèbe huppé (*podiceps cristatus*).	1° Novembre. 2° Mars.	1er au 10. 5 au 15.
III. ÉCHASSIERS.		
Poule d'eau de genêt (*gallinula crex*).	1° Avril. 2° De la fin août au 15 septembre.	1er au 15.
Poule d'eau marouette (*gallinula porzana*).	1° Avril. 2° Septembre (fin) au 15 octobre.	10 au 25
Chevalier aboyeur (*totanus glottis*).	1° Septembre. 2° Du 25 avril au 5 mai.	1er au 15.
Chevalier arlequin (*totanus fuscus*).	1° Du 1er mars au 30 avril. 2° Du 1er octobre au 18 novemb.	
Courlis corlieu (*numenius phæopus*).	Avril.	1er au 25.
Spatule blanche (*platalea leucorodia*).	Décembre et janvier.	
La petite aigrette (*ardea garzetta*).	Mai.	1er au 20.
Coure-vite isabelle (*cursorius isabellinus*).	1839. Août.	
La bécasse (*scolopax rusticola*).	1° Mars. 2° Novembre.	10 au 20. 1er au 15.

OISEAUX.	ÉPOQUES DE LEUR APPARITION.	
	ANNÉES ET MOIS.	JOURS.
III. ÉCHASSIERS.		
La bécassine (*scolopax gallinago*).	Octobre.	4 au 25.
La petite bécassine (*scolopax gallinula*).	Octobre.	4 au 20.
Bécassine double (*scolopax major*).	1° Avril. 2° Fin août au 15 septembre.	1er au 15.
Grand pluvier à collier (*charadrius hiaticula*).	1° Avril. 2° Octobre.	25 au 30. 20 au 30.
Le grand pluvier ou l'œdicnème (*œdicnemus crepitans*).	Février.	27.
Echasse à manteau noir (*himantopus melanocephalus*).	Avril.	15 au 30.
Glaréole à collier (*glareola torquata*). Quelques individus de cette espèce nichent et élèvent leur famille dans les contrées méridionales de la France.	Avril.	15 au 25.
IV. GALLINACÉS.		
Caille (*perdix coturnix*).	1° Avril. 2° De la fin d'août au 15 septembre.	1er au 15.
Pigeon sauvage ou biset (*columba livia*).	Novembre.	20.
Pigeon ramier (*columba palumbus*).	1° Fin octobre au 20 novembre. 2° Fin février au 15 mars.	
Pigeon colombin (*columba anas*).	D'octobre en novembre.	20.

OISEAUX.	ÉPOQUES DE LEUR APPARITION.	
	ANNÉES ET MOIS.	JOURS.
V. PASSEREAUX.		
Engoulevent ordinaire (*caprimulgus europœus*).	Du 1er avril au 15 mai.	
Engoulevent à ventre roux (*caprimulgus ruficollis*), capturé en 1838.	Mai.	15.
Martinet de muraille (*cypselus murarius*).	De la fin d'avril au 1er mai.	
Martinet à ventre blanc (*cypselus alpinus*). Ce martinet niche sur la face septentrionale du mont Saint-Loup qui est coupée à pic. Il quitte les contrées méridionales de la France en août, ou aux premiers jours de septembre.	Avril, vers le commencement.	
Hirondelle des rochers (*hirundo rupestris*).	Mars.	15 au 25.
Hirondelle de cheminée (*hirundo rustica*).	Avril. Terme moyen avril.	1er au 25. 14.
Hirondelle de fenêtre (*hirundo urbica*).	Avril.	10 au 15.
Hirondelle des rivages (*hirundo riparia*).	Avril.	15 au 17.
Hirondelle rousseline (*hirundo rufula*).	Mai, vers le commencement.	
Guêpier de Savigny (*merops Savigny*).	1832. Mai.	11.
Guêpier vulgaire (*merops apiaster*).	1° Avril. 2° Fin septembre ou commencement d'octobre.	5 au 25.
Coucou gris (*cuculus canorus*).	1° Avril. 2° Septembre.	1er au 15. 5 au 20.

OISEAUX.	ÉPOQUES DE LEUR APPARITION.	
	ANNÉES ET MOIS.	JOURS.
V. PASSEREAUX.		
Coucou geai (*cuculus glandarius*), capturé en 1835	Décembre.	20 au 25.
Gros-bec cini (*fringilla cinus*).	1° Mars. 2° Novembre.	1er au 20. 5 au 20.
Bruant zizi (*emberiza cirlus*).	1° Avril. 2° Octobre (fin) et novembre jusqu'au 15.	1er au 15. 5 au 20.
Bruant ortolan (*emberiza hortulana*).	Avril.	1er au 15.
Mésange à longue queue (*parus caudatus*).	Du 27 octobre au 3 novembre.	
Bec-fin à poitrine jaune (*sylvia hippolais*).	Mars.	8 au 15.
Bec-fin pouillot (*sylvia trochilus*).	Avril.	1er au 10.
Bec-fin cisticole (*sylvia cisticola*).	Avril.	10 au 20 jusqu'au commenc. de mai.
Bec-fin rossignol (*sylvia luscinia*).	Mars (fin) au 1er ou 10 avril.	
Bec-fin gorge bleue (*sylvia suecica*).	1° Avril. 2° Septembre.	10 au 15. 1er au 10.
Bec-fin à tête noire (*sylvia atricapilla*.	Avril.	1er au 10.
Bec-fin des murailles (*sylvia phœnicurus*).	Avril.	10 au 20.
Bec-fin grisette (*sylvia cinerea*).	Avril.	10 au 20.
Bec-fin à lunettes (*sylvia conspicillata*).	Avril.	10 au 15.

OISEAUX.	ÉPOQUES DE LEUR APPARITION.	
	ANNÉES ET MOIS.	JOURS.
V. PASSEREAUX.		
Bec-fin passerinette (*sylvia passerina*).	Mars.	25 au 30.
Traquet motteux (*saxicola œnanthe*).	Avril.	20 au 30.
Alouette des champs (*alauda arvensis*).	Octobre.	1er au 15.
Alouette calandrelle (*alauda brachidactyla*).	Avril.	6 au 10.
Merle litorne (*turdus pilaris*).	Octobre.	1er au 10.
Merle mauvis (*turdus iliacus*).	1° Octobre. 2° Avril.	15 au 20. 15 au 30.
Merle noir (*turdus merula*).	1° Septembre. 2° Octobre.	25 au 30.
Pie-grièche écorcheur (*lanius collurio*).	Avril.	15 au 20.
Martin rosselin (*pastor roseus*).	Mai (fin) jusqu'au 15 juin.	
Etourneau vulgaire (*sturnus vulgaris*).	1° Mars. 2° Octobre.	10 au 20. 1er au 15.
Loriot (*oriolus galbula*).	Avril.	1er au 15.
Rollier vulgaire (*coracias garrula*).	1° Avril. 2° Octobre.	1er au 15. 5 au 20.
Corneille mantelée (*corvus cornix*).	Novembre.	1er au 20.
VI. RAPACES.		
Hibou brachyote (*strix brachyotos*).	Octobre.	5 au 25.
Aigle jean-le-blanc (*falco brachydactylus*).	Novembre.	10 au 25.

TABLEAU DU TEMPS MOYEN

DE LA PREMIÈRE ET DERNIÈRE APPARITION

DES HIRONDELLES ET DES MARTINETS

SUR LES COTES DU MIDI DE LA FRANCE.

ESPÈCES DES HIRONDELLES.	PREMIÈRE APPARITION.	EPOQUES OU ELLES SONT NOMBREUSES.	MIGRATION GÉNÉRALE.	DERNIÈRE APPARITION.
Hirundo rupestris.	Mars, 13.	Mars, 30.	3 au 4 septembre.	Octobre, 10.
Hirundo rustica.	Avril, 14.	Mai, 1er au 5.	5 au 20 septembre.	Octobre, vers la fin, rarement quelques-unes en novembre.
Hirundo urbica.	Avril, 25.	Mai, 10 au 15.	Du 15 au 30 septembr.	Vers la mi-octobre.
Hirundo riparia.	Avril, 27.	Mai, du 5 au 10.	Du 5 au 20 septembre.	Du 15 au 20 octobre.
Cypselus murarius.	Avril, du 25 au 30.	Mai, du 15 au 20.	Août, du 1er au 10.	Septembre, du 1er au 5.

CHAPITRE III.

I. *Des passages des reptiles.*

Au milieu des mouvements nombreux que les animaux vertébrés exécutent, soit dans les plaines des airs, soit dans le sein des eaux, soit sur les terres sèches et découvertes, un ordre entier de ces animaux semble prendre peu de part à cette agitation générale. Cet ordre est celui des reptiles, les moins favorisés sous le rapport de leurs organes de locomotion.

Les plus agiles de cette famille de vertébrés, ou les lézards proprement dits, ne paraissent guère se déplacer ni parcourir de grandes distances. Ils quittent bien leurs demeures lorsqu'ils sont poursuivis, mais ils y reviennent dès que le danger qui les leur avait fait abandonner vient à cesser. Ils retrouvent le trou qui les a vus naître, avec peut-être tout autant de bonheur qu'en ressentent les oiseaux, à l'époque de leurs voyages, à délaisser le lieu de leur naissance.

Si les reptiles sont à peu près les seuls des vertébrés qui ne se livrent presque jamais à de longues excursions, et encore moins à de grands voyages, analogues à ceux qu'exécutent les oiseaux et les poissons, cette circonstance peut tenir à leur genre de vie et à leur nourriture. Sous ce dernier rapport, ces animaux diffèrent beaucoup des espéces des autres classes des vertébrés. Comme les reptiles trouvent constamment dans les lieux de leur naissance la nourriture qui leur est nécessaire, ils ne sont pas obligés de se transporter ailleurs pour s'en procurer. Enfin, ils sont l'hiver dans un état de torpeur particulier, et cette circonstance les empêche encore de se déplacer. Du moins il en est de même des autres animaux qui s'engourdissent dès que la température s'abaisse; tels sont les ours et les marmottes.

Leur état stationnaire paraît dépendre du peu de développement que les organes du mouvement ont pris chez ces animaux, où ils manquent même assez souvent. On a en quelque sorte une confirmation de ces faits, relativement à ce qui se passe chez les autres vertébrés qui ne sont pas mieux traités que les reptiles sous le rapport de leurs organes locomoteurs. Du moins, les oiseaux qui, d'après leur conformation, ne peuvent ni voler, ni nager, ne se livrent pas plus à de longues migrations que les poissons privés de nageoires ou de tout autre moyen de progression. Sans doute la présence d'appareils locomoteurs n'est pas une circonstance déterminante des habitudes voyageuses des animaux; mais ce qu'il y a de certain, c'est qu'elles n'ont presque jamais lieu dans les êtres qui, comme les reptiles, ne peuvent se livrer à des mouvements longtemps prolongés.

Les sauriens sont, sans contredit, de tous les animaux rampants, les plus agiles; ils ne peuvent pas cependant prolonger leurs courses pendant des temps bien longs. Lorsqu'on poursuit avec rapidité les lézards, on les voit bientôt, comme épuisés de fatigue, s'arrêter, vous regarder même, en tournant leur tête, et ne pouvoir continuer la vivacité des mouvements qu'ils avaient présentée au moment de leur départ. Leur mode de respiration peut bien en être, en partie, la cause; car elle est chez eux tout à fait incomplète. Le sang qui retourne au corps sans avoir respiré ne peut donner à la fibre motrice cette énergie et cette puissance d'action si remarquables chez les animaux qui ont une respiration double ou seulement complète (1).

A la vérité, les poissons qui respirent constamment par des branchies, et dont la quantité de respiration est peut-être moindre que chez les reptiles, se livrent pourtant à de longues et à de grandes migra-

(1) Les reptiles peuvent cependant suspendre leur respiration pendant des temps souvent assez longs; aussi est-il fort difficile de les faire mourir par asphyxie. On peut s'en assurer en plongeant des espèces terrestres dans l'eau sans communication avec l'air.

tions. Mais ces animaux, qui n'éprouvent dans leur respiration d'autre action que celle de la portion d'oxygène dissoute, ou mêlée dans l'eau, sont sous l'influence de circonstances totalement différentes de celles que ressentent les sauriens. Ceux-ci vivent le plus généralement sur les terres sèches et découvertes, et par conséquent dans l'air. Par cela même, ils ont plus d'efforts à faire pour marcher, et surtout pour courir longtemps. Le peu de continuité d'énergie de leurs fibres musculaires et la brièveté de leurs pattes ne leur en donnent pas trop les moyens.

Une autre circonstance empêche les sauriens de faire de longues courses. Cette circonstance tient au grand écartement de leurs organes de mouvement, dans les espèces les plus favorisées sous ce rapport, c'est-à-dire dans celles qui ont quatre membres. Evidemment la course, ou plutôt des mouvements prolongés ne peut qu'être interdite aux reptiles qui n'ont que deux pieds, ou aux ophidiens qui n'en offrent pas de traces. Une autre disposition de l'organisme de ces animaux les rend peu propres à pouvoir soutenir, non pas seulement de grands voyages, mais même de longues excursions. Elle tient à ce que leurs membres sont le plus souvent si courts, que leur ventre traîne à terre, disposition peu favorable à la continuité de leurs mouvements.

Il est cependant quelques espèces de sauriens

qui, munies de quatre organes du mouvement n'en font pas cependant usage lorsqu'elles veulent courir. Tels sont les seps, dont les deux paires de pattes sont plus éloignées l'une de l'autre que celles des scinques, et chez lesquels les pieds sont encore plus petits. Ces reptiles, au moment où ils veulent courir, placent leurs pattes parallèlement à leur corps, dans de petits enfoncements qui s'y trouvent, et se roulent comme des serpents. Ils avancent à l'aide d'ondulations successives et très-multipliées, analogues à celles employées par les ophidiens pour progresser. Au moyen de ces ondulations, ils reculent avec presque tout autant de facilité qu'ils marchent en avant, et leur course est si rapide qu'il est souvent difficile de les atteindre et de les saisir.

De pareilles habitudes sont également communes aux bipèdes (*bipes* Lacépède); ce qui est plus aisé à comprendre, ces reptiles n'ayant pour tout organe de mouvement visible que leurs pieds de derrière. Ces pattes, beaucoup trop courtes pour servir à ces animaux d'organes de progression, sont repliées par eux sur le côté de leur corps, lorsqu'ils veulent courir.

Ces reptiles, comme les seps, sont alors tout à fait semblables, sous le rapport de leurs appareils locomoteurs, aux ophidiens; ils paraissent seulement pouvoir soutenir plus longtemps que ces derniers des mouvements vifs et continus.

D'un autre côté, leurs organes locomoteurs, au lieu d'être dirigés parallèlement à l'axe du corps, et de se mouvoir dans ce sens, se portent au contraire en général de côté, et se meuvent du dehors en dedans perpendiculairement au même axe. Aussi, soit par suite de cette position, soit par l'effet de leur grand écartement, les membres des reptiles sont aussi défavorablement placés que possible, pour la continuité des mouvements. Il en résulte que la plupart des espèces terrestres rampent plutôt qu'elles ne marchent; circonstance qui leur a fait donner le nom de reptiles.

L'organisation des animaux qui vivent sur les terres sèches et découvertes s'oppose donc à ce qu'ils puissent se livrer à des excursions un peu prolongées. Tout au plus de pareilles courses sont-elles possibles aux sauriens, aux chéloniens et aux ophidiens qui vivent dans l'eau. Il paraît du moins que certaines espèces de crocodiles et de gavials, dont le séjour habituel est le sein des eaux courantes, s'en écartent parfois, et s'avancent fort loin dans le sein des mers. M. de Humboldt rapporte avoir vu, dans les mers de l'Amérique, de ces grands sauriens, à plus de trente-six lieues des côtes; cette circonstance annonce que ces animaux, comme les autres vertébrés, se déplacent quelquefois (1). Mais, comme un petit nombre d'in-

(1) Il le paraîtrait encore si le fait mentionné dans une lettre datée

dividus de cet ordre se livrent à d'aussi longues excursions, ils peuvent tout au plus être comparés aux passages accidentels des oiseaux et des poissons, mais nullement à leurs migrations.

Il paraît cependant que les caïmans (*alligator* Cuvier) se livrent, sinon à des migrations, du moins à des passages plus ou moins constants, et plus ou moins étendus à des époques assez régulières. Ainsi, lorsque les mers deviennent très-poissonneuses, ou que les lacs rapprochés des rivières qu'ils habitent abondent en poissons, ces reptiles abandonnent les eaux douces, dans lesquelles ils vivaient primitivement, pour aller ou dans les lacs, ou même jusque dans le bassin des mers, où ils sont assurés de pouvoir satisfaire leur voracité. Ces habitudes ont, il faut l'avouer, quelque chose d'analogue à celle des autres animaux, qui se déplacent aussi parfois dans l'espoir de trouver ailleurs une nourriture plus abondante et plus appropriée à leurs besoins.

Il est cependant quelques espèces de chéloniens, et même d'ophidiens, que l'on découvre parfois à de fort grandes distances, et dans des lieux très-diffé-

---

d'Astrakan, et qui se trouve insérée dans le nº 604 de l'*Echo du monde savant* (25 janvier 1841), était exact. On y assure qu'un crocodile a été aperçu sur les côtes sablonneuses de la mer Caspienne, mer où l'on n'avait jamais aperçu cette grande espèce de saurien.

rents. On a cité sous ce rapport quelques reptiles qui vivent d'une manière constante dans le bassin des mers. Le nombre en est peu considérable; on a uniquement signalé parmi ces animaux, deux genres de chéloniens, les *chélonées* et les *sphargis;* car, pour les *hydrus* et les *hydrophis* de l'ordre des ophidiens, il est douteux que ces reptiles vivent d'une manière permanente dans les eaux des mers.

L'organisation des tortues marines correspond à leur mode d'existence essentiellement bornée à la vie aquatique; aussi les chéloniens ne peuvent abandonner que pendant peu de moments les eaux dans lesquelles ils se trouvent. D'un autre côté, comme on ne paraît pas avoir jamais rencontré des tortues de mer dans des eaux douces, leur station est par cela même bien fixée.

Ces animaux quittent pourtant le sein des eaux à l'époque de la ponte, et ils se traînent pendant la nuit sur les rivages de quelques îles désertes. On assure qu'ils gravissent parfois les bords des rochers isolés en pleine mer, pour y brouter les plantes marines, qu'ils recherchent beaucoup. Dans quelques parages tranquilles, même à sept ou huit cents lieues de toute terre, on aperçoit, à la surface des flots, des tortues étalées et dans l'immobilité la plus absolue, comme si elles étaient privées de vie.

Si ces reptiles se trouvent à l'époque où ils doivent

opérer leur ponte à d'aussi grandes distances des côtes, il est facile de saisir combien est grande la longueur du trajet que ces chéloniens ont à faire pour venir déposer leurs œufs. Il y a grande apparence que, quand les femelles ont à s'occuper de leur ponte, elles se rapprochent beaucoup plus des rivages. Cependant, d'après les observations les plus positives, les tortues ont souvent, à l'époque de l'incubation, plus de cent lieues à parcourir pour venir à terre. Les mâles suivent les femelles dans ces sortes de voyages ou d'émigrations; ils les accompagnent assez constamment.

Un instinct particulier porte la plupart des femelles des mêmes parages à se rendre à des époques à peu près fixes, sur le rivage sablonneux de quelques îles désertes. Elles sortent de la mer avec beaucoup de précautions après le coucher du soleil et pendant la nuit. Ces tendres mères préparent avec soin le nid où elles déposent jusqu'à cent œufs à la fois. Elles font ainsi jusqu'à trois pontes à deux ou trois semaines d'intervalle. Après avoir recouvert la nichée de sable léger, les tortues retournent à la mer, et les œufs éclosent par suite de la chaleur que leur donnent les rayons du soleil des climats équatoriaux.

Les chéloniens des genres *chelonia* et *sphargis* se rencontrent dans les mers des pays chauds, principalement vers la zone torride, dans l'Océan équinoxial. Mais ce qui prouve que ces animaux se livrent aussi à de longues excursions, c'est que l'on en découvre dans la Méditerranée et le Grand-Océan. Quoiqu'on n'ait voulu y voir que des individus égarés, se rencontrant le plus souvent isolés, ces individus n'annoncent pas moins l'étendue de mer qu'ils ont dû parcourir pour parvenir dans des parages si différents de ceux qu'ils habitaient primitivement.

Lorsqu'on compare les diverses contrées où les espèces des genres *chelonia* et *sphargis* ont été découvertes, il est difficile de ne pas présumer que les tortues marines doivent aussi se livrer à des excursions lointaines. Si aucun fait positif ne vient nous apprendre que ces tortues entreprennent des migrations constantes et périodiques, analogues à celles qu'exécutent les oiseaux, il suffit, ce semble, de porter son attention sur leur distribution pour être convaincus qu'elles doivent du moins exécuter des passages accidentels, et se transporter à de très-grandes distances. Il serait sans doute intéressant de faire connaître les motifs qui les y déterminent; mais, faute de données suffisantes, nous n'oserons entreprendre la solution que ces faits soulèvent.

Nous ferons seulement observer que, s'il est quelques espèces de tortues marines qui paraissent bornées dans leurs habitations, il en est d'autres qui ont été aperçues dans les contrées les plus différentes et les plus éloignées. Ainsi la chélonée franche (*chelonia midas*) semble restreinte à l'Océan Atlantique, comme la chélonée tachetée aux côtes de Malabar. D'un autre côté, la chélonée caouane (*chelonia couana*) se trouve à la fois dans la Méditerranée, l'Océan Atlantique et les mers du Brésil, et la chélonée vergetée (*chelonia virgata*) se découvre dans la mer Rouge, aux environs du cap de Bonne-Espérance, et en outre dans les mers des Indes, du Brésil et des Etats-Unis. Des habitations non moins variées sont également l'apanage de la chélonée imbriquée (*chelonia imbricata*). On rencontre, en effet, cette espèce aussi bien dans l'Océan Indien qu'Américain, comme auprès des côtes de l'île Bourbon, de l'île d'Amboine, des îles Séchelles, et auprès de la Nouvelle-Guinée.

Il en est de même de la seule espèce qui nous soit connue dans le genre sphargis. Le luth (*sphargis coriacea*) a été pris à la fois dans l'Océan Atlantique, dans celui d'Europe et dans la Méditerranée. Du moins, d'après Rondelet et Amoreux, cette tortue a été pêchée à plusieurs reprises sur les côtes de la France, dans les environs du port de Cette. Delafont a également rapporté qu'un luth avait été pêché en France, vers l'embouchure de la Loire, et depuis lors Berlasse a fait mention d'un autre individu capturé en 1756 sur les côtes de Cornouailles, en Angleterre.

Après des habitations aussi variées, les chélonées marbrées et Dussumier paraissent des espèces tout à fait sédentaires; la première n'a été encore observée qu'auprès de l'île de l'Ascension, et la seconde, uniquement sur les côtes de Malabar et dans les mers de la Chine.

Il est difficile, après de tels faits, de ne pas admettre que les tortues marines se livrent à des passages plus ou moins accidentels, déterminés par le besoin que ces animaux éprouvent de perpétuer leur race, et de déposer leurs œufs dans des positions convenables. Ce motif puissant les amène à terre; car celui d'y trouver un genre de nourriture que le sein des mers ne peut leur fournir, ne paraît être pour ces animaux, qu'une circonstance tout à fait secondaire. Il n'est pas du moins présumable que l'espoir de rencontrer à terre des plantes qui peuvent leur convenir porte ces animaux à franchir cinquante ou même cent lieues qui les séparent souvent des rivages. On conçoit facilement qu'ils s'y rendent dans l'intérêt de leur postérité, mais non dans le but de changer leur genre de nourriture. Sans doute si la faim les pressait, on pourrait admettre un pareil motif; comme il n'en est point ainsi, les voyages des tortues de mer doivent avoir lieu par suite d'un besoin impérieux, auquel les reptiles, pas plus que tout autre animal, ne savent et ne peuvent résister.

Plusieurs ophidiens paraissent avoir des habitudes à peu près analogues à celles que nous venons de reconnaître aux tortues marines. Leur nombre est également peu considérable; il ne s'étend pas au delà de deux genres, les *hydrus* et les *hydrophis*. Le premier, composé d'une seule espèce, l'*hydrus bicolor*, décrit d'abord par Dandin, sous le nom de *pelamis bicolor*, est un petit serpent marin qui s'approche rarement des côtes. Il ne paraît en effet se rendre auprès des rivages de l'île des Pins, dans la mer Pacifique, que pour y déposer ses œufs, et dans le moment de la ponte.

Le second de ces genres, ou les *hydrophis*, sont des serpents des marais salants ou des eaux salées peu éloignées du bassin de l'Océan, comme sont souvent les grands fleuves auprès de leur embouchure. Ainsi, d'après Russel, on découvre un grand nombre d'individus de ce genre, dans les eaux salées d'une rivière de Calcutta, qui partage en deux la contrée du Bengale nommée en anglais le *Sunders-Bund*. La forme de la partie postérieure de leur corps, analogue à celle des hydres, ainsi que la disposition de leur queue très-comprimée et très-élevée dans le sens vertical, annoncent assez les habitudes aquatiques de ces serpents.

D'un autre côté, comme ces animaux ne peuvent vivre longtemps lorsqu'on les met dans l'eau douce, ils doivent habiter uniquement les eaux salées, soit les étangs, soit les embouchures des fleuves et surtout le sein des mers. Il est du moins certain, et l'on pourrait le présumer d'après leur organisation, que ces reptiles nagent avec une extrême agilité; mais nous ignorons s'ils peuvent franchir de grandes distances. Toujours est-il que, si on les met sur le sol, ils ne peuvent faire quelques mouvements, qu'avec les plus grands efforts et la plus grande difficulté.

D'après leur vie essentiellement aquatique, et qui se passe à peu près uniquement dans les eaux des mers, il se pourrait que ces serpents se transportassent à de grandes distances, comme le font les tortues marines, et peut-être par les mêmes motifs. Mais les faibles dimensions de ces ophidiens rendent leur observation difficile; aussi est-il à peu près impossible de rien affirmer à cet égard. Tout ce que l'on sait, c'est que ces serpents sont fort communs à Otaïti, comme au Bengale et dans la mer des Indes. Il nous reste à savoir s'ils sont sédentaires dans ces divers parages, ou s'ils voyagent des uns aux autres, soit d'une manière accidentelle, soit d'une manière constante et périodique.

Si les reptiles ne se livrent pas comme les autres animaux à de grandes et de longues migrations, cette circonstance ne tient pas à la lenteur de leurs mouvements, mais au peu de continuité de ceux qu'ils peuvent exécuter. En effet, ces animaux, considérés sous le rapport de leurs facultés locomotrices, présentent tout autant de diversités que les mammifères. La plupart, à la vérité, sont terrestres, ou appelés à vivre sur la surface solide du globe. Les uns y marchent, les autres y courent, tandis que quelques-uns y glissent ou y rampent, ou enfin y sautent, en sorte qu'ils exécutent tous les genres de mouvements que l'on peut produire dans l'air. Il y a plus encore : certains reptiles terrestres, à l'aide d'une espèce d'aile comparable à celle des chauves-souris, mais indépendante des quatre pieds, peuvent s'élancer dans l'air et s'y soutenir plus ou moins longtemps. Ces membranes, ou ces ailes, servent aux dragons (*draco volitans*), comme de parachute, ainsi que le font les polatouches; mais elles n'en prouvent pas moins la variété des mouvements des espèces qui vivent sur les terres sèches et découvertes.

Les reptiles qui vivent dans l'eau n'ont pas des mouvements moins variés que ceux qu'exécutent les espèces terrestres. Ainsi les pattes aplaties, allongées et changées en nageoires, des chélonées, des tryonix et des émydes, servent à ces animaux pour naviguer avec facilité. Il en est de même de la queue déprimée à son extrémité des sauriens nommés uroplates; analogue à la queue horizontale des cétacés, elle leur sert aux mêmes usages. Il en est également de la queue comprimée sur les côtés comme celle des poissons, qui caractérise plusieurs lézards, tels que les crocodiles et les tupinambis, ainsi que parmi les batraciens, les protées, les tritons et les sirènes.

Les reptiles opèrent enfin tous les autres modes de mouvements généraux ou de transport, qui distinguent les animaux les plus élevés dans la série. Quelle distance n'existe-t-il pas depuis la démarche lente des tortues de terre, jusqu'à la rapide agilité des lézards? D'autres sauriens, tels que les anolis et les iguanes à doigts allongés, distincts, séparés, terminés par des angles crochus, s'en servent avec dextérité pour grimper avec prestesse. Les caméléons rappellent même, par leur faculté de grimper, les habitudes de certains oiseaux tels que les pics et les perroquets. On les dirait construits pour ce but. Les doigts de chacune de leurs pattes sont réunis jusqu'aux ongles en deux faisceaux ou paquets opposables, ce qui leur donne la facilité de saisir parfaitement, et d'empoigner les branches sur lesquelles ils se fixent. Cette conformation de leurs pattes, la plus propre à affermir leur station sur des corps cylindriques ou saillants, facilite aussi leur progression qui se fait toujours avec lenteur sur des plans horizontaux.

Chez d'autres sauriens très-agiles, comme les geckos, la solidité de la station est en général favorisée par la singulière disposition des doigts. Les phalanges élargies, aplaties en dessous, garnies de petits coussinets mous remplissent le même office que les pelotes placées sous les tarses de quelques mouches. A leur aide, les geckos adhèrent et marchent sur les corps les plus lisses, et courent sur des plans solides où ils restent à volonté immobiles suspendus contre leur propre poids. Quelques espèces ont, en outre, des ongles crochus, rétractiles comme ceux des chats, afin de ne pas en user la pointe et de s'en servir au besoin.

Les divers détails de conformation organique que nous venons d'indiquer suffisent pour faire juger combien peu les membres des reptiles sont disposés pour la continuité des mouvements progressifs. Ces mouvements sont, du reste, constamment saccadés. Quand des membres locomoteurs existent, ce qui n'a pas toujours lieu, les serpents en étant toujours privés, les os des bras, des cuisses et de toutes les autres parties des extrémités antérieures et postérieures sont très-peu développés en longueur. D'un autre côté, par leur mode d'articulation sur les épaules et sur les hanches, les membres se trouvent dirigés en dehors, et se joignent au corps en formant avec la longue échine un angle presque droit.

Les mouvements des pattes s'exécutent chez la plupart des reptiles dans un sens perpendiculaire à l'axe de la colonne vertébrale ; comme ces pattes sont courtes, elles peuvent à peine soutenir le poids du corps. Les coudes et les genoux ne peuvent s'étendre et se redresser complétement ; leurs articulations sont constamment fléchies, et chez presque tous le corps traîne à terre. Il est à peine soulevé, et la marche devient très-fatigante par suite du frottement qu'elle exige. Elle l'est surtout chez les reptiles qui, comme certains genres de tortues, ont leurs pattes très-courtes et très-éloignées du centre. Aussi n'y a-t-il parmi les tortues que les genres chélonées et sphargis qui, vivant dans l'eau, nagent avec a plus grande facilité à l'aide de leurs pattes transformées en véritables rames aplaties.

D'autres dispositions viennent apporter de nouveaux obstacles à la continuité des mouvements des reptiles. Si plusieurs de ces animaux ont leurs pattes à peu près égales en longueur, il en est au contraire qui ont celles de devant plus courtes que celles de derrière. D'un autre côté, chez quelques batraciens, les membres postérieurs offrent en étendue le double et le triple de ceux de devant. Cette conformation est si peu favorable à la marche que l'animal chez lequel elle se trouve ne peut avancer que par sauts et par bonds. Enfin certains reptiles n'ont que deux paires de membres ; tantôt les antérieurs seuls existent, comme dans les chirotes et les sirènes ; tantôt ce sont les postérieurs, comme dans les hystéropes et les bipèdes.

Les membres des reptiles, généralement courts et articulés d'une manière désavantageuse à une progression continue rendent la course très-fatigante à ces animaux, surtout lorsqu'elle est prolongée. Elle est d'autant plus pénible pour eux, que le grand espace qui règne entre les deux paires de pattes ne permet que des impulsions latérales successives, toujours distantes les unes des autres. Le corps poussé ainsi alternativement à droite et à gauche, ayant souvent besoin, à chaque pas, d'être aidé de l'action impulsive de la queue, ne peut avoir qu'une allure vacillante et tortueuse, qui caractérise la plupart de ces animaux. Les caméléons sont peut-être les seuls reptiles dont les pattes allongées élèvent assez le tronc pour empêcher le ventre de porter sur le plan qui supporte le corps de l'animal dans la station et dans la marche.

La reptation ou l'action de ramper est donc le mouvement le plus commun et le plus général chez les reptiles. Il est même l'unique à l'aide desquels progressent les serpents et les sauriens qui n'ont pas de pattes, ou qui les ont très-courtes. La colonne vertébrale, au moyen de ses muscles forts et contractiles, et des os nombreux qui la constituent, produit l'impulsion de toute la masse allongée du corps, par des sinuosités successives, imprimées alternativement à droite et à gauche, et quelquefois par des ondulations qui ont lieu dans le sens vertical. Ces deux modes de reptation nous sont offerts par diverses espèces d'ophidiens.

Aussi n'est-ce pas chez un pareil ordre d'animaux que nous pouvons espérer de rencontrer des espèces voyageuses, même chez celles auxquelles la nature a départi la force et la grandeur. Le boa devin (*boa constrictor*) qui surpasse par sa stature tous les serpents, autant que l'éléphant ou le lion dépassent tous les autres quadrupèdes qui ont le même genre de vie, a sans doute une grande agilité dans ses mouvements; mais, quoiqu'il s'élance avec une vigueur surprenante, il ne peut les continuer longtemps.

Il ne saurait suivre constamment une route déterminée et devant soi; condition cependant essentielle pour franchir de grandes distances et exécuter de longs voyages. Ces serpents se distinguent plutôt par la souplesse et l'élasticité de leurs mouvements, que par leur continuité. Cette souplesse et l'intensité de la compression qu'ils peuvent exercer sur leurs victimes est une suite de la disposition de leurs côtes. Celles-ci creuses, extrêmement flexibles, peuvent se ployer, pour ainsi dire, dans tous les sens; ce que leur permet encore leur mode d'articulation. Elles doivent à ces diverses circonstances les mouvements aussi variés que compliqués qu'elles peuvent exécuter. Du reste, ces mouvements successifs et rapides n'ont jamais lieu qu'à l'aide de circonvolutions et de sinuosités plus ou moins multipliées. Lorsque les serpents irrités s'élancent avec violence sur ceux qui les attaquent, ils ne quittent pas pour cela la place où ils se trouvaient primitivement. Ils se bornent à projeter leur corps en avant, jusqu'au moment où, par suite d'un nouveau bond, ils font un pas devant eux. Evidemment, quelque prompts que soient ces mouvements, à l'aide desquels ils saisissent leurs victimes, ils ne peuvent être longtemps prolongés, et, par conséquent, leur permettre de parcourir de grands espaces.

D'un autre côté, les ophidiens, soit le genre des serpents et ceux qui appartiennent à la même famille, soit les orvets, soit les ophisaures, ne peuvent marcher avec rapidité, ou courir, que lorsqu'ils rampent sur un sol qui leur fournit de nombreux points d'appui. C'est aussi à raison de la nécessité qu'ils éprouvent d'être soutenus, que ces animaux ne peuvent marcher très-vite en ligne droite. A raison de cette circonstance, ces reptiles courent par une suite d'ondulations, et cherchent, en allant de côté et d'autre, à rencontrer des points d'appui, dont ils se servent avec une merveilleuse adresse, pour hâter leur progression.

Il est même certains reptiles qui, lorsqu'ils ne trouvent pas devant eux les points d'appui qu'ils recherchent, vont d'abord à reculons, espérant de cette manière être plus heureux. Tels sont les amphisbènes, dont la démarche est si lente et si incertaine, qu'en les voyant ramper on hésite quelque temps à savoir s'ils marchent en avant ou en arrière. Ces animaux ont une démarche encore plus vacillante que les sirènes, les acontias et les cœcilies, qui cependant passent en grande partie leur vie dans la vase et la fange. Les ophisaures, dépourvus de toute apparence d'extrémités postérieures, semblent, par cela même, peu favorisés sous le rapport de l'agilité de leurs mouvements; mais nous avons déjà fait sentir que la plupart des reptiles sont singulièrement gênés, pour la continuité de leurs courses, par l'imperfection de leurs organes locomoteurs; aussi n'insisterons-nous pas plus longtemps à cet égard.

Une autre circonstance apporte un obstacle non moins puissant aux mouvements continus de ces animaux. Elle se rattache à la longueur de leur queue, plus grande que celle de leur corps, et enfin à l'extrême fragilité de cette partie. Elle est telle, qu'on a nommé les orvets et les ophisaures *serpents de verre*, pour indiquer par là, que leur queue se brise par le moindre choc, avec la plus grande facilité.

Dans d'autres circonstances, la queue des reptiles, et particulièrement celle des lézards, est fort utile à ces animaux pour la course, surtout si elle a lieu dans une herbe épaisse ou entre les branches basses d'une haie. Le *lacerta viridis* et les autres espèces analogues s'en servent particulièrement avec avantage, en lui imprimant, à la manière des serpents, des mouvements d'ondulations latérales. C'est par elle aussi, et d'après le même procédé, que la natation s'opère. Dans ce mode de progression les pattes sont serrées contre le corps : l'aplatissement naturel des cuisses, des jambes et des avant-bras, fait que leur saillie est alors presque nulle, et que l'animal s'avance avec autant de facilité qu'un serpent ou qu'un poisson anguiliforme. La queue sert encore aux reptiles, et surtout aux lézards, pour s'élancer perpendiculairement ou obliquement à une certaine hauteur. Mais, comme ce genre de mouvement se rapporte peu à ceux que nous étudions, nous n'en dirons pas davantage.

Il est enfin plusieurs reptiles qui offrent une pareille imperfection dans leur organisation, et qui ne peuvent se livrer à des excursions un peu longues, par suite de leur genre de nourriture. Tels sont les amphisbènes, genres d'ophidiens qui se tiennent à peu près constamment en Amérique, dans les fourmilières, et qui, par cela même, ne peuvent guère se déplacer.

Une autre cause plus puissante encore s'oppose à ce que les reptiles puissent se livrer, comme les oiseaux et les poissons, à de grandes et de longues excursions. Cette cause tient à l'effet que produit chez eux l'élévation ou l'abaissement de la température de l'atmosphère sur l'exercice de leur faculté locomotrice et sur la plupart de leurs autres fonctions. Tous, par l'action du froid, semblent tomber dans une sorte d'engourdissement ou de léthargie comateuse qui détermine leur immobilité, et paraît les rendre insensibles à tout ce qui se passe autour d'eux.

Dans les climats tempérés, des exemples frappants de pareils engourdissements nous sont fournis par les grenouilles, les salamandres, les tortues terrestres, les lézards et les couleuvres. Des effets absolument semblables sont produits par une cause tout à fait inverse chez les espèces qui vivent sous les climats brûlants situés au delà de l'équateur, ainsi que M. de Humboldt l'a observé pour les crocodiles et les caïmans.

Ces animaux exigent donc pour l'agilité de leurs mouvements des circonstances toutes particulières de température. Il faut en général qu'une chaleur extérieure soit assez forte pour suppléer à celle qui leur manque. Alors le repos leur est comme impossible; sans changer de place, on les voit, surtout les lézards, agiter successivement tous leurs membres par une sorte de tremblement convulsif, fréquemment réitéré. Mais cette agilité concourt à épuiser plus promptement leurs forces. Il n'est pas difficile à un homme de les forcer à la course sur un terrain uni; et les petites espèces de lézards deviennent presque incapables de mouvement, après quelques minutes d'une poursuite soutenue sans relâche.

Ces circonstances, dépendantes de l'organisation, limitent nécessairement dans certains lieux l'existence de ces animaux. Ainsi ceux qui vivent dans les régions tempérées s'engourdissent l'hiver, et perdent la faculté de se mouvoir tant que dure la saison des frimas. Ces reptiles semblent disparaître tout à fait pour lors de la surface de la terre, et cela pendant plusieurs mois de l'année. Ces causes rendent aussi ces animaux moins nombreux, en même temps que leurs genres et leurs espèces sont plus rares dans le Nord que dans le Midi.

Les reptiles ne sont pas, comme les oiseaux et les poissons, des animaux construits sur le même plan ou sur le même modèle; les uns pour s'élever dans l'atmosphère, et les autres pour nager dans le sein des eaux. Des systèmes d'organisation plus variés, qui se rapportent au moins à quatre types principaux, caractérisent les animaux rampants; par cela même, ils ont eu des moyens différents de locomotion, mais dont aucun n'a été établi pour leur permettre des mouvements longtemps prolongés.

Un simple aperçu, ajouté aux détails dans lesquels nous sommes déjà entré, fera mieux saisir toute leur imperfection. Le premier type nous présente ces animaux sans aucune trace d'organes apparents du mouvement, et par conséquent ils ne peuvent pas s'en aider dans la progression. D'autres ont bien des membres; mais, leur épine dorsale étant peu mobile, ils ne peuvent se traîner qu'à l'aide de pattes très-courtes et mal articulées. L'inégale étendue en longueur, et la distance respective et trop considérable des membres de certaines espèces de reptiles, rendent celles-ci peu propres à la marche et à tout mouvement longtemps continué.

Les dimensions relatives de ces animaux offrent encore de très-grandes dissemblances; nécessairement elles ont dû amener un mode différent de transport. Ainsi, il est quelques espèces dont le corps arrondi dans son épaisseur est, dans certains cas, cent fois plus long qu'il n'est large ou élevé. Tels sont plusieurs serpents. On observe peu de reptiles dont la largeur l'emporte sur la longueur, ou qui lui soit même égale; mais il en est de plus larges qu'épais, et qui présentent ainsi une surface aplatie. Les pipas, dans l'ordre des batraciens, quelques chéloniens ou tortues marines, ainsi que les tortues molles ou trionyx, et les chélides ont une pareille disposition.

Les uroplates, les crocodiles, plusieurs geckos entre les sauriens, ont le tronc également épais dans les deux sens principaux, tandis que les caméléons et quelques iguaniens offrent une conformation tout à fait inverse. Leur corps a ordinairement plus de hauteur que de largeur, et paraît ainsi comprimé. Enfin quelques tortues de terre présentent presque autant de largeur que de longueur, et leur corps est en outre bombé en forme de voûte. D'autres reptiles, comme les crapauds parmi les batraciens, ont le corps court, fort large, et presque tronqué à raison de ce qu'ils manquent de queue.

Aussi l'allure de ces animaux, lourde et pesante, est parfaitement en harmonie avec la conformation et les dispositions de leur corps. Il est facile de juger, d'après tous ces détails relatifs à l'organisation des reptiles, que ces animaux n'ont pas été construits d'une manière favorable à l'étendue et à la continuité des mouvements. Leur imperfection est grande à cet égard, en faisant abstraction de la faiblesse et de l'imperfection de leur respiration, et de leur état de torpeur et d'engourdissement lorsque la température s'abaisse d'une manière notable.

Ce n'est donc point chez de pareils animaux que nous devons chercher ces espèces émigrantes qui parcourent presque constamment la totalité du globe, et sont toujours en mouvement. Les reptiles n'offrent pas davantage des analogues de ces races qui se rendent, à des époques fixes, d'une contrée dans une autre où souvent aucun besoin ne les appelle, mais qui satisfont de cette manière à un instinct impérieux qui les porte à voyager. Tout au plus quelques espèces, et encore en très-petit nombre, se déplacent-elles plus ou moins accidentellement à l'époque de la ponte, pour assurer la durée de leur progéniture, et veiller à son avenir. Voilà à quels déplacements paraissent se borner les excursions des reptiles, excursions aussi restreintes que la cause qui les détermine et les leur rend nécessaires.

Les tortues marines sont à peu près chez cet ordre d'animaux les seules qui fournissent des exemples d'assez longs voyages, ainsi que nous l'avons déjà fait observer. C'est principalement auprès des Tortugas, groupe d'îles situées à quatre-vingts milles environ de Key-West, les dernières de celles qui semblent défendre la péninsule des Florides, que l'on pêche le plus grand nombre de ces reptiles voyageurs. Les Tortugas doivent leur nom aux tortues de toute espèce qui viennent y déposer leurs œufs dans le sable. Chaque année, la saison de la ponte y attire aussi des nuées d'oiseaux aquatiques et à leur suite arrivent les eggers on preneurs d'œufs, qui en font des cargaisons plus ou moins considérables.

Les tortues de mer vont déposer leurs œufs dans ces îles, en traînant laborieusement leurs massives carapaces sur le sable, leurs pattes étant plus propres à la natation qu'à la marche. Une fois arrivées péniblement sur la terre ferme, elles creusent avec une certaine industrie leurs nids dans le sable, en le rejetant avec soin à droite et à gauche. Les tortues déposent ensuite leurs œufs par couches; elles les arrangent avec une attention minutieuse, et les recouvrent au moyen de leurs pattes de derrière. Lorsque cette opération est terminée, on les voit redescendre joyeuses sur la grève et s'élancer de nouveau dans la mer.

Les Tortugas ne sont pas les seules îles où les tortues font leur ponte; ces reptiles en fréquentent beaucoup d'autres, ainsi que diverses parties des continents. Les voyageurs et les pêcheurs en distinguent quatre espèces, parmi celles qu'ils recherchent, soit pour la bonté de leur chair, soit à cause de celle de leurs œufs, soit enfin en raison de la beauté de leurs écailles. La première, ou la tortue *verte* (*chelonia midas*), est la plus estimée des gourmets. C'est dans le mois d'avril, après avoir passé l'hiver au fond des eaux, qu'elle s'approche du rivage, et pénètre dans les baies, les golfes et les rivières. Elle fait deux pontes, en mai et en juin. La première est la plus considérable, et la seconde un peu moindre. La quantité des œufs s'élève à chaque ponte jusqu'à deux cent quarante, ou deux cent cinquante.

La tortue à *bec de faucon* (*chelonia imbricata*), dont l'écaille est si estimée dans le commerce, où elle sert à tant d'objets d'art, vient après la *verte* pour la qualité de sa chair. Elle fréquente de préférence les îlots les plus éloignés de la terre ferme, où elle dépose ses œufs ; d'abord en juillet, ensuite en août, quoiqu'elle ait fait sa première apparition de meilleure heure dans ces parages, comme pour s'y ménager d'avance une place de sûreté. La moyenne de ses œufs est de plus de trois cents.

La tortue *grosse-tête* (*chelonia caouana*), visite les Tortugas en avril. Depuis lors, jusqu'aux derniers jours de juin, elle fait trois pontes successives de cent soixante-dix œufs chacune ou environ.

La tortue *coffre*, qui est quelquefois énorme, a une poche analogue à celle du pélican ; elle arrive aux îles plus tard que les deux autres. L'écaille et la chair de cette espèce sont si molles, qu'on peut y enfoncer le doigt comme dans un morceau de beurre. On la mange rarement, aussi est-elle la moins estimée sous le rapport de la délicatesse de sa chair. Elle dépose dans la saison environ trois cent cinquante œufs, et quelquefois davantage, en deux pontes.

Les tortues, ainsi que nous venons de le faire observer, ont plusieurs pontes ; car elles ne pourraient pas autrement déposer les œufs qu'elles portent dans une seule couvaison. En effet, il n'est pas rare d'en découvrir jusqu'à trois mille dans le ventre d'une tortue du poids de quelques quintaux. Ces œufs, tout petits, sans coquilles, sont liés les uns aux autres comme des grains de chapelet. Les jeunes tortues à peine écloses, guère plus larges qu'une pièce de cinq francs, grattent leur chemin à travers leur nid sablonneux, et se rendent immédiatement à l'eau. Elles nagent bientôt avec la même vitesse que leurs mères. Cette vitesse est si grande chez la tortue verte et la tortue à bec de faucon, ou le caret, que les navigateurs l'ont comparée à celle des oiseaux de haut vol.

D'après eux encore, si on enlève une tortue prise sur sa ponte, pour l'emmener à bord d'un navire, et si on lui rend la liberté à plusieurs centaines de milles en mer, on la rencontre de nouveau dans le même endroit où elle avait été surprise, soit dans la même saison, soit lors de la saison suivante.

Si ce fait est exact, les tortues auraient à cet égard le même instinct que les oiseaux voyageurs. Quoi qu'il en soit, on a pu juger, par ce qui précède, que les voyages entrepris par ces reptiles ont des motifs dont il est aisé de deviner toute la portée, et que leurs excursions, bien différentes de celles qu'exécutent les oiseaux et les poissons, sont uniquement déterminées pour satisfaire ce besoin impérieux, imposé par la nature à tous les animaux, celui de perpétuer leur race. Aussi les passages des reptiles d'une contrée à une autre, n'ont presque rien de commun à ceux qu'opèrent d'une manière constante ou accidentelle les plus agiles des vertébrés. Il n'était pas cependant sans quelque intérêt, de fixer l'attention des observateurs sur ce phénomène, considéré chez les êtres qui le présentent dans sa plus grande simplicité.

II. *Tableau des lieux habités par les principales espèces de reptiles.*

Les observations précédentes ont pu faire juger que les reptiles étaient parmi les animaux vertébrés, ceux qui se livraient le moins à des excursions étendues. On peut le démontrer par la comparaison des habitations de leurs différentes espèces. Si les reptiles se transportent peu à de grandes distances, leurs races doivent être limitées dans les lieux qu'elles ont choisis ou qu'elles se sont donnés comme patrie. Pour être certain de ce point de fait, nous avons tracé les tableaux suivants, qui donnent des idées exactes de la distribution géographique de ces animaux.

Nous n'avons pas la prétention d'offrir la liste complète de tous les reptiles connus; nous en avons seulement réuni un assez grand nombre pour que ces tableaux comparatifs puissent faire juger le peu d'espace qu'occupent sur la surface du globe les espèces terrestres ou fluviatiles, en comparaison surtout de celui dans lequel sont disséminés les reptiles marins.

Le tableau des habitations des diverses races de reptiles est plus difficile à tracer qu'on le supposerait. Les voyageurs notent comme patrie des espèces celle où ils les rencontrent toutes les fois qu'ils les visitent. Cette règle est cependant peu sûre; car il est plusieurs reptiles, comme d'autres animaux, qui ne se trouvent dans telle ou telle localité que parce qu'ils y ont été importés. Ainsi, quoique la tortue grecque se rencontre maintenant en France, on ne l'y découvre que parce qu'elle y a été apportée d'Italie. Ce que nous disons de cette espèce peut s'appliquer à une foule d'autres (1). D'après ce, nous avons encore donné trop d'extension aux habitations que nous avons indiquées dans nos tableaux.

---

(1) Nous devons faire observer que les doutes les plus graves s'élèvent à l'égard de cette espèce. On la trouve du moins à l'état humatile dans un grand nombre de cavernes à ossements du midi de la France, où l'on découvre en même temps des chevaux, des bœufs, plusieurs espèces de carnassiers et de rongeurs qui ne diffèrent point des races actuelles. Dès lors la tortue grecque doit être considérée comme caractérisant aussi bien nos contrées méridionales que la Grèce et l'Italie.

TABLEAU

DES LIEUX HABITÉS

PAR LES PRINCIPALES ESPÈCES DE REPTILES.

CLASSES.	FAMILLES.	GENRES ET ESPÈCES.	HABITATIONS.
Chéloniens.	**Tortues terrestres ou chersites.**	**1° Tortue bordée** (*testudo marginata* Schœpffer).	Morée, Egypte, Algérie.
		2° Tortue moresque (*testudo mauritiana*).	Mauritanie, Algérie, Asie, aux environs de la mer Caspienne.
		3° Tortue grecque (*testudo græca*).	Habite une portion de l'Europe méridionale, la Grèce, l'Italie, d'où elle a été importée en France, et peut-être aussi en Espagne et en Portugal.
		4° Tortue géométrique (*testudo geometrica*).	Cap de Bonne-Espérance et île de Madagascar.
		5° Tortue actinode (*testudo actinodes*).	Indes orientales.
		6° Tortue panthère (*testudo pardalis*).	Afrique australe.
		7° Tortue sillonnée (*testudo sulcata*).	Afrique, cap de Bonne-Espérance, Sénégal.
		8° Tortue nègre (*testudo nigrita*).	Indes orientales.
		9° Tortue rayonnée (*testudo radiata*).	Ile de Madagascar.

CLASSES.	FAMILLES.	GENRES ET ESPÈCES.	HABITATIONS.
Chéloniens.	Tortues terrestres ou chersites.	10° Tortue marquetée (*testudo tubulata*).	Amérique méridionale, grandes îles des Antilles.
		11° Tortue charbonnière (*testudo carbonaria*).	Brésil, Cayenne, la Jamaïque.
		12° Tortue polyphème (*testudo polyphæma*).	Amérique septentrionale, depuis les Florides jusqu'à la rivière Savannah, au nord de laquelle on ne la rencontre plus.
		13° Tortue de Schweiger (*testudo Schweigeri*).	Patrie inconnue: paraît très-peu répandue.
		14° Tortue éléphantine (*testudo elephantina*).	Iles situées dans le canal de Mosambique.
		15° Tortue noire (*testudo nigra*).	Iles des Gallapagos.
		16° Tortue géante (*testudo gigantea*)	Patrie inconnue.
		17° Tortue de Daudin (*testudo Daudinii*).	Indes orientales.
		18° Tortue de Perrault (*testudo Perraultii*).	Indes orientales.
		19° Tortue anguleuse (*testudo angulata*).	Afrique australe, île de Madagascar.
		20° Tortue de Gray (*testudo Graii*).	Afrique.
		21° Tortue Peliaste (*testudo Peliastes*).	Patrie inconnue.

CLASSES.	FAMILLES.	GENRES ET ESPÈCES.	HABITATIONS.
Chéloniens.	Tortues terrestres ou chersites.	22° Tortue de Vosmaer (*testudo Vosmaeri*).	Iles de Gallapagos.
		1° Homopode aréolé (*homopodus areolatus* Dumeril).	Afrique australe, île de Madagascar.
		2° Homopode marqué (*homopodus signatus*).	Afrique australe.
		1° Pixide arachnoïdes (*Pixis arachnoides* Bell.).	Indes, et îles de son Archipel.
		1° Cinixys de Home (*cinixys homeana* Bell.).	Guyane anglaise, ou tout au moins de l'Amérique.
		2° Cinixys rongée (*cinixys erosa* Gray).	Idem.
		3° Cinixys de Bell. (*cinixys belliana* Gray).	Patrie inconnue.
	Tortues paludines ou élodites.	1° Cistude de la Caroline (*cistudo carolina* Gray).	Amérique septentrionale, depuis la baie d'Hudson jusqu'aux Florides.
		2° Cistude d'Amboine (*cistudo amboinensis* Gray).	Java et Amboine.
		3° Cistude trifasciée (*cistudo trifasciata* Gray).	Amboine.
		4° Cistude européenne (*cistudo europœa* Gray).	Grèce, Italie et ses îles, Espagne, Portugal, France méridionale, Hongrie, Allemagne, Prusse.
		5° Cistude de	Bengale et île de Java.

CLASSES.	FAMILLES.	GENRES ET ESPÈCES.	HABITATIONS.
Chéloniens.	Tortues paludines ou élodites.	Diard (*cistudo Diardii* Dumeril).	
		1° Emyde caspienne (*emys caspica*).	Environs de la mer Caspienne, Dalmatie et Morée.
		2° Emyde sigriz (*emys sigria*).	Côtes méditerranéennes de l'Afrique et de l'Espagne.
		3° Emyde ponctulaire (*emys punctularia*).	Brésil et Guyane.
		4° Emyde marbrée (*emys marmorea*).	Brésil.
		5° Emyde pulchelle (*emys pulchella*).	Amérique septentrionale, nord des États-Unis.
		6° Emyde géographique (*emys geographica*).	Etats-Unis.
		7° Emyde à lignes concentriques (*emys concentrica*).	Amérique du Nord et Amérique méridionale ; c'est la seule espèce d'émyde qui habite les deux parties du nouveau continent.
		8° Emyde à bords en scie (*emys serrata*).	Amérique septentrionale, pas plus loin au nord que la partie méridionale de la Virginie.
		9° Emyde de Dorbigny (*emys Dorbigny*).	Buénos-Ayres.
		10° Emyde arrosée (*emys irrigata*).	Partie septentrionale de l'Amérique.
		11° Emyde croisée (*emys decussata*).	Saint-Domingue.

CLASSES.	FAMILLES.	GENRES ET ESPÈCES.	HABITATIONS.
Chéloniens.	Tortues paludines ou élodites.	12° Emyde à ventre rouge (*emys rubi ventris*).	Etats-Unis, depuis le New-Jersey jusqu'en Virginie.
		13° Emyde rugueuse (*emys rugosa* Gray).	Amérique septentrionale.
		14° Emyde des Florides (*emys floridea*).	Partie orientale des Florides.
		15° Emyde ornée (*emys ornata*).	Amérique méridionale.
		16° Emyde concinne (*emys concinna*).	Rivières de la Caroline et de la Géorgie.
		17° Emyde réticulaire (*emys reticulata*).	Caroline septentrionale.
		18° Emyde tachetée (*emys guttata*).	Amérique septentrionale, dans tous les ruisseaux des Etats-Unis.
		19° Emyde peinte (*emys picta*).	Etats-Unis.
		20° Emyde de Muhlenberg (*emys Muhlenbergii*).	Nouvelle-Jersey et Pensylvanie, où elle vit avec quelques autres espèces dans les petits courants d'eau.
		21° Emyde de Spengler (*emys Spenglerii*).	La seule émyde de l'Afrique, de l'île de France et de l'île Bourbon.
		22° Emyde à trois arêtes (*emys trijuga*).	Indes orientales.
		23° Emyde de Reeves (*emys Reevesii*).	Chine

CLASSES.	FAMILLES.	GENRES ET ESPÈCES.	HABITATIONS.
Chéloniens.	Tortues paludines ou élodites.	24° Emyde d'Hamilton (*emys Hamiltonii*).	Indes orientales.
		25° Emyde de Thurgy (*emys Thurjii*).	Cette émyde vit dans le Gange (Inde).
		26° Emyde à dos étroit (*emys tecta*).	Idem.
		27° Emyde de Beale (*emys Bealei*).	Chine.
		28° Emyde crassicole (*emys crassicolis*).	Java et Batavia.
		29° Emyde épineuse (*emys spinosa*).	Indes orientales.
		30° Emyde ocellée (*emys ocellata*).	Bengale.
		31° Emyde à trois bandes (*emys trivittata*).	Bengale.
		32° Emyde Duvaucel (*emys Duvaucelii*).	Bengale.
		33° Emyde rayée (*emys lineata*).	Indes orientales. Nous avons omis de mentionner quelques autres espèces, sur l'habitation desquelles on n'est pas certain.
		1° Tetronyx de Lesson (*tetronyx Lessonii*).	Indes orientales.
		2° Tetronyx baska (*tetronyx baska*).	Chine.

CLASSES.	FAMILLES.	GENRES ET ESPÈCES.	HABITATIONS.
Chéloniens.	Tortues paludines ou élodites.	1° Platysterne mégacéphale (*platysternon megacephalum*).	Chine.
		1° Emisaure serpentine (*emysaura serpentina*).	Amérique septentrionale.
		1° Staurotype tricarène (*staurotypus triporcatus.*)	Mexique.
		2° Staurotype musqué (*staurotypus odoratus*).	Amérique du Nord.
		1° Cinosterne scorpioïde (*cinosternon scorpioïdes*)	Amérique méridionale.
		2° Cinosterne de Pensylvanie (*cinosternon pensylvanicum*).	Etats-Unis.
		3° Cinosterne hirtipède (*cinosternon hirtipes*).	Mexique.
		1° Peltocéphale tracaxa (*peltocephalus tracaxa*).	Cayenne.
		1° Podocnémide élargie (*podocnemis expansus*).	Amérique méridionale.
		2° Podocnémide de Dumeril (*podocnemis dumeriliana*).	Idem.
		1° Pentomyx du Cap (*pentomyx capensis*).	Cap de Bonne-Espérance. — Ile de Madagascar, Sénégal.

CLASSES.	FAMILLES.	GENRES ET ESPÈCES.	HABITATIONS.
Chéloniens.	Tortues paludines ou élodites.	2° Bentomyx d'Adanson (*bentomyx Adansonii*).	Cap Vert.
		1° Sternothère noir (*sternotherus niger*).	Ile de Madagascar.
		2° Sternothère noirâtre (*sternotherus nigricans*).	Ile de Madagascar.
		3° Sternothère marron (*sternotherus castaneus*).	Ile de Madagascar.
		1° Platémyde martinelle (*platemys martinella*).	Brésil, Cayenne.
		2° Platémyde de Spix (*platemys Spixii*).	Brésil.
		3° Platémyde radiolée (*platemys radiolata*).	Brésil.
		4° Platémyde bossue (*platemys gibba*).	Patrie inconnue.
		5° Platémyde de Geoffroy (*platemys Geoffroyana*).	Amérique méridionale.
		6° Platémyde de Wagler (*platemys Waglerii*).	Brésil.
		7° Platémyde de Neuwied (*platemys Neuwiedii*).	Brésil.
		8° Platémyde de Gaudichaud (*pla-*	Brésil.

CLASSES.	FAMILLES.	GENRES ET ESPÈCES.	HABITATIONS.
Chéloniens.	Tortues paludines ou élodites.	temys Gaudichaudii).	
		9° Platémyde de Saint-Hilaire (*platemys Hilarii*).	Brésil.
		10° Platémyde de Milius (*platemys Milinsii*).	Cayenne.
		11° Platémyde à pieds rouges (*platemys rufipes*).	Habite les bords du fleuve Solimoens au Brésil.
		12° Platémyde de Schweiger (*platemys Schweigerii*).	Amérique méridionale.
		13° Platémyde de Macquarie (*platemys macquaria*).	Rivière de Macquarie à la Nouvelle-Hollande.
		1° Chélodine de la Nouvelle-Hollande (*chelodina novæ Hollandiæ*).	Nouvelle-Hollande.
		2° Chélodine à bouche jaune (*chelodina flavilabris*).	Brésil.
		3° Chélodine de Maximilien (*chelodina Maximiliani*).	Amérique méridionale.
		1° Chélyde matamata (*chelys matamata*).	Amérique méridionale.
	Tortues fluviales ou potamites.	1° Gymnopode spinifère (*gymnopodus spinifer*).	Amérique méridionale, rivières de la Géorgie et des Florides.
		2° Gymnopode	Amérique méridionale, ri-

CLASSES.	FAMILLES.	GENRES ET ESPÈCES.	HABITATIONS.
Chéloniens.	Tortues fluviales ou potamites.	mutique (*gymnopodus muticus*).	vières de la Géorgie et des Florides.
		3° Gymnopode d'Egypte (*gymnopodus ægyptiacus*).	Nil et autres fleuves de l'Afrique.
		4° Gymnopode ocellé (*gymnopodus ocellatus*).	Gange.
		5° Gymnopode à cou rayé (*gymnopodus lineatus*).	Gange.
		6° Gymnopode de Java (*gymnopodus javanicus*).	Fleuves de l'île de Java.
		7° Gymnopode aplati (*gymnopodus subplana*).	Tigre et Euphrate
		1° Cryptopode chagriné (*cryptopodus granosus*).	Fleuves qui débouchent sur la côte de Coromandel. Habite peut-être dans les fleuves de l'Inde.
		1° Chélonée franche (*chelonia Midas*).	Océan Atlantique.
		2° Chélonée vergetée (*chelonia virgata*).	Cap de Bonne Espérance, et Ténériffe (Afrique), Rio-Janeiro, Brésil, New-York, Etats-Unis, mers des Indes, mer Rouge.
		3° Chélonée tachetée (*chelonia maculosa*).	Côte de Malabar.
		4° Chélonée marbrée (*chelonia marmorata*).	Ile de l'Ascensio
		5° Chélonée im-	Océan Indien et Océan Amé-

CLASSES.	FAMILLES.	GENRES ET ESPÈCES.	HABITATIONS.
Chéloniens.	Tortues fluviales ou potamites.	briquée (*chelonia imbricata*).	ricain, île Bourbon, îles Seychelles, Amboine, Nouvelle-Guinée, Havane.
		6° Chélonée caouane (*chelonia caouana*).	Méditerranée, Océan Atlantique, Rio-Janeiro, Brésil.
		7° Chélonée de Dussumier (*chelonia Dussumierii*).	Côtes de Malabar et mers de la Chine.
		1° Sphargis luth (*sphargis coriacea*).	Méditerranée et Océan Atlantique. Rondelet en cite un pris à Frontignan, et Amoreux un autre capturé à Cette — Un luth fut pêché en 1729 sur les côtes de l'Océan près de l'embouchure de la Loire. Enfin un dernier fut pris en 1756 sur les côtes de Cornouailles en Angleterre.
Sauriens.	Lézards crocodiliens ou aspidiotes.	1° Caïman à paupières osseuses (*alligator palpebrosus*).	Amérique méridionale.
		2° Caïman à museau de brochet (*alligator lucius*).	Amérique septentrionale
		3° Caïman à lunettes (*alligator sclerops*).	Amérique méridionale.
		4° Caïman cynocéphale (*alligator cynocephala*).	Cayenne, Brésil.
		5° Caïman à points noirs (*alligator punctulatus*).	Martinique, Brésil.
		1° Crocodile rhombifère (*crocodilus rhombifer*).	Iles des Antilles, peut-être le Brésil.

CLASSES.	FAMILLES.	GENRES ET ESPÈCES.	HABITATIONS.
Sauriens.	Lézards crocodiliens ou aspidiotes.	2° Crocodile de Graves (*crocodilus gravensis*).	Afrique.
		3° Crocodile vulgaire (*crocodilus vulgaris*).	Gange et les fleuves qui débouchent la côte de Malabar.
		4° Crocodile à casque (*crocodilus galeatus*).	Siam, dans l'Indo-Chine.
		5° Crocodile à deux arêtes (*crocodilus biporcatus*).	Indes orientales.
		6° Crocodile à museau effilé (*crocodilus acutus*).	Saint-Domingue, la Martinique et la partie septentrionale de l'Amérique du Sud.
		7° Crocodile à nuque cuirassée (*crocodilus cataphractus*).	Sierra-Leone en Afrique.
		8° Crocodile de Journu (*crocodilus Journei*).	Patrie inconnue
		1° Gavial du Gange (*gavialis gangeticus*).	Dans le Gange.
	Lézards caméléoniens ou chélopodes.	1° Caméléon ordinaire (*cameleo vulgaris*).	Partie septentrionale de l'Afrique, seulement près des côtes africaines bordées par la Méditerranée.
		2° Caméléon verruqueux (*cameleo verrucosus*).	Ile de Madagascar
		3° Caméléon tigre (*cameleo tigris*).	Iles Seychelles.

CLASSES.	FAMILLES.	GENRES ET ESPÈCES.	HABITATIONS.
Sauriens.	Lézards caméléoniens ou chélopodes.	4° Caméléon nasu (*cameleo nasutus*).	Madagascar.
		5° Caméléon nain (*cameleo pumilus*).	Cap de Bonne Espérance, îles Seychelles.
		6° Caméléon à bandes latérales (*cameleo lateralis*).	Ile Bourbon.
		7° Caméléon du Sénégal (*cameleo senegalensis*).	Sénégal.
		8° Caméléon bilobé (*cameleo bilepis*).	Sénégal, côtes de Guinée.
		9° Caméléon à capuchon (*cameleo cucullatus*).	Madagascar.
		10° Caméléon à trois cornes (*cameleo tricornis*).	Côtes d'Afrique.
		11° Caméléon panthère (*cameleo pardalis*).	Ile de France, île Bourbon, Madagascar.
		12° Caméléon de Parson (*cameleo Parsonii*).	Madagascar.
		13° Caméléon à nez fourchu (*cameleo bifidus*).	Iles Moluques, île Bourbon, Nouvelle-Hollande.
		14° Caméléon de Brookes (*cameleo Brookesii*).	Madagascar.
	Lézards gé-	1° Platydactyle	Afrique australe.

CLASSES.	FAMILLES.	GENRES ET ESPÈCES.	HABITATIONS.
Sauriens.	kotiens ou ascalabotes.	ocellé (*platydactylus ocellatus*).	
		2° Platydactyle cépédien (*platydactylus cepedianus*).	Ile Maurice, île Bourbon et Madagascar.
		3° Platydactyle demi-deuil (*platydactylus lugubris*).	Ile d'Otaïti
		4° Platydactyle théonyx (*platydactylus theonyx*).	Antilles. On le trouve aussi sur le continent d'Amérique.
		5° Platydactyle des Seychelles (*platydactylus seychellensis*).	Iles Seychelles.
		6° Platydactyle de Duvaucel (*platydactylus Duvaucelii*).	Bengale.
		7° Platydactyle de Leach (*platydactylus leaschianus*).	Patrie inconnue.
		8° Platydactyle des murailles (*platydactylus muralis*).	Iles de la Méditerranée, et les pays qui forment le bassin de cette mer.
		9° Platydactyle d'Egypte (*platydactylus ægyptiacus*).	Egypte.
		10° Platydactyle de Delalande (*platydactylus Delalandii*).	Ile de Ténériffe, île de Madère, Sénégal.

CLASSES.	FAMILLES.	GENRES ET ESPÈCES.	HABITATIONS.
Sauriens.	Lézards gékotiens ou ascalabotes.	11° Platydactyle de Milbert (*platydactylus Milbertii*).	New-York, Etats-Unis.
		12° Platydactyle à gouttelettes (*platydactylus guttatus*)	Archipel de l'Inde.
		13° Platydactyle à bande (*platydactylus vittatus*).	Ile d'Amboine.
		14° Platydactyle à deux bandes (*platydactylus bivittatus*).	Nouvelle-Guinée, île Waiguiou.
		15° Platydactyle monarque (*platydactylus monarchus*).	Ile d'Amboine.
		16° Platydactyle du Japon (*platydactylus japonicus*).	Japon.
		17° Platydactyle homalocéphale (*platydactylus homalocephalus*).	Ile de Java.
		1° Hémidactyle de l'île Oualan (*hemidactylus oualensis*).	Oualan, Taïti, Vanicorc, Tongatabon.
		2° Hémidactyle de Peron (*hemidactylus Peronii*).	Ile de France.
		3° Hémidactyle varié (*hemidactylus variegatus*).	Terre de Van-Diémen.
		4° Hémidactyle mutilé (*hemidactylus mutilatus*).	Manille.

CLASSES.	FAMILLES.	GENRES ET ESPÈCES.	HABITATIONS.
Sauriens.	Lézards gékotiens ou ascalabotes.	5° Hémidactyle à tubercules trièdres (*hemidactylus triedrus*).	Ceylan et côte de Malabar.
		6° Hémidactyle tacheté (*hemidactylus maculatus*).	Indes orientales, îles Philippines et île Maurice.
		7° Hémidactyle verruculeux (*hemidactylus verruculatus*).	Se trouve tout autour de la Méditerranée.
		8° Hémidactyle mabonia (*hemidactylus mabonia*).	Antilles.
		9° Hémidactyle de Leschenaut (*hemidactylus Leischenautii*).	Ceylan.
		10° Hémidactyle de Cocteau (*hemidactylus Coctœi*).	Indes orientales.
		11° Hémidactyle bridé (*hemidactylus frenatus*).	Afrique australe, Archipel des Grandes-Indes.
		12° Hémidactyle de Garnot (*hemidactylus Garnotii*).	Ile de Taïti.
		13° Hémidactyle péruvien (*hemidactylus peruvianus*).	Pérou.
		14° Hémidactyle bordé (*hemidactylus marginatus*).	Bengale et île de Java
		15° Hémidactyle	Arabie

CLASSES.	FAMILLES.	GENRES ET ESPÈCES.	HABITATIONS.
Sauriens.	Lézards gékotiens ou ascalabotes.	de Seba (*hemidactylus Sebæ*).	
		1° Ptyodactyle d'Hasselquit (*ptyodactylus Hasselquitii*).	Egypte.
		2° Ptyodactyle frangé (*ptyodactylus fimbriatus*).	Ile de Madagascar.
		3° Ptyodactyle rayé (*ptyodactylus lineatus*).	Patrie inconnue.
		4° Ptyodactyle de Feuillée (*ptyodactylus Feuillœi*).	Chili.
		1° Phyllodactyle de Lesueur (*phyllodactylus Lesueurii*).	Nouvelle-Guinée, Nouvelle-Hollande.
		2° Phyllodactyle porphyré (*phyllodactylus porphyreus*).	Afrique, Nouvelle-Hollande. Les individus du Cap et ceux de la Nouvelle-Hollande ne diffèrent pas entre eux.
		3° Phyllodactyle gymnopyge (*phyllodactylus gymnopygus*).	Amérique.
		4° Phyllodactyle tuberculeux (*phyllodactylus tuberculatus*).	Californie.
		5° Phyllodactyle strophure (*phyllodactylus strophurus*).	Baie des Chiens marins, Nouvelle-Hollande.
		6° Phyllodactyle	Pérou.

CLASSES.	FAMILLES.	GENRES ET ESPÈCES.	HABITATIONS.
Sauriens.	Lézards gékotiens ou ascalabotes.	gerrhopyge (*phyllodactylus gerrhopygus*).	
		7° Phyllodactyle à bandes (*phyllodactylus vittatus*).	Nouvelle-Hollande.
		1° Sphériodactyle sputateur (*sphæriodactylus sputator*).	Antilles, principalement à Saint-Domingue.
		2° Sphériodactyle à très-petits points (*sphæriodactylus punctatissimus*).	Idem.
		3° Sphériodactyle bizarre (*sphæriodactylus fantasticus*).	Martinique.
		1° Gymnodactyle de Timor (*gymnodactylus timoriensis*).	Ile de Timor.
		2° Gymnodactyle de Gaudichaud (*gymnodactylus Gaudichaudii*).	Chili.
		3° Gymnodactyle mauritanique (*gymnodactylus mauritanicus*).	Alger
		4° Gymnodactyle à gorge blanche (*gymnodactylus albogularis*).	Ile de la Martinique.
		5° Gymnodactyle à points jau-	Abyssinie.

CLASSES.	FAMILLES.	GENRES ET ESPÈCES.	HABITATIONS.
Sauriens.	Lézards gékotiens ou ascalabotes.	nes (*gymnodactylus flavo punctatus*).	
		6° Gymnodactyle de Dorbigny (*gymnodactylus Dorbignii*).	Chili.
		7° Gymnodactyle à bandes(*gymnodactylus fasciatus*).	Martinique.
		8° Gymnodactyle rude (*gymnodactylus scaber*).	Afrique septentrionale
		9° Gymnodactyle gentil (*gymnodactylus pulchellus*).	Bengale.
		10° Gymnodactyle marbré (*gymnodactylus marmoratus*).	Ile de Java
		11° Gymnodactyle phyllure (*gymnodactylus phyllurus*).	Nouvelle-Hollande.
		12° Gymnodactyle de Milius (*gymnodactylus Miliusii*).	Nouvelle-Hollande.
		1° Sténodactyle tacheté (*stenodactylus guttatus*).	Egypte.
	Lézards varaniens ou platynotes.	1° Varan du désert (*varanus arenarius*).	Egypte.
		2° Varan de Ti-	Timor

CLASSES.	FAMILLES.	GENRES ET ESPÈCES.	HABITATIONS.
Sauriens.	Lézards varaniens ou platynotes.	mor (*varanus timorensis*).	
		3° Varan du Nil (*varanus niloticus*).	Le Nil, le Sénégal et les rivières du cap de Bonne-Espérance
		4° Varan du Bengale (*varanus bengalensis*).	Bengale, Pondichéry.
		5° Varan nébuleux (*varanus nebulosus*).	Indes orientales.
		6° Varan de Picquot (*varanus Picquotii*).	Bengale.
		7° Varan à deux bandes (*varanus bivittatus*).	Java, îles Philippines, Moluques
		8° Varan chlorostigme (*varanus chlorostigma*).	Nouvelle-Guinée, Nouvelle-Zélande, terre des Papous.
		9° Varan bigarré (*varanus varius*).	Nouvelle-Hollande.
		10° Varan de Bell (*varanus Bellii*).	Nouvelle-Hollande.
		11° Varan à gorge blanche (*varanus albogularis*).	Patrie inconnue.
		12° Varan ocellé (*varanus ocellatus*).	Afrique.
		1° Héloderme hérissé (*heloderma horridum*)	Mexique.
	Lézards igua-	1° Polychre mar-	Amérique méridionale.

CLASSES.	FAMILLES.	GENRES ET ESPÈCES.	HABITATIONS.
Sauriens.	niens ou eunotes.	bré (*polychrus marmoratus*).	
		1° Laimancte longipède (*laimanctus longipes*).	Mexique. Les quatre autres espèces du même genre vivent également au Mexique et au Brésil.
		1° Urostrophe de Vatieur (*urostrophus Vautieurii*).	Brésil.
		1° Horops doré (*horops auratus*).	Brésil.
		1° Anolis resplendissant (*anolis refulgens*).	Surinam. Les vingt cinq autres espèces de ce genre habitent essentiellement l'Amérique, soit le Brésil, Saint-Domingue, le Chili, Cayenne, les Antilles, mais principalement la Martinique et l'île de Cuba.
		1° Corgophthame à crête (*corgophthamus cristatus*).	Mexique. La seconde espèce habite également la même contrée.
		1° Basilic à capuchon (*basiliscus mitratus*).	Guyane. La seconde espèce se trouve au Mexique.
		1° Aloponote de Ricord (*aloponotus Ricordii*).	Saint-Domingue.
		1° Amblyrhinque à crête (*amblyrhincus cristatus*).	Iles Galapagas. La patrie de l'amblyrhinque de Demarle est inconnue.
		1° Iguane tuberculeux (*iguana tuberculosa*).	Amérique méridionale. Les deux autres espèces habitent l'une au Mexique, et l'autre à la Martinique et à la Guadeloupe.
		1° Métopoceros cornu (*metopoceros cornutus*).	Saint-Domingue.

CLASSES.	FAMILLES.	GENRES ET ESPÈCES.	HABITATIONS.
Sauriens.	Lézards iguaniens ou eunotes.	1° Cyclure de Harlan (*cyclurus Harlani*).	Caroline. Les deux autres espèces se trouvent au Mexique et en Californie.
		1° Brachylophe à bandes (*brachylophus fasciatus*).	Indes orientales, îles de la Nouvelle-Guinée.
		1° Engalie rhombifère (*engalius rhombiferus*).	Guyane et Brésil. La seconde espèce vit au Brésil.
		1° Ophryesse sourcilleux (*ophryoessa superciliana*).	Amérique méridionale, Brésil et Cayenne.
		1° Leiosaure de Bell (*leiosaurus Bellii*).	Mexique. L'autre espèce est de Buénos-Ayres.
		1° Upéranodonte à collier (*uperanodon ochrocollare*).	Amérique méridionale. Il en est de même de l'upéranodonte peint.
		1° Hypsibate agamoïde (*hypsibatus agamoïdes*).	Guyane. Il en est de même de l'hypsibate *ponctué*.
		1° Holotropide de l'Herminier (*holotropidus Herminierii*).	Iles de la Trinité et de la Martinique. L'holotropide à petite crête habite Saint-Domingue et l'île de Cuba.
		1° Proctotrète du Chili (*proctotretus chilensis*).	Chili. Il en est de même des neuf autres espèces de ce genre.
		1° Tropidolépide ondulé (*tropidolepis undulatus*).	Amérique septentrionale. Les neuf autres espèces de ce genre sont du Mexique.
		1° Phrynosome de Harlan (*phrynosoma Harlanii*).	Amérique septentrionale. Les deux autres espèces sont de la Californie et du Mexique.

CLASSES.	FAMILLES.	GENRES ET ESPÈCES.	HABITATIONS.
Sauriens.	Lézards iguaniens ou eunotes.	1° Callisaure dragonoïde (*callisaurus dragonoïdes*).	Californie.
		1° Tropidogastre de Blainville (*tropidogaster Blainvillii*).	Patrie inconnue.
		1° Microlophe de Lesson (*microlophus Lessonii*).	Pérou.
		1° Ecphymote à collier (*ecphymotus torquatus*).	Amérique méridionale. Commun au Brésil et à Cayenne.
		1° Sténocerque à ventre rose (*stenocercus roseiventris*).	Amérique. Particulièrement en Bolivie.
		1° Strobilure à collier (*strobilurus torquatus*).	Brésil.
		1° Trachycycle marbré (*trachycyclus marmoratus*).	Amérique méridionale.
		1° Oplure de Séba (*oplurus Sebæ*).	Brésil. Il en est de même de l'oplure de Maximilien.
		1° Doryphore azuré (*doryphorus azureus*).	Brésil, Cayenne, Surinam.
		1° Istiure d'Amboine (*istiurus amboinensis*).	Amboine. Des deux autres espèces de ce genre, l'une se trouve à la Cochinchine et l'autre dans la Nouvelle-Hollande.
		1° Bronchocèle crassatelle (*bronchocela crassatella*).	Iles de Java, de Bourbon, de Sumatra et d'Amboine. Les deux autres espèces viennent de Pondichéry et de l'île de Java.

CLASSES.	FAMILLES.	GENRES ET ESPÈCES.	HABITATIONS.
Sauriens.	Lézards iguaniens ou eunotes	1° Galéote ophiomaque (*galeotes ophiomachus*).	Iles Philippines, Ceylan, Inde. Les six autres espèces se trouvent aux Indes orientales.
		1° Lophyre armé (*lophyrus armatus*).	Cochinchine. Les autres espèces sont du Bengale, de la Nouvelle-Guinée, d'Amboine et de Java.
		1° Lyriocephale perlé (*lyriocephalus margaritaceus*).	Indes orientales.
		1° Otocrypte à deux bandes (*otocryptus bivittatus*).	Patrie inconnue.
		1° Cératophore de Stodart (*ceratophorus Stodartii*).	Ile de Ceylan.
		1° Sitane de Pondichéry (*sitanus ponticeriana*).	Pondichéry.
		1° Chlamydosaure de King (*chlamydosaurus Kingii*).	Nouvelle-Hollande.
		1° Dragon frangé (*draco fimbriatus*).	Ile de Java. Les sept autres espèces sont des Indes orientales, d'Amboine, des Célèbes, de Manille, ou de Java et de Timor.
		1° Leiolépide à gouttelettes (*leiolepis guttatus*).	Cochinchine.
		1° Grammatophore de Gaimard (*grammatophora Gaimardii*).	Nouvelle-Hollande. Il en est de même des trois autres espèces.
		1° Agame dos à bande (*agama dorsalis*).	Indes orientales. Les neuf autres espèces sont du Bengale, de l'Afrique australe, de la Guinée, du Sénégal, de l'Afrique et de l'Egypte.

CLASSES.	FAMILLES.	GENRES ET ESPÈCES.	HABITATIONS.
Sauriens.	Lézards iguaniens ou eunotes.	1° Phrynocéphale d'Olivier (*phrynocephalus Olivierii*).	Egypte et Perse. Les trois autres espèces sont de la Sibérie et de la Tartarie.
		1° Stellion commun (*stellio vulgaris*).	Egypte, Syrie et Perse. L'autre espèce se trouve en Arabie.
		1° Fouette-queue orné (*uromantix ornatus*).	Afrique. Les quatre autres espèces se trouvent en Egypte, en Arabie et dans la Nouvelle-Hollande.
	Lézards lacertiens ou autosaures ou pléodontes.	1° Crocodilure lézardet (*crocodilurus lacertinus*).	Brésil et Guyane.
		1° Thoricte dragonne (*thorictes dracæna*).	Amérique méridionale.
		1° Neusticure à deux carènes (*neusticurus bicarinatus*.	Amérique méridionale.
		1° Aporomère piqueté de jaune (*aporomera flavipunctata*).	Amérique méridionale. L'autre espèce est du Chili.
		1° Sauvegarde de Mérian (*salvator Merianæ*).	Amérique méridionale et les Antilles. Il en est de même de l'autre espèce de ce genre.
		1° Ameiva commun (*ameiva vulgaris*).	Brésil et Guyane. Les autres espèces sont des Antilles, de l'île de Cuba, de la Martinique, de Saint-Domingue et de Cayenne.
		1° Cnémidophore murin (*cnemidophorus murinus*).	Guyane, Antilles. Les autres espèces sont de Cayenne, de l'Amérique septentrionale, du Mexique et de la Martinique.
		1° Dicrodonte à gouttelettes (*dicrodon guttulatum*).	Pérou.

CLASSES.	FAMILLES.	GENRES ET ESPÈCES.	HABITATIONS.
Sauriens.	Lézards lacertiens ou autosaures ou pléodontes.	1° Acrante vert (*acrantus viridis*).	Amérique méridionale, Paraguay, Mexique, Buénos-Ayres.
		1° Centropyx éperonné (*centropyx calcaratus*).	Amérique méridionale, Brésil, Cayenne, Surinam. L'autre espèce vient de Surinam et de Mana.
	Lézards lacertiens autosaures ou cælodontes.	1° Tachydrome à six raies (*tachydromus sexlineatus*).	Chine, Cochinchine, Java. L'autre espèce est du Japon.
		1° Tropidosaure algire (*tropidosaurus algira*).	Cap de Bonne-Espérance. L'autre espèce est de Java.
		1° Lézard ponctué de noir (*lacerta nigro punctata*).	Ile de Corfou.
		1° Lézard des souches (*lacerta sepium*).	Dans toute l'Europe, ainsi que plusieurs autres espèces. Les quinze autres espèces sont de la Morée, de l'Afrique, de la Crimée, de l'Asie, de l'île de Madère, de Ténériffe, du cap de Bonne-Espérance, et d'Alger.
		1° Psammodrome d'Edwards (*psammodromus Edwardsii*).	Midi de la France, Espagne.
		1° Ophiops élégant (*ophiops elegans*).	De Smyrne.
		1° Calosaure de Leschenault (*calosaura Leschenaultii*).	Indes orientales.
		1° Acanthodactyle commun (*acanthodactylus vulgaris*).	Midi de la France, Italie et Espagne. Les autres espèces habitent l'Egypte, le Sénégal, la Crimée, et l'empire de Maroc

CLASSES.	FAMILLES.	GENRES ET ESPÈCES.	HABITATIONS.
Sauriens.	Lézards lacertiens autosaures ou cælodontes.	1° Scapteire grammique (*scapteira grammica*).	De l'Afrique.
		1° Eremias variable (*eremias variabilis*).	Tartarie et Crimée. Les autres espèces habitent en Egypte, au cap de Bonne-Espérance, en Algérie, enfin dans l'Afrique australe.
	Lézards chalcidiens ou cyclosaures.	1° Zonure gris (*zonurus griseus*).	Cap de Bonne-Espérance. Il en est de même des cinq autres espèces.
		1° Tribolonote de la Nouvelle-Guinée (*tribolonotus Novæ Guineæ*).	Nouvelle-Guinée.
		1° Gerrhosaure à deux bandes (*gerrhosaurus bifasciatus*).	Madagascar. Les autres espèces sont de la même île, du cap de Bonne-Espérance ou des parties méridionales de l'Afrique.
		1° Saurophide de Lacepède (*saurophis Lacepedii*).	Pointe australe du continent africain.
		1° Gerrhonote de Deppe (*gerrhonotus Deppii*).	Mexique. Il en est de même de quelques autres espèces; plusieurs sont de la Californie ou de l'Amérique du Nord.
		1° Pseudope de Pallas (*pseudopus Pallasii*).	Dalmatie, Istrie, Morée, et côtes méditerranéennes de l'Afrique.
		1° Ophisaure ventral (*ophisaurus ventralis*).	Parties sud de l'Amérique.
		1° Pantodactyle de Dorbigny (*pantodactylus Dorbignyi*).	Buénos-Ayres.
		1° Ecpléode de Gaudichaud (*ecpleodus Gaudichaudii*).	Brésil.

CLASSES.	FAMILLES.	GENRES ET ESPÈCES.	HABITATIONS.
Sauriens.	Lézards chalcidiens ou cyclosaures.	1° Chamésaure serpentin (*chamæsaura serpentina*).	Afrique australe.
		1° Hétérodactyle imbriqué (*heterodactylus imbricatus*).	Intérieur du Brésil.
		1° Chalcide de Cuvier (*chalcides Cuvieri*).	Amérique méridionale. Les autres espèces sont des Indes orientales, de la Guyane et du Chili.
	Lézards chalcidiens ou clyptodermes.	1° Trogonophide de Wiegmann (*trogonophis Wiegmanni*).	Environs d'Alger ou d'Oran.
		1° Chirote cannelé (*chirotes canaliculatus*).	Mexique.
		1° Amphibesme enfumée (*amphibesma fuliginosa*).	Amérique méridionale. Il en est de même des autres espèces qui se trouvent au Mexique, au Brésil, à la Martinique, à l'île de Cuba, de l'Afrique, particulièrement de la côte de Guinée, et enfin de l'Europe.
		1° Lépidosterne microcephale (*lepidosternon microcephalum*).	Buénos-Ayres. L'autre espèce est du Brésil.
	Lézards scincoïdiens ou saurophthalmes.	1° Tropidophore de la Cochinchine (*tropidophorus cocincinensis*).	Cochinchine.
		1° Scinque des boutiques (*scincus officinalis*).	Afrique.
		1° Sphenops bridé (*sphenops capistratus*).	Égypte.

CLASSES.	FAMILLES.	GENRES ET ESPÈCES.	HABITATIONS.
Sauriens.	Lézards scincoïdiens ou saurophthalmes.	1° Dipoglosse de Shaw (*dipoglossus Shawii*).	Jamaïque. Les autres espèces se trouvent en Amérique, particulièrement au Brésil, ainsi que dans l'île de Cuba, et à la Martinique.
		1° Amphiglosse de l'Astrolabe (*amphiglossa Astrolabi*)	Ile de Madagascar.
		1° Gongyle ocellé (*gongylus ocellatus*).	Tout le littoral de la Méditerranée, la Sicile, Malte, l'Egypte, l'île de la Trinité. L'autre espèce est originaire de l'île de France.
		1° Eumèce ponctué (*eumeces punctatus*).	Indes orientales. Les autres espèces habitent l'Amérique méridionale, particulièrement le Brésil, ainsi que les Antilles, l'île de Vanicoro, la Nouvelle-Irlande, la Nouvelle-Guinée, et les îles océaniennes.
		1° Euprèpe de Cocteau (*euprepes Coctœi*).	Côtes d'Afrique. Les autres espèces sont du Sénégal, du cap de Bonne-Espérance, de l'Egypte, de l'Abyssinie, des îles Seychelles, de Madagascar, de la Nouvelle-Guinée, du Bengale, du Coromandel, de Manille, de Timor et des îles Sandwich, et enfin de l'île de Java.
		1° Plestiodonte d'Aldrovande (*plestiodon Aldrovandii*).	Egypte, Algérie. Les autres espèces habitent la Chine, les Etats-Unis d'Amérique, et principalement le nord de cette contrée.
		1° Lygosome de Guichenot (*lygosoma Guichenoti*).	Nouvelle-Hollande. Les autres espèces sont de la même contrée, ainsi que de la Nouvelle-Zélande, de l'île de Java, de l'île de Timor, de la Nouvelle-Guinée, de la côte de Malabar, et de l'Amérique du Nord.
		1° Léiolopisme de Telfair (*leiolopisma Telfairi*).	Iles voisines de l'île Maurice, particulièrement l'îlot Coin de Mitre.
		1° Tropidolopisme de Duméril	Nouvelle-Hollande.

CLASSES.	FAMILLES.	GENRES ET ESPÈCES.	HABITATIONS.
Sauriens.	Lézards scincoïdiens ou saurophthalmes.	(*tropidolopisma Dumerilii*).	
		1° Cyclode de la Casuarina (*cyclodes Casuarinæ*).	Nouvelle-Hollande. Il en est de même des autres espèces.
		1° Trachysaure rugueux (*trachysaurus rugosus*).	Nouvelle-Hollande.
		1° Hétérope brun (*heteropus fuscus*).	Ile de Waigiou. L'autre espèce est de l'île de France.
		1° Campsodactyle de Lamarre (*campsodactylus Lamarrei*).	Bengale.
		1° Tétradactyle de Décrès (*tetradactylus Decresiensis*).	Nouvelle-Hollande.
		1° Hemiergis de Décrès (*hemiergis Decresiensis*).	Nouvelle-Hollande.
		1° Seps chalcide (*seps chalcides*).	Midi de la France, Italie, et côtes de la Méditerranée, soit en Espagne, soit en Afrique.
		1° Hétéromèle mauritanique (*heteromelus mauritanicus*).	Alger.
		1° Chélomèle à quatre raies (*chelomeles quadrilineatus*).	Nouvelle-Hollande.
		1° Brachymèle de la Bonite (*brachymeles Bonitæ*).	Iles Philippines.
		1° Brachystope	Afrique australe.

CLASSES.	FAMILLES.	GENRES ET ESPÈCES.	HABITATIONS.
Sauriens.	Lézards scincoïdiens ou saurophthalmes.	linéo-ponctué (*brachystopus lineo-punctulatus*).	
		1° Nessia de Burton (*nessia Burtonii*).	Amérique du Nord.
		1° Evesia de Bell (*evesia Bellii*).	Indes orientales.
		1° Scélote de Linné (*scelotes Linnæi*).	Cap de Bonne-Espérance.
		1° Prépedite rayé (*prepedites lineatus*).	Cap de Bonne-Espérance.
		1° Ophiode strié (*ophiodes striatus*).	Amérique méridionale, Cayenne, Rio-Janeiro, Buénos-Ayres.
		1° Orvet fragile (*anguis fragilis*).	Toute l'Europe, jusqu'en Suède et même en Sibérie, Asie occidentale, et toute la côte méditerranéenne de l'Afrique.
		1° Ophiomore à petits points (*ophiomorus miliaris*).	Morée, Algérie.
		1° Acontias pintade (*acontias meleagris*).	Afrique australe, surtout dans le voisinage du cap de Bonne-Espérance.
	Lézards scincoïdiens ou ophiophthalmes	1° Abléphare de Kitaibel (*ablepharus Kitaibelii*).	Nouvelle-Hollande, Morée. Les autres espèces sont du même continent, et l'une d'elles, l'abléphare du Pérou, se trouve à la fois à la Nouvelle-Hollande, à Taïti, aux îles Sandwich, à Java, à l'île de France et en Morée. M. Fortuné Eydoux a également rapporté cette espèce du Pérou.
		1° Gymnophthalme à quatre raies (*gymnophthalmus quadrilineatus*).	Brésil et Martinique.

CLASSES.	FAMILLES.	GENRES ET ESPÈCES.	HABITATIONS.
Sauriens.	Lézards scincoïdiens ou ophiophthalmes.	1° Lériste à quatre raies (*lerista lineata*).	Nouvelle-Hollande.
		1° Hystérope de la Nouvelle-Hollande (*hysteropus Novæ Hollandiæ*).	Nouvelle-Hollande.
		1° Lihalis de Burton (*lihalis Burtonii*).	Nouvelle-Hollande.
	Lézards scincoïdiens ou typhlophthalmes	1° Dirame de la Nouvelle - Guinée (*diramus NovæGuineæ*).	Nouvelle-Guinée.
		1° Typhline de Cuvier (*typhline Cuvierii*).	Afrique australe.
Ophidiens.	Pythoniens.	1° Rouleau ruban (*tortrix scytale*).	D'Amérique ainsi que toutes les espèces de ce genre, et des *uropeltes*, qui leur sont voisins.
		1° Boa devin (*boa constrictor*).	De la Guyane et du Brésil. L'ancien continent ne paraît pas avoir de vrais boas de grande taille. C'est donc dans les lieux marécageux des parties chaudes de l'Amérique que se trouvent uniquement les autres espèces de boas. Les scytales, les éryx, et les erpetons viennent des Indes orientales.
		1° Python des îles de la Sonde (*python javanicus*).	Des îles de la Sonde Il paraît en être également des autres espèces de ce genre. Quant à celles des genres cerbère, xénopeltis, hérodon, hurria, bongare, dendrophis, dryinus, elles viennent des Indes et de l'Afrique.
		1° Couleuvre à collier (*coluber natrix*).	Cette espèce vit en Europe ainsi qu'une foule d'autres. Les espèces de couleuvres étrangères sont innombrables, et

CLASSES.	FAMILLES.	GENRES ET ESPÈCES.	HABITATIONS.
Ophidiens.	Pythoniens.		appartiennent à tous les continents : néanmoins chaque espèce est restreinte à un petit nombre de localités.
		1° Acrocorde de Java (*acrocordus javensis*).	De Java. Il paraît y en avoir d'autres espèces dans cette même île.
	Crotaliens.	1° Crotale horrible (*crotalus horridus*).	Des Etats-Unis. Les autres espèces de ce genre sont toutes de l'Amérique, soit de la Guyane, soit d'ailleurs.
		1° Trigonocéphale de la Caroline (*trigonocephalus tisiphone*).	De la Caroline. Les autres espèces de ce genre vivent également dans diverses parties du continent de l'Amérique, et par exemple au Brésil
		1° Vipère commune (*vipera berus*).	Europe. Les espèces nombreuses de ce genre vivent les unes en Dalmatie, en Hongrie, en Egypte, dans l'Inde et en Amérique. On en cite également plusieurs comme du cap de Bonne-Espérance.
		1° Naja à lunettes (*naja tripudians*).	De l'Inde. Les autres espèces appartiennent à l'Egypte.
		1° Elaps annulé (*elaps lemniscatus*).	De l'Asie. Il y a d'autres genres démembrés des élaps qui appartiennent aux deux continents ; ce sont les micrures, les platures, les trimersures, les oplocéphales, les acanthophis, les échis et les langaras.
	Bongariens.	1° Bongare pamma (*pseudoboa fasciata*).	Des Indes, ainsi que toutes les espèces de ce genre.
		1° Hydre varié (*hydrus variegatus*).	Certains parages de la mer des Indes.
		1° Hydrophis lamelleux (*hydrophis schistosus*).	Mer des Indes, et certains fleuves d'eau salée du Bengale.
		2° Hydrophis	Mers des Indes.

CLASSES.	FAMILLES.	GENRES ET ESPÈCES.	HABITATIONS.
Ophidiens.	Bongariens.	grêle Bengale (*hydrophis gracilis*).	
		1° Pélamide bicolore (*pelamys bicolor*).	Mers des Indes et d'Otaïti, île des Pins, dans la mer Pacifique.
		1° Chersydre fascié (*chersydrus fasciatus*).	Rivières de Java.
Batraciens.	Batraciens péromèles ophiosomes ou céciloïdes.	1° Cœcilie lumbricoïde (*cœcilia lumbricoides*).	Surinam. Les quatre autres sont de la côte de Malabar, de Cayenne, des îles Seychelles, ou de Surinam.
		1° Siphonops annelé (*siphonops annulatus*).	Brésil, Cayenne, Surinam. L'autre espèce de ce genre vit au Mexique.
		1° Epicrium glutineux (*epicrium glutinosum*).	Java et île de Ceylan.
		1° Rhinathrème à deux bandes (*rhinathrema bivittatum*).	Cayenne.
	Batraciens anoures phanéroglosses ou pélodytes.	1° Grenouille cutipore (*rana cutipora*).	Indes orientales.
		2° Grenouille verte (*rana viridis*).	L'Europe, l'Asie et l'Afrique. Les dix-huit autres espèces de ce genre se trouvent dans les îles Seychelles, Maurice, Bourbon, Java, Amboine, dans l'Afrique australe, particulièrement au cap de Bonne-Espérance, aux Indes orientales, dans toute l'Europe, et enfin dans l'Amérique du Nord; mais ces dernières ne se trouvent pas ailleurs, surtout dans l'ancien continent.
		1° Cystignathe ocellé (*cystignathus ocellatus*).	Amérique méridionale. Les dix autres espèces de ce genre habitent l'Amérique méridionale, la Guyane française, le

CLASSES.	FAMILLES.	GENRES ET ESPÈCES.	HABITATIONS.
Batraciens.	Batraciens anoures phanéroglosses ou pélodytes.		Chili, la Nouvelle-Hollande et l'Afrique, particulièrement le Sénégal.
		1° Leiupère marbré (*leiuperus marmoratus*).	Amérique du Sud.
		1° Discoglosse peint (*discoglossus pictus*).	Grèce, Sicile, Sardaigne, sur les côtes méditerranéennes de l'Afrique.
		1° Cératophrys à bouclier (*ceratophrys dorsata*).	Amérique méridionale, Cayenne, Brésil. Les deux autres espèces de ce genre sont également de l'Amérique méridionale
		1° Pixicéphale arrosé (*pixicephalus adspersus*).	Afrique australe. Des deux autres espèces l'une habite comme la première l'Afrique australe, et la seconde Buénos-Ayres.
		1° Calyptocéphale de Gay (*calyptocephalus Gayi*).	Chili.
		1° Cycloramphe fuligineux (*cycloramphus fuliginosus*).	Brésil. L'autre espèce est du Chili.
		1° Mégalophrys montagnard (*megalophrys montana*).	Java.
		1° Pélodyte ponctué (*pelodytes punctatus*).	France Jusqu'à présent cette espèce n'a pas encore été observée ailleurs.
		1° Alyte accoucheur (*alytes obstetricans*).	Presque toutes les parties de l'Europe tempérée.
		1° Scaphiope solitaire (*scaphiopus solitarius*).	Caroline, Géorgie et le Tennesse sont les parties de l'Amérique du Nord qu'habite cette espèce.
		Pélobate brun	Allemagne et France. L'au-

CLASSES.	FAMILLES.	GENRES ET ESPÈCES.	HABITATIONS.
Batraciens.	Batraciens anoures phanéroglosses ou pélodytes.	(*pelobates fuscus*)	tre espèce, le pélo-cultripède, vit dans le midi de la France et l'Espagne.
		1° Sonneur à ventre couleur de feu (*bombinator igneus*).	Toute l'Europe tempérée.
	Batraciens anoures phanéroglosses ou hylæformes.	1° Litorie de Freycinet (*litoria Freycinetii*).	Port-Jackson. L'autre espèce habite la Nouvelle Orléans.
		1° Acris gryllon (*acris gryllus*).	Amérique septentrionale. L'autre espèce est de la Géorgie.
		1° Limnodyte rouge (*limnodytes erythraceus*).	Ile de Java. Quant aux deux autres espèces, l'une habite la même île, et la seconde l'île Waigiou.
		1° Polypédate de Goudot (*polypedates Goudotii*).	Ile de Madagascar. Les trois autres espèces habitent Manille, le Japon et les Indes orientales.
		1° Ixale à bandeau d'or (*ixalus aurifasciatus*).	Ile de Java.
		1° Eucnémis des Seychelles (*Eucnemis seychellensis*).	Iles Seychelles. Les autres espèces sont de l'île de Madagascar, du cap de Bonne Espérance et de l'Abyssinie.
		1° Rhacophore de Reinwardt (*rhacophorus Reinwardtii*).	Ile de Java, et plusieurs parties du continent de l'Inde.
		1° Trachycéphale géographique (*trachycephalus geographicus*).	Le Brésil. Les deux autres espèces sont originaires de Cuba et de Saint-Domingue.
		1° Rainette verte (*hyla viridis*).	Toute l'Europe excepté la Grande-Bretagne, le Japon et la côte méditerranéenne de l'Afrique.
		2° Rainette patte	Brésil, Cayenne. Parmi les

CLASSES.	FAMILLES.	GENRES ET ESPÈCES.	HABITATIONS.
Batraciens.	Batraciens anoures phanéroglosses ou hylæformes.	d'oie (*hyla palmata*).	trente-trois autres espèces de ce genre, la plupart appartiennent à l'Amérique méridionale, et se trouvent à Cayenne, à Surinam, à Buénos-Ayres, au Pérou ou dans la Guyane. Un très-petit nombre d'entre elles vivent dans l'Amérique du Nord, ou dans toute l'Europe, excepté la Grande-Bretagne. Un petit nombre appartient à la Nouvelle-Hollande, à l'île de Timor, et à la terre de Van-Diémen.
		1° Micrhyle achatine (*micrhyla achatina*).	Ile de Java.
		1° Cornufère unicolore (*cornufer unicolor*).	Nouvelle-Guinée.
		1° Hylode de la Martinique (*hylodes martinicensis*).	Ile de la Martinique. Les trois autres espèces sont de Cayenne, et de l'île de Cuba.
		1° Phyllomédușe bicolore (*phyllomedusa bicolor*).	Amérique méridionale.
		1° Elosie grand nez (*elosia nasuta*).	Brésil.
		1° Grossodactyle de Gaudichaud (*grossodactylus Gaudichaudii*).	Brésil.
		1° Phyllobate bicolore (*phyllobates bicolor*).	Ile de Cuba.
	Batraciens anoures phanéroglosses ou bufoniformes.	1° Dendrobate à tapirer (*dendrobates tinctorius*).	Brésil, Cayenne. Les deux autres espèces sont du Chili.
		1° Rhinoderme	Chili.

CLASSES.	FAMILLES.	GENRES ET ESPÈCES.	HABITATIONS.
Batraciens.	Batraciens anoures phanéroglosses ou bufoniformes.	de Darwin (*rhinoderma Darwinii*).	
		1° Atelope jaunâtre (*atelopus flavescens*).	Amérique méridionale.
		1° Crapaud ensanglanté (*bufo cruentatus*).	Ile de Java. Les vingt-huit autres espèces se trouvent à la Guyane, au Pérou, au Chili, à l'occident de l'Asie, ainsi que dans le sud-ouest et le nord de l'Afrique, l'Amérique du Nord et méridionale, les Indes orientales, le Bengale, l'île de Java et les Antilles. Mais la particularité la plus remarquable qui se rapporte aux habitations des espèces de ce genre est celle que présente le crapaud commun, qui, répandu dans toute l'Europe, se trouve néanmoins au Japon. Il en est de même de notre rainette verte et des deux grenouilles des contrées tempérées, la verte et la rousse.
		1° Phrysnique noirâtre (*phrysnicus nigricans*).	Mexique. L'autre espèce est de la Nouvelle-Hollande.
		1° Brachycéphale porte-selle (*brachycephalus ephippium*).	Brésil, Cayenne.
		1° Hylédactyle tacheté (*hylædactylus baleatus*).	Ile de Java.
		1° Plectropode peint (*plectropodus pictus*).	Manille.
		1° Engystome ovale (*engystomus ovalis*).	Amérique méridionale. Les autres espèces habitent le Brésil ou l'Amérique du Nord, principalement la Caroline.
		1° Upérodonte marbré (*uperodon marmoratum*).	Intérieur de la péninsule de l'Inde.

CLASSES.	FAMILLES.	GENRES ET ESPÈCES.	HABITATIONS.
Batraciens.	Batraciens anoures phanéroglosses ou bufoniformes.	1° Breviceps bossu (*breviceps gibbosus*).	Afrique australe.
		1° Rhinophryne à bande dorsale (*rhinophrynus dorsalis*)	Mexique.
	Batraciens anoures phanéroglosses ou pipæformes.	1° Dactylèthre du Cap (*dactylethra capensis*).	Afrique australe.
		1° Pipa américain (*pipa americana*).	Guyane et Brésil.
	Batraciens paludiens ou tritoniens.	1° Salamandre commune (*salamandra maculata*).	Europe. Les autres espèces habitent la même contrée ou l'Amérique septentrionale.
		1° Triton marbré (*triton gesneri*).	Europe. Les autres espèces se rencontrent dans l'Amérique septentrionale.
	Batraciens amphibiens ou siréniens.	1° Ménopome géante (*menopoma gigantea*).	Amérique septentrionale.
		1° Amphiume à trois doigts (*amphiuma tridactylum*).	Louisiane. Il en est de même des autres espèces.
		1° Axolot pisciforme (*axolot pisciformis*).	Du Mexique. Il en est de même des autres espèces.
		1° Monobranche latéral (*monobranchus lateralis*).	Etats-Unis.
		1° Protée serpent (*proteus sanguineus*).	Eaux souterraines de la Carniole.
		1° Sirène lacertine (*siren lacertina*)	Marais de la Caroline. Les autres espèces se trouvent dans l'Amérique du Nord.

Deux faits principaux découlent des tableaux précédents ; le premier paraît être général chez les animaux et même jusqu'à un certain point chez les végétaux. Il n'est presque aucune espèce de reptile commune à la fois à l'ancien et au nouveau continent. Le second fait qui en découle, c'est que les espèces terrestres ont leurs habitations bornées à des localités peu étendues. Ainsi les races aquatiques, et à peu près uniquement les marines, offrent seules des habitations variées ; elles occupent non-seulement des lieux différents, mais souvent très-distants.

Reprenons ces deux faits, et voyons quelles en sont les conséquences.

Tous les voyageurs ont été frappés, en passant de l'ancien continent dans le nouveau, de ne trouver aucune espèce semblable ni identique dans ce dernier. Celles qui avaient frappé leurs regards en Europe, en Afrique, en Asie, dans la Nouvelle-Hollande, ne se représentent plus à leurs yeux. Tout au plus observe-t-on quelque similitude entre les productions organiques de la pointe nord de l'Asie et celles de l'extrémité de l'Amérique septentrionale par suite de leur rapprochement.

Les vents transportent d'une contrée à une autre les graines d'un grand nombre de végétaux ; ils mêlent ainsi les plantes qui, par leur station primitive, appartenaient à des pays divers. D'un autre côté, les

25

habitants des mers, véritables cosmopolites, passent facilement d'un parage à un autre. Ils peuplent ainsi peu à peu la plus grande partie de l'Océan.

Les oiseaux et les insectes, portés par les vents, s'aventurent souvent fort loin des lieux de leur naissance. Ils amènent parfois leurs races dans le nouveau monde, dont l'homme a pris possession si tard. Malgré toutes les causes qui tendent à mêler les espèces et à leur faire franchir les plus grandes distances, peu de celles qui se font remarquer par leur agilité, ou les végétaux à graines légères, sont venus embellir les terres humides de l'Amérique, ou sont arrivés de ce continent sur le sol de l'ancien. Chaque contrée a conservé ses espèces primitives; l'homme lui-même, malgré toute la puissance de son influence, n'a presque pas interverti cet ordre émané de cette sagesse infinie qui a tout réglé ici-bas.

Les reptiles franchissent si peu de grandes distances, qu'on peut à peine citer une de leurs races dans l'ancien et le nouveau monde. Il en est de même entre ces deux continents et celui de la Nouvelle-Hollande. Leurs espèces sont généralement différentes dans ces diverses régions. Du moins, on remarque peu d'exceptions à cette loi générale. Elles nous sont fournies par le phyllodactyle porphyré et l'abléphare de Pérou, etc. Le premier se trouve à la fois au cap de Bonne-Espérance et à la Nouvelle-Hollande; cependant les individus de l'une ou de l'autre de ces contrées ne paraissent pas différer les uns des autres. L'abléphare de Pérou se trouve non-seulement dans la Nouvelle-Hollande, mais encore à Taïti, aux îles Sandwich, à Java, à l'île de France et en Morée. Ce qui est plus extraordinaire, M. Fortuné Eydoux en a rapporté du Pérou. S'il n'y a pas d'erreur, ce serait à peu près le seul exemple connu d'un reptile vivant dans les trois grands continents. S'il en est ainsi, il est extrêmement probable que cette espèce s'y rencontrerait par suite de sa station primitive. Rien ne fait présumer qu'elle ait pu se transporter dans des lieux aussi différents que le sont l'ancien continent, le nouveau monde et la Nouvelle-Hollande.

De cette manière on peut concevoir un fait aussi extraordinaire, et à la vérification duquel les voyageurs ne sauraient apporter trop d'attention.

Ces observations sont du reste fort douteuses. On sait avec quelle légèreté s'établissent les habitations, surtout lorsque des indications à cet égard sont adressées aux grands musées où abondent de nombreuses collections des pays souvent les plus divers. Des erreurs d'étiquettes sont trop communes pour ne pas présumer qu'il peut en avoir été ainsi du phyllodactyle porphyré. Quoi qu'il en soit, cette exception, en la supposant réelle, prouve combien sont rares de pareils exemples.

Les habitations des reptiles sont si restreintes qu'on ne cite qu'une seule espèce de cet ordre d'animaux comme se trouvant à la fois dans l'Amérique du Nord et l'Amérique méridionale. Cette espèce, ou l'émyde concentrique, est une tortue paludine qui, comme toutes celles de cette famille, se rencontre en Amérique, surtout dans la partie septentrionale.

Certaines familles de reptiles affectent particulièrement telle ou telle partie des continents. Les caméléoniens sont en quelque sorte propres à l'Afrique et aux îles qui en dépendent. Une seule exception est fournie par le caméléon à nez fourchu, que l'on découvre, à ce qu'il paraît, aux îles Moluques, à l'île Bourbon et dans la Nouvelle-Hollande. D'un autre côté, les vrais boas de grande taille sont propres à l'Amérique. Les pythons, dont les dimensions sont non moins considérables, appartiennent aux Indes et à l'Afrique. Parmi les lézards iguaniens, les polychres, les laimantes, les urostrophes, les norops, les anolis, les coryophthames, les basilics, les aloponotes, les amblyrhinques, les iguanes, les métopocéros, les cyclures, les brachyolophes et la plupart des autres genres de cette grande famille sont à peu près tous de l'Amérique.

Les habitations des reptiles terrestres sont donc très-restreintes. Cette circonstance n'avait point échappé à l'historien de ces animaux, Dugès. Il fait observer dans son histoire des espèces indigènes de lézards, qu'à part les seps, et peut-être les chalcides, les lézards sont les seuls sauriens qui habitent le Languedoc. Le gecko des murailles est borné à la Provence. Quant au scinque algérien, il n'a été admis que par erreur au nombre des reptiles de la première de ces provinces. Le nombre des lézards de ce pays est si borné, qu'il est réduit à sept. Tout au plus peut-on en compter jusqu'à quatorze dans l'ensemble de l'Europe.

Si l'on compare le petit nombre de localités qu'habitent les reptiles terrestres avec celles fréquentées par les races marines, on reconnaît la grande différence des unes et des autres. Elle est d'autant plus sensible que les reptiles des mers sont bornés aux genres des chélonées et des sphargis parmi les tortues, des hydres, des hydrophis et des pélamides parmi les ophidiens. Rien ne rappelle, chez les reptiles terrestres et fluviatiles, des habitations aussi variées que celles que nous offrent les chélonées vergetée et imbriquée. Celles-ci parcourent l'Océan Indien et Américain ainsi que les parages de l'Afrique et de la mer Rouge. Dans cette immense étendue voguent les tortues marines, jusqu'à l'époque où le besoin de déposer leurs œufs les porte à se rapprocher des rivages pour satisfaire ce besoin impérieux.

Si, après avoir porté son attention sur la grandeur

de l'espace que franchissent souvent les reptiles, on la fixe sur les espèces paludines et fluviatiles, il est facile de s'apercevoir de l'extrême différence qui existe entre ces diverses races. Les dernières quittent peu les lieux de leur naissance; elles se transportent rarement à quelque distance du lieu de leur séjour habituel. A peine observe-t-on quelques individus isolés, qui s'avancent dans l'intérieur des terres. Lorsqu'on les y découvre, c'est qu'ils y ont été entraînés par la rapidité que les fleuves ont auprès de leur embouchure. A part ces individus peu nombreux, les espèces de reptiles soit paludines, soit fluviatiles, sont, sauf quelques exceptions, tout aussi restreintes dans leurs habitations que les races terrestres.

Cependant quelques reptiles qui vivent aussi bien dans l'eau que sur les terres sèches et découvertes, sont assez répandus peut-être par suite de ce double mode de station. Leur nombre est si limité qu'on peut au plus en signaler quatre : deux espèces de grenouilles, la verte et la rousse, se trouvent à la fois en Europe, en Asie et en Afrique; d'un autre côté, la rainette verte, ainsi que le crapaud commun, répandus dans toute l'Europe, se rencontrent néanmoins au Japon. Si l'on découvre ces reptiles à d'aussi grandes distances, ce n'est point par l'effet des déplacements, car ils ne voyagent jamais, mais par leur distribution primitive. Sous quelque point de vue que l'on envisage les reptiles, ces animaux ne sauraient être comparés aux oiseaux et aux poissons sous le rapport de leurs excursions. Les seuls reptiles qui s'y livrent, par suite du besoin qu'ils éprouvent d'assurer la durée de leurs races, sont réduits aux cinq genres marins que nous avons fait connaître.

Nous sommes donc plus certains de la distribution primitive des reptiles, que nous ne pouvons l'être des autres vertébrés. En effet, parmi les animaux de ce grand embranchement, ils ont le moins varié dans leurs habitations primordiales. Les reptiles résistent le mieux à la puissance de notre influence, et ils en ressentent le moins les effets. Il faut convenir, toutefois, que l'homme a peu d'intérêt à les soumettre à son empire; car il ne peut guère en espérer quelque avantage. A peine ces animaux lui fournissent-ils quelques aliments, des médicaments, ou des objets qu'il utilise dans les arts.

CHAPITRE IV.

DES MIGRATIONS DES POISSONS.

OBSERVATIONS GÉNÉRALES.

La constance et la régularité des migrations des poissons n'est pas moins remarquable que celle des oiseaux. On a supposé, relativement aux premiers, qu'elles étaient autant occasionnées chez certaines espèces par le besoin de déposer leurs œufs, que par celui de trouver dans d'autres régions une nourriture plus convenable ou une température plus appropriée à leurs conditions d'existence. Il se peut que ces causes agissent à la fois sur les différentes espèces de poissons, et qu'elles contribuent à rendre leurs voyages tout à fait nécessaires; mais au milieu des phénomènes de ces passages, aussi bien déterminés que ceux des oiseaux, les migrations qui se rapportent aux poissons de mer sont plus remarquées que celles des poissons des eaux douces. Ceci tient peut-être à ce que les premiers, plus nombreux, parcourent et franchissent de plus grandes distances.

Parmi les poissons de mer, certains se distinguent

d'une manière toute particulière par la régularité et la constance de leurs passages; au premier rang on peut citer les harengs et les sardines, dont la pêche occupe tant de bras, et dont la fécondité est prodigieuse. Pour s'en faire une idée, on n'a qu'à se rappeler l'immense consommation que l'on en fait continuellement, soit à l'état frais, soit après avoir été desséchés et salés.

Aussi, chaque année, et comme pour fournir à des besoins qui se renouvellent sans cesse, des armées innombrables de poissons émigrants arrivent sur nos côtes, qu'ils avaient quittées l'année précédente. Ils semblent venir y chercher les œufs des petits poissons, des petits crabes et des vers dont ils sont fort friands. On suppose que cette nourriture contribue à donner aux poissons, et particulièrement aux harengs, la bonté de leur goût et la délicatesse de leur chair.

Quoi qu'il en soit, on les voit arriver chaque printemps dans nos régions, en colonnes épaisses et nombreuses, et aborder ainsi les rivages les plus méridionaux de l'Europe aussi bien que ceux de l'Amérique. A l'approche de ces bandes innombrables de poissons, la mer est couverte d'une matière épaisse, visqueuse, souvent phosphorique et lumineuse pendant la nuit. Cette matière odorante attire les oiseaux ichthyophages, les squales et les cétacés, qui déciment cette armée dont plus tard les pêcheurs vont détruire les rangs. Cette destruction, que l'on pourrait croire totale, tant elle est considérable, semble n'exercer aucune sorte d'influence sur le nombre des harengs, qui, l'année suivante, viendront périr dans les mêmes lieux et succomber sous les mêmes ennemis.

En général, ces poissons viennent chaque année dans les mêmes parages, avec la plus grande régularité, et pour ainsi dire à point nommé. Ils abandonnent cependant parfois certaines eaux, et n'y reviennent qu'après une absence de plusieurs années.

On les voit rester d'ordinaire en pleine mer pendant les mois de juillet et d'août; du moins ils ne parviennent près des côtes et n'entrent dans les eaux peu profondes qu'après cette époque; ils y cherchent un endroit convenable pour y déposer leurs œufs. Les harengs les plus vieux frayent les premiers, et les jeunes plus tard. Aussi les uns et les autres abandonnent le voisinage des côtes vers le mois de février, la ponte étant pour lors complétement terminée. La température, et d'autres causes, la plupart indéterminées, influent beaucoup sur les circonstances de leurs passages. Il paraît pourtant que, dans certaines localités, des harengs ont des œufs pendant la plus grande partie de l'année.

Les poissons, et particulièrement les harengs ainsi que les sardines et la morue, nous étonnent par leur extrême fécondité. Le nombre prodigieux que l'on en pêche chaque année peut nous faire comprendre la force de reproduction de ces espèces. Elle suffit à ces pêches continuelles, qui ont lieu constamment depuis la fin de juin jusqu'au commencement de janvier. Quelque immense que soit la quantité que l'on en recueille, quelque nombreuses que soient les flottes chargées de ce soin, le nombre des harengs, des sardines et des morues n'en paraît pas sensiblement altéré. La puissance de la reproduction est supérieure à toute l'activité que l'homme déploie pour en diminuer les effets.

Dans les expéditions dirigées dans le but de s'emparer de ces poissons, l'industrie de l'homme, pour mieux arriver à ces fins, a employé les fusées à la Congrève à la pêche de la baleine, ce colosse de la nature vivante, relégué au milieu des glaces du pôle. C'est encore son industrie qui a attiré sur des plages nouvelles les harengs qui doivent lui servir d'aliment. L'homme est même parvenu à faire éclore les œufs de ces poissons, jusqu'auprès de l'embouchure des fleuves de la Suède et de l'Amérique septentrionale. Par un art non moins étonnant, les peuples de ces contrées ont porté les individus sortis de ces œufs à y revenir chaque année avec leurs races nouvelles; ils fournissent ainsi au commerce les matériaux de pêches aussi abondantes que lucratives.

A l'aide des moyens que son intelligence lui a suggérés, il prend à peu près chaque année, dans quelques baies du nord de l'Europe, plus de vingt millions de harengs. Ce nombre finira même par devenir aussi considérable que celui que fournit la Baltique. On évalue ce dernier à plus de quatre cents millions; mais ce nombre immense est encore au-dessous de celui que Bloch suppose avoir été pris aux environs de Gothenbourg. Ce dernier se serait élevé, d'après lui, à plus de sept cents millions.

La pêche de la sardine, qui a lieu surtout depuis le golfe de Gascogne jusqu'à l'embouchure de la Galice, ne donne pas des résultats moins étonnants que celle du hareng. Elle peut nous donner une idée du nombre que les migrations en entraînent chaque année sur nos côtes. Il en est de même de l'anchois (*clupea encrasicholes*, Linné). Les passages de cette espèce sont si considérables, particulièrement sur les côtes de l'Espagne, qu'il n'est pas rare d'en prendre plusieurs millions d'un seul coup de filet.

Les migrations périodiques ont quelque chose de surprenant, non-seulement à raison de l'immense quantité d'espèces qui s'y livrent d'une manière constante, mais surtout à raison des motifs cachés qui les y portent. Au milieu de ceux que l'on peut supposer, il en est un que l'on a encore peu apprécié, mais qui n'est pas sans quelque réalité.

Du moins voit-on, dans les contrées méridionales de la France, le passage des sardines coïncider constamment avec celui des maquereaux, comme leurs migrations avec celles des thons et des squales. Cette coïncidence remarquable se renouvelle avec une si grande régularité, qu'un instinct en quelque sorte irrésistible doit régler les voyages périodiques de ces animaux. Cet instinct les porte bien plus à se livrer à de pareilles excursions, que la connaissance qu'ils peuvent avoir des moyens qui leur en donneront la facilité. Ainsi les maquereaux sont attirés dans la Méditerranée par les sardines, tout comme les thons par les maquereaux. Ceux-ci deviennent à leur tour victimes de la voracité des squales, qui les poursuivent avec une sorte de fureur.

Lorsque ces armées de thons sont attaquées par les squales, les premiers préfèrent se laisser échouer sur la côte plutôt que de subir la mort cruelle qui les attend sous les dents tranchantes des tigres des mers, dont rien n'égale la gloutonnerie; mais la cause qui les porte à se succéder les uns aux autres et à se suivre mutuellement est toute différente de celle de leur alimentation, ainsi qu'il est facile d'en juger.

Les pêcheurs profitent avec avantage de cette terreur que les squales inspirent aux thons, pour les prendre de jour. Cependant on ne les saisit guère que la nuit, surtout pendant les nuits obscures; alors ils ne peuvent apercevoir les filets destinés à les empêcher d'échapper.

Ces faits sont si connus des pêcheurs des côtes de la Méditerranée, que l'apparition des squales est à leurs yeux un présage favorable pour la pêche du thon et du maquereau. D'un autre côté, ils savent que ces poissons arrivent constamment en troupes considérables aux mêmes époques, se poursuivant les uns les autres, les plus petits servant de pâture aux plus gros.

La périodicité des voyages de ces différentes espèces est aussi régulière que les migrations des oiseaux. Aussi les régles que nous avons établies relativement aux excursions des uns peuvent très-bien s'appliquer aux autres. Il est parmi les poissons comme parmi les oiseaux, des espèces émigrantes et erratiques, tout aussi bien qu'il en est qui voyagent constamment. Ces derniers sont les véritables cosmopolites parmi cet ordre d'animaux.

D'autres poissons, ainsi que plusieurs oiseaux, abandonnent peu les lieux de leur naissance, du moins ils ne font jamais de longues excursions. Ces races, comme les oiseaux qui ont les mêmes habitudes, méritent bien le nom de sédentaires que nous leur avons donné. Nous comprendrons sous le nom d'erratiques les différentes espèces de poissons qui se déplacent à des époques irrégulières; nous nommerons émigrantes les races dont les voyages périodiques ont une fixité et une régularité remarquable.

Ces dénominations suffisent pour se rendre compte des diverses circonstances qui accompagnent les déplacements des poissons, et même pour saisir celles qui tiennent certaines espèces constamment attachées aux lieux qui les ont vues naître.

La fécondité des poissons est si grande, que longtemps la Hollande a couvert de ses bâtiments les mers du Nord, pour la pêche unique du hareng. Cette pêche paraît même avoir alors occupé près d'un cinquième de la population totale de cette contrée. Dans ce moment même, l'Angleterre et la France y emploient un grand nombre de matelots. Plus du tiers de ces matelots s'avancent jusque sur les côtes de l'Islande et de Terre-Neuve. Ils s'y livrent à la poursuite de ces poissons si recherchés pour nos tables, et si précieux pour le pauvre.

Il en a été de même des peuples de l'antiquité, particulièrement des Romains. Après la perte de leur liberté, on sait quel luxe les grands de Rome mirent dans le choix et la recherche des poissons dont ils ornaient les tables de leurs festins. Ils ne se bornaient pas à expédier, dans les mers voisines, des vaisseaux destinés à cette recherche ; ils firent des efforts infinis pour conserver vivants les poissons, fruits de leurs pêches et de leurs labeurs. Ils inventèrent donc les barques à réservoir et firent creuser à grands frais d'immenses viviers remplis d'eau salée. On y déposait les espèces les plus estimées des mers de la Sicile, ainsi que celles des côtes de la Grèce et de l'Egypte.

Le luxe que déployèrent à cet égard Lucien Muréna, qui dut son nom aux soins qu'il prenait des murènes, et Lucullus, surpasse non-seulement tout ce que les peuples modernes ont pu faire en ce genre, mais même tout ce que l'imagination peut faire présumer. En effet, quel souverain pourrait aujourd'hui, avec tous les progrès de la marine moderne, offrir un repas comme celui donné par le frère d'Othon à cet empereur, où seraient réunis jusqu'à deux mille plats composés de poissons rares et délicieux. Un pareil luxe ne pouvait convenir qu'à des peuples efféminés, comme étaient les Romains, déchus de leur ancienne gloire. Les grands de Rome, qui n'étaient plus occupés de victoires, mirent à honneur singulier de se surpasser mutuellement dans une somptuosité aussi extravagante que puérile. Une pareille folie précéda de peu la décadence d'un peuple placé si haut naguère, et dont l'avilissement marcha aussi vite que la grandeur.

Nous avons déjà fait observer que le soin de leurs œufs pouvait avoir quelque influence sur les migrations remarquables auxquelles se livrent, d'une manière à peu près constante, certains poissons. Du moins, le développement spontané d'une quantité considérable d'œufs dans un même lieu porte certaines espèces à s'y réunir en légions nombreuses et serrées; les pêcheurs appellent avec raison ces légions des bancs de poissons. Ces animaux, ainsi réunis, ne s'aident point entre eux. Ils se suivent seulement les uns les autres, soit par une sorte de tendance à imiter les mouvements qu'exécutent les premiers, ou les guides de cette troupe aveugle, soit parce que les mêmes besoins les attirent dans un même lieu, comme de nouveaux les en éloignent.

Ainsi rassemblés en troupes innombrables, les poissons font souvent de longs voyages, tantôt pour gagner la mer, tantôt pour remonter les rivières ou pour changer de parages. Ils s'y livrent presque toujours à l'époque du frai; mais rarement ils les entreprennent seuls. En général, ces habitants des eaux n'exécutent leurs voyages qu'en grand nombre. Il en est de même des espèces qui remontent fort avant dans les rivières, après avoir quitté le bassin des mers, où elles font ordinairement leur séjour.

Il serait intéressant de savoir si les espèces fluvio-marines, qui de la mer remontent dans les fleuves et les rivières à des époques à peu près constantes, suivent indifféremment tel fleuve ou tel autre, ou si elles ne sont pas déterminées dans leur choix par la nature, la température, la direction et le cours des eaux. Il doit y avoir à cet égard quelques motifs de préférence, car l'on ne voit guère les saumons remonter de la mer dans les ruisseaux ou les torrents qui s'y rendent, tandis qu'ils suivent constamment le cours des grands fleuves ou des rivières considérables. Sans doute il est difficile de démêler toutes les causes de cette préférence, qui ne dépend pas uniquement des dimensions des poissons, ainsi qu'on pourrait le supposer, mais d'une foule de circonstances encore peu étudiées. Aussi fixerons-nous plus tard sur elles l'attention de ceux qui peuvent prendre quelque intérêt à cet ordre de recherches.

Du reste, c'est d'une manière temporaire que plusieurs espèces de reptiles et de cétacés ont de pareilles habitudes, et se livrent à des sortes de migrations. On observe quelquefois des crocodiles à plus de trente-six lieues des côtes se jouant au milieu des eaux de la mer ; mais ils sont toujours isolés, jamais en troupes ni en bandes. Il en est de même de certaines espèces de cétacés, particulièrement des marsouins, qui s'avancent aussi dans l'intérieur des rivières, à des distances fort considérables du bassin des mers. Il y a quelques années, des marsouins, après avoir remonté la Seine jusqu'au jardin des plantes, vinrent amuser et réjouir les habitants de Paris. Ces cétacés, en fort petit nombre, étaient bornés, à ce qu'il paraît, à trois ou quatre individus au plus.

Ces voyages individuels n'ont rien de commun avec ceux qu'entreprennent les poissons en bandes toujours considérables, lorsque ces voyages sont de long cours. Quelles sont donc les causes qui les poussent à se transporter, à des époques fixes, dans des climats nouveaux, tandis que tant d'autres, constamment sédentaires, n'abandonnent jamais les lieux qui les ont vus naître.

On conçoit aisément pourquoi, à l'époque où la température s'abaisse ou s'élève d'une manière notable, certaines espèces se rapprochent des côtes ou remontent dans les rivières, ou font des trajets plus ou moins longs, pour parvenir dans des lieux dont la température est plus appropriée à leurs besoins. Mais, si cette cause était la seule qui portât les poissons à changer de pays, de pareilles migrations n'auraient certainement pas lieu dans la belle saison. Si leurs passages s'opèrent, lorsque de pareils besoins ne peuvent les y déterminer, il faut qu'ils ne dépendent pas toujours de la température. Il semblerait donc que les poissons, comme plusieurs oiseaux, seraient portés à changer de pays, par suite d'un instinct qui les y entraînerait d'une manière irrésistible.

Quant aux espéces qui se transportent d'un lieu dans un autre à raison de la température, leurs voyages sont toujours accidentels, puisque les effets qui les produisent se renouvellent à des époques qui n'ont rien de fixe ni de déterminé. Aussi ces espèces se déplacent d'une manière plus ou moins irrégulière, soit du nord vers le sud, soit du sud vers le nord, en suivant une route plus ou moins bien déterminée. Peut-être, lorsqu'elles disparaissent du littoral, elles se retirent dans la profondeur des eaux.

Il n'en est pas ainsi des maquereaux, quoique le besoin de pourvoir à leur nourriture et de trouver des lieux convenables pour y déposer leur frai semble les faire sortir de la profondeur des mers au printemps, et les porter pour lors à longer les côtes voisines. Cette époque ou celle de leur passage coïncide avec les besoins nouveaux, qui les pressent et les assiégent. Mais si ces légions de poissons venaient toutes, comme on l'a longtemps admis, des mers polaires, elles devraient se montrer aux Orcades, avant d'apparaître dans la Manche, et n'entrer dans la Méditerranée que beaucoup plus tard. Cependant la pêche du maquereau commence plus tôt dans la Méditerranée que dans la Manche. Elle n'est même abondante aux Orcades qu'à une époque plus avancée.

Il se pourrait que ce fussent des variétés différentes qui parcourussent ces divers parages. Du moins les maquereaux de la mer Baltique atteignent à peine un pied en longueur. Ceux que l'on prend sur les côtes de l'Islande sont plus petits que les individus de la Manche et de la Méditerranée. Ces derniers, les plus grands, paraissent les seuls qui fournissent aux peuples riverains une nourriture abondante.

Ces grandes tribus de maquereaux n'entrent pas cependant, comme on pourrait le présumer, dans le golfe de Gascogne, quoiqu'ils abondent depuis l'extrémité de la Bretagne jusqu'à la mer du Nord. On les voit en grand nombre dans la Méditerranée, où ils pénètrent d'une manière périodique au mois d'avril; ils y deviennent extrêmement nombreux pendant le mois de juin et une partie de juillet. Ceux que l'on pêche vers la fin de septembre et d'octobre sont si petits, qu'ils semblent avoir pris naissance dans l'année. Enfin l'on en voit parfois en novembre et même en décembre; mais l'apparition de ceux-ci paraît tenir, ainsi que le présument les pêcheurs, à l'influence des violentes tempêtes.

Une autre espèce du genre scombre, le thon, voyage également : mais ses voyages sont loin d'être bien longs, ainsi qu'on l'a gratuitement supposé. On a longtemps admis que chaque année les thons entraient dans la Méditerranée par le détroit de Gibraltar, pour s'avancer au delà du Bosphore et revenir ensuite vers l'ouest; il n'en est pas tout à fait ainsi. Si ces poissons semblent disparaître une partie de l'année, c'est qu'alors ils habitent la profondeur des mers, comme les maquereaux, avec lesquels ils ont de grandes analogies. Seulement, lorsque l'influence du printemps se fait sentir, ils quittent leurs retraites profondes, se rapprochent de la terre, et en côtoient les bords : les uns et les autres y deviennent souvent la proie des requins.

Dans un grand nombre de localités des côtes de la Méditerranée, les thons apparaissent au printemps. Ils se dirigent tous vers l'Orient, tandis qu'à la fin de l'été ou en automne, on les voit suivre une direction opposée. Ainsi, sur les côtes du Roussillon, du Languedoc et de la Provence, on fait une pêche d'arrivée, depuis le mois de mars jusqu'en juillet, et une seconde pêche dite de retour, depuis le milieu de juillet jusqu'à la fin d'octobre et même de novembre.

D'un autre côté, dans plusieurs parties de la Méditerranée, la pêche des thons commence beaucoup plus tard, c'est-à-dire, en novembre, et se continue jusqu'en décembre. La rareté de cette espèce dans l'Océan, malgré son abondance dans la Méditerranée, annonce qu'elle doit peu voyager.

La pêche du thon était dans les temps anciens une source de richesses pour les côtes de l'Espagne, et dans les temps actuels, elle est également d'une grande utilité aux habitants des côtes du midi de la France, aussi bien qu'à ceux de la Sicile et de la Sardaigne. Elle est d'autant plus profitable pour eux, qu'il est une infinité de lieux de la Méditerranée où le thon ne disparaît que pendant les rigueurs de l'hiver. Telles paraissent être les côtes des environs de Nice, où l'on pêche du thon à peu près constamment, et où l'on en mange toute l'année, à l'exception de la saison des frimas.

Cette disparition momentanée des thons, qui s'enfoncent l'hiver dans la profondeur des eaux, où ils trouvent probablement une température plus élevée qu'à la surface, par suite des lois particulières à ce liquide, est loin d'être exclusive à ce poisson. Elle est commune à d'autres espèces marines et des eaux douces, ainsi qu'on le peut voir dans les tableaux des passages de ces animaux.

D'autres espèces nous présentent des lois de distribution, qui, quoiqu'en apparence différentes de celles-ci, sont cependant déterminées par des circonstances du même genre. Ainsi, l'hiver d'Alger, tout chaud qu'il est, n'en a pas moins ses jours de pluie. L'eau qui tombe forme, par intervalles, des flaques plus ou moins considérables dans lesquelles vivent des reptiles. En été, ces animaux privés d'eau ou fatigués par un soleil brûlant, sont obligés de rentrer dans le sein de la terre, pour échapper aux ardeurs du jour, précisément comme, dans nos mois de glace, les poissons des eaux douces s'enfoncent dans la vase afin de ne pas mourir de froid.

Les habitudes des reptiles de l'Algérie et probablement de beaucoup d'autres animaux de diverses contrées nous font concevoir pourquoi les poissons des mers, des pays même tempérés, s'enfoncent dans la profondeur des eaux pendant la rude saison. Ainsi, tandis que l'ordre des reptiles batraciens est estival dans le nord de la France, comme les thons et les autres espèces qui ont les mêmes habitudes, il est au contraire hyémal en Algérie et probablement dans les autres contrées de l'Afrique.

Ces mœurs sont communes à un grand nombre d'animaux des autres classes : par exemple, chez les insectes, qui se cachent entre les racines des plantes ou dans la terre pendant les grosses chaleurs, et qui hivernent ainsi pendant l'été. Les chenilles de la pyrale de la vigne ont aussi cette habitude, assez ordinaire chez un grand nombre d'insectes. Ainsi se lient et se rattachent par un lien commun les phénomènes en apparence les plus opposés.

Des habitudes non moins particulières signalent quelques poissons de la Nouvelle-Zélande. On assure que certaines espèces du genre des *boleophtaleon* montent sur les arbres pour poursuivre leur proie, à peu près comme le font les petits lézards. Quant aux flectognathes de la même contrée, leurs espèces sont organisées pour vivre au milieu des rocailles de la mer. Ces poissons nagent difficilement à raison des piquants durs, aigus, qui couvrent leur corps, et qui sont analogues à ceux du hérisson. Ils peuvent les allonger et les redresser dans l'air ou dans l'eau, selon ce qui peut leur être nécessaire.

On sait que les marsupiaux, particulièrement les

kanguroos, caractérisent les mammifères de la Nouvelle-Hollande, et qu'avec eux vivent un grand nombre d'espèces des terres sèches et découvertes. Leur organisation annonce que l'on doit rencontrer peu d'eau dans le pays qu'ils habitent. Une influence contraire semble s'être exercée sur les espèces de la Nouvelle-Zélande, qui sont pour la plupart aquatiques. Elles ont même l'instinct de s'enfoncer dans la vase à l'époque des chaleurs, ou lorsque les rivières se dessèchent, et d'y rester engourdies jusqu'à la saison des pluies. Mais, dès qu'elles arrivent, une multitude de batraciens font entendre leurs voix glapissantes, et un grand nombre d'espèces de gabioïdes, de cyprins et d'apodes, rendus à la vie et au mouvement, animent et remplissent les eaux disséminées sur le sol de la Nouvelle-Zélande.

S'il est des poissons qui se livrent d'une manière constante à des migrations ou à des voyages plus ou moins étendus, d'autres au contraire semblent tout à fait sédentaires et fixes dans les lieux qui les ont vus naître. Dans les tableaux joints à ce travail nous avons porté l'attention sur les espèces qui ne participent point à l'humeur voyageuse des premières. Cette fixité annonce que celles-ci déposent leur frai dans les lieux de leur naissance parce qu'elles y trouvent les conditions nécessaires à leur existence.

Parmi les espèces sédentaires, on découvre aussi

bien des poissons de mer que des eaux douces; leur genre de station est donc tout à fait indifférent sur leurs habitudes. Il est cependant digne de remarque que les poissons les plus généralement répandus vivent tour à tour dans le bassin des mers, ainsi que dans le sein des fleuves, des rivières et des torrents. Tels sont les anguilles et les saumons, que l'on rencontre dans les contrées les plus diverses et les plus opposées en température.

Parmi les espèces marines sédentaires, nous citerons le merlan, le muge, le loup, le rouget, la sole et même le turbot. Ces poissons et une foule d'autres n'abandonnent presque jamais les côtes du midi de la France, à l'exception de l'hiver, où ils s'enfoncent dans la profondeur de la mer. Quoiqu'ils vivent constamment dans les mêmes parages, ils ne se rencontrent pas toujours à portée des côtes. Ces poissons s'en éloignent plus ou moins, d'après la qualité des eaux, la marche de la température et les variations des saisons.

Enfin parmi les espèces des eaux douces, que l'on pêche à peu près constamment dans les mêmes eaux, on peut citer principalement la carpe, la tanche, le brochet, le barbeau et la perche. Il n'est pas cependant toujours possible de saisir ces divers poissons pendant toutes les saisons, puisque, lorsque la température s'abaisse à un certain terme, plusieurs s'enfoncent dans le sable ou dans la vase. Ces animaux, à peu près engourdis comme les espèces hivernantes, y passent des temps plus ou moins longs sans prendre la moindre nourriture. Ils sont dans un état particulier de torpeur qui mériterait d'attirer l'attention des physiologistes. Cette sorte d'engourdissement périodique est fréquente chez la carpe, poisson devenu fameux par sa longévité. On en connaît qui paraissent avoir vécu au delà de cent cinquante ans ; du moins Buffon assure en avoir vu de cet âge dans les fossés de Pontchartrain.

De pareilles habitudes semblent communes à la morue, à ce poisson des mers du Nord dont la fécondité inépuisable occupe tant de bras, ainsi que des milliers de vaisseaux. Cette espèce se retire pendant l'hiver dans la profondeur des eaux. Seulement pendant la belle saison, le besoin de déposer leur frai et de pourvoir à leur subsistance attire les morues auprès des côtes et des bas-fonds, où elles espérent trouver les capelans, dont elles font leur pâture habituelle.

Là de nouveaux dangers les attendent; elles y succombent d'autant plus facilement que leur voracité est extrême. En effet les morues se jettent avec avidité sur les lignes. Elles n'attendent même pas qu'elles soient amorcées (1). Aussi un pêcheur un

---

(1) On amorce les lignes destinées à prendre la morue avec le capelan, le maquereau, le hareng et le calmar. On coupe ces poissons et ces mollusques par morceaux, et on leur donne la forme d'un petit poisson pour charger le hameçon.

peu habile en prend souvent jusqu'à quatre cents par jour. Ces poissons voyagent peu; ils sont presque fixes et sédentaires, soit sur les côtes de l'Islande, soit sur le fameux banc de Terre-Neuve, où leur nombre est réellement prodigieux.

Ces faits et ceux que nous allons rapporter prouvent que les voyages auxquels se livrent certains poissons n'est pas un phénomène simple, puisqu'il est sous l'influence de plusieurs causes. Parmi ces causes on peut signaler la température des eaux, dépendant plus ou moins de celle de l'atmosphère, le besoin d'une nourriture plus appropriée à leurs nouveaux appétits, enfin cet instinct qui pousse certaines espèces à aller déposer leur frai ailleurs que dans les lieux où elles ont pris naissance.

Telles paraissent être du moins les circonstances physiques les plus influentes sur des voyages qui ne sont pas moins remarquables par leur étendue que par leur constance et leur périodicité. Ces longues migrations paraissent avoir seulement lieu chez les animaux qui habitent les éléments les plus mobiles, les oiseaux et les poissons, les êtres les mieux organisés pour la facilité et la rapidité des mouvements. Cette circonstance n'a donc pas été sans influence sur les voyages des habitants des airs et des eaux.

On peut d'autant plus le supposer que de pareilles excursions n'ont pas lieu chez les mammifères, et encore moins chez les reptiles, les plus mal organisés des vertébrés sous le rapport des appareils du mouvement. Une circonstance importante vient prêter son appui à cette supposition, c'est celle que présentent les insectes parmi les invertébrés. Ces animaux ont été admirablement bien organisés sous le rapport de leurs appareils locomoteurs. Ils sont à peu près les seuls des invertébrés qui se livrent à de grands voyages. Toute la différence que leurs excursions présentent avec celles des oiseaux et des poissons, c'est qu'elles n'offrent jamais chez les insectes ni la périodicité ni la constance qui caractérisent les migrations des premiers. On ne connaît guère chez les insectes comme chez les oiseaux et les poissons, d'espèces réellement émigrantes, c'est-à-dire exécutant des voyages à des époques fixes et déterminées. Celles qui s'y livrent le font accidentellement, et sont par cela même des espèces erratiques. On ne voit pas non plus chez ces invertébrés des races cosmopolites. Celles au contraire qui ne quittent jamais les lieux qui les ont vues naître, et qui sont sédentaires, y sont des plus nombreuses.

Quelques circonstances, dépendant de la température et de la pression des eaux des mers sur les poissons et les autres animaux marins qui y vivent à des profondeurs inégales, sembleraient devoir mettre obstacle aux migrations de ces animaux.

Sans doute la température des mers n'est point exposée à des changements aussi brusques que celle de l'atmosphère; mais les variations des climats, suivant les saisons, n'y sont pas moins sensibles; seulement elles y sont moins considérables. C'est un fait dont on peut facilement s'assurer, en comparant les tables des températures de la mer sur une côte quelconque avec les températures de l'air dans les mêmes localités. Les animaux marins ne sont donc pas exposés comme les animaux qui respirent l'air en nature, à la nécessité d'un changement d'habitation, d'après les seuls effets des changements dans la chaleur.

Cependant la température de la mer est nécessairement sujette à de plus grandes variations dans les eaux peu profondes que dans les hautes mers. Il doit s'ensuivre que les poissons et les autres animaux marins qui vivent de préférence sur les bas-fonds changent plus souvent de demeure que ceux qui vivent dans la haute mer, ou du moins dans les plus grandes profondeurs habitées. Il en est cependant tout le contraire; en effet, les races pélagiennes voyagent presque constamment et se livrent à de grandes migrations, dont l'étendue et la constance ont quelque chose de merveilleux.

Les espèces littorales se déplacent aussi comme les pélagiennes; mais leurs excursions peu considérables paraissent tenir ou à ce qu'elles ne sont pas organisées de manière à supporter tous les changements de température, ou à ce qu'elles sont chassées de leurs demeures par l'agitation et le roulis des vagues. Aussi les voit-on se réfugier dans des mers plus profondes, ou se retirer dans des baies ou des criques tranquilles pendant les ouragans. Quelquefois elles se rendent, après de grandes tempêtes d'une longue durée, dans les embouchures des rivières, où elles ne pénètrent jamais dans les temps de calme.

Les animaux marins qui habitent les bas-fonds près des côtes, quoique exposés aux changements dont nous venons d'apprécier les causes, vivent cependant à des profondeurs d'eau plus constantes que les espèces pélagiennes. Celles-ci, dans leurs longues traversées, parcourent néanmoins des zones d'eau de profondeurs très-inégales et bien différentes de celle où elles sont plongées pendant les moments où elles sont stationnaires.

Ce fait est d'autant plus extraordinaire que, d'après les observations curieuses de M. Biot sur les gaz contenus dans la vessie natatoire des poissons, ces gaz varient suivant les profondeurs auxquelles ces animaux vivent habituellement. En effet, ces vessies ne sont point remplies d'air atmosphérique, mais d'azote presque pur chez les espèces qui stationnent près de la surface. Celles des individus qui se tiennent dans des profondeurs de cinq cents à six cents brasses sont remplies d'un mélange de près de neuf parties d'oxygène sur une d'azote.

D'après ces faits, ces derniers, qui ne peuvent se procurer de l'azote dans les grandes profondeurs, tandis qu'il abonde près de la surface, à raison de ce que l'air atmosphérique y est plus abondamment disséminé que vers le fond de la mer, ne devraient pas pouvoir l'abandonner sans danger. Il est possible pourtant que, si les poissons des grandes profondeurs consomment une petite portion de l'oxygène faisant partie de l'air atmosphérique, les intervalles entre les absorptions soient si grands pour ces animaux, et la quantité d'oxygène qui leur est nécessaire si petite, qu'un petit volume d'air puisse leur suffire pour des temps considérables. S'il en était ainsi, on aurait une preuve de l'appropriation des organes des animaux aux conditions dans lesquelles ils se trouvent placés.

Cette supposition n'est pourtant guère admissible relativement aux espèces pélagiennes qui se livrent à de grandes et de longues migrations. Tout au plus peut-on supposer qu'elles sont organisées de manière à supporter de pareils changements dans la quantité d'air soumis à leur respiration. La diversité des gaz contenus dans les vessies natatoires des poissons indique qu'il existe une grande différence entre les matières gazeuses disséminées dans l'eau de la mer à diverses profondeurs, du moins en ce qui regarde les quantités relatives d'oxygène et d'azote.

Il ne faut pas croire que les poissons pourvus de vessies natatoires soient susceptibles de s'élever dans l'eau à la hauteur qui pourrait leur plaire, et qu'ils puissent en conséquence se procurer toute la quantité d'air disséminé dans ce liquide qui leur est nécessaire. En effet, quoique les poissons puissent monter et descendre à volonté entre certaines hauteurs, leurs habitations sont limitées, suivant les espèces, à des zones d'eau d'une certaine épaisseur.

Ces animaux, ou du moins le plus grand nombre d'entre eux, montent et descendent dans l'eau en dilatant ou comprimant les gaz contenus dans leur vessie natatoire ; lorsque ces gaz ont acquis par la pression une densité égale à celle de l'eau ambiante, ils ne peuvent pas descendre plus bas. Les poissons ne le pourraient qu'en faisant de grands efforts musculaires. Il leur serait également difficile de s'élever au delà d'une certaine hauteur. Aussi M. Pouillet prétend que le gaz contenu dans les vessies natatoires des poissons pêchés à la profondeur de mille mètres, c'est-à-dire, sous une pression égale à peu près à cent atmosphères, augmente tellement de volume en arrivant à la surface, que tout effort musculaire ne pouvant le contenir, il s'échappe en refoulant la vessie, l'estomac et les organes voisins, qui sortent par la gueule, en formant un ballon fort singulier.

Les diverses espèces de poissons ne sont probablement pas les seuls êtres marins dont l'habitation soit limitée à de certaines hauteurs d'eau déterminées. Il en est peut-être ainsi de tous les animaux qui vivent dans l'Océan. La pression et la température changeant avec la profondeur, il n'est pas plus facile à un animal, quel qu'il soit, de vivre tout aussi bien près de la surface de la mer qu'à mille brasses de profondeur, qu'il ne le serait à un homme de respirer aussi aisément à mille mètres d'élévation que dans les plaines.

Lorsqu'on étudie l'ensemble de l'organisation animale, on voit que les espèces paraissent formées pour supporter une pression particulière soit d'air, soit d'eau. Cette pression est celle qui se rencontre dans l'habitation propre à chacune d'elles. Les animaux qui vivent dans l'atmosphère paraissent, toutes choses égales d'ailleurs, moins souffrir d'un changement vertical d'une hauteur déterminée que ne le feraient des êtres vivant dans l'eau. Ainsi les aigles et les vautours, habitués à planer à de grandes élévations, peuvent vivre au niveau de la mer, tandis qu'il est très-douteux qu'un requin pût se maintenir longtemps à de grandes profondeurs. Il se pourrait pourtant que les poissons carnassiers fussent organisés de manière à supporter plus facilement de tels changements, par la nécessité où ils sont de rechercher leur proie à différentes hauteurs d'eau.

Les poissons ne peuvent donc pas se tenir sans effort à quelque élévation d'eau que ce soit, si leur pesanteur spécifique du moment n'est pas exactement celle du milieu dans lequel ils se trouvent. Dès lors il est assez difficile de comprendre comment les espèces éminemment voyageuses sont cependant celles qui vivent habituellement dans les plus grandes profondeurs. Il faut donc, et l'on peut dire même, il est nécessaire, que leur organisation soit susceptible de se plier aux conditions diverses qu'entraîne la diversité de leurs habitations aux différentes époques de leur vie.

Il doit d'autant plus en être ainsi, qu'outre les changements que les poissons et les autres animaux marins éprouvent par l'effet de leurs migrations, soit dans la température, soit dans la pression, ils en ressentent de non moins sensibles dans l'intensité ou la diminution de la lumière. A la vérité, la lumière paraît moins nécessaire aux êtres qui vivent dans le sein des mers qu'à ceux des terres élevées au-dessus des eaux ; mais elle ne peut pas être inutile aux espèces qui ont des yeux. Tout au plus est-elle superflue aux poissons, aux mollusques et aux zoophytes, qui vivent habituellement dans la vase et les bancs de sable, et, qui de leur propre choix, s'en passent pendant des temps plus ou moins longs.

A part ces exceptions peu nombreuses, les animaux

des mers doivent rechercher les hauteurs d'eau, auxquelles ils trouvent non-seulement la température et la pression qui leur convient, mais encore le degré de lumière qui leur est nécessaire. On pourrait croire d'après ces faits que les eaux relativement peu profondes doivent être celles où vivent la plupart des poissons, des crustacés, des zoophytes et des mollusques qui ont des yeux. Il existe cependant de nombreuses exceptions à cette supposition, que l'on serait tenté d'admettre *à priori;* peut-être sont-elles encore beaucoup plus considérables que nous ne le présumons, les plus grandes profondeurs auxquelles parviennent les êtres vivants nous étant à peu près inconnues.

On peut toutefois supposer que les espèces qui, par suite de la profondeur où elles se tiennent ordinairement, sont à peu près privées de lumière, présentent dans leurs organes de vision des modifications telles, qu'elles sont préservées de l'inconvénient de vivre dans une obscurité relative, qui pour nous nous paraîtrait probablement complète.

Les yeux, remarquables par leur grandeur, du *pomatomus telescopium*, qui se tient à des profondeurs considérables sur les côtes de Nice, amènent à cette conséquence. Ces yeux sont construits de manière à tirer parti des moindres rayons de lumière qui peuvent pénétrer jusqu'aux lieux qu'habite cette espèce. Ils rappellent en quelque sorte sous ce rapport les organes de vision particuliers aux oiseaux nocturnes, qui sont également impressionnés par la plus petite quantité de lumière.

Mais ce qui n'est pas moins remarquable, les poissons des profondeurs ténébreuses de la haute mer voyagent et font des excursions tout aussi longues que les oiseaux nocturnes. Ce qui est non moins singulier, les uns et les autres voyagent de jour et dans le moment où le soleil répand ses plus vives clartés. Cette circonstance prouve que leurs yeux sont organisés de manière à supporter des impressions de lumière extrêmement différentes sans en éprouver aucun fâcheux effet.

Les poissons des bas-fonds ont donc bien des obstacles à surmonter, lorsque leur instinct les porte à se livrer à de longs et de périlleux voyages. Il faut, puisqu'ils en triomphent, que leur instinct soit puissant et leur organisation assez flexible, pour se plier aux effets d'influences aussi diverses que celles dont ces animaux éprouvent ordinairement l'impression.

Il en est probablement de même des autres animaux marins, particulièrement des mollusques, qui se tiennent de préférence à des profondeurs en dehors de l'action des vagues. Ces profondeurs ne sont peut-être pas très-considérables, car la pression et les autres circonstances que nous avons énumérées plus haut peuvent empêcher ces animaux de descendre très-bas dans le sein des mers.

Des faits assez nombreux s'opposent pourtant à l'admission de cette hypothèse. Les espèces que les sondes jetées dans la haute mer ramènent du fond, et celles qui y naviguent sans cesse, semblent prouver qu'elle est peu fondée. Il faut bien que ces animaux puissent se reposer et descendre dans les eaux les plus basses. Aussi n'est-il pas impossible que la profondeur des mers soit habitée par des espèces nombreuses, des genres entiers peut-être, que nous ne parviendrons jamais à connaître; c'est aussi ce qui retarde le progrès de nos connaissances sur les habitudes des êtres des fonds les plus bas. Enfin, puisque la pression, la température, la lumière, la profondeur de l'eau et la quantité d'air disséminé ont une si grande influence sur l'existence des animaux marins, on pourrait présumer que, toutes choses égales d'ailleurs, les mêmes espèces doivent se trouver à des hauteurs déterminées, et sous des latitudes semblables. Ce n'est point là cependant ce qui se passe dans la nature, où nous découvrons, à quelques exceptions près, des espèces très-différentes dans des conditions qui paraissent identiques. D'un autre côté, par suite de leurs migrations, les animaux des mers traversent des zones d'eau extrêmement diverses sous le rapport de leur température et des autres circonstances mentionnées plus haut, dont l'impression a cependant de si grands effets sur leur bien-être et même sur leur vie.

Le besoin de voyager est si impérieux, non-seulement pour les poissons, mais pour la plupart des animaux, ainsi que nous l'avons déjà fait pressentir, que, lorsque le moment est venu, rien ne les arrête et ne peut mettre obstacle à l'exécution de projets déterminés chez eux par le besoin instinctif le plus impérieux. Les circonstances physiques, pas plus que les dangers qui environnent leurs migrations lointaines, ne peuvent retarder ni même déranger leur départ, lorsque le signal en est donné. Tous partent pour lors à l'envi, et semblent dominés par un instinct supérieur, qui dirige les uns à travers l'immensité des mers, comme les autres à travers les vastes plaines de l'air. Cet échange continuel des espèces d'une contrée dans une autre donne au tableau de la vie une mobilité et une variété, qui impriment à la création actuelle une beauté particulière et un charme infini, par suite de la diversité des êtres qu'elle offre à nos regards.

Telles sont les vues d'ensemble qui peuvent éclairer le phénomène des migrations des poissons. Ces vues sont principalement fondées sur les observations de détails que nous avons consignées dans les tableaux relatifs à l'époque de leurs passages. C'est là que l'on trouvera exposées toutes les circonstances qui les déterminent et les régularisent. Il nous a paru qu'elles seraient mieux comprises, étant distribuées de cette manière, la forme en tableau permettant de saisir en un clin d'œil ce qui concerne les mœurs et les habitudes d'une espèce quelconque.

La plus grande partie des faits consignés dans ces tableaux nous appartiennent en propre; ils sont le fruit de l'observation de plus de vingt années. Nous devons dire cependant que plusieurs remarques intéressantes sur les poissons de la Méditerranée nous ont été communiquées par quelques pêcheurs de nos côtes, distingués par leur esprit d'observation. Nous ne les avons admises cependant qu'après les avoir soumises à un contrôle rigoureux, et qu'aprés nous être assuré de leur exactitude.

Nous avons puisé également des documents précieux dans les ouvrages récents de Jurine (1), de Cuvier, de Valenciennes (2) et de Vallot (3), ainsi que dans les ouvrages des anciens naturalistes, sans les

---

(1) *Histoire générale des poissons du lac Léman.* — *Mémoires de la Société académique de Genève*, tom. III, pag. 133.

(2) *Histoire générale des poissons*, par Cuvier et M. Valenciennes.

(3) *Histoire naturelle des poissons d'eau douce de la France.* Dijon, 1838.

adopter aveuglément. Nous ne leur avons même accordé toute confiance que lorsque leurs observations nous ont paru confirmées par les faits d'ensemble et les faits de détail que nous avons eu l'occasion de rassembler. Malgré le soin que nous avons mis à éviter toutes les causes d'erreur, nous sommes loin de présumer y avoir complétement réussi. On sent combien il faut apporter de soins pour s'en préserver, lorsqu'on porte son attention sur des animaux d'une observation aussi difficile que le sont les poissons. Cette difficulté nous servira probablement d'excuse, si, malgré tous nos efforts, nous avons commis quelques inexactitudes.

I. *Tableau de l'époque des passages des poissons.*

OBSERVATIONS PRÉLIMINAIRES.

L'époque des passages des poissons indiquée sur nos tableaux résulte de nos observations et de celles qui nous ont été communiquées par des naturalistes instruits et des pêcheurs distingués par leur longue expérience. Elles se rapportent principalement aux espèces de la Méditerranée.

Un fait généralement admis par les pêcheurs annonce que les époques des migrations des poissons de mer doivent être bien fixes, puisque tous s'accordent sur le moment de la pêche. Si elles n'avaient rien de périodique, on ne pourrait pas savoir d'avance l'instant favorable à la dresse des filets pour prendre telle espèce de poisson. Elles sont si fixes et si constantes, que l'on ne se trompe pas sur le moment convenable pour dresser des piéges de tel ou de tel genre. Les pêcheurs comptent sur ces passages comme sur le revenu d'une rente assurée.

La constance et la régularité avec lesquelles les espèces marines se dirigent dans le même sens, et suivent toutes une direction uniforme, ne sont pas moins remarquables. En effet on voit arriver certains poissons dans la Méditerranée par le détroit de Gibraltar et aller en Italie, tandis que d'autres, tels que les anchois, les sardines et les maquereaux, apparaissent en premier lieu sur les côtes d'Espagne. Il n'est que trop connu des pêcheurs du midi de la France que dans les environs de Barcelone l'on pêche les premières et les plus belles sardines comme aussi les meilleurs anchois. Les mêmes poissons arrivent plus tard sur les côtes du Roussillon, puis sur celles du Languedoc, et enfin sur celles de la Provence; ils y sont suivis par les thons et par les squales, qui constamment viennent les derniers.

La constance de ces passages est trop frappante pour ne pas tenir à une cause dont l'influence doit se renouveler d'une manière nécessaire, comme les effets qu'elle produit ; nous avons dû chercher à nous en rendre compte. Il nous a paru qu'ici elle dépendait en partie de ce que les poissons les plus gros étaient attirés par les plus petits qui leur servent de pâture. Cette circonstance paraît d'autant plus réelle que les poissons sont à peu près tous carnassiers, et que, d'après de pareilles habitudes, on peut présumer que l'espèce qui succède ou qui se met à la suite d'une autre ne le fait que pour s'en nourrir. Aussi voyons-nous les maquereaux manger les sardines, comme les thons les maquereaux ; les thons eux-mêmes sont dévorés à leur tour par les squales, qui les poursuivent avec tant d'acharnement, qu'ils se laissent échouer sur les côtes plutôt que de tomber sous les dents cruelles de leurs ennemis.

Si cette observation venait à se généraliser, on pourrait admettre que le besoin d'une nourriture convenable entre pour beaucoup dans les migrations des poissons, et déterminerait jusqu'à un certain point celles d'un grand nombre d'espèces. En général les animaux cherchent les contrées où ils peuvent se procurer une nourriture convenable et abondante ; aussi ils les quittent dès qu'ils n'y trouvent plus de quoi satisfaire leurs appétits. Ce besoin de se transporter ailleurs est surtout pressant pour les poissons qui ne vivent qu'aux dépens d'une espèce déterminée ; ceux-ci sont forcés de suivre leur proie dans ses migrations, afin de la dévorer et de s'en repaître à leur aise.

Si les espèces sédentaires ne voyagent point, c'est peut-être parce qu'elles trouvent constamment la nourriture dont elles ont besoin dans les lieux qu'elles habitent. Aucun motif, pas plus que leur instinct, ne les porte à se déplacer, à moins que la température ne leur en fasse un besoin. Ces poissons sédentaires ne dévorent jamais les espèces de passage ou celles qui se livrent à des migrations constantes et périodiques.

Il en est donc des poissons comme des oiseaux. On peut distinguer leurs espèces en émigrantes, erratiques, cosmopolites et sédentaires. En effet, un assez grand nombre de poissons exécutent des migrations périodiques dont la constance est aussi réglée que l'époque à laquelle elles ont lieu. Parmi ceux-ci on doit distinguer ceux qui, comme le thon (*scomber thymnus*), vivent constamment dans la Méditerranée, quoiqu'ils y fassent deux passages aussi réguliers que les maquereaux, qui arrivent de l'Océan dans le sein de cette mer intérieure. D'après la périodicité de leurs migrations périodiques, les uns et les autres sont de véritables espèces émigrantes; tandis que si on les envisage sous le rapport de la fixité de leurs habitations, on doit les ranger parmi les races sédentaires.

Pour caractériser d'un seul mot ce que ces habitudes, toutes particulières aux poissons, ont de distinctif, on pourrait nommer les espèces qui en présentent de pareilles, *sédento-émigrantes*. Le nombre des habitants des eaux qui ont de pareilles habitudes paraît borné à ceux qui vivent dans le sein des mers. Les poissons entraînés par leurs voyages périodiques dans les eaux douces ne peuvent pas être confondus, sous le rapport de leur genre de vie, avec les races sédento-émigrantes. En se transportant ainsi des mers dans les fleuves, ils changent évidemment d'habitations, et ne peuvent dès lors être considérés comme stationnaires. Il en est de même de toutes les espèces qui, par suite de leurs passages, se rendent de l'Océan dans la Méditerranée et changent par cela même de demeure. Il en est également de celles qui, dans leurs longues traversées, parcourent les diverses parties de l'Océan; ces espèces éprouvent nécessairement les effets de la diversité du milieu dans lequel elles sont tour à tour plongées.

La plupart des poissons sédentaires de la Méditerranée ont des habitudes analogues à celles du thon; les uns et les autres se retirent dans les profondeurs de la haute mer à de certaines époques de l'année : elles semblent disparaître ainsi de la scène animée. Ces espèces ne diffèrent entre elles que sous le rapport de l'époque à laquelle leur disparition a lieu : les soles et les limandes, essentiellement sédentaires, quittent les côtes de la Méditerranée pendant les mois de juillet et d'août pour se retirer vers la haute mer, où elles s'enfoncent, ainsi que le thon, vers le commencement de l'automne. Le turbot (*rhombus vulgaris*) et le merlan (*gadus merlangus*), dont les habitudes sont à peu près les mêmes, offrent cependant cette différence avec les autres espèces que nous venons de signaler : elles n'habitent les grandes profondeurs que pendant les grands froids de l'hiver. Le poisson de Saint-Pierre (*zeus faber* Linn.), l'espadon, le pagel et la baudroie, et une foule d'autres sont dans le même cas.

Certains poissons des eaux douces imitent à cet égard les espèces marines ; on les voit s'enfoncer au-dessous des rochers, dans la vase ou dans les fonds sableux, lorsque le froid fait sentir ses rigueurs. De pareilles mœurs sont communes aux espèces qui habitent les eaux courantes et à celles qui fréquentent les lacs ou les étangs salés. Les poissons qui se trouvent le plus ordinairement dans les fleuves les quittent peu d'une manière constante à l'approche de l'hiver. Ils se rendent rarement dans l'Océan, pour l'abandonner au printemps ou à l'époque du frai.

Enfin existe-t-il des poissons erratiques comme il y a tant d'oiseaux ? Leurs passages sont-ils accidentels et déterminés par l'abaissement ou l'élévation de la température ou le manque de nourriture ? On peut répondre à cet égard que sans doute la plupart des voyages qu'exécutent les poissons sont en général périodiques et fixes ; mais que, chez certains autres, ils ont lieu d'une manière tout à fait irrégulière. Ces espèces sont en moindre nombre lors de leurs excursions que les races émigrantes, par suite des inégalités de l'action des causes qui les portent à se déplacer. Parmi ces causes on peut comprendre la température, le besoin de nourriture, ou celui de se reproduire et de perpétuer leur race, dont les effets ne peuvent pas être sensibles chez un grand nombre d'individus d'une manière simultanée.

Il en est tout différemment des migrations qui sont déterminées par un instinct propre à chaque espèce. Aussi les voyages qui en sont la suite ont lieu à des époques si bien réglées, qu'on peut en prévoir le retour d'une manière toute aussi certaine qu'on peut le faire à l'égard des saisons.

Quelques conditions particulières semblent déterminer les migrations des poissons. Du moins tous ceux qui en opèrent de considérables sont uniquement des espèces carnassières, peut-être parce que celles-ci peuvent trouver partout le genre de nourriture qui leur convient. Cette circonstance ne peut pas pourtant exercer une grande influence sur les habitudes instinctives de ces animaux ni déterminer leurs migrations. Il en est également de la chaleur, d'autant que les couches d'eau s'échauffent beaucoup moins que les terres sèches. Leurs masses restent par cela même dans une température d'autant plus uniforme, que l'air est continuellement échauffé par le rayonnement du sol. Dès lors un changement d'habitation dans des zones de chaleur différente est moins nécessaire chez les poissons qu'il peut l'être chez les espèces terrestres.

Cette plus grande uniformité dans la température de l'Océan est entretenue d'ailleurs par sa mobilité et son agitation continuelles. Cette agitation mêle sans cesse les eaux d'une région avec celles des autres zones. Elle contribue ainsi à maintenir les poissons dans les lieux où ils ont été primitivement placés. Du moins le besoin d'aller trouver ailleurs une température différente ne les presse pas comme les oiseaux, soumis à des influences plus diverses et plus variées. Aussi les effets de cette cause sont moins sensibles chez les poissons qu'ils ne le sont chez les oiseaux, qui franchissent toutes les distances et parcourent tous les climats.

On est cependant étonné que des animaux dont l'agilité est extrême soient assez fixes dans les zones où la nature les a placés, lorsqu'on voit certains d'entre eux voguer au milieu des ondes liquides, au gré des vents, sans but comme sans projets. Ainsi les orbes, lorsqu'ils sont gonflés, nagent le ventre en dessus et le dos en dessous. Ils ne peuvent donc pas se diriger ni suivre une route déterminée; cependant ils quittent peu les mers des pays chauds. S'ils restent constamment dans les mêmes parages, ils changent néanmoins de position, lorsque la température des eaux où ils voguent, comme des ballons remplis d'air, a changé d'une manière notable.

Si l'on compare les inégalités de température que peuvent supporter les poissons avec celles qu'éprouvent les oiseaux, non pas d'une manière graduée, mais instantanée, on est frappé de l'extrême différence qui existe sous ce rapport entre les deux classes. Elle est si grande, qu'elle nous fait concevoir pourquoi il est tant de poissons tout à fait sédentaires, et si peu d'oiseaux qui aient de pareilles habitudes.

Citons quelques exemples afin de faire concevoir combien les impressions auxquelles sont soumis ces deux ordres de vertébrés sont diverses. Le condor (*vultur grypus*) parvient dans la chaîne des Andes à l'élévation de 7,112 mètres, et peut-être dans des régions encore plus élevées, où le baromètre se soutient à peine à 0,^{m}325. Cet oiseau vole, en tournant pendant des heures entières dans les hautes régions où l'air est extrêmement raréfié; il s'abat ensuite tout d'un coup jusqu'au bord de la mer, et parcourt ainsi en peu d'instants tous les climats. A de pareilles élévations, l'homme se trouve en général dans un état de malaise ou de faiblesse extrêmement pénible. L'acte de la respiration paraît au contraire avoir lieu chez le condor sans aucune espèce de gêne, dans des milieux où la pression diffère de plus du double, c'est-à-dire de 0,m325 à 0,m756 (de 12 à 28 pouces).

De tous les êtres vivants, cet oiseau est celui qui peut, à son gré, s'éloigner le plus de la surface de la terre. Nous disons à son gré, parce que de petits insectes sont emportés encore plus haut par la violence des courants ascendants. Si les oiseaux de proie des contrées tempérées ne parviennent pas à d'aussi grandes hauteurs que le condor, ils s'élèvent cependant parfois jusqu'à près de 3,000 à 4,000 mètres. De cette élévation ils s'abattent comme un trait sur la victime qu'ils ont aperçue du haut des airs, parcourant ainsi dans quelques instants une échelle thermométrique extrêmement étendue, en même temps que les pressions les plus diverses.

L'affaiblissement de la lumière dans les couches d'eau profondes ne permet pas aux poissons d'apercevoir leur proie à une certaine épaisseur de couches liquides; aussi ne franchissent-ils pas de haut en bas des distances aussi considérables que les oiseaux. Le feraient-ils, ils ne traverseraient pas des couches d'eau d'une température aussi inégale que les couches d'air que parcourent dans quelques instants les oiseaux de haut vol. En effet, du haut des régions supérieures de l'atmosphère ils se précipitent comme l'éclair sur leur proie, qui se trouve parfois aux bords de la mer.

Outre que les couches liquides s'échauffent moins que les couches d'air qui reposent sur les terres sèches, le rapport qui existe entre leur densité et leur température les rend beaucoup plus uniformes sous le dernier rapport. Ainsi, par suite de ces lois particulières à l'eau, ce liquide diffère peu, dans sa profondeur, de la chaleur que sa surface acquiert par l'effet des rayons solaires.

Peut-être toutes ces causes portent un grand nombre de poissons à ne pas trop s'écarter des contrées qui les ont vus naître. Les espèces littorales, ou celles qui vivent dans le sein des lacs ou dans les eaux courantes, s'en éloignent le moins. Leur organisation ne leur permet pas de supporter d'aussi grandes différences de température, ni des pressions aussi diverses que celles qu'éprouvent, sans en paraître affectés, les poissons de la haute mer.

Les conditions de température et de pression que supportent les poissons sont toutes différentes et tout autrement réglées que celles auxquelles sont soumis les oiseaux. Il y a peut-être entre les unes et les autres une aussi grande diversité qu'il en existe entre l'organisation de ces deux classes, dont l'une se fait remarquer par sa chaleur propre, l'activité de ses passions et de sa force motrice, et l'autre par sa basse température, et le peu d'énergie de ses fibres musculaires.

Les poissons, plus à l'abri des influences atmosphériques que les oiseaux, sont beaucoup moins sensibles à leur variation. Cependant les navigateurs rapportent qu'à l'approche des tempêtes, ces animaux se rassemblent souvent auprès des vaisseaux, en troupes plus ou moins considérables, ce qui semblerait annoncer une sorte de prévoyance, ou une connaissance du temps qui va survenir. Les tanches (*cyprinus tinca* Linn.) paraissent même se tenir constamment à la surface des eaux, lorsqu'il y a menace d'orage; elles font au contraire des sauts nombreux et prolongés, lorsqu'elles présagent le retour du beau temps.

Quoique ces habitudes paraissent communes à un grand nombre de poissons des eaux douces, il en est cependant plusieurs qui ont des mœurs tout à fait opposées. Ceux-ci jouent à la surface des eaux au milieu des plus fortes tempêtes, et sans que le roulis des vagues paraisse produire sur eux le moindre effet.

Le nombre des poissons sédentaires est donc plus considérable que celui des oiseaux. Ainsi non-seulement les espèces de l'Océan ne vivent pas toujours dans les mers intérieures, mais certaines espèces des méditerranées ne se montrent pas dans la grande mer. Enfin chaque mer intérieure, en si grand nombre dans l'ancien continent, a ses espèces distinctes; elles n'ont souvent rien de commun avec celles que l'on rencontre dans d'autres grands amas d'eaux salées, même très-rapprochés. Ce que nous venons de dire des espèces marines est également vrai pour les poissons des lacs ou des fleuves; il en est même plusieurs, comme l'apron commun (*perca asper* Linn.), qui se découvrent à peu près uniquement dans un seul fleuve, ou tout au plus dans ses affluents. Celui que nous venons de citer paraît borné au Rhône et à la Saône, au Doubs et à l'Alaine. Le *pimelodes Cyclopum* semble plus circonscrit dans ses stations; du moins M. de Humboldt ne l'a observé que dans un petit nombre des lacs souterrains de la chaîne des Andes. L'apron présente encore une autre singularité; il choisit de préférence pour nager les temps froids, particulièrement lorsque les vents du nord et de l'ouest soufflent avec impétuosité; ces vents sont pourtant redoutés par la plupart des autres espèces, surtout lorsqu'elles veulent opérer leurs passages.

Si un grand nombre de poissons n'abandonnent jamais les mers, ne pénétrant pas même dans les étangs salés qui ont avec elles des communications plus ou moins intimes, d'autres, au contraire, habitent à différentes époques de l'année telles ou telles de ces eaux. On peut citer, comme exemple de ces doubles stations, le muge (*mugil cephalus* Linn.); cette espèce se rencontre aussi bien dans l'Océan que dans la Méditerranée et les étangs salés. Il en est de même de la daurade (*sparus aurata* Linn.); elle se trouve du moins en grand nombre vers l'embouchure des fleuves et des rivières. Des habitudes à peu près semblables sont communes au loup (*perca labrax*) : seulement on ne le trouve pas aussi fréquemment dans les étangs salés que les autres espèces déjà citées. Ce poisson remonte moins en avant dans les rivières que le muge; comme il craint le froid, il pénètre peu dans les mers du Nord et ne dépasse pas la Manche.

Certaines espèces passent de la mer dans les fleuves à des époques assez fixes; elles s'éloignent souvent des eaux salées et remontent assez haut; telles sont les anguilles. Malgré les obstacles naturels opposés à leur marche, elles n'en parviennent pas moins jusqu'au lac de Genève, point d'où elles retournent, du moins en partie, à la Méditerranée; peut-être le Rhône leur permet de pénétrer jusqu'à la fontaine de Vaucluse, où les anguilles deviennent à peu près sédentaires, comme dans tant de fleuves dont les sources sont fort avant dans les montagnes, et près desquelles ils arrivent néanmoins. Après les anguilles on peut citer le saumon, la truite saumonée, l'alose, le brochet, l'esturgeon et plusieurs autres espèces moins connues.

Si certains poissons liés aux bassins des mers ne les quittent presque jamais, il en est de même des espèces lacustres et fluviatiles. Un grand nombre d'entre elles n'abandonnent point les eaux douces, soit les fleuves, soit les lacs; parmi celles-ci se trouvent quelques espèces qui rappellent les voyages accidentels des oiseaux, elles se transportent en effet d'un canton dans un autre pour aller se livrer aux soins de leur reproduction. On peut citer, comme exemple de ce genre d'habitudes, l'ombre commun (*salmo thymalus* Linn.) et la perche (*perca fluviatilis* Linn.).

Les espèces des eaux courantes offrent les poissons les plus délicats et le plus grand nombre de ceux qui sont tout à fait sédentaires. Il en est même plusieurs que l'on ne peut transporter d'un lieu à un autre, même très-rapproché; on ne le peut même pas lorsqu'on les maintient dans l'eau des fleuves où ils vivent ordinairement : tels sont la fera (*corregonus fera*), le lavaret (*corregonus lavaretus*), la gravenche (*corregonus hiemalis*) et tous les poissons délicats, qui meurent dès qu'on les sort de l'eau.

Nous avons déjà cité sous le même rapport le huche (*salmo hucho* Linn.) et le saibling (*salmo salve-*

linus). Nous avions reçu, lors de la campagne de Wagram, en 1809, l'ordre de les faire transporter en France; malgré toutes les précautions possibles, ces poissons, d'un goût parfait, ne purent jamais franchir, sur le Danube, la petite distance qui sépare Vienne de Lintz (environ 35 lieues).

Les Romains, qui ont mis tant d'importance à élever dans leurs viviers un grand nombre de poissons recherchés pour la bonté de leur chair, n'ont jamais songé à y réunir ces espèces délicates. Le luxe des Lucullus, des Lucius Muréna, et de tant d'autres grands personnages de Rome antique, aurait été aussi impuissant devant la fragile existence de certains poissons d'eau douce, que l'a été naguère tout le pouvoir de l'empereur Napoléon.

Les poissons exécutent les migrations auxquelles se livrent aussi bien les espèces marines que celles des eaux douces, avec un ordre non moins admirable que celui qui dirige les passages des oiseaux. Cet ordre est surtout remarquable chez les poissons qui voyagent en grand nombre, comme les harengs, les maquereaux, les sardines, les saumons et les truites. Il en est ainsi des espèces dont les passages ont lieu constamment par bandes plus ou moins considérables ; c'est ce que nous ferons sentir lorsque nous décrirons en particulier les époques des passages de ces poissons. Ceux qu'exécutent seulement par couples isolés certaines espèces ne sont pas moins admirables. L'ombre commun (*salmo thymallus* Linn.) voyage constamment de cette manière ; la femelle suit à peu de distance le mâle, qui lui fraye la marche; comme ce dernier, elle ne s'arrête que lorsqu'ils jugent avoir découvert un endroit favorable à leur reproduction.

La régularité de ces migrations est surtout digne de l'attention des observateurs lorsque les passages des poissons ont lieu, par suite d'un concours commun, à des époques périodiques ; le plus souvent ces époques précèdent le temps de la fécondation et de la ponte de leurs œufs. Il n'en est pas de même des excursions accidentelles auxquelles se livrent ces animaux ou de leurs retours vers les eaux salées ; du moins on ne voit rien de semblable, lorsque les eaux douces rendent à la mer les poissons qu'elles avaient attirés quelques instants dans leur sein.

Ces passages accidentels ne semblent pas dirigés par une seule volonté comme les excursions que l'instinct fixe et détermine d'une manière aussi constante que régulière; par suite des causes que nous avons déjà fait connaître, les poissons, même les espèces émigrantes, poussent rarement leurs voyages aussi loin que les oiseaux. En effet ceux-ci parcourent toutes les parties du globe, tandis que peu de poissons des mers d'Europe arrivent jusqu'en Amérique.

Parmi les espèces des contrées méridionales de la France qui étendent leurs migrations jusque dans le nouveau monde, on ne peut guère citer que le dactyloptère commun (*trigla volitans* Linn.). Ce poisson vit à la fois dans l'Océan et la Méditerranée; il s'avance non-seulement jusqu'en Amérique, mais même jusque dans les mers du Nord. On assure qu'on le rencontre jusqu'au delà de Terre-Neuve. Cette circonstance ne tient pas à l'étendue de ses pectorales surnuméraires, qui lui permettent de se soutenir quelques instants dans les airs. Ce mode de progression est si imparfait, que les dactyloptères ne s'en servent que quelques moments pour éviter les poursuites des bonites et des daurades. Lorsqu'ils échappent à leurs ennemis, d'autres dangers les attendent dans les airs; ils sont pour lors forcés de plonger de nouveau dans leur humide élément, où ils retrouvent les êtres qui les en avaient chassés.

Par suite de ces guerres continuelles, dont les mers sont aussi bien le théâtre que les continents, les espèces dont la fécondité est souvent étonnante, surtout celle des habitants des eaux, sont maintenues, malgré cette cause puissante, dans un état d'équilibre réellement merveilleux. Cette fixité dans la proportion et le nombre des êtres actuels est due probablement à ces combats qui mettent des bornes à leur propagation ; sans ces luttes incessantes, la création serait infinie.

Quoique les poissons paraissent étendre leurs migrations moins loin que les oiseaux voyageurs, certaines espèces les exécutent cependant avec une vitesse très-grande et longtemps prolongée. Les navigateurs remarquent souvent que leurs vaisseaux, quoiqu'à pleine voile, sont suivis par les mêmes individus à travers des parages bien différents.

Cette vitesse n'est pas uniquement propre aux poissons marins, elle est aussi le partage de ceux qui vivent dans les eaux douces. On sait avec quelle rapidité certains de ces animaux parcourent les fleuves d'un cours très-étendu et dont le lit est même embarrassé d'un grand nombre d'obstacles. Au milieu des espèces que l'on pourrait citer, le saumon est fameux sous le rapport de la vélocité de ses mouvements et de la longueur du temps pendant lequel il peut les continuer.

Si donc les poissons ne font pas des voyages aussi longs que les oiseaux, ce n'est point leur défaut d'activité, ou la faiblesse de leur puissance motrice qui les y contraint, ni les obstacles qui s'opposent à leur marche. Ces animaux ne sont pas du moins arrêtés, comme les mammifères, par des forêts impénétrables, des déserts brûlants, ni des montagnes élevées. D'un autre côté, ils trouvent dans presque toutes les mers une nourriture abondante et une température à peu près égale. Aucun obstacle puissant ne s'oppose à leurs voyages, d'autant qu'ils sont plongés dans un liquide dont la mobilité leur résiste à peine, et qui s'ouvre, pour ainsi dire, à leur approche. Mais les oiseaux ont bien d'autres avantages ; maîtres de l'océan aérien, ils le parcourent dans tous les sens et à toutes les hauteurs. L'élément dans lequel ils sont plongés leur offre encore moins de résistance que le liquide dans lequel nagent les animaux marins.

Pour s'assurer de la régularité et de la constance des migrations des poissons, et de la stabilité qui règne chez les espèces sédentaires, on commence dans plusieurs ports du royaume à tenir note de la quantité en poids métrique qui est portée au marché. A cette donnée il faudrait ajouter celle des différentes espèces capturées. Forcé d'indiquer l'époque à laquelle telle ou telle espèce aurait été pêchée, on aurait par cela même des tables toutes faites des passages de ces animaux.

Faute de pouvoir tracer de pareils tableaux, dont les administrateurs des villes maritimes du Midi sentiront l'importance, et qu'ils s'empresseront probablement de dresser, nous nous bornerons à faire connaître la quantité en poids métrique du poisson frais reçu à Marseille depuis 1823 jusqu'en 1840.

Cette quantité consommée dans cette ville ou consacrée à la salaison se compose de tout ce qui a été pesé sur le marché de cette ville. Elle comprend tout le tribut que la mer a donné chaque année à l'activité des pêcheurs.

La période de dix-sept ans qu'embrassent ces tableaux présente quelques variations dans le produit de la pêche. En thèse générale, elles se sont maintenues dans des *minima* et dans des *maxima* qu'elles ont plus ou moins conservés. Les *maxima* n'ont été atteints que pendant six années sur les dix-sept, tandis que onze années ont offert des *minima* qui dans cet intervalle ont éprouvé une diminution une seule fois, en 1832. L'année 1825 a présenté le plus grand des *maxima* qui ait eu lieu dans la pêche du poisson observée à Marseille. La quantité s'en est élevée à 2,856,750 kilogrammes. D'un autre côté, l'extrême *minima* de cette pêche a eu lieu en 1832, qui n'a produit que 926,570 kilogrammes. Il y a donc eu entre ces deux extrêmes une différence de 1, 930,180 ; cette quantité a été supérieure à celle du produit des années où la pêche a donné les plus faibles résultats. Cette circonstance, remarquable tient probablement à quelques accidents de localités qui n'ont pas été appréciés par les administrateurs auxquels nous devons ces données.

De 1826 à 1827, le chiffre est resté le même. En

1828, il y a eu décroissance jusqu'en 1832. De 1833 à 1837 inclusivement, la pêche a été progressive. L'année 1837 a été, après celle de 1825, l'époque à laquelle on a pesé le plus de poissons à Marseille. Le chiffre s'est élevé à 2,473,830 kilogrammes. Le choléra, qui à cette époque a affligé Marseille, ne paraît pas avoir nui à la multiplication des poissons, ni à leur abord dans ses parages. Ce fait est d'autant plus probable que le chiffre de cette pêche n'est pas au-dessous de celui qu'il aurait dû présenter. En effet, pendant cette cruelle maladie, les pêcheurs se sont peu livrés à leurs travaux, indépendamment de ceux qui ont succombé à ce fléau.

Voici le tableau des dix-sept années d'observations que nous devons au zèle éclairé de M. Loubon, adjoint à la mairie de Marseille (1) :

En 1823, il a été pesé.	1,491,250	kilogr.
1824	2,004,400	
1825	2,856,750	
1826	1,530,050	
1827	1,534,600	
1828	1,342,550	
1829	1,215,250	

(1) *Répertoire des travaux de la Société de statistique de Marseille*, tom. IV, pag. 212.

1830	1,281,310
1831	1,175,660
1832	926,570
1833	1,449,950
1834	1,711,800
1835	1,736,950
1836	2,183,750
1837	2,473,830
1838	2,203,170
1839	2,127,165

Outre ces documents précieux et qui pourraient le devenir plus encore, M. Negrel-Ferrand avait communiqué à la société de statistique de Marseille un tableau qui se rattachait aux années 1811 à 1814 inclusivement. Le recouvrement du droit de pesage n'ayant pas été effectué en 1815, et ce droit étant resté sans effet pendant les années suivantes jusque et y compris celle de 1822, des documents n'ont donc pas pu être obtenus pour ces années; ils sont cependant complets, sous le rapport des pesées, pour les années qui ont suivi celle de 1822 jusqu'en 1840 (1).

L'état des quatre années de 1811 à 1814 n'amène qu'à une quotité moyenne de 1,178,775 kilogrammes

---

(1) *Répertoire des travaux de la Société de statistique de Marseille*, tom. 1er, pag. 61 et 64.

de poisson frais. Le tableau des poissons pesés depuis 1823 jusqu'à 1839, c'est-à-dire pour dix-sept années, donne une moyenne de 1,720,882 kilogrammes par année. C'est là le produit annuel de la pêche qui se fait maintenant à Marseille. Ce résultat, plus considérable que le premier, tient sans doute au grand accroissement que la population de cette ville a pris ces dernières années. Il ne peut tenir à une augmentation dans les passages des poissons; car ces animaux, comme tous les êtres vivants, se maintiennent dans un état d'équilibre et de stabilité qu'on ne leur voit pas dépasser.

L'accroissement du produit de la pêche, dans ces derniers temps, dépend donc du nombre des bâtiments et des marins qui s'y adonnent. Il ne prouve pas que le tribut de la mer ait augmenté, mais qu'on s'occupe avec plus d'activité à le rendre le plus considérable possible. La moyenne de 1,720,882 kilogrammes, calculée sur dix-sept années, est plus grande que celle des *minima* de la plupart des onze années, sur les dix-sept où elle s'est reproduite, à l'exception pourtant des années 1831 et 1836.

Nous désirerions faire connaître quelle est sur cette quantité celle qui se rapporte à telle ou telle espèce de poisson. Faute de cette donnée, on peut juger du nombre des thons et des sardines que l'on pêche à Marseille, en considérant que, quoique cette ville ait environ 150,000 habitants, et que ces poissons y soient d'une consommation journalière et habituelle, on en pêche néanmoins une si grande quantité qu'on est obligé d'en saler la moitié (1). Enfin 4,000 quintaux métriques de sardines y sont employés comme appât pour la pêche du palangre, ce qui donne un aperçu du nombre que l'on en pêche pour les usages ordinaires et les salaisons.

Avant de terminer ces observations générales, on nous permettra de porter encore l'attention sur la quantité de poisson que l'on pêche dans les environs de Marseille; on a pu s'en former une idée d'après le détail que nous avons donné du nombre que l'on en porte au marché de cette ville. Ce nombre prouve à quel point les côtes rapprochées de cette ville doivent être poissonneuses; nous ajouterons qu'elles offrent également une grande variété dans les espèces qui les fréquentent.

Les pêcheurs provençaux divisent les poissons qui arrivent sur les côtes du département des Bouches-du-Rhône, en six ordres principaux :

---

(1) Une certaine quantité du poisson porté sur les marchés publics à Marseille sert à la nourriture de la partie de la population de l'arrondissement de cette ville; or cette population est d'environ 180,000 habitants, ce qui annonce que la consommation de cet ordre d'animaux doit être plus considérable que celle que nous avons supposée.

1° En *pei blanc* ou poisson blanc. Sous ce nom ils comprennent généralement tous les poissons peu colorés, parmi lesquels viennent se ranger plusieurs spares et quelques espèces de la famille des persèques; on peut citer les athérines, les sphyrènes, dont une espèce assez commune dans la Méditerranée y est connue sous le nom de *spet* ou de *brochet de mer*, les muges ou mullet (*mugil cephalus*), le loup (*perca labrax*), les ombrines (*sciæna cirrhosa*) et l'aigle (*sciæna aquila*). On peut encore signaler les vives (*trachinus draco*); un spare nommé cailleti est aussi compris par les pêcheurs de Marseille dans ce qu'ils appellent *pei blanc*.

2° En *pei rouge* ou poisson rouge. Dans cette classe se rangent les mulles, particulièrement le rouget (*mullus barbatus*), le surmulet (*mullus surmuletus*) et le rouge (*mullus ruber*). Toutes ces espèces sont portées sur les marchés de Marseille toute l'année. On y comprend encore les trigles, surtout le grondin, connu en Provence sous le nom de *cabote* en raison de sa grosse tête (*trigla lyra* Linn.), les malarmats (*trigla cataphracta*), les pirabèbes (*trigla volitans*) et enfin les spares à couleurs vives et rougeâtres.

3° En *pei séran* ou poisson sauvage. A cette classe se rapportent les poissons les plus voraces et les plus dangereux. Les squales ou les requins sont à la tête de cette catégorie ; après eux on y comprend les raies et les murènes.

4° En *pei de guangui* ou poisson de guangui. Ici viennent se ranger toutes les espèces que l'on *pêche* avec un filet désigné vulgairement sous le nom de guangui : tels sont les labres, les lutjans, les scorpènes et les holocentres.

5° En *pei de madrago* ou poisson de madrague. Ce sont les espèces que l'on prend dans les madragues : ce sont les scombres, surtout les thons, les maquereaux, les caraux (*caraux trachurus*), et les clupées telles que les sardines et les anchois.

6° En *pei de palangré* ou *de tartano*, c'est-à-dire en poisson de palangre ou de tartane. On comprend ici toutes les espèces de trigles ou de spares pêchées avec le filet nommé *palangre*, sorte d'ustensile ou d'engin dont sont pourvus les bateaux pêcheurs nommés tartanes.

Dans cette classification, les pêcheurs ont eu plus d'égard aux procédés qu'ils suivent pour prendre les poissons et à leurs nuances qu'à des considérations propres à faire saisir la diversité de leurs espèces. Ce genre de distribution rend la statistique des époques où paraissent telles ou telles espèces plus difficile à établir, puisque l'administration n'enregistre les poissons apportés au marché que d'après les désignations que nous venons de rappeler.

Quelques administrateurs comprennent cependant l'intérêt scientifique que pourraient présenter ces tableaux statistiques s'ils étaient établis sur d'autres bases. En attendant que cette rectification soit opérée, voici quelques observations que nous devons à l'obligeance de M. Loubon, administrateur de Marseille; leur importance est trop facile à saisir pour insister plus longtemps à cet égard.

La lamproie (*petromyzon maximus*), en provençal *lamproue*, est le seul poisson du genre des *petromyzon* qui fréquente les côtes de la Provence. Il y est rare; on ne l'y voit guère que pendant le mois de mars.

Les poissons abdominaux suivants se trouvent pendant toute l'année sur les côtes des Bouches-du-Rhône. Telle est la raie oxyrhynque, nommée en provençal *pissoué*, c'est-à-dire pisseuse; elle porte avec elle une odeur particulière d'urine, et est assez commune. On y confond le plus ordinairement deux espèces : la plus grande est la *raia batis* de Linné, ou *raja oxyrhyncus major* de Rondelet, et la seconde la *raia oxyrhyncus* de Rondelet, ou la raie désignée vulgairement sous le nom de lentillat. L'une et l'autre sont aussi connues à Marseille sous le nom de bec pointu qu'il ne faut pas confondre avec la raie museau pointu.

La raie miralet, désignée en Provence sous le nom de *miraiglet* (*raia miraletus*), c'est-à-dire petit miroir, est aussi commune que la raie chardon (*raia fullonica*) nommée vulgairement *cardaire*, ce qui veut dire cardeuse; la raie ronce (*raia rubus*), appelée en patois provençal *clavelado*, ou clouée, à raison de ce qu'elle est armée sur le dos et le long de la queue de gros aiguillons que l'on a comparés à des clous en fer; la raie museau pointu (*raia acuta*) se trouve également avec les autres espèces pendant toute l'année.

Il en est de même de la raie aigle (*raia aquila* ou *mylobatis aquila*); celle-ci appelée vulgairement *rato pennado*, ce qui veut dire chauve-souris, est aussi désignée sous le nom de *mounino* ou de singe. La première de ces dénominations est assez justifiée par une queue beaucoup plus longue que la tête et le corps tout ensemble; la queue de ces poissons est arrondie, terminée par un fil délié; leurs nageoires sont semblables à des ailes analogues à celles de la chauve-souris. Quant au nom de *mounino*, il leur a été donné en raison de la ressemblance que la tête de ces poissons offre avec celle des singes; cette espèce assez rare l'est moins que la raie mosaïque appelée en provençal *miraiglet* : on la pêche principalement en mai et en juin. Quant à la raie pastenague (*trygon pastinaca*), désignée sous le nom de *pastenargue* et de *courge*, elle fréquente les côtes de la Provence en juillet; il en est de même de la *raie giorna* (*raia cephaloptera*), connue à Marseille sous le nom de *clavelado fero* ou raïe sauvage.

Le nom de *clavelado* peut être considéré comme le mot générique qui en Provence désigne toutes les espèces de raie; on les distingue ensuite par des épithètes particulières. Il est toutefois deux espèces de ce genre, la raie ronce et la raie bouclée (*raia clavata*), auxquelles on donne plus spécialement le nom de *clavelado* sans épithète. Quant à la torpille (*raia torpedo*) que l'on nomme en patois provençal *enoulino*, on la pêche principalement pendant les mois de juin et de juillet. On en prend une autre espèce dans le mois de février que l'on nomme *endoumiglone*, ce qui veut dire *endommagée*.

Parmi les squales, le requin (*squalus carcharias*) est le plus commun sur les côtes de la Provence; cette espèce, désignée par *lamia* ou *lami*, a un nom peu en harmonie avec ses habitudes, sa voracité et l'effroi qu'il inspire. Un de ses compagnons habituels, le squale glauque (*squalus glaucus*), n'est pas moins redoutable, ni moins terrible, à raison de sa force et de sa grandeur : il atteint jusqu'à 5 mètres. Il est d'autant plus dangereux qu'il est orné des plus brillantes couleurs, parmi lesquelles domine le bleu verdâtre. Cette couleur, analogue à la nuance des eaux de la mer dans les temps calmes, empêche de le distinguer au milieu des vagues; malheureusement pour les nageurs, ce squale est assez commun sur les côtes du midi de la France.

Le squale long nez (*squalus cornubicus*) arrive aussi à une très-grande grosseur; on en pêche dont le poids dépasse 300 kilogrammes; il fréquente également les parages de la Méditerranée. Il en est de même du squale marteau ou perlon (*sparus zygæna*), désigné en Provence sous le nom de *gat* ou de chat. L'ange (*squatina lævis*), nommé *pei-angi*, porte aussi le même nom; il s'approche principalement en été des côtes de la Provence.

Les squales roussettes, soit la grande espèce (*squalus canicula* Linn.), soit la petite roussette (*squalus catulus*), ainsi que les pantoufliers, les renards (*squalus vulpes*), l'humantin (*squalus centrina*) et la raie bouclée (*raia clavata*) sont des espèces fort rares sur nos côtes, ainsi que le poisson scie (*pristis antiquorum*), nommé en patois provençal *serro*.

Parmi les poissons jugulaires il n'y a qu'une seule espèce qui paraisse sur les marchés de la Provence; cette espèce, la lophie baudroie (*lophius piscatorius*), nommée en patois provençal *baudroull*, est assez commune sur les côtes de la Provence. Parmi les poissons thoracins, la baliste (*balistes capriscus*) est assez rare; elle paraît cependant deux fois par an sur les marchés de Marseille, en juin et septembre. La chimère arctique (*chimæra monstrosa*), désignée en provençal sous le nom de *gat* ou de chat, y est également peu abondante. Quant à l'esturgeon (*accipenser sturio*), on ne le prend guère qu'au printemps : cette circonstance et la bonté de sa chair le font singulièrement rechercher.

Parmi les poissons apodes, l'ostracion moucheté (*ostracion oculatus* Comm.) est peu commun sur les côtes de la Méditerranée, où il est tout à fait de passage accidentel ; il vit habituellement dans les mers des Indes orientales ; il n'arrive que rarement sur nos côtes avec l'*ostracion trigone*. On prend également une grande quantité de moles, poisson connu en Provence sous le nom de muollo ; c'est le *cephalus vulgaris* des auteurs systématiques ; il est désigné communément sous le nom de poisson lune et en latin sous celui de *mola cephalus*. Le syngnathe pipe et celui nommé vulgairement *ser, serpent* ou *anguille de mer* (*syngnathus vulgaris*), se trouvent au milieu des algues qui abondent dans les plages du Midi. On rencontre aussi dans les moyennes profondeurs l'hippocampe (*syngnathus hippocampus*) et l'ophidion (*ophidium barbatum*) ou donzelle de la Méditerranée. Enfin le cycloptère lompe (*cyclopterus lumpus*) ainsi que le centrisque sumpit sont encore des espèces que l'on porte sur les marchés de Marseille ; elles y sont rares.

Les poissons qui paraissent le plus souvent sur les

halles de Marseille sont : l'anguille (*murœna anguilla*), nommée en provençal *anguiero ;* la murène myre, qui habite les grandes profondeurs, ainsi que la murène commune (*murœna helena*) ; le merlan (*gadus merlangus*) et le gade mustelle (*gadus mustella*) nommé en provençal *moustello ;* le merlus ordinaire (*gadus merluccius*), connu dans le département des Bouches-du-Rhône sous le nom de marlus. On peut signaler surtout parmi les clupées, la sardine (*clupea sardina*), nommée *sardina* en Provence, et l'anchois (*engraulis vulgaris*), poissons aussi bons qu'abondants.

Les côtes des Bouches-du-Rhône fournissent également un assez grand nombre de scombres, recherchés à cause de la délicatesse de leur chair. En premier lieu on peut citer le thon (*scomber thymnus*) ; le scombre de Commerson (*cybium Commersonii* Cuv.) ; le palamis (*scomber palamys*), désigné en Provence sous le nom de *palamida ;* le sarda (*scomber mediterraneus* de Rondelet) ou la *bounitou* des Provençaux, et enfin le maquereau (*scomber scombrus*).

Quant au pilote (*centronotus ductor*), qui se pêche en septembre, il est aussi rare que l'argentine ou argenté (*argentina sphyrœna*). Il n'en est pas de même du rouget, nommé *rougé* en patois ; ce dernier est aussi commun et aussi recherché que la sole (*solea vulgaris*). Il en est de même du loup et du muge; ce dernier est toutefois inférieur aux précédents sous le rapport de sa bonté et de la délicatesse de son goût. Lorsque le muge vit dans les étangs, il y contracte un mauvais goût, ce que ne font pas les autres poissons qui ne quittent jamais le sein des mers.

La dorade, l'un des spares les plus communs et les plus élégants par les grâces de ses formes et la beauté de sa parure, acquiert un grand développement sur les côtes de Marseille : on en pêche qui pèsent jusqu'à 15 kilogrammes. Dans le jeune âge, cette espèce est connue en Provence, comme en Languedoc, sous le nom de *soguène*.

Les autres espèces du genre spare de Linné ne sont ni moins communes ni moins estimées à raison de la bonté de leur chair. Parmi elles on peut citer le sparaillon, nom commun sous lequel on désigne les *sargus annularis* et *vulgaris*, le sargue (*sparus melanurus*), l'oblade (*sparus melanurus*), le picarel commun (*sparus smaris*), la mendole (*sparus mæna*), le bogue (*sparus boops*) et la saupe (*sparus salpa*). Parmi les plus recherchées on peut signaler au premier rang le pagel (*sparus erythrinus*), poisson également remarquable par ses couleurs d'un rose vif et brillant. Le pagre ordinaire (*sparus argenteus*) est également un poisson assez estimé par la bonté de sa chair. Il n'en est pas de même de la saupe que nous avons déjà mentionnée :

quoiqu'elle se vende sur les marchés de Marseille comme les autres espèces, elle y est moins prisée, son goût est peu agréable et sa chair peu délicate. On peut en dire également des canthères, dont l'espèce commune (*cantharus vulgaris*) n'est pas abondante sur les côtes de la Provence. Cependant le goût de ce poisson est préférable à celui de la saupe.

On peut enfin mentionner le poisson de Saint-Pierre ou le gal, que l'on prend à peu près toute l'année soit sur les côtes de la Provence, soit sur celles du Languedoc. Cette espèce, remarquable par la belle tache noire qu'elle a sur chaque flanc, est le *zeus faber* de Linné.

Un certain nombre de poissons se pêchent habituellement dans le Rhône; sous ce rapport ils entrent pour quelque chose dans la consommation de la ville de Marseille. Au premier rang on peut signaler la truite (*salmo trutta*), la carpe (*cyprinus carpio*) et le barbeau (*barbus vulgaris*). Le goujon (*gobio vulgaris*), qui vit en troupes nombreuses dans les eaux douces, est encore une espèce que l'on apporte dans les marchés de Marseille. Mais, quant à la tanche, elle n'y paraît presque jamais.

Telles sont les principales espèces de poissons que l'on pêche en assez grande quantité dans les environs de Marseille, et qui sont portées dans les marchés de cette ville. S'il en est de constamment sédentaires, d'autres au contraire sont éminemment émigrantes. On peut citer parmi celles-ci, en premier lieu les centronotes, et surtout le pilote (*centronotus ductor*). Après le pilote nous mentionnerons les thons, les maquereaux, les sardines, les anchois, les dorades et les squales, particulièrement le requin.

Beaucoup d'autres poissons s'approchent et s'éloignent sans doute des côtes de la Provence à certaines époques de l'année ; mais ils ne peuvent être rangés parmi ceux de ces animaux qui se livrent à de longues migrations. Cependant plusieurs espèces que l'on découvre sur les côtes de la Provence se rencontrent également dans toutes les mers de l'Europe. Celles-ci, qui nous fournissent des exemples d'habitations aussi diverses et aussi variées, doivent être comprises tout au moins parmi les races erratiques. Leurs passages ne paraissent pas avoir cette fixité et cette périodicité qui caractérisent les excursions des espèces émigrantes. On peut comprendre parmi ces dernières la raie bouclée et la raie aigle. Ces poissons sont fort communs sur les côtes des Bouches-du-Rhône malgré l'irrégularité de leurs passages.

TABLEAU

DE L'ÉPOQUE

DES PASSAGES DES POISSONS.

ORDRES.	GENRES ET ESPÈCES.	ÉPOQUES DES PASSAGES DES POISSONS.
I. Suceurs.	Lamproie (*petromyzon maximus* Linn.).	Cette espèce fluvio-marine se livre à des migrations périodiques. Elle abandonne en effet constamment le bassin des mers, et remonte les rivières au printemps, ou à l'époque du frai en mars, avril et mai. Pour rendre ses migrations plus faciles, elle se tient le plus ordinairement auprès des embouchures des fleuves. Lorsqu'elle commence à s'engager dans les rivières, son squelette gélatineux est à peine visible. Plus tard il s'épaissit, et lorsqu'à la fin de la saison il est complétement durci, les pêcheurs désignent ce poisson sous le nom de *la corde*. Aussi les lamproies, qui atteignent la taille de deux à cinq pieds, n'ont-elles la chair délicate que lorsque leur squelette n'est pas encore durci et qu'il y a peu de temps qu'elles ont quitté la mer. L'agilité des lamproies est extrême, surtout lorsque le besoin de déposer leurs œufs les entraîne dans les rivières et les fleuves ; alors il n'est aucun obstacle qui puisse les arrêter dans leur marche. A l'aide des mouvements de leur queue, qui les jettent et les lancent en l'air, il n'y a pas de barrières qu elles ne puissent franchir. Dans d'autres circonstances, pour remonter plus avant dans les rivières, elles s'attachent aux bateaux avec tant de force, qu'on ne peut les en arracher. La lamproie des fleuves (*petromyzon fluviatilis* Linn.) et la petite, ou le sucet, également des rivières (*petromyzon planeri* Bl.), habitent constamment les eaux douces ; elles ne se livrent par conséquent à aucune migration. Cette circonstance dépend peut-être de ce que ces poissons se rapprochent beaucoup des vers, et sont les moins bien organisés des animaux vertébrés.
II. Apodes.	Anguille (*murœna anguilla*).	Quoique les anguilles soient des poissons fort communs, il règne encore la plus grande incertitude sur leur détermination. Existe-t-il plusieurs espèces d'anguilles, ou n'y en a-t-il qu'une seule, telle est la question que l'on s'adresse assez souvent, et à laquelle il n'est pas encore possible de répondre d'une manière précise ? Si l'on consulte les pêcheurs

ORDRES.	GENRES ET ESPÈCES.	ÉPOQUES DES PASSAGES DES POISSONS.
II. Apodes.		des rivières, aussi bien que ceux des mers, ils vous diront tous qu'il y a plusieurs espèces d'anguilles, aussi distinctes par leurs mœurs que par leurs caractères extérieurs. Mais relativement au nombre de ces espèces ces pêcheurs ne s'accordent pas entre eux. Les uns en admettent jusqu'à quatre; ce sont ceux des rivières, tandis que les pêcheurs des mers n'en reconnaissent que trois. Sans rien décider à cet égard, nous adopterons pourtant les idées des derniers, ayant observé par nous-même les époques des passages des anguilles qui vivent aux bords des côtes du midi de la France. Avant d'entrer dans les détails relatifs à ces époques, nous ferons connaître les idées des pêcheurs des rivières sur ces poissons. Ils en reconnaissent quatre sortes. La première ou la plus commune est nommée par eux *vergniaux;* la seconde ou l'anguille à long bec se distingue par un museau très-comprimé et fort pointu; la troisième ou l'anguille *plat-bec* (*grigeel* des Anglais) a au contraire un museau très-aplati et très-obtus et enfin des yeux fort petits; la quatrième se reconnaît facilement à la brièveté de son museau en comparaison de la longueur du corps. Les yeux de cette espèce sont également remarquables par leur grandeur. Les pêcheurs des eaux douces donnent le nom d'anguille *pimpernaux* à celles qui offrent ces caractères. Les pêcheurs des côtes de la Méditerranée ne distinguent que trois espèces d'anguilles. Ils désignent celle qui atteint la plus grande grosseur sous le nom de *pougaou*. Cette anguille se tient le plus constamment dans les étangs salés à l'exception cependant de l'automne jusqu'à la fin de l'hiver, saison où elle se rend à la mer pour y déposer son frai. A partir du mois d'octobre jusqu'au mois de février, ces grosses anguilles ne quittent plus la mer. Elles y demeurent constamment; du moins on n'en a jamais pris dans les filets tendus pour saisir les différentes espèces de poissons qui de la mer arrivent dans les étangs salés. Les jeunes anguilles provenues du frai déposé dans la mer par les anguilles de l'année précédente arrivent donc dans les étangs à la fin du mois de mars. Elles sont alors si petites, qu'elles dépassent de peu les dimensions des vermicelles. On les voit entrelacées les unes avec les autres formant des cordes extrêmement longues, souvent roulées en spirale; elles ressemblent assez pour lors à des pelotons de laine. Elles grossissent rapidement dans les étangs; elles s'y nourrissent de petits mollusques, d'insectes, puis de petits poissons, et enfin même d'autres anguilles. Cet appât sert

ORDRES.	GENRES ET ESPÈCES.	ÉPOQUES DES PASSAGES DES POISSONS.
II. Apodes.		même à les attirer vers les hameçons. Ces anguilles, dont les migrations paraissent constantes, acquièrent souvent des dimensions fort considérables. On en pêche parfois d'assez grosses qui pèsent de douze à quinze livres. Leur chair, d'une grande délicatesse, les fait rechercher des gourmets, surtout lorsque leur poids s'élève jusqu'à cinq ou six kilogrammes. La seconde espèce, nommée anguille fine, vit habituellement dans les étangs salés, et va déposer son frai dans la mer à peu près comme l'espèce précédente. Elle diffère du *pougaou* en ce sens qu'elle n'acquiert pas des dimensions aussi considérables. Cette espèce remonte le plus ordinairement dans les fleuves et les rivières, poussant fort loin ses excursions. Il en arrive du moins jusqu'au lac de Genève, à la vérité en très-petit nombre. La perte du Rhône leur oppose un obstacle qu'elles ne peuvent franchir qu'avec beaucoup de difficulté; aussi ne paraissent-elles dans le lac que lorsque les eaux recouvrent ce gouffre. C'est du reste au printemps, pendant la nuit et lorsque la lune est au-dessous de l'horizon, que les anguilles passent de la mer ou des étangs salés dans les lacs et les rivières. Elles y séjournent jusqu'à la fin d'octobre et quelquefois plus encore, pour ne rentrer dans la mer qu'au retour du printemps. Les soins de l'homme changent souvent totalement cet ordre. Des circonstances particulières, telles surtout que l'éloignement de la mer, le modifient également. Leur agilité, leur force musculaire et la ténacité de leur vie leur font surmonter tous les obstacles et toutes les difficultés qu'elles éprouvent dans leurs longs voyages. Elles marchent de préférence la nuit, peut-être par suite d'un instinct de conservation; on le supposerait à les voir naviguer pour lors en troupes fort nombreuses. Quand le besoin de retourner à la mer se fait sentir chez ces poissons, c'est d'une manière si impérieuse, que rien ne peut les arrêter. On les voit pour lors s'accumuler et se presser autour des digues qu'on oppose à leur marche, sans qu'il y en ait une seule qui songe à rebrousser chemin, et à remonter aux lieux qu'elles viennent de quitter. La troisième espèce est connue des pêcheurs des côtes du midi de la France sous le nom d'anguille commune ou de *leschenat*. Elle paraît sédentaire et ne point voyager comme les précédentes. Elle se reproduit du moins dans les étangs salés qui bordent la Méditerranée, et se tient constamment dans les fonds vaseux, qu'elle ne quitte qu'aux mois de juin et de juillet, époque où l'on en

ORDRES.	GENRES ET ESPÈCES.	ÉPOQUES DES PASSAGES DES POISSONS.
II. Apodes.		fait une pêche abondante. Lorsque la sécheresse est grande, elles abandonnent parfois les étangs salés pour se rendre dans la mer. Le plus souvent elles s'enfoncent dans la fange et la vase où elles demeurent enfouies jusqu'à l'époque à laquelle les eaux sont revenues à leur niveau ordinaire. Lorsque ces anguilles se déplacent par manque d'eau, elles font souvent les voyages qu'elles entreprennent en rampant sur les terres sèches à peu près comme les serpents. Elles cherchent donc l'eau qui leur est essentielle, et passent ainsi des temps plus ou moins longs hors de leur élément ordinaire. On est surpris du long intervalle pendant lequel les anguilles peuvent demeurer hors de l'eau sans périr ; mais la force de leur vitalité est si grande qu'on peut les dépouiller de leur peau, de leurs viscères, les couper même en morceaux sans que le tronçon de leur corps cesse de se mouvoir. On conçoit facilement pourquoi l'on ne prend jamais dans les rivières des anguilles qui aient leurs œufs. Lorsque ces poissons veulent frayer, leur instinct les porte à se rendre dans le sein des mers, où ils s'enfoncent dans ses profondeurs afin d'y déposer leurs œufs. Quant au leschenat, cette espèce ne paraît pas voyager; elle se borne, au moment du frai, à s'enterrer dans la vase, disparaissant à peu près tout à fait comme les lombrics, et cela au moment de la ponte Aussi les anguilles paraissent, à leurs premiers âges, habiter les eaux souterraines même les plus profondes. On peut citer comme une preuve de ce genre d'habitation les anguilles de diverses grosseurs que M. Arago a montrées à l'académie des sciences de Paris le 12 octobre 1835, et qui avaient été prises dans un fleuve souterrain. D'autres anguilles ont été également rencontrées dans des puits artésiens qui avaient été creusés à Elbeuf et poussés jusqu'à des profondeurs considérables. Ces poissons ont une vie si tenace, ainsi que nous l'avons déjà fait observer, qu'ils peuvent sans périr rester pendant des temps assez longs tout à fait privés d'eau. Ils s'enfoncent pour lors dans la vase ou dans l'intérieur de la terre humide. La principale particularité de leur histoire et qui les caractérise d'une manière toute spéciale, tient à ce qu'elles ne frayent jamais dans les eaux douces, quoiqu'elles les fréquentent tout autant que les salées. Aussi Spallanzani, pas plus que les autres ichthyologistes, n'a pas pu observer des œufs ni des fœtus dans les anguilles des eaux douces. Il est même fort difficile d'en apercevoir chez celles qui habitent les eaux salées, parce que lorsque ces poissons veulent frayer ils s'enfoncent dans

ORDRES.	GENRES ET ESPÈCES.	ÉPOQUES DES PASSAGES DES POISSONS.
II. Apodes.		les profondeurs des mers où il est impossible de les découvrir. Elles y déposent leur frai à la fin de février et en mars. Lorsque les anguilles remontent dans certaines rivières comme, par exemple, dans le Rhône, elles y sont parfois en si grand nombre, que leur traînée ressemble assez bien à de longs cordons noirs. La quantité en est pour lors si considérable que les eaux en paraissent comme noircies. On les connaît sous le nom de *bouirons* dans le midi de la France. C'est surtout vers la fin de février et de mars que paraissent ces longs cordons de petites anguilles. ; D'après les observations de M. de Joannis, lieutenant de vaisseau, les anguilles seraient réellement vivipares, ainsi qu'on l'a généralement admis. Ces poissons voyagent dans les courants d'eau souterrains, ce qui est confirmé par l'observation des anguilles retirées des puits artésiens ; aussi peuvent-ils passer d'un réservoir à un autre. Le frai est à peu près constamment déposé à la mer par les anguilles. Les petits qui en proviennent remontent de très-bonne heure le courant des fleuves et des rivières. Du reste ces jeunes anguilles grossissent rapidement, et la gestation des femelles qui a produit le frai dont elles sont provenues est très-courte. Quant aux anguilles électriques qui vivent dans la baie de Honduras, dans l'Amazone et les eaux stagnantes de l'Amérique du Sud, et qui ont été décrites par Cuvier et M. de Humboldt, elles paraissent, du moins d'après les observations de M. le docteur Backmann, appartenir aux eaux douces Cependant M. Porter, ayant montré à la société zoologique de Londres un individu vivant de ces anguilles, assure qu'il n'est pas rare de les rencontrer à cinquante milles en mer à Charleston. Il paraît donc probable qu'il en est de ces poissons comme des espèces européennes, c'est-à-dire qu'ils se rendent à la mer pour y déposer leur frai ; ils retournent ensuite dans les fleuves et les rivières où ils font leur séjour habituel. Un des faits les plus singuliers de leur histoire tient au changement sensible de couleur que prend leur peau à l'époque du frai, à la fin de février ou dans le courant de mars. Les pêcheurs des lacs de Suisse admettent, d'après M. Agassiz, cet embellissement de la robe de ces poissons, qu'on pourrait appeler la robe nuptiale. Les anguilles présenteraient donc un fait analogue à celui qui se produit chez la plupart des animaux. Cette coloration tiendrait donc à un état qui dispose à la reproduction. Les anguilles paraissent devenir coureuses dans les mois de février et de mars ; aussi

ORDRES.	GENRES ET ESPÈCES.	ÉPOQUES DES PASSAGES DES POISSONS.
II. Apodes.		sont-elles pour lors extrêmement difficiles à prendre. Elles le sont surtout, lors de leurs rassemblements réellement extraordinaires à l'époque du frai, vers l'embouchure des fleuves. Ces poissons s'y réunissent, parce que ceux qui s'étaient tenus jusqu'à cette époque dans les fleuves et les rivières vont chercher dans la mer un milieu plus propice à leur reproduction que celui qu'ils avaient choisi auparavant pour leur habitation. C'est aussi à l'embouchure des fleuves que l'on voit vers la fin de mars et au commencement d'avril des multitudes infinies de petites anguilles dont la grosseur varie entre deux ou trois millimètres de diamètre. Elles remontent ainsi contre les courants, marchant à peu près au nombre de dix à douze. Cette caravane, composée des anguilles provenues du frai, passe ainsi de la mer dans les fleuves pendant plusieurs jours ; ceci peut donner une idée du nombre de celles qui voyagent dans leur premier âge. Quoique nous ayons avancé, d'après nos observations, que les anguilles ne frayaient qu'à la mer, il paraîtrait cependant, d'après d'autres ichthyologistes, qu'elles le pourraient également dans des bassins fermés comme sont, par exemple, les lacs de la Suisse. Ainsi plusieurs d'entre eux admettent que des anguilles se propagent dans des étangs alimentés par des sources naturelles et cela sans qu'on y ajoute du frai. En supposant ce fait exact, il resterait à savoir si ces jeunes anguilles ne viendraient pas de la mer ; car il est bien certain que ces poissons exécutent de longs voyages souterrains. Du reste, il serait difficile d'assurer que tel étang qui ne paraît alimenté que par des sources d'eau douce ne communique pas avec le bassin des mers. Aussi nous persistons à regarder les anguilles comme des poissons vivipares à gestation très-courte qui ne déposent leur frai que dans la mer. Comme les anguilles sont très-difficiles à prendre, au moins les femelles à l'époque du frai, il est moins étonnant que l'on n'en ait point rencontré de pleines. Cette viviparité annonce qu'il doit y avoir nécessairement accouplement entre les sexes différents. Il est seulement singulier de ne découvrir pas plus de laitance chez les mâles que d'œufs chez les femelles, ce qui annonce combien la gestation de ces poissons doit être courte.
III. Subbranchiens.	Sole (*pleuronectes solea* Lin.).	Ce poisson fréquente les côtes de la Méditerranée pendant toute l'année ; on le pêche aussi dans toutes les saisons. On peut donc le considérer comme un des plus sédentaires des régions tempérées. Seulement les soles,

ORDRES.	GENRES ET ESPÈCES.	ÉPOQUES DES PASSAGES DES POISSONS.
III. Subbranchiens.		comme la plie, abandonnent les côtes pendant les mois de juillet et d'août. Elles se retirent pour lors vers la haute mer. Elles y acquièrent un goût délicat et une bonté toute particulière.
	La plie (*pleuronectes platella* L.).	La plie, dont la conformation a tant de rapports avec celle de la sole, quitte la mer aux mois de mars et d'avril pour pénétrer dans les étangs salés. Elle remonte ensuite les canaux, les rivières, à une grande distance de la mer. Ainsi on pêche des plies jusqu'à la source du Lez, à trois lieues de son embouchure dans la Méditerranée. On en a également rencontré dans la Sarthe à plus de cinquante lieues de la mer. Elle s'enfonce dans la vase aux mois de janvier et de février, et dépose son frai dans les étangs salés qui se trouvent sur les côtes de la Méditerranée.
	Limande (*pleuronectes limanda* Linn.).	Cette espèce habite constamment les côtes de la Méditerranée. Ses habitudes la rendent presque aussi sédentaire que la sole. Seulement au commencement de l'été elle s'avance au delà de l'embouchure des fleuves ; elle remonte peu cependant vers leurs sources.
	Anchois (*clupea encrasi cholus* Linn.).	L'anchois vulgaire, si recherché à raison de la bonté de sa chair, passe sur les côtes de la Méditerranée avant les sardines. Il paraît même sur les côtes de l'Espagne antérieurement à son apparition sur celles de la France. D'après les gourmets, la chair des anchois pêchés sur les premières de ces côtes serait préférable et d'un meilleur goût que celle des individus pris en France. Aussi le prix des premiers est généralement plus élevé. On en pêche des quantités innombrables dans toute la Méditerranée, et même jusqu'en Hollande. Quoique le plus ordinairement les anchois arrivent sur les côtes du midi de la France avant les sardines, ces deux espèces se trouvent quelquefois ensemble. Les anchois arrivent vers le commencement d'avril. Leurs passages durent jusqu'à la fin de mai. Postérieurement à cette époque on les voit parfois jeter leur frai dans les étangs salés qui bordent les côtes de la Méditerranée; cette circonstance assez rare se représente aussi fort peu chez les sardines. Cette espèce, quoique émigrante, paraît peu abandonner la Méditerranée. Sa pêche y est fort abondante.
	Sardines (*clupea sprattus* Lin.)	Les sardines ne commencent à paraître sur les côtes du midi de la France que vers la fin d'avril ; elles ne sont cependant en grand nombre qu'en mai, juin et juillet. C'est par-

ORDRES.	GENRES ET ESPÈCES.	ÉPOQUES DES PASSAGES DES POISSONS.
III. Subbranchiens.		ticulièrement pendant le mois de juin que la pêche en est la plus fructueuse. On observe du moins pour lors ces poissons en bancs étendus et souvent innombrables. Ils paraissent surtout se réunir lorsqu'ils sont poursuivis par les thons et les maquereaux, qui en sont fort avides. Il est facile de s'assurer de la réalité de ce fait à l'époque de la venue des sardines en ouvrant des thons et des maquereaux. On découvre souvent dans l'estomac de ces derniers des sardines encore tout entières, ce qui ne laisse aucun doute sur les habitudes et les mœurs de ces dernières espèces. L'apparition de ces poissons sur les côtes de l'Océan, du moins sur celles de la France, est plus tardive que dans la Méditerranée, surtout sur les côtes qui se trouvent rapprochées de l'embouchure de la Loire. La direction que suivent les sardines ains que celle des thons et des maquereaux leurs cruels ennemis, a toujours lieu du sud à l'est dans la direction du golfe de Lyon au golfe de Gênes. Cette circonstance semble annoncer que ces diverses espèces viennent de l'Océan dans la Méditerranée, les maquereaux faisant la chasse aux sardines, les thons aux maquereaux et les squales aux thons. Aussi lorsqu'on éventre des squales on trouve dans leur estomac des thons plus ou moins digérés. Les sardines ne paraissent déposer leur fra dans les étangs salés que lorsqu'elles y sont poussées par des vents violents. Celles qui y entrent sans être pleines ne se reproduisent pas, lorsqu'elles ne peuvent ou qu'elles ne savent pas sortir des étangs salés pour se rendre dans la mer. Quoi qu'il en soit, les sardines, ainsi que les thons et les squales, ont été extrêmement abondantes sur les côtes de la Méditerranée en 1840 quoique les maquereaux auxquels les sardines servent ordinairement de nourriture y aient été assez rares. Cette circonstance mérite d'autant plus d'être signalée qu'elle se représente peu ; la raison est facile à comprendre.
	Harengs (*clupea harengus* L.).	Les détails dans lesquels nous sommes entrés relativement aux migrations des harengs nous dispensera d'insister de nouveau sur ce poisson tout à fait étranger à la Méditerranée, d'autant que nous y reviendrons dans l'explication de la carte. On le rencontre uniquement dans l'Océan en troupes souvent innombrables. Les passages de cette espèce ont lieu depuis le commencement du printemps jusqu'en juillet, et depuis septembre jusqu'à la fin d'octobre. Ces poissons abondent aussi sur les côtes de la

ORDRES.	GENRES ET ESPÈCES.	ÉPOQUES DES PASSAGES DES POISSONS.
III. Subbranchiens.		France vers la mi-octobre ; ils y demeurent presque jusqu'à la fin de l'année. Les harengs commencent à se montrer au mois d'avril et de mai dans les eaux qui entourent les îles Shetland ; ce n'est que vers la fin de juin ou de juillet qu'ils s'y trouvent en nombre immense. On suppose que ces poissons se réfugient habituellement vers les contrées du Nord. Comme ils s'y multiplient extraordinairement, ils sont forcés, par suite de leur nombre, d'envoyer des colonies dans d'autres parages. Ces immenses peuplades des habitants des eaux, en sortant des mers du Nord, s'étendent sur une largeur de plusieurs milles. De nombreux ennemis qu'elles rencontrent sur leur route les forcent de se partager en plusieurs divisions, qui toutes sont guidées par des chefs. Les harengs qui font partie de l'aile droite de cette petite armée se portent sur les côtes d'Islande, où ils arrivent au mois de mars ; ils se dirigent alors du côté de l'occident et parviennent ainsi à Terre-Neuve. Les autres au contraire prennent leur route vers le sud, et se partagent en deux colonnes. L'une descend vers les côtes de Norwége, dans la Baltique, le Sund et le Belt ; l'autre passe à l'occident vers les îles Orcades et l'Hutland. Là cette dernière colonne se partage encore ; une partie se dirige vers l'Irlande et l'Ecosse, fait le tour de ces îles, entre dans la mer d'Espagne et va gagner les côtes des Pays-Bas. L'autre division de ces innombrables poissons suit les côtes orientales de l'Ecosse, de l'Angleterre et de la France, et rentre dans la mer du Nord où les deux colonnes se réunissent. Des légions moins nombreuses parcourent les côtes de la France, du Brabant, de la Flandre, de la Hollande, de la Frise, de la Zélande. Les autres se portent sur les côtes du Holstein, de la Poméranie, de la Suède, du Danemark et de la Livonie. Enfin, après avoir parcouru successivement ces diverses contrées, où ils ne séjournent qu'autant qu'ils y trouvent une nourriture abondante, ils se réunissent tous dans la mer du Nord, et disparaissent totalement. Ces poissons s'enfoncent pour lors dans les profondeurs de l'Océan. La route que suivent les harengs dans leurs longues migrations est assez compliquée, et par cela même elle est assez difficile à saisir. La marche tortueuse et singulière que suivent ces poissons tient probablement à leur nombre réellement excessif et prodigieux, ainsi qu'il est facile d'en juger par la consommation qui s'en fait en Europe. En effet, on en prend des quantités extrêmement considérables sur les côtes de la Norwége et de la Poméranie suédoise depuis le mois de janvier jusqu'en mars,

ORDRES.	GENRES ET ESPÈCES.	ÉPOQUES DES PASSAGES DES POISSONS.
III. Subbranchiens.		et un peu plus tard en Hollande, enfin en Angleterre et en France vers la fin du printemps et au commencement de l'été. On en pêche également un grand nombre depuis le mois d'octobre jusqu'en décembre. Il est seulement beaucoup moins grand sur les côtes de l'Islande par la raison toute simple que ces poissons ne s'y arrêtent pas. Ils sont pour lors presqu'au commencement de leurs excursions. Les migrations périodiques des harengs, comme celles qu'exécutent tant d'autres espèces, paraissent déterminées par un instinct impérieux dirigé jusqu'à un certain point par le besoin de se reproduire autant que par l'effet de toute autre circonstance Indépendamment de ce désir de perpétuer leur race, désir inné chez tous les animaux, un instinct non moins puissant les porte à se livrer, à des époques fixes et déterminées, à des migrations très-étendues dont peu de poissons nous donnent des exemples aussi remarquables. Il est si impérieux, que le hareng est particulièrement fameux sous ce rapport, quoiqu'il ne paraisse guère pénétrer dans la Méditerranée. On ignore toutefois, ainsi que notre carte pourra le faire juger, jusqu'où il les étend à travers l'Océan Atlantique. On n'en a pas jusqu'à présent découvert de traces dans l'hémisphère austral au delà des côtes qui bordent la terre de Labrador. Il est probable cependant qu'il ne s'y arrête point, et que ses tribus portent leurs excursions bien au delà. Nous attendrons de nouvelles observations pour être certain de ce point de fait. Nous n'en dirons pas davantage sur les voyages qui ont rendu le hareng si fameux, puisque nous devons y revenir lors de l'explication de la carte destinée à donner une idée complète de l'étendue de ses voyages
	Alose (*clupea alosa* Linn.).	Les aloses sont des poissons des mers qui, comme les anguilles, remontent fort avant dans les rivières. Leurs migrations ont lieu principalement au printemps. Elles prennent dans les eaux douces un goût exquis; car celles des mers sont sèches et coriaces Il n'est donc pas étonnant que les aloses du Rhône soient meilleures que celles de la Méditerranée Lorsque ces poissons sont remis de la maladie que leur occasionne le frai, on les voit retourner à la mer en troupes plus ou moins nombreuses Les aloses déposent leur frai dans les eaux douces. Lorsque les petits qui en proviennent sont environ de la grosseur du doigt, on les voit descendre les rivières et se rendre ainsi en troupes plus ou moins nombreuses à la mer. On les reconnaît fa-

ORDRES.	GENRES ET ESPÈCES.	ÉPOQUES DES PASSAGES DES POISSONS.
III. Subbranchiens.		cilement à leurs sauts multipliés. Elles s'élèvent ainsi au-dessus des eaux, afin d'y saisir les cousins, les tipules et les autres petits insectes qui y volent continuellement. De pareilles habitudes leur sont communes avec les jeunes lamproies, qui s'élancent aussi au dehors de l'eau des fleuves lorsque le temps est calme et le vent au sud. Ces poissons se livrent peu à ce manége si le vent est au nord, les cousins volant pour lors en petit nombre. Les espèces vivantes se font donc une guerre continuelle ; il se pourrait que, dans les vues de la nature, les jeunes lamproies et les jeunes aloses fussent destinées à empêcher une trop grande propagation des tipules, des cousins et d'une foule d'autres insectes qui pullulent à la surface des eaux. Quoi qu'il en soit, ces poissons quittent les mers vers la fin de mai ou au commencement de juin. Ils remontent pour lors dans les rivières où ils vont frayer. Les aloses exécutent ces voyages en colonnes serrées et nombreuses. Lorsqu'elles aperçoivent les filets qui s'opposent à leur marche, elles s'élancent avec force contre cet obstacle, les percent en mille points différents, et continuent ensuite leur marche. Lorsque les pêcheurs voient cette petite armée s'avancer en toute hâte contre leurs filets, ils les élèvent brusquement et en prennent souvent une fort grande quantité, lorsqu'ils sont lestes. Les lamproies ne sont pas cependant aussi redoutables, relativement aux filets qu'on leur tend, que les aloses, dont la promptitude et la vivacité des mouvements sont extrêmes. Le retour de ces poissons vers la mer a lieu au milieu ou à la fin de septembre. Il en est de même de ceux qui sont éclos dans l'année. Leurs passages paraissent plus considérables lorsque les eaux sont claires que lorsqu'elles ont été troublées par une cause quelconque, comme par exemple un orage.
	Turbot (*rhombus vulgaris*).	Cette espèce se fait remarquer sur les côtes du midi de la France par ses habitudes sédentaires. Elle s'y trouve à peu près constamment et ne les abandonne guère que l'hiver. Elle s'enfonce pendant les grands froids dans les profondeurs des eaux.
	Morue proprement dite, ou cabélian (*gadus morhua* **Linn.**).	Cette espèce se distingue, comme la précédente, par ses habitudes sédentaires. Elle paraît du moins ne jamais abandonner les mers des régions septentrionales où elles se multiplient tellement que des flottes entières s'y rendent chaque année pour la sécher, la saler et la distribuer à l'Europe entière. Ce poisson peut être cité comme l'exemple le plus remarquable d'une extrême fécondité.

ORDRES.	GENRES ET ESPÈCES.	ÉPOQUES DES PASSAGES DES POISSONS.
III. Subbranchiens.		S'il est des oiseaux sédentaires, il est également des poissons dont les habitudes sont les mêmes, et qui, malgré leur fécondité, ne quittent presque jamais les lieux où ils ont pris naissance. On peut citer spécialement la morue proprement dite ou *cabéliau* (*gadus morhua* Linn.). Ce poisson abandonne peu les mers du Nord, malgré les flottes nombreuses qui se rendent dans les parages septentrionaux pour la pêche, et les quantités immenses que l'on en prend chaque année. Aussi, d'après de pareilles habitudes, les pêcheurs du littoral de la Bretagne ont été fort étonnés d'en voir arriver une assez grande quantité en 1842. Cette espèce aurait-elle été attirée sur les côtes de la Manche par le nombre des harengs qui y ont paru en même temps? Cela est d'autant plus probable que certaines races sédentaires émigrent aussi quelquefois par l'effet de circonstances accidentelles.
	Merlan (*gadus merlangus* Linn.).	Le merlan, peut-être le poisson le plus abondant de la Méditerranée, paraît moins commun dans l'Océan. Il séjourne à peu près constamment sur les côtes du midi de la France. Il n'en est chassé que par de grands froids. Probablement alors il subit la loi commune, et s'enfonce, comme les autres espèces, dans la profondeur des eaux dont la température est généralement plus élevée.
IV. Abdominaux.	Lotte commune ou de rivière (*gadus lotta* Lin.).	Ce poisson, remarquable par la ténacité de sa vie, est le seul de ce genre qui remonte très-avant dans les eaux douces Suivant Jurine il fraye en février, tandis que d'après Bloch c'est en décembre ou en janvier qu'il jetterait son frai. On juge aisément que ces deux ichthyologistes, ayant parlé de climats différents, ont bien pu assigner des époques diverses à la reproduction de ce poisson : car, relativement à cette fonction, on peut dire qu'il n'y a rien d'absolu, du moins relativement à l'époque à laquelle elle s'exerce.
	Carpe vulgaire (*cyprinus carpio* Linn.).	La carpe vit dans la plupart des lacs et des rivières des régions tempérées. Elle s'y tient de préférence dans les fonds vaseux. On la trouve même jusque dans les étangs salés. Cette espèce paraît peu se déplacer. On ne la voit pas du moins émigrer d'une contrée dans une autre. Elle dépose son frai, dans le midi de la France, pendant le mois de février. Lorsque ses œufs sont privés d'eau, peu de temps après avoir été pondus, ils peuvent rester plusieurs années exposés au soleil sans perdre la faculté d'éclore. On voit donc sortir de ces œufs de petits carpillons dès que quelques gouttes d'eau viennent les humecter. Les carpes peuvent vivre assez longtemps

ORDRES.	GENRES ET ESPÈCES.	ÉPOQUES DES PASSAGES DES POISSONS.
IV. Abdominaux.		hors de l'eau. On les fait facilement voyager en vie pendant plusieurs jours en mettant un quartier de pomme ou de citron dans leurs branchies, et ayant le soin d'y jeter de temps en temps un peu d'eau. Les Anglais sont parvenus à les engraisser en les tenant suspendues dans des caves et placées dans des filets. On les nourrit pour lors avec du pain, et on les arrose de temps à autre avec de l'eau. Pour mieux les engraisser on les châtre ou on leur enlève leurs ovaires, opérations qui réussissent très-bien et ont le plus ordinairement l'effet que l'on en attend.
	Goujon (*cyprinus gobio* Linn.).	Cette espèce vit dans les lacs ou dans les rivières. Quant aux goujons qui fréquentent les lacs d'eau douce, ils les quittent au printemps. En effet ils remontent dans les rivières vers le mois de mai. Ils préfèrent les fonds sableux des fleuves, et déposent leur frai, à l'exemple des carpes, dans les lieux où il y a peu d'eau. Ces poissons se nourrissent principalement d'insectes, de petits mollusques et des vers qui, comme eux, se trouvent dans les eaux. Ils paraissent voyager en petites troupes, et se plaire les uns avec les autres. On les voit peu isolés, et l'on est presque assuré d'en prendre plusieurs à la fois. Quant à l'époque où cette espèce dépose son frai, elle paraît, du moins dans les régions tempérées, se prolonger depuis le mois de mai jusqu'à la fin de juin.
	Tanche (*cyprinus tima* Linn.).	La tanche habite les eaux stagnantes et tranquilles. Elle préfère surtout les fonds vaseux. Pronostiquant les orages, ces poissons s'élèvent à la surface des eaux lorsqu'ils prévoient la tempête, qu'ils devinent en quelque sorte par suite d'un instinct particulier. D'un autre côté, ils annoncent le retour du beau temps par leurs sauts multipliés au dehors de l'eau. En hiver, les tanches s'enfoncent et s'enterrent dans la vase, où elles déposent leurs œufs vers la fin de mai ou de juin, ou autour des plantes des marais. Ce poisson se fait encore remarquer par son extrême fécondité. D'après de pareilles habitudes il doit être classé parmi les espèces les plus sédentaires qui ne se livrent jamais à des migrations lointaines ou à des voyages de longs cours.
	Rosse ou vangeron (*cyprinus rutilus* Linn.).	La rosse habite les lacs et les grandes rivières des contrées tempérées. En été, elle choisit de préférence l'embouchure des fleuves, tandis qu'en hiver, elle se retire dans la profondeur des eaux. Cette espèce fraye au mois d'avril ou au commencement de mai. Elle ne paraît pas se livrer à des migrations comme tant d'autres espèces.

ORDRES.	GENRES ET ESPÈCES.	ÉPOQUES DES PASSAGES DES POISSONS.
IV. Abdominaux.	La brème (*cyprinus brama* Lin.)	La brème fraye au printemps, vers la fin d'avril lorsque l'année est chaude. C'est seulement en mai et juin lorsque la température est peu élevée. Cette espèce paraît rester constamment dans les lieux qui l'ont vue naître. Elle n'émigre donc pas.
	Le barbeau commun (*cyprinus barbus* Linn.).	Le barbeau est encore un de ceux qui habitent constamment les mêmes lieux. Il ne se livre à aucune sorte de migration On le trouve constamment dans les eaux courantes, préférant les plus rapides et celles dont le fond est caillouteux. On le voit l'hiver s'enfoncer sous les rochers ou au-dessous des troncs d'arbre qui croissent sur les rivages des fleuves où il vit. Cette espèce fraye à peu près à la même époque que la précédente.
	Saumon (*salmo salar* Linn.).	Le saumon est un poisson de mer fameux par ses migrations, dont la périodicité et la constance sont un des points les plus remarquables de son histoire. Il arrive de l'Océan au printemps, pénètre dans les fleuves qui y ont leurs embouchures, où il remonte souvent fort avant. Il rentre toujours pendant l'hiver dans le bassin de l'Océan, qu'il ne quitte qu'à l'époque du frai. Ces poissons voyagent constamment en troupes nombreuses disposées sur deux lignes formant comme les côtés d'un triangle. On les voit remonter dans les rivières rangés en deux colonnes réunies en avant et dirigées par la plus grosse femelle, qui ouvre la marche. Les plus jeunes et les plus faibles des mâles sont à l'arrière-garde. Les saumons, ainsi rangés en quelque sorte en bataille, nagent en général avec grand bruit au milieu des fleuves et près de la surface de l'eau lorsque la chaleur est considérable. Si la température est basse et peu élevée, ils se tiennent dans la profondeur de l'eau. Ils avancent ainsi dans les fleuves où de nouveaux besoins les appellent. Mais si quelque danger vient à les menacer, ils nagent avec la plus grande rapidité pour l'éviter. On suppose qu'ils peuvent parcourir facilement huit à dix lieues par heure. Leur vitesse serait donc aussi grande que celle des moyens les plus rapides que l'homme doit à son génie, tels que les chemins de fer et les bateaux à vapeur. On ne voit jamais de saumons dans la Méditerranée, mais uniquement dans l'Océan. Ils affectionnent surtout le voisinage de l'embouchure des grands fleuves, dont ils habitent les eaux rapides pendant une grande partie de l'année. Ils frayent en mars et en avril, quelquefois même plus tôt, ce qui du reste est assez rare. Ces poissons se font encore re-

ORDRES.	GENRES ET ESPÈCES.	ÉPOQUES DES PASSAGES DES POISSONS.
IV. Abdominaux.		marquer par leur grande agilité ; ce que nous avons dit du chemin qu'ils parcourent dans l'intervalle d'une heure en est une preuve assez frappante pour ne pas insister davantage à cet égard. Les côtes de la Méditerranée n'ont pas auprès d'elles de grands lacs d'eau douce. On remarque que les torrents et les fleuves qui s'y rendent sont généralement peu poissonneux. Ces différents cours d'eau entraînent avec eux une grande quantité de cailloux roulés, et d'ailleurs leur rapidité est trop considérable. Aussi ne donnent-ils lieu qu'à un petit nombre d'observations intéressantes, vu le peu de poissons qui s'y trouvent. Les saumons communs, comme les autres espèces de ce genre, et entre autres la truite, ne sont point arrêtés dans leur course par les digues ou les cascades qui se trouvent sur leurs passages. Ils savent toujours les franchir en s'appuyant sur un rocher, et en redressant tout à coup avec violence leur corps courbé en arc. Ils s'élancent ainsi hors de l'eau, sautent avec prestesse et s'élèvent jusqu'à douze ou quinze pieds de hauteur. Parvenus à cette élévation, ils retombent ensuite le plus souvent au delà de l'obstacle qui arrêtait leur marche. Après l'avoir franchi, on les voit continuer leur route et remonter les rivières jusque vers leurs sources, où leur instinct les guide pour y chercher un fond de sable et de gravier propre à y déposer leurs œufs Lorsqu'ils ont opéré leur ponte, ces poissons, maigres et affaiblis, redescendent en automne vers l'embouchure des fleuves et vont passer l'hiver dans la mer. Quant à leurs œufs, la femelle les dépose dans des lieux où les eaux sont tranquilles, et dans des creux qu'elle fait dans le sable C'est là où le mâle va ensuite les féconder Les jeunes saumons qui en proviennent grandissent promptement, et tardent peu à abandonner le haut des rivières pour gagner la mer, qu'ils quittent ensuite vers le milieu de l'été qui suit leur naissance. Ces poissons, guidés par le même instinct qui dirige un grand nombre d'oiseaux, reviennent chaque année dans les parages qu'ils ont choisis. Du moins d'après Deslandes, douze saumons auxquels il avait attaché un anneau de cuivre à la queue, et qu'il avait ensuite jetés dans la grotte d'Auzou en Bretagne, y revinrent ensuite successivement. Parmi ces douze saumons cinq furent repris dans le même lieu l'année suivante, trois la seconde et trois l'année d'après. S'il en est ainsi, nul doute que certains poissons ne reviennent les années subséquentes dans les

ORDRES.	GENRES ET ESPÈCES.	ÉPOQUES DES PASSAGES DES POISSONS.
IV. Abdominaux.		lieux qu'ils s'étaient choisis primitivement, à peu près comme le font un grand nombre d'oiseaux. Le saumon se trouve non-seulement dans les mers des régions tempérées, mais il est également très-abondant dans les mers arctiques, d'où il entre en grandes troupes dans les rivières, principalement au printemps Aussi la pêche du saumon est très-importante dans les pays septentrionaux; c'est du moins de ces contrées que nous viennent ces quantités considérables de saumons fumés et salés qui se distribuent dans les diverses parties de l'Europe. Nous avons fait saisir l'harmonie qui existe entre l'organisation et les habitudes des animaux. L'organisation des salmonidés, famille de poissons qui se distingue d'une manière essentielle par leurs migrations constantes et périodiques, le démontre d'une manière manifeste. Les nerfs du tact chez ces poissons sont extrêmement petits, aussi ce sens est-il chez eux à peu près nul. On peut les toucher sans qu'ils s'en aperçoivent. Mais, comme ils ont besoin d'avoir une vue très-étendue, l'organe de la vision y est très-développé; ce sens est doué chez eux d'une grande puissance. Il n'en est pas ainsi de l'organe de l'ouïe; il ne paraît pas disposé pour percevoir les vibrations de l'air. Cependant son oreille est affectée par les ébranlements de l'eau; car si elle est agitée à une grande distance, le saumon manifeste de suite ses craintes par ses mouvements brusques et précipités. Il se pourrait que cette transmission eût lieu par l'intermédiaire de la peau, si cet organe recevait des nerfs nombreux; comme il en est différemment, il faut croire que cette impression leur est plutôt donnée par l'organe de l'ouïe. La vue est si fine et si étendue chez les poissons, que les sauvages, qui le savent fort bien, les attirent en allumant des feux sur les rivages. C'est ce que pratiquent particulièrement les Indiens de la Guyane occidentale. Ils prennent de cette manière une grande quantité du *phractocephalus bicolor* de Schomburgk. D'après les différentes circonstances qui influent sur la distribution des animaux et des plantes, on ne trouve pas dans les îles les mêmes espèces que sur le continent. Ainsi les espèces que l'on découvre en Angleterre ne se trouvent pas en Irlande. On ne voit pas en Irlande l'*erica mediterranea*, le *mensieizia polyfolia* et l'*arbutus unedo*, que l'on rencontre cependant en Angleterre.

ORDRES.	GENRES ET ESPÈCES.	ÉPOQUES DES PASSAGES DES POISSONS.
IV. Abdominaux.		Il n'y a cependant qu'une différence de 4 degrés de longitude entre l'Irlande et l'Angleterre. L'aspect physique de ces deux contrées est presque le même, quoique l'élévation un peu plus considérable de terres en Irlande puisse expliquer la présence du ptarmigan (*tetrao lagopus*) et du lièvre des Alpes (*lepus variabilis*). L'influence du climat ne peut guère être sensible entre l'Irlande et l'Angleterre, car la différence entre leurs températures n'est pas assez grande pour attirer ou repousser des espèces Cependant quelques faits sembleraient le faire présumer Ainsi l'hermine (*mustela erminea*) change rarement de fourrure en Irlande. Les oiseaux dont les migrations sont périodiques dans le nord de la Grande-Bretagne sont sédentaires en Irlande; la caille (*perdix coturnix*) en est un exemple. De même des oiseaux qui se taisent l'hiver en Angleterre chantent toute l'année en Irlande. Ces faits et l'absence de beaucoup de poissons et de mammifères que l'on découvre en Irlande semblent annoncer que, quoique les deux températures ne soient pas extrêmement différentes entre les deux contrées, elles ne sont pourtant pas sans quelque influence. Enfin les moineaux, l'oiseau le plus sédentaire du continent, paraissent émigrer tous ensemble du comté de Ross en Irlande, et y retourner à des jours fixes pendant plusieurs années. On a également constaté, depuis 1684, des migrations d'oies sauvages de la baronnie de Forth, dans le comté de Wexford. Nous ferons enfin observer que la Nouvelle-Zemble ne présente qu'un petit nombre de poissons qui ne paraissent pas se livrer à des migrations soit périodiques soit accidentelles. On assure qu'il en est de même dans toutes les régions du Nord. Du moins Scoresby ne compte que quatre espèces de poissons au Spitzberg et sur ses côtes. M. Baer en a observé dix dans la Nouvelle-Zemble, parmi lesquelles on peut citer la truite des montagnes (*salmo alpinus*). Cette espèce remonte l'automne dans les lacs élevés, et l'on en pêche pour l'exportation des quantités immenses qui sont ensuite distribuées par le commerce dans diverses parties de l'Europe
	Truites (*trutta*).	Les truites, qui appartiennent au grand genre saumon, tel du moins que l'avait circonscrit Linné, ont des habitudes très-analogues à celles des saumons, surtout la truite saumonée. Celle-ci, comme le saumon commun, abandonne le bassin des mers pour remonter les rivières jusque dans les hautes

ORDRES.	GENRES ET ESPÈCES.	ÉPOQUES DES PASSAGES DES POISSONS.
IV. Abdominaux.		montagnes où elles recherchent particulièrement les eaux les plus vives et les plus claires comme la truite ordinaire. Le départ de ces truites saumonées a toujours lieu au commencement du printemps, à peu près à la même époque que les saumons, avec lesquels elles ont quelques rapports à raison de la couleur de leur chair. Cependant, lorsque des ruisseaux d'eau vive se jettent dans la mer, les truites ne sont pas obligées pour lors de remonter les fleuves ou les rivières. Elles s'y arrêtent donc ; ces ruisseaux paraissent fournir les truites dont la chair est la plus estimée. Les poissons qui pendant un certain temps de l'année vivent dans la mer, et pendant d'autres moments remontent les fleuves et les rivières, acquièrent dans ces dernières eaux un goût plus délicieux. C'est particulièrement ce que l'on remarque chez les aloses, ainsi que nous l'avons déjà fait observer.
	La truite ordinaire (*salmo fario* Linn.).	La truite ordinaire n'est pas moins célèbre par ses migrations que le saumon avec lequel elle a tant de rapports. Lorsque ce poisson est parvenu à une certaine grosseur, il paraît éprouver, comme les jeunes saumons, l'impérieuse nécessité d'abandonner les lieux qui l'ont vu naître. Ce besoin tient aux conditions nouvelles de leur existence qui exigent des eaux plus fraîches ou une nourriture plus abondante et plus appropriée à leurs appétits toujours croissants. Elles recherchent, comme les saumons, les eaux vives et courantes, et remontent, à l'époque du frai, les rivières et les torrents avec non moins d'adresse que d'agilité. Elles les redescendent ensuite lorsqu'elles ont déposé leurs œufs. Il est curieux d'observer combien est merveilleux l'instinct de ces animaux qui les porte à s'aider dans leurs voyages des effets du frottement de l'eau sur les côtés et le fond des rivières. Les truites aiment à se tenir dans les eaux courantes ; pour y rester, elles sont souvent forcées d'employer toute leur vigueur pour résister à la violence du courant ; sans leur force motrice et leur énergie, il les entraînerait souvent fort loin des lieux où elles se plaisent et qui conviennent à leurs conditions d'existence. Lorsque le volume et la vitesse des rivières sont augmentés considérablement par les pluies, ces poissons comprennent qu'ils seront obligés de céder à leur force impulsive. Elles se rapprochent donc pour lors de leur fond ou de leurs côtés. Là ils retrouvent la vitesse ordinaire du courant, et n'ont plus d'autre effort musculaire à faire que celui qu'ils exercent habituellement. Sans le ralentissement que le courant des fleuves éprouve généralement par l'effet du

ORDRES.	GENRES ET ESPÈCES.	ÉPOQUES DES PASSAGES DES POISSONS.
IV. Abdominaux.		frottement sur le fond ou sur les côtés, les truites, comme les autres poissons, seraient entraînées hors de leurs eaux, lors des grandes inondations. Cela même arrive quelquefois malgré toute la résistance que ces animaux opposent à la violence des courants. On en a eu un exemple fameux lors d'un ouragan terrible qui eut lieu à la Jamaïque. Une pareille circonstance est du reste fort rare, mais elle s'est présentée en 1815 à la Jamaïque ainsi que nous l'avons déjà fait observer. La quantité d'eau qui tomba lors de cet ouragan fut si grande, qu'elle entraîna avec elle à la mer tous les poissons de la rivière Yallahs. Plus de dix ans après cet événement on ne découvrait aucune espèce de poisson d'eau douce dans cette rivière, de laquelle ils avaient été enlevés par cet immense courant. Le passage des truites d'un lac dans une rivière ou d'une rivière dans d'autres eaux courantes porte le nom de descente et de remonte. Les époques de ces migrations paraissent soumises, d'après des observations suivies pendant plusieurs années aux influences atmosphériques et au besoin de nourriture. En effet, dès que les eaux où elles passent l'hiver acquièrent une température plus élevée, elles les quittent pour aller dans des eaux plus froides, que ces poissons recherchent de préférence, surtout lorsque la saison des frimas ne fait plus sentir son influence. L'époque de la descente est annoncée par l'apparition de petites truites. Les plus jeunes ouvrent toujours la marche. Après celles-ci viennent les individus d'une grandeur moyenne, auxquels succèdent les plus gros, qui ferment et terminent le cortége. Il arrive pourtant que les jeunes individus et les moyens arrivent seuls ; alors ceux qu'on prend en juin et en juillet ont déjà leurs œufs, ce qui prouve qu'ils frayent longtemps avant la venue des plus gros. Mais dès que les truites ont déposé leurs œufs, du moins celles qui fréquentent les rivières situées dans le voisinage des lacs, on les voit rentrer dans ces lacs, ce qui a lieu le plus ordinairement vers la fin d'octobre. L'instinct de ces animaux les porte aussi, dans d'autres circonstances, à remonter jusqu'aux sources des fleuves et des rivières pour y déposer leurs œufs, et cela par suite de l'empressement que ces poissons mettent à rechercher les eaux les plus vives et les plus fraîches. Par suite de leurs habitudes, ces poissons se trouvent dans les lacs de l'Europe qui ne dépassent pas 1,100 toises; ils ne paraissent pas pouvoir vivre beaucoup au-dessus de ce niveau. On n'en voit pas

ORDRES.	GENRES ET ESPÈCES.	ÉPOQUES DES PASSAGES DES POISSONS.
IV. Abdominaux.		dans celui du grand Saint-Bernard, qui se trouve à 1,250 toises au-dessus du niveau des mers, et ceux que l'on y dépose y périssent tous plus ou moins promptement. Les truites frayent ordinairement en septembre et en octobre entre les racines des arbres et les grosses pierres. Lorsqu'elles sont pleines, leur voracité est extrême, et à tel point qu'elles se dévorent souvent les unes les autres. On s'est demandé si les truites nommées truite ordinaire, truite saumonée, truite du lac Léman et de rivière, truite des Alpes, truite fario, truite carpione, constituaient autant d'espèces distinctes et diverses. Jurine, dans son ouvrage sur les poissons du lac de Genève, s'est prononcé fortement pour la négative. Il a soutenu avec toute raison que toutes ces truites ne constituaient qu'une seule et même espèce Ce qu'il y a de certain, c'est que la truite du lac de Genève (*salmo lemanus*) ne dépasse jamais une certaine longueur, quoiqu'elle acquière le poids de quarante à cinquante livres. On en a vu récemment à Genève de pareilles; mais alors, sans avoir gagné en longueur, elles avaient pris une largeur plus considérable. Nous avons déjà dit que les truites se distinguaient par la vivacité de leurs mouvements et l'impétuosité avec laquelle elles se meuvent contre les courants. Aussi le nom qu'elles portent dérive du mot *trutta*, dérivé lui-même de *trutto*, qui signifie pousser avec violence. Cette idée convient parfaitement à un poisson toujours prêt à lutter avec courage et adresse contre les obstacles qu'on lui oppose.
	La truite saumonée (*salmo trutta* Linn.).	La truite saumonée (*salmo trutta* Linn.) remonte dans les rivières et les ruisseaux d'eau claire qui se jettent immédiatement dans la mer; leur chair est la plus estimée. Les eaux vives et limpides sont tellement l'habitation des truites que les espèces de ce genre deviennent d'autant plus nombreuses qu'on se rapproche des montagnes. Outre la truite saumonée et la truite ordinaire, les grands lacs des Alpes nourrissent le huche (*salmo hucho* Linn.) et la truite de montagne (*salmo Alpinus* Linn.). Cette dernière se trouve même sur le mont Cénis, au pied des neiges perpétuelles. Ces poissons sont invinciblement attachés aux eaux froides qui les ont vus naître; aussi est-il à peu près impossible de les transporter ailleurs. Du moins toutes les tentatives que nous avons faites en 1809 pour y parvenir, d'après les ordres qui nous avaient été donnés par l'empereur Napoléon n'ont été suivies d'aucun succès. Aucun sacrifice ni aucune dépense n'avaient été pourtant épar-

ORDRES.	GENRES ET ESPÈCES.	ÉPOQUES DES PASSAGES DES POISSONS.
IV. Abdominaux.		gnés, et un chétif poisson s'est moqué en quelque sorte de tout ce qu'il y avait pour lors de plus grand sur la terre. Tout ce que nous avons pu faire à l'égard du huche (*salmo hucho*) a été de faire franchir à ce poisson la distance qui sépare Vienne de Lintz (environ trente-cinq lieues).
	L'ombre commun (*salmo thymallus* Linn.).	L'ombre fraye au mois de mars; ce poisson voyage pour lors en foule par couple monogame. Lorsque les femelles veulent déposer leurs œufs, elles soulèvent les pierres qui se trouvent dans les eaux qu'elles fréquentent et les placent ainsi dans les trous que ces pierres recouvraient. Le mâle arrose ensuite ces œufs de sa laite immédiatement après que la femelle les a pondus. C'est ordinairement en juin que les petits éclosent, et se développent avec la plus grande activité. Cette espèce est encore un poisson de passage. Elle remonte ordinairement les torrents qui descendent des montagnes. Les migrations de ces saumons ont lieu le plus ordinairement vers la fin de février et en mars. L'hiver on les voit retourner dans les grandes rivières, recherchant cependant, comme la truite et le saumon, les eaux froides, pures et rapides. C'est sur leurs bords caillouteux que la femelle va déposer ses œufs en avril et en mai.
	La fera (*corregonus fera*).	La fera (*corregonus fera*), le lavaret (*corregonus lavaretus*), la gravenche *corregonus hiemalis* Jurine), comme les autres poissons délicats, meurent promptement quand on les sort de l'eau; ceux-ci ne voyagent pas et ne se livrent jamais à des migrations. On ne peut pas même les transporter d'un lieu dans un autre. Ces espèces sont en quelque sorte les analogues des oiseaux sédentaires. On les voit bornées à des localités peu diverses et peu distantes les unes des autres. Toute la différence que présentent ces poissons dans leurs habitations tient à ce qu'on ne les voit jamais rapprochés de la surface des eaux que pendant la belle saison; ils vivent le reste de l'année dans les grandes profondeurs des eaux.
	Brochet (*esox lucius* Linn.).	Le brochet est un poisson d'eau douce qui fraye, suivant Bloch, en février et en avril; et, d'après d'autres observateurs, pendant les trois mois du printemps ou au commencement de l'été. Il remonte les rivières très-avant, et étend souvent ses courses presque jusqu'à leur source Ce poisson est extrêmement vorace et féroce; aussi le voit-on s'attaquer mutuellement, et devenir tour à tour meurtrier ou victime. Il est sujet, comme la

ORDRES.	GENRES ET ESPÈCES.	ÉPOQUES DES PASSAGES DES POISSONS.
IV. Abdominaux.		truite ordinaire, la truite saumonée, l'ombre chevalier et l'écrevisse, à une singulière maladie, qui en rend les nuances tout à fait noires. Le brochet, nommé à juste titre le requin des rivières, paraît pouvoir vivre dans les eaux saumâtres, quoiqu'il abandonne peu les eaux douces. Ainsi, en Bretagne, un lac fut envahi par les eaux des mers, et tous les poissons qui s'y trouvaient périrent, à l'exception pourtant des brochets, qui, seuls, résistèrent à l'influence de l'eau salée.
V. Microlépides.	La dorée ou poisson de Saint-Pierre (*zeus faber* Linn.).	La dorée, connue sur les côtes du midi de la France sous le nom de *gal*, est à peu près sédentaire. Elle se trouve sur les rivages de la France et de l'Espagne, aussi bien dans l'Océan que dans la Méditerranée, mais à peu près à toutes les époques, comme les espèces qui ne voyagent pas. Elle est cependant beaucoup plus abondante au printemps qu'en hiver, où elle se retire dans la profondeur des eaux. C'est un poisson de la haute mer, qui ne vit pas en troupes, et ne remonte pas beaucoup vers le nord.
	Le pilote (*naucrates ductor* Cuvier).	Le pilote, fameux par ses migrations, a l'habitude de suivre assez constamment les vaisseaux, et de faire avec eux jusqu'à plus de cinq cents lieues. Il est assez commun sur les côtes de la Méditerranée, comme sur celles de l'Océan, quoiqu'il soit plus particulièrement de la haute mer. Connue par les pêcheurs de la Méditerranée sous le nom de faufré, ceux-ci ont remarqué que, vers la fin de l'été, cette espèce y est très-abondante.
	L'espadon (*xiphias gladius* Lin.)	Ce poisson, assez commun dans toute la Méditerranée, remonte assez haut vers le Nord Il est surtout abondant le printemps et l'été Il paraît s'enfoncer, dans l'hiver, dans les profondeurs des mers. On le trouve aussi dans l'Océan, où il est cependant assez rare.
	Thon et maquereau (*scomber thymnus* et *scomber scombrus* L.).	Nous réunirons dans un même article ce que nous avons encore à dire sur les passages ou les migrations des thons et des maquereaux. Ces deux expèces d'un même genre ont à peu près les mêmes habitudes. Elles abondent du moins et séjournent sur les côtes du midi de la France aux mêmes époques, où elles sont attirées par les sardines, dont elles se nourrissent. Ces poissons, comme la plupart de ceux qui fréquentent le littoral de la Méditerranée, y sont plus abondants au printemps et en été que pendant les autres saisons. C'est

ORDRES.	GENRES ET ESPÈCES.	ÉPOQUES DES PASSAGES DES POISSONS.
V. Microlépides.		toujours au retour des premiers beaux jours ou vers l'été que la pêche en est la plus fructueuse. Leurs passages sont si réguliers, que l'on en fait constamment deux pêches dans la Méditerranée. La première, dite d'arrivée, a lieu depuis le mois de mars jusqu'en juillet; la seconde, dite de retour, depuis le milieu de juillet jusqu'à la fin d'octobre. C'est du moins ce que l'on observe sur les côtes du midi de la France. Il n'en est pas partout ainsi sur les bords de la Méditerranée. Cette seconde pêche commence, en Afrique, au mois de novembre, et se continue jusqu'à la fin de décembre. La pêche du thon est favorisée par l'obscurité; du moins c'est pendant les nuits les plus sombres que l'on en prend les plus grandes quantités. Une autre circonstance favorise la capture de ce poisson : elle tient à la peur que leur inspirent les squales, dont les poursuites ont lieu avec autant de fureur que d'acharnement. Effrayés par d'aussi terribles ennemis, les thons se précipitent dans les filets, et viennent parfois aussi échouer sur les plages, où la crainte les pousse. Les thons et les maquereaux ont du reste leurs passages à la même époque; ils voyagent dans la même direction que les sardines, qu'ils semblent suivre d'une manière constante. Lors de la seconde pêche dite de retour, ils prennent également les mêmes routes. Comme les autres poissons voyageurs, ceux-ci naviguent toujours par bandes plus ou moins nombreuses, distribuées en général par ordre de grandeur, ou, si l'on veut, de la même grosseur. La singularité de ces faits disparaît lorsqu'on fait attention à ce que ces poissons, ainsi réunis par troupes et d'une taille à peu près égale, sont nés dans les mêmes lieux, peut-être du frai de la même mère. Ils cherchent donc tous la même nourriture, proportionnée à leurs besoins. Ils redoutent et fuient les mêmes ennemis. Des habitudes semblables les portent à se réunir ainsi par âge et à voyager ensemble Il n'est donc pas étonnant que des filets dressés sur leur passage, et préparés avec art, les rassemblent encore et deviennent leurs tombeaux. Les thons paraissent donc vivre, se propager et mourir dans la Méditerranée. Lorsqu'ils semblent en disparaître, ils s'enfoncent dans les profondeurs de cette mer. C'est aussi au printemps qu'on les voit s'approcher des rivages pour y déposer leurs œufs. Ils passent ainsi une partie de l'été vers la surface des eaux. Ce n'est qu'à la fin de l'été ou au commencement de l'automne qu'on les voit retourner dans leur premier

ORDRES.	GENRES ET ESPÈCES.	ÉPOQUES DES PASSAGES DES POISSONS.
V. Microlépides.		asile. Ces poissons frayent dans la Méditerranée ; leurs petits y éclosent en abondance. Peu après l'époque du frai, ils se développent et croissent avec une rapidité prodigieuse. Ceux qui supposent que le thon n'est pas une espèce sédentaire et propre à la Méditerranée font remarquer que, comme les bonites, il se trouve aussi dans l'Océan, et que la direction qu'ils suivent lorsqu'ils arrivent auprès des côtes est totalement différente de celle qu'ils tiennent au moment de leur départ. Cette circonstance n'est pas cependant une preuve que ces poissons arrivent de l'Océan dans la Méditerranée par le détroit de Gibraltar. S'il en était ainsi, on devrait trouver les thons en colonnes plus ou moins nombreuses dans l'Océan avant le moment où ils pénètrent dans la Méditerranée. Aucune observation ne prouve qu'il en soit ainsi. Dès lors il est probable que, puisque les thons se montrent sur tous les points de la Méditerranée en même temps, sans que l'on puisse dire qu'ils passent d'abord par certains parages pour arriver ensuite dans d'autres, ils doivent quitter les profondeurs des mers où les froids les avaient retenus. Mais, à la belle saison, ils viennent trouver auprès des rivages des mers une nourriture plus abondante et une température plus élevée. Certains faits s'opposent pourtant à l'admission de cette supposition. Ainsi on voit assez constamment les sardines, les maquereaux et, à ce qu'il paraît, les thons voyager du sud à l'est, c'est-à-dire dans la direction du golfe de Lyon au golfe de Gênes. On en a induit que ces trois espèces viennent de l'Océan dans la Méditerranée. Les maquereaux font la chasse aux sardines, les thons aux maquereaux, tout comme les grosses espèces de squales aux thons Aussi trouve-t-on dans les estomacs de ces poissons les espèces souvent à peu près entières dont ils font leur nourriture. Il est loin d'en être ainsi des maquereaux ; ceux-ci se montrent non-seulement dans la Méditerranée, mais encore dans l'Océan en troupes toujours fort nombreuses, lorsqu'on les observe au moment de leurs passages. S'il faut en croire Anderson (*Histoire naturelle de l'Islande,* tom. 1er, pag. 196 et 197), ces poissons passeraient l'hiver dans le Nord. Au printemps, ils se mettraient en marche, et arriveraient successivement en Ecosse et en Irlande, d'où ils se jetteraient dans l'Océan Atlantique. Une de leurs colonnes longerait ensuite les côtes du Portugal et de l'Espagne, et entrerait enfin dans la Méditerranée. L'autre di-

ORDRES.	GENRES ET ESPÈCES.	ÉPOQUES DES PASSAGES DES POISSONS.
V. Microlépides.		vision arriverait d'un autre côté dans la Manche, et paraîtrait en mai sur les côtes de la France et de l'Angleterre. De ces côtes, cette seconde bande passerait en juin devant celles de la Hollande et de la Frise. Arrivée en juillet sur les côtes du Jutland, elle détacherait une nouvelle division qui, faisant le tour de cette presqu'île, pénétrerait dans la mer Baltique, et, en passant devant la Norwége, s'en retournerait vers le Nord. On peut se demander si ce récit d'Anderson relatif à la marche des maquereaux est bien réel. Il ne le paraît pas, du moins d'après le dire du plus grand nombre des observateurs et des pêcheurs qui s'adonnent à la recherche de ces poissons. D'après eux, les maquereaux passent l'hiver dans différentes baies ou rades des environs de Terre-Neuve. Ils y demeurent enfouis dans la vase jusqu'au printemps, ou jusqu'en mai, où la fonte des glaces leur permet de se répandre en grand nombre le long des côtes Ces poissons voyagent ordinairement en troupes plus ou moins considérables, et se montrent soit dans l'Océan, soit dans la Méditerranée vers la fin d'avril. Les maquereaux sont alors assez petits et non laitancés. On les nomme en Normandie *sansonnets*, et en Picardie *roblots*. Ils ne sont pleins que vers la fin de mai. Enfin vers les derniers jours de septembre et d'octobre, on en pêche encore de fort petits qui paraissent avoir pris naissance dans l'année. Mais tout cela est fort irrégulier; car il n'est pas rare d'avoir à Paris des maquereaux pris à Dieppe dans les mois de novembre et de décembre. Si quelques-uns de ces poissons se trouvent à ces époques insolites, cette circonstance paraît tenir uniquement aux gros temps ou aux tempêtes qui ont lieu antérieurement à leur apparition réellement extraordinaire. Il est du moins certain que la pêche des maquereaux sur les côtes du midi de la France a lieu depuis le mois d'avril jusqu'à la fin d'octobre. C'est constamment vers les mois de juin, de juillet et d'août que la pêche de ces poissons est la plus abondante. On s'y livre avec ardeur sur les côtes de la Méditerranée; car ce poisson y est aussi bon que sur celles de l'Océan. Il est du reste connu sous le nom de *veyrat* dans tout le midi de la France. Les faits que nous venons de rapporter et qui sont relatifs aux maquereaux prouvent un fait dont personne ne doute, c'est que ces poissons, avant d'arriver dans la Méditerranée, se montrent en troupes extrêmement nombreuses dans l'Océan. Or, si les thons venaient dans la Méditerranée par l'Océan, on devrait les y voir tout comme on y observe

ORDRES.	GENRES ET ESPÈCES.	ÉPOQUES DES PASSAGES DES POISSONS.
V. Microlépides.		les maquereaux. Cependant il n'est point encore constaté qu'on y en ait jamais aperçu, à part quelques individus isolés, qui peuvent s'y être égarés. Du reste, à toutes les époques, même pendant les temps géologiques, les mers intérieures ont eu leurs espèces particulières et différentes de celles que l'Océan nourrit dans son sein. Dès lors il n'y a rien d'étonnant que le thon soit une espèce propre à la Méditerranée, et qu'il ne se trouve que d'une manière tout à fait accidentelle dans l'Océan. Ce poisson présente une particularité que nous avons vu être fort commune chez les oiseaux. Quoique sédentaire dans la Méditerranée, il n'y fait pas moins de deux voyages périodiques et réguliers sur les côtes du midi de la France, et, à ce qu'il paraît, sur celles de l'Espagne Il paraît certain que, sur la partie de la côte de la Méditerranée, depuis Saint-Tropez jusqu'à Monaco, où les eaux sont rarement froides et peu agitées, on trouve des thons toute l'année. Il ne faut pas croire cependant que l'on en prenne beaucoup à d'autres époques qu'à celles de leurs passages, à raison de ce que les filets destinés à leur pêche ne sont pas tendus dans d'autres moments. Ces filets, d'un grand prix, et destinés uniquement à ces poissons, ne sont dressés que lorsque les thons voyageurs viennent visiter les espèces sédentaires. Ce qui confirme cette observation, faite depuis bien longtemps par tous les pêcheurs, c'est que l'on prend toute l'année auprès des mêmes côtes des maquereaux et un grand nombre de sardines et d'anchois mêlés avec les autres espèces sédentaires. Il est même une localité particulière où elles se rassemblent; elle est désignée sous le nom de *Croc de cagnes*. Lorsque l'hiver est peu rigoureux, ce qui arrive souvent auprès de ces côtes abritées des vents froids, on pêche une grande quantité de ces divers poissons. Si les eaux sont froides, ils se retirent au large et se tiennent dans la profondeur des eaux. Tout aussitôt les thons les suivent, et avec eux disparaissent les nombreuses troupes de squales qui se tiennent assez constamment auprès des côtes où les premiers se trouvent en abondance. On ne peut pas assimiler de pareils déplacements aux véritables migrations. Celles-ci ne sont pas uniquement déterminées, comme ces transports, par la température et le besoin d'une nourriture appropriée aux espèces qui s'y livrent. Quelques commentateurs ont admis que le mot migration provenait par contraction de

ORDRES.	GENRES ET ESPÈCES	ÉPOQUES DES PASSAGES DES POISSONS.
V. Microlépidés.		*meare agro*. Il est cependant plus naturel et plus simple de le faire dériver de *migratio*, qui signifie changement de demeure ou d'habitation. Cette expression a pour racine le mot *migrare*, employé dans le même sens par les principaux auteurs de la bonne latinité. Ce verbe se trouve en effet dans Cicéron, Horace, Plaute, Térence et Lucrèce. Cette étymologie est donc préférable à celle qui lui donnerait pour origine les deux mots *meare agro*, par l'effet d'une contraction aussi difficile à comprendre qu'à supposer. Le résultat de l'instinct peut être aussi une nécessité, à raison de l'excessive fécondité des animaux qui les entreprennent. La force de propagation est en effet immense chez les espèces aquatiques et particulièrement chez les poissons. Aussi voit-on constamment chaque année d'immenses caravanes de poissons, réunies dès leur enfance, parcourir toute l'étendue des mers, et s'arrêter uniquement dans les mêmes lieux où avaient également séjourné ceux qui leur ont donné le jour. Les individus qui composent ces innombrables légions ne se quittent plus. Ils partagent le bien et le mal, les bonnes prises comme les chances et les dangers d'une navigation longue et périlleuse. Les poissons qui entreprennent ces grandes migrations ont à peu près tous la même grosseur, du moins ceux qui arrivent dans les régions tempérées. On les dirait tous provenus du même frai, à en juger par leurs dimensions, quoiqu'il soit certain que, parmi ces caravanes, il est un assez grand nombre d'individus tout à fait adultes. Cette circonstance est d'autant plus digne d'attention, que les saisons sont à peu près fixes, et qu'aussi les poissons doivent déposer leur frai aux mêmes époques. Or les différentes peuplades qui en proviennent se dévorent le plus souvent entre elles, ce qui ne doit pas arriver pour celles dont les migrations sont régulières et périodiques; sans cela on ne saurait pas se rendre compte du nombre prodigieux des individus qui les composent. Cette supposition est d'autant plus admissible que les poissons sédentaires attaquent rarement les espèces de passage, tandis qu'il en est tout le contraire de celles-ci. Ce fait tendrait à prouver que les races qui trouvent leur nourriture dans les lieux qu'ils habitent n'émigrent pas, tandis que celles qui émigrent, obligées de la chercher, s'en saisissent lorsqu'elle se présente à eux, et avec d'autant plus d'avidité que leur voracité est plus grande. Quoique les maquereaux servent de pâture aux thons comme les sardines et les anchois

ORDRES.	GENRES ET ESPÈCES.	ÉPOQUES DES PASSAGES DES POISSONS.
V. Microlépides.		aux premiers de ces poissons, ces différentes espèces ne sont pas toujours également communes les mêmes années. Ainsi, en 1840, les sardines, les thons et les squales ont été abondants sur les côtes de la Méditerranée, tandis qu'il en a été tout le contraire des maquereaux. Ces derniers ont été des plus rares cette année : il serait difficile d'en donner la raison, surtout si l'on fait attention à la grande quantité de thons qui ont parcouru les côtes du midi de la France à cette époque. On peut se former une idée de la prodigieuse quantité de thons qui existent dans la Méditerranée en considérant que, sur les côtes occidentales de la Sardaigne, on a pêché, dans l'espace de dix années, jusqu'à environ cent vingt mille quintaux de ces poissons, ce qui donne en terme moyen douze mille par année. Les mêmes côtes fournissent également une grande quantité de sardines et d'anchois. La pêche de ces poissons est une source de richesses pour les Génois et les Siciliens. C'est également à Gênes et à Livourne que l'on porte le corail pêché sur les côtes de la Sardaigne. On prend également dans tous ces parages, principalement dans ceux où le fond granitique est exempt de vase, une grande quantité de murènes, de soles, de spares et de loups. Le nombre de ces poissons y est si considérable, qu'il donne à la pêche une activité et un développement tout particulier. Sans doute les thons arrivent presque en même temps dans la Méditerranée que les maquereaux, dont ils semblent suivre les pas et dont ils sont fort friands. C'est là à peu près tout ce que ces deux espèces ont de commun ; car, sous le rapport de leurs migrations, elles diffèrent d'une manière essentielle. Le thon est à peu près particulier à la Méditerranée. Il en est tout autrement des maquereaux, qui fréquentent non-seulement cette mer intérieure, mais encore une grande partie de l'Océan avant de s'enfoncer dans les profondeurs de l'Océan Glacial arctique. Aussi avons-nous été obligé de revenir sur les migrations des derniers de ces poissons. Nous avons tracé sur notre carte la route qu'ils suivent, et nous avons fait tous nos efforts pour en donner un détail aussi exact qu'il nous a été possible. On les trouvera dans l'explication de cette carte, où nous avons indiqué les principaux parages, où les tribus des maquereaux ont été aperçues. Ces faits suppléeront à ceux que nous n'avons pas pu indiquer dans la comparaison que nous avons faite entre ces deux espèces. L'une est la victime de la voracité de l'autre, à peu près comme les thons le sont

ORDRES.	GENRES ET ESPÈCES.	ÉPOQUES DES PASSAGES DES POISSONS.
V. Microlépides.		eux-mêmes de celle des squales, ainsi que nous l'avons déjà fait observer.
VI. Lépides.	Muge (*mugil cephalus* Linn.).	Le muge vit à la fois dans l'Océan et la Méditerranée. On en fait de grandes captures dans la saison du frai, d'autant que ce poisson se porte pour lors en foule sur les rivages et vers les embouchures des rivières. Il se plaît aussi dans les étangs salés qui bordent les côtes de la Méditerranée, à raison de leur fond vaseux qu'il aime de préférence. C'est là qu'il cherche les vers, les insectes, dont il fait sa nourriture ordinaire, et que l'on découvre aussi dans son estomac. Ce poisson entre principalement dans les étangs salés, vers les mois de mars et d'avril. Il ne les quitte que vers novembre ou au commencement de décembre dès que les froids se font sentir. On en fait pour lors une grande capture; on en prend parfois de si grandes quantités, qu'on le sale comme les sardines et tant d'autres espèces. Le muge ne dépose pourtant pas son frai dans les étangs salés, ainsi qu'on l'a faussement supposé, mais bien dans la mer. Ce poisson remonte l'été dans les fleuves, et même fort avant. On en a pris jusque dans le Rhône, sous les murs de Beaucaire, à environ dix lieues de la Méditerranée. Les muges qui habitent l'Océan paraissent également remonter la Garonne, la Loire et la Seine, tout comme ceux de la Méditerranée le font dans le Rhône, le Tibre et le Pô. Cette espèce est souvent poursuivie avec une sorte de fureur par le loup (*perca labrax*), qui en est fort friand. Ce poisson a pourtant un moyen de lui échapper en s'élançant verticalement hors de l'eau, et faisant ainsi des sauts répétés, comme le pratiquent les ablettes et plusieurs espèces de cyprins. Ils font donc usage de cette extrême souplesse que leur a donnée la nature, non-seulement pour échapper à leurs ennemis, mais encore lorsqu'ils se voient entourés par des filets. La pêche du muge, telle qu'elle se pratique dans les étangs du bas Languedoc, a été décrite avec assez de détail par Pline. On peut voir dans les écrits de ce naturaliste qu'elle n'a pas éprouvé de grands changements dans les moyens qu'elle emploie de nos jours. Seulement à l'époque de Pline le muge et les dauphins, qui en sont fort friands, étaient beaucoup plus abondants qu'aujourd'hui. La pêche de ces poissons, qui, suivant lui, avait lieu tous les ans auprès des étangs de Lattes (environs de Montpellier), n'est plus

ORDRES.	GENRES ET ESPÈCES.	ÉPOQUES DES PASSAGES DES POISSONS.
VI. Lépides.		pratiquée maintenant dans cette localité. Alors les côtes de la Méditerranée, qui bordent l'île de Maguelonne et de ses environs, étaient peuplées par une grande quantité de muges, qui des étangs passaient dans la mer, où ils étaient poursuivis par les dauphins Ceux-ci y étaient pour lors si communs, que les habitants les apprivoisaient, au dire de Pline, avec du pain trempé dans du vin. On en trouve, à la vérité, encore quelques-uns aujourd'hui; mais le nombre en a considérablement diminué, en comparaison surtout de ce qu'il paraît avoir été du temps du naturaliste romain.
	Perche d'eau douce (*perca fluviatilis* Linn.).	La perche peut être rangée parmi les espèces qui habitent constamment les eaux douces. Elle émigre donc peu, dépose son frai dans les lacs et les rivières où elle habite. C'est au commencement du printemps, en avril et en mai, qu'elle fraye; mais, lorsque cette espèce pond ses œufs, elle est déjà assez avancée en âge. L'époque à laquelle elle dépose son frai paraît dépendre essentiellement de la température des lieux où on la découvre. Elle s'y livre au printemps dans les régions tempérées, et seulement en été dans les régions septentrionales. Cette espèce est répandue dans toute l'Europe tempérée, ainsi que dans une grande partie de l'Asie. On la trouve depuis l'Italie jusqu'en Suède. Les lacs, les ruisseaux d'eau vive et les rivières lui servent indifféremment de demeure. Elle remonte plutôt vers leurs sources qu'elle ne descend vers leurs embouchures. La perche craint singulièrement l'eau salée, et l'évite, par suite, autant qu'elle le peut. Elle ne se tient pas non plus à une grande profondeur des eaux; seulement l'hiver elle descend davantage et habite des couches plus basses. Cette espèce dans ses migrations ne forme pas de troupes nombreuses comme la plupart des autres poissons; aussi ces migrations sont rarement lointaines.
	Loup (*perca labrax* Linn.).	Ce poisson est très-commun sur les bords de la Méditerranée. Il y pond deux fois par an, observation qui n'avait pas échappé à la sagacité d'Aristote. Il y habite à peu près constamment. Il pénètre, moins que le muge, dans les étangs salés. Lorsqu'il y arrive, c'est presque toujours aux mêmes époques que les muges, qui probablement les y attirent. Cela est d'autant plus probable, qu'il ne se plaît pas, comme eux, dans les fonds vaseux. Cette circonstance dépend peut-être de la largeur et de l'étendue de ses branchies. Le loup craint beaucoup plus le froid que le muge. Il remonte aussi moins haut dans les rivières

ORDRES.	GENRES ET ESPÈCES.	ÉPOQUES DES PASSAGES DES POISSONS.
VI. Lépides.		que celui-ci. D'un autre côté, il pénètre peu dans les mers du Nord, ne dépassant pas la Manche. Ce poisson habite à peu près constamment la Méditerranée, soit les côtes du midi de la France, de l'Espagne et de l'Italie, soit celles de l'Afrique, et particulièrement celles de l'Egypte. Il paraît de passage sur certaines parties de l'Océan. On en prend du moins une certaine quantité auprès des rivages à la fin de l'été et au commencement de l'automne. Il s'en rapproche pour lors pour y déposer ses œufs, choisissant de préférence les anses où viennent se jeter des ruisseaux ou des rivières peu considérables. Cette espèce, très-vorace, se nourrit d'anguilles et de petits poissons. A la mer elle dévore beaucoup de rougets, et même de muges, et, lorsqu'elle n'y en découvre pas la quantité qui lui est nécessaire, elle va chercher ces derniers jusque dans les étangs, où elle leur fait une guerre cruelle. Les anciens, qui connaissaient les habitudes de cette espèce et la grandeur de son estomac, avaient rendu sa cruauté célèbre, et lui avaient donné son nom qui la signale.
	L'apron commun (*perca asper* Linn.).	Cette espèce des eaux douces paraît peu répandue. On la rencontre particulièrement dans le Rhône et ses affluents. L'apron se prend également dans la Saône, le Doubs et l'Alaine. Les pêcheurs de Lyon le connaissent sous le nom de sorcier. Rondelet a été un des premiers naturalistes qui ait fait connaître cette espèce. On assure qu'on le rencontre aussi dans le Rhin et le Danube. Ce poisson se tient ordinairement au fond de l'eau ; il ne sort de son réduit que pour nager dans la profondeur des rivières où il fait son séjour. Il préfère pour se livrer à la nage les temps froids, et particulièrement les vents du nord et de l'ouest, moment où les autres poissons ne sortent pas de leurs retraites. Cette espèce ne nage, en quelque sorte, qu'en l'absence de toutes les autres. L'apron paraît frayer en mars, et produire des œufs fort petits d'une couleur blanchâtre.
	Le serran (*perca cabrella* Linn.).	Ce poisson habite tout le bassin de la Méditerranée, d'où il émigre dans l'Océan, s'avançant assez vers le Nord. Il passe également en Afrique et parvient jusqu'à Madère.
	Le labre (*labrus hepatus* Linn.).	Cette espèce se trouve également dans toute la Méditerranée ; la femelle s'approche des rivages de cette mer vers le mois d'août, et cela pour y déposer ses œufs sur les galets qui se trouvent ordinairement auprès des côtes. Quant au *labrus anthias*, il se trouve dans la

ORDRES.	GENRES ET ESPÈCES.	ÉPOQUES DES PASSAGES DES POISSONS.
VI. Lépides.		plupart des lieux rocailleux des bords de la Méditerranée, où il dépose ses œufs. Nous ignorons si cette espèce se rencontre ailleurs que dans cette mer.
	Le corb (*sciœna nigra* Linn.).	Le corb, très-commun sur toutes les côtes de la Méditerranée, est connu sous les noms de corb ou de corbeau, ainsi que sous celui de *vergo* ou *durdo*. On le pêche dans les étangs salés et dans la mer. Il ne paraît pas remonter les fleuves. On le voit approcher au printemps du rivage, où il dépose ses œufs et sa laite sur les galets.
	L'ombrine (*sciœna cirrhosa* Lin.).	Cette espèce, assez commune sur les côtes de la Méditerranée et dans le midi de la France, se montre également sur celles de l'Espagne et de l'Italie. Elle est connue dans le Midi sous les noms de *draine* ou de *caine*.
	La dorade vulgaire (*sparus aurata* Linn.).	Cette espèce, nommée dans le midi de la France *soquène*, se trouve aussi bien dans la Méditerranée que dans l'Océan. Lorsqu'elle grossit, les pêcheurs, qui la nommaient dans le jeune âge *soquène*, la désignent pour lors sous le nom de *dorade*. C'est dans l'Océan ou dans la Méditerranée, mais non dans les étangs salés, que cette espèce atteint les plus grandes dimensions. Elle y acquiert aussi cette couleur dorée qui la distingue de la soquène. La dorade vulgaire entre dans les étangs salés au mois de mars. Sa grosseur égale à peine, pour lors, celle d'une lentille. Comme la plupart des poissons qui ont les mêmes habitudes, elle quitte les étangs vers le mois de novembre, et acquiert dans la mer son entier développement. Elle se rassemble aussi en grand nombre vers l'embouchure des rivières ou des fleuves, par suite de l'habitude où elle est de peu abandonner le rivage de la mer. Aussi cette espèce voyage rarement et ne se livre guère à de grandes migrations
	Le canthère ordinaire (*sparus cantharus* Linn.).	Le canthère, assez commun dans la Méditerranée, ne paraît pas se trouver dans l'Océan. Il y est connu sous les noms de *cantena* et de *cantheno*.
	Le pagre ordinaire (*sparus argenteus* Schneid.).	Cette espèce de la Méditerranée semble peu quitter cette mer, où elle vit habituellement en petites troupes.
	Le pagel (*sparus erythrinus* L.).	Ce poisson, connu sur les côtes de la Méditerranée sous les noms de pagel et de pageau, n'approche du rivage que vers le commencement du printemps. Il se tient constamment à d'assez grandes profondeurs des eaux pen-

ORDRES.	GENRES ET ESPÈCES.	ÉPOQUES DES PASSAGES DES POISSONS.
VI. Lépides.		dant les autres saisons, surtout lors des froids rigoureux. Il habite constamment la Méditerranée, entre peu dans les grands étangs, encore accidentellement et en petit nombre. Le pagel, qui fréquente les fonds rocailleux, a une chair préférable, son goût est plus délicat que celui des étangs; ce qui du reste est général pour tous les poissons.
	Le denté vulgaire (*sparus dentex* Linn.).	Le denté, qui acquiert parfois d'assez grandes dimensions, habite aussi la Méditerranée. Il est connu sur les côtes du midi de la France, tantôt sous le nom de *dentillac*, et tantôt sous celui de *marmo*. Du reste cette espèce paraît plus commune dans l'Océan que dans la Méditerranée.
	Rouget (*mullus barbatus* Linn.).	Le rouget fréquente de préférence les plages rocailleuses des bords de la Méditerranée, et se trouve rarement dans l'Océan. Il demeure dans la première de ces mers pendant la plus grande partie de l'année, à l'exception pourtant de l'hiver. A cette époque il quitte les côtes du midi de la France, pour aller vers des lieux où il trouve une température plus élevée, telles sont celles de l'Afrique. Cette espèce, recherchée à raison de la délicatesse de sa chair, se rencontre rarement sur les côtes de l'Océan. Elle paraît avoir été l'objet des soins des Romains. On sait quel intérêt ils mettaient à élever les poissons dans des viviers d'eau douce, ou dans de grands réservoirs construits aux bords des mers; ceux-ci étaient généralement alimentés par des eaux salées On ne comprend pas comment les Romains, qui construisaient des viviers à grands frais, qui allaient chercher les poissons les plus rares au delà des colonnes d'Hercule et qui occupaient des milliers de bras à en approvisionner la capitale du monde, aient aussi peu avancé l'histoire de ces animaux. On ne peut le concevoir qu'en se rappelant que l'époque à laquelle les vainqueurs du monde se sont livrés à ces soins, commandés par un vain luxe, est aussi celle de la décadence des arts aussi bien que des sciences. Du reste l'observation des faits n'a jamais occupé les savants de Rome antique. Ils se sont pour la plupart bornés plutôt à connaître la science des Grecs qu'à lui faire faire de véritables progrès.
VII. Aspidocéphales.	Scorpène ou rascasse (*scorpæna porcus* et *scrofa* Linn.).	Ces deux espèces, connues indifféremment dans le midi de la France sous les noms de *scorpène* et de *rascasse*, fréquentent les côtes de la Méditerranée pendant le printemps et l'été. Elles se réfugient, dans les autres saisons, vers des mers plus chaudes, et se

ORDRES.	GENRES ET ESPÈCES.	ÉPOQUES DES PASSAGES DES POISSONS.
VII. Aspidocéphales.		rendent pour lors sur les côtes de l'Afrique. Les migrations de ces espèces sont moins étendues vers le Nord que vers le Midi; peut-être cette circonstance rend les scorpènes généralement plus rares dans l'Océan que dans la Méditerranée. Aussi ces poissons poussent leurs voyages jusque dans le midi de l'Afrique et s'avancent même jusqu'à Madère. Les scorpènes habitent tantôt les fonds rocailleux des rivages, et tantôt la haute mer. L'étrangeté de leurs formes leur a fait donner les noms de *scorpion* et de *scorpeno*. Quant à la scorpène brune, elle a été nommée particulièrement *rascasse* ou *rasquasso*.
	Le grondin rouge (*trigla cauclus* Linn.).	Le grondin, connu à Paris sous le nom de rouget, et dans le midi de la France sous celui de *cabote*, est aussi commun dans l'Océan que dans la Méditerranée. Il a reçu le nom de grondin, ainsi que diverses autres espèces du même genre, à raison des sons sourds qu'il fait entendre quand on le prend. Cette particularité a valu encore à ces poissons les noms de *gronaux* et de *corbeaux*, sous lesquels ils sont aussi connus. Quant au nom de *cabote* qu'on lui donne dans le midi de la France, il tient à la grosseur de sa tête. Les diverses espèces de grondins paraissent habiter les côtes de l'Océan et de la Méditerranée pendant la plus grande partie de l'année. Ils ne s'en écartent guère que pendant les grands froids, époque à laquelle ils paraissent s'enfoncer dans les profondeurs des mers et s'éloigner de leurs rivages.
	Le trigle rude (*trigla aspera*).	Le trigle rude (*trigla aspera*), joli petit poisson d'un beau rouge, est connu sur les côtes du midi de la France sous le nom de *cavillone*, qui signifie petite cheville. Il se trouve sur toutes les côtes de la Méditerranée. Cette espèce paraît se livrer à des migrations plus ou moins étendues comme la précédente.
	Le malarmat (*trigla cataphracta* Linn.).	Le malarmat, ou trigle cuirassé (*peristedion* Lacép.), habite toutes les parties occidentales de la Méditerranée. Cette espèce se tient le plus constamment dans les profondeurs des eaux. Elle n'approche des côtes que vers le temps du frai ou vers l'équinoxe. Elle y vit solitaire, et se fait remarquer par la rapidité de sa nage.
	Le dactyloptère (*trigla volitans* L.)	Le dactyloptère commun (*trigla volitans* Linn.) est plus fréquent sur les côtes de la Méditerranée que sur celles de l'Océan, où on le pêche peu. Il est connu dans le midi de la France sous le nom de *landole*, de *rondole*, d'*aronde*, d'*arondelle* et de *rate pen-*

ORDRES.	GENRES ET ESPÈCES.	ÉPOQUES DES PASSAGES DES POISSONS.
VII. Aspidocéphales.		*nade*. Cette espèce paraît pousser ses migrations jusqu'en Amérique, et les étendre très-avant jusque dans les mers du Nord, par exemple à Terre-Neuve. Le dactyloptère, qui, par suite de l'étendue de ses pectorales surnuméraires, peut se soutenir quelques instants dans l'air, est fameux à raison des poursuites dont il est l'objet de la part des bonites et des dorades. Pour leur échapper, elles profitent de la longueur de leurs nageoires; mais de nouveaux dangers les attendent dans les airs : ils y sont poursuivis par les frégates et les albastrofes. Le prompt dessèchement de leurs pectorales les force d'abandonner un élément qui n'est pas fait pour eux Ainsi ils retrouvent dans le bassin des mers les ennemis cruels qu'ils avaient cherché à éviter. Telles sont les tristes et dures conditions auxquelles la nature les a soumis et qui les rendent ou victimes de leurs ennemis des eaux ou de ceux qui parcourent les vastes plaines des airs. Cependant, en mère vigilante, elle a placé dans le cerveau de ces poissons un instinct de conservation qui les fait échapper aux nombreux dangers qui les entourent. Aussi leurs races ne sont-elles pas rares, ce qui semble annoncer que, si elles n'étaient pas autant poursuivies, leur fécondité finirait par les rendre trop nombreuses, et peut-être les réduire à mourir de faim faute d'aliments. Par suite de cette admirable police qui existe dans la nature, malgré les guerres continuelles que les espèces vivantes se font entre elles, elles n'en existent pas moins et constamment dans les mêmes rapports. L'influence de l'homme est seule assez puissante pour déranger l'ordre et l'harmonie qui règne entre toutes les choses créées.
VIII. Brachioptaires.	La baudroie ou crapaud de mer (*lophius piscatorius* Linn.).	La baudroie, assez gros poisson de l'Océan et de la Méditerranée, est aussi connue sous le nom de crapaud de mer. Ce nom lui a été donné à raison de la forme de sa tête, qui ressemble beaucoup à celle du crapaud Cette espèce se rencontre sur les côtes de la Méditerranée, depuis le mois de février jusqu'au mois de novembre Elle se tient aux autres époques de l'année dans la profondeur des eaux des mers. La baudroie s'avance considérablement vers le Nord, sans dépasser de beaucoup le soixantième degré de latitude nord. Ce poisson se plaît surtout dans les fonds vaseux, peut-être en raison de ce qu'il y trouve plus facilement à assouvir sa gloutonnerie. Du moins il est à la fois paresseux, mauvais nageur, et extrêmement vorace. Il semble donc mal organisé pour atteindre sa proie. Mais, pour lui en donner les moyens, la nature a placé sur sa tête, un

ORDRES.	GENRES ET ESPÈCES.	ÉPOQUES DES PASSAGES DES POISSONS.
VIII. Brachioptères.		grand nombre de rayons qu'il fait jouer de manière à attirer les petits poissons, et à leur faire prendre ces longs barbillons, à extrémité élargie et charnue, pour des vers. Les petits poissons saisissent donc ces barbillons ou ces rayons comme autant d'appats. La baudroie s'en empare pour lors avec facilité et sans beaucoup de peine. De là le nom qui lui a été donné de raie pécheresse et de diable de mer. Il paraît qu'elle peut aussi retenir de petits poissons dans le sac de ses ouies, et qu'elle les dévore après ceux que ses barbillons lui ont fait saisir. La baudroie ne peut être rangée parmi les poissons cartilagineux, ainsi que l'avait fait Aristote, car ses os sont fibreux et ne manquent pas de dureté Elle est fort recherchée à raison de la bonté de sa chair et de son foie. Ce dernier, très-délicat, a un goût assez différent de celui des autres poissons. C'est surtout au printemps que sa chair est la plus fine et la plus estimée.
IX. Discoboles.	Porte-écuelles (*lepadogaster* Gouan).	Les porte-écuelles, petits poissons remarquables par la grandeur de leurs pectorales, nagent avec rapidité le long des rivages de l'Océan et de la Méditerranée, quoique privés de vessie natatoire. Ces poissons se livrent, comme tant d'autres espèces à des migrations assez étendues dont on ne connaît pas encore les directions ni les époques.
X. Plectognathes.	Orbes épineux (*diodons*).	Ces poissons paraissent ne pas quitter les mers des pays chauds, où leurs formes, semblables à celles d'un ballon, leur permettent de nager avec la plus grande facilité à la surface des eaux. Mais lorsqu'ils sont tout à fait gonflés ils font la culbute, et leur ventre prend le dessus. Ils nagent ainsi au gré des vents sans pouvoir se diriger, et par conséquent sans suivre de route déterminée. Les épines et les aiguillons dont leur corps est armé les empêchent d'être la proie des autres espèces. Ils les mettent à l'abri des dangers qui les auraient menacés s'ils n'avaient pas eu ces moyens de défense. Ces poissons ne peuvent pas trop apercevoir, d'après la manière dont ils nagent, les espèces carnassières qui auraient tenté de les attaquer.
	Tétrodons.	Les tétrodons appartiennent à un genre de poissons qui offre à la fois des espèces des eaux douces et des eaux salées. Il en est une qui habite en grand nombre le Nil. Elle est connue en Egypte depuis une assez haute antiquité. C'est le *tetrodon lineatus* de Linné. Les Grecs le nommaient *flasco paro*, et les Arabes le désignent sous le nom de *fahaca*.

ORDRES.	GENRES ET ESPÈCES.	ÉPOQUES DES PASSAGES DES POISSONS.
X. Plectognathes.	Les moles (*cephalus vulgaris* Schneider).	La forme singulière de ces poissons leur a valu le nom de poisson-lune. On les trouve à la fois dans l'Océan et dans la Méditerranée, où ils vivent le plus ordinairement dans des fonds vaseux. Ils ne paraissent pas voyager.
XI. Lophobranches.	Hippocampe ou cheval marin (*syngnathus hippocampus* Linn.).	Ces poissons, à forme bizarre, se rencontrent sur les côtes de la Méditerranée au printemps et dans l'été A ces époques l'espèce de nos parages pénètre peu dans les étangs salés, et abandonne rarement le bassin des mers. L'hippocampe paraît plutôt une espèce sédentaire que voyageuse. Il est loin de pouvoir, comme le genre *boleopthaleon* de la Nouvelle-Zélande, monter sur les arbres, pour y poursuivre sa proie comme le font les petits lézards. Aussi ce genre singulier a-t-il presque partout des représentants, ce qui arrive le plus ordinairement chez les espèces qui ont de pareilles habitudes
	Syngnathes proprement dits ou *aiguilles de mer*.	On trouve plusieurs espèces de ce genre dans l'Océan et la Méditerranée. Celle nommée *aiguille de mer* (*syngnathus acus* Linn.) entre dans les étangs salés qui bordent les côtes de la Méditerranée au mois de mars pour y déposer son frai. D'après les pêcheurs des côtes du midi de la France, ce serait le seul poisson qui se reproduirait dans les étangs. Du moins l'aiguille de mer en entrant au mois de mars dans les étangs a ses ovaires remplis d'œufs; lorsqu'elle en sort au mois de mai, ses ovaires sont tout à fait vides. Il en est le contraire chez les autres poissons, tels que le muge, le loup et la plie Ceux-ci en pénétrant dans les étangs ont leurs ovaires vides, tandis que lorsqu'ils retournent à la mer ces organes sont garnis d'œufs. Cette observation a été faite par tous les pêcheurs qui tendent leurs filets aux différentes communications qui existent entre la mer et les étangs Aussi aperçoit-on dans ces derniers amas d'eau salée de petites aiguilles de mer qui sont le résultat du frai de l'année Ces poissons paraissent être vivipares; ils rentrent à la mer au mois de juillet, et même plus tôt lorsque les eaux des étangs sont très-chaudes. Ils remontent dans les canaux qui communiquent soit avec la mer, soit avec les étangs tant qu'ils y trouvent de l'eau salée.
XII. Cinétobranches.	Esturgeon (*accipenser sturio* L.).	L'esturgeon remonte les fleuves et les rivières à l'époque du frai ou au mois de juillet. Il rentre à la mer au mois de novembre. En France ce poisson fréquente la Saône, la Loire et le Rhône, et pénètre jusque dans le Doubs. Il paraît se nourrir à la mer de harengs, de gades et de maquereaux; mais, lorsqu'il est engagé dans les rivières, il y attaque

ORDRES.	GENRES ET ESPÈCES.	ÉPOQUES DES PASSAGES DES POISSONS.
XII. Cinétobranches.		jusqu'aux saumons, dont il triomphe le plus ordinairement, malgré la grosseur de ce dernier. L'esturgeon était fort estimé des Romains à raison de la délicatesse de sa chair, assez semblable à celle du veau. Cette espèce remonte en grand nombre de la mer dans les rivières ; elle ne paraît pas bornée aux fleuves de la France. Elle fait, en effet, un des moyens principaux d'existence des Cosaques des bords du Don et du Jaik. On pêche aussi dans les rivières de la Russie et de l'Allemagne le petit et le grand esturgeon (*accipenser ruthenus* et *huso* Linn.). Le premier est surtout abondant dans le Danube et les autres rivières qui se jettent dans la mer Noire et la mer Caspienne. Nous ignorons s'il en est de ces espèces comme de l'esturgeon commun, si elles habitent à la fois les eaux douces et salées. Il paraît certain que plusieurs espèces d'esturgeons vivent dans leur jeune âge dans le bassin des mers, et que lorsqu'ils sont parvenus à l'âge adulte ils remontent en abondance de la mer dans les fleuves et les rivières, où ils arrivent pour y déposer leurs œufs. Leur force musculaire est si grande, qu'il n'est pas de courant, quelle qu'en soit la rapidité, qui puisse arrêter leur marche. Les plus forts et les plus intrépides ouvrent la marche, afin d'aiguillonner, par leur exemple, les individus qui pourraient ne pas avoir le courage de les suivre. La fécondité des esturgeons paraît prodigieuse ; on a compté jusqu'à plus de quinze cent mille œufs dans une seule femelle, nombre qui peut en donner une idée.
XIII. Desmobranches.	Raies (*raia*). Nous comprenons ici la plupart des espèces de ce genre, surtout la raie bouclée (*raia clavata* Linn.).	Les espèces de ce genre sont assez nombreuses et surtout fort fréquentes sur les côtes de la Méditerranée pendant toutes les saisons à l'exception de l'hiver. Elles paraissent pour lors émigrer vers des côtes plus chaudes, et se rendre à cette époque dans les mers de l'Afrique.
	Squales (*squalus*). La plupart des espèces de ce genre tel que Linné le concevait.	Les squales ont des habitudes à peu près semblables à celles des raies relativement à l'époque de leur séjour sur les côtes du midi de la France; seulement ces poissons y passent en même temps que les sardines, les maquereaux et les thons, qu'ils poursuivent avec fureur. Dès que ces derniers poissons s'en éloignent, ils les quittent également pour aller trouver ailleurs un aliment suffisant à leur voracité.

II. *Résumé.*

Ces tableaux, ainsi que les détails dans lesquels nous sommes entré, semblent prouver que les passages des poissons et des oiseaux, comme ceux des autres animaux, dépendent de plusieurs causes qui agissent soit simultanément, soit séparément.

Au premier rang on peut placer l'organisation ou l'instinct qui porte un assez grand nombre d'entre eux à se déplacer à des époques fixes et déterminées, lorsqu'aucune cause extérieure ne semble les engager à de pareils voyages; ils sont pour lors sous l'influence d'un penchant ou d'une puissance instinctive à laquelle ils ne savent ni ne peuvent résister. Cette influence est la cause déterminante des migrations périodiques et fixes; aussi ne s'accordent-elles pas toujours avec la marche de la température et les autres circonstances atmosphériques.

A cette faculté instinctive qui pousse les animaux à exécuter leurs voyages, réglés pour ainsi dire d'avance, il s'adjoint parfois d'autres causes dont l'action est plus ou moins irrégulière; c'est surtout sur les passages accidentels qu'entreprennent les poissons à des époques qui n'ont rien de fixe ni de constant que les circonstances extérieures exercent le plus d'influence : car pour les migrations, l'instinct les détermine avant tout.

On conçoit que le besoin de trouver ailleurs une nourriture qui leur manque dans les lieux qu'ils habitent force les poissons à les quitter; il en est de même des effets produits par la variation de la température et de tous les changements qui arrivent dans les conditions des milieux extérieurs. Ces circonstances pressent sans doute ces animaux à se déplacer; mais elles ne sont jamais assez puissantes pour les porter à faire le tour du globe, comme l'instinct qui y pousse les espèces émigrantes. Il suffit aux premières de rencontrer quelque part la nourriture et la température pour qu'elles s'y arrêtent; ces circonstances ne suffisent pas aux secondes. Les voyages sont pour celles-ci un besoin absolu, auquel elles ne savent ni ne peuvent résister. Il faut qu'elles remplissent une condition aussi essentielle dans leur existence pour que leur vie et leur bien-être n'en souffrent pas.

Considérées dans leurs résultats, les migrations répandent une grande variété dans la distribution des animaux; elles renouvellent en effet, presque dans chaque climat, une partie des êtres qui y vivent. Ces passages égayent la scène de la vie et lui donnent une nouvelle et continuelle activité. Ils annoncent également les changements qui vont survenir dans la température ; ils sont même souvent pour l'homme des signes évidents et précurseurs des tempêtes ou du moins de grands changements qui vont avoir lieu dans les circonstances extérieures.

A raison de ces mystérieux voyages, dont le but échappe à celui qui n'en étudie pas les motifs, les anciens avaient accordé à certains oiseaux le don précieux de la divination. Sans doute l'instinct de ces animaux ne va pas aussi loin; mais peut-être leur température élevée les rend plus sensibles à l'impression des agents extérieurs que nos instruments les plus délicats. Ceux-ci nous font bien connaître l'état actuel de la température; mais ils ne nous permettent guère de préjuger ce qu'il sera dans l'avenir, et même dans l'avenir le moins éloigné du moment présent.

Les migrations et les passages des oiseaux et des poissons, comme du reste ceux des autres animaux, ne sont pas des phénomènes simples. Le premier de ces phénomènes, dont les résultats sont à peu près les mêmes que les passages accidentels, est essentiellement complexe; cette complication rend difficile l'appréciation des motifs qui les dirigent et les font entreprendre. On éprouve quelque embarras lorsqu'on veut en généraliser les effets, d'autant que la même espèce est souvent émigrante ou erratique à telle époque de sa vie, et sédentaire à telle autre ; quelquefois elle a des habitudes aussi diverses, suivant les pays où elle se trouve. Des mœurs aussi variées, fort rares chez les habitants des eaux, ne deviennent communes que chez les espèces qui, comme les oiseaux, parcourent les vastes plaines de l'air. Les poissons, comme les oiseaux les plus éminemment voyageurs ou émigrants, sont aussi les seuls chez lesquels on découvre de véritables cosmopolites. Une pareille mobilité ne saurait être comparée aux voyages accidentels auxquels se livrent les espèces erratiques; il est facile de démêler les motifs de ces dernières excursions. Elles dépendent presque toujours des circonstances extérieures ou de l'influence des milieux et de celle de la nourriture.

A raison de la difficulté que l'on éprouve lorsqu'on veut généraliser les causes des passages et des migrations, nous avons tracé dans des tableaux séparés les époques des voyages des oiseaux et des poissons. On peut juger de cette manière combien les migrations sont fixes et régulières, et combien le contraire existe dans les passages proprement dits.

Au milieu des faits qui environnent ces voyages, les uns périodiques et les autres aussi accidentels et aussi incertains que les variations des saisons, il en est un dont l'influence semble en déterminer assez constamment l'étendue. Ce fait est relatif à l'agilité, ou, si l'on veut, à la facilité et à la puissance des mouvements; du moins les animaux qui en jouissent sont les seuls qui entreprennent et exécutent de grandes migrations ou de longs voyages. Les insectes ailés en sont des exemples frappants parmi les invertébrés, tout comme les poissons et les oiseaux parmi les vertébrés. A l'exception de ces animaux, nous avons vu combien les migrations auxquelles se livrent les espèces des autres classes sont restreintes et bornées : on en a une preuve évidente dans les chauves-souris. Quoiqu'elles voguent, comme les oiseaux, dans les plaines de l'air, ces mammifères ailés ne se livrent jamais à des voyages même peu étendus. Ils quittent en effet rarement les cantons qui les ont vus naître, tant leur vol est faible; aussi l'instinct de ces animaux leur permet en quelque sorte d'en mesurer le pouvoir.

En résumant l'ensemble des faits que nous venons d'énumérer, on peut en déduire les conséquences suivantes :

1° Le phénomène proprement dit des migrations ou des voyages périodiques et réguliers semble dépendre essentiellement de l'instinct ou de l'organisation particulière des animaux qui s'y livrent;

2° Les passages accidentels des espèces voyageuses paraissent dépendre des circonstances extérieures sous lesquelles vivent ces espèces, circonstances dont la température, la nourriture et les soins de la reproduction sont les plus essentielles et les plus influentes;

3° Ces phénomènes, rarement simples, sont le plus souvent complexes, étant déterminés par plusieurs causes qui agissent simultanément ; ces causes portent les animaux à changer de climat et à se transporter d'un pays dans un autre.

4° Les voyages des animaux sont d'autant plus étendus et d'autant plus prolongés que ceux qui les entreprennent ont les moyens de franchir sans efforts comme sans difficultés de grandes distances.

En démêlant ces diverses circonstances dans chaque cas particulier qui se présente, on peut se rendre compte des causes qui portent telle espèce à entreprendre des voyages lointains, comme telle autre à ne faire que des excursions accidentelles et peu éloignées, ou même à être sédentaire à une certaine époque de sa vie et émigrante ou erratique à toute autre. Ainsi disparaît peu à peu, aux yeux de l'observateur éclairé, ce que ce phénomène lui paraissait, au premier abord, avoir d'incompréhensible et même de merveilleux.

Nous avons vu un assez grand nombre d'oiseaux être sédentaires à l'âge adulte ou dans le jeune âge, tandis qu'ils sont émigrants ou erratiques dans d'autres instants de leur vie, ce qui annonce combien le phénomène des migrations ou des stations fixes à de certaines époques est complexe et s'exerce d'une manière différente pendant l'existence des mêmes espèces. De pareils faits sont sans doute moins communs chez les poissons; mais peut-être ne le paraissent-ils que parce que les mœurs de ces animaux, dont l'observation est si difficile, sont peu connues.

Nous avons cependant signalé quelques faits qui semblent indiquer qu'il en est d'eux comme des oiseaux, et que par suite de circonstances dont on peut apprécier l'influence, la même espèce est à la fois émigrante et sédentaire. Le thon en est un exemple remarquable. On sait combien ses migrations sont régulières; elles ont lieu en effet d'une manière périodique deux fois chaque année. Néanmoins cette espèce se trouve dans certains parages des bords de la Méditerranée complétement fixe et ne s'en écarte jamais; cette circonstance n'empêche pas que les thons sédentaires ne soient visités tous les ans par d'autres individus voyageurs. Mais ce qui est non moins digne d'attention, les individus de mœurs aussi différentes paraissent vivre de bonne intelligence pendant tout le temps que durent leurs passages.

Il n'y a donc rien d'absolu pour les races émigrantes, erratiques ou sédentaires, puisque les mêmes espèces passent par toutes ces circonstances, suivant l'époque de leur vie. Les animaux cosmopolites sont les seuls qui sous ce rapport soient soumis à des conditions absolues d'existence dont ils ne peuvent s'écarter par suite des exigences de leur organisation et de leurs penchants naturels. Il est pourtant peu d'espèces complétement cosmopolites, même chez les animaux qui en offrent seuls des exemples, comme les poissons et les oiseaux. L'agitation et un mouvement continuel sont pour ces divers animaux le besoin le plus essentiel de leur vie, comme la tranquillité et le repos le sont pour les espèces sédentaires. Il a fallu toute l'influence et toute la puissance de l'homme pour déranger cet ordre. Il en a bien entraîné avec lui un certain nombre dans tous les lieux et dans tous les climats; mais pour cela il ne les a pas rendus cosmopolites comme ceux qui le doivent à un instinct naturel.

LIVRE DEUXIÈME.

DES MIGRATIONS DES ANIMAUX INVERTÉBRÉS.

CHAPITRE PREMIER.

DES MIGRATIONS DES MOLLUSQUES.

Les animaux invertébrés, dont les mœurs sont moins connues et d'une observation moins facile que celles des vertébrés, paraissent, du moins les plus agiles, se livrer à des actes analogues aux voyages irréguliers des oiseaux et des poissons. Ces actes ont en effet quelques rapports avec les passages accidentels de ces animaux, car, pour la plupart, ils ne paraissent avoir rien de fixe ni de régulier. On ne les voit pas se succéder avec la périodicité qui caractérise les voyages des espèces émigrantes des animaux supérieurs.

Les animaux sans vertèbres diffèrent donc des vertébrés par le peu d'étendue des excursions auxquelles ils se livrent. Il ne paraît pas qu'aucun des premiers exécute des migrations à des époques fixes et régulières, et puisse par conséquent être classé parmi les espèces émigrantes. Il n'en est pas non plus qu'on puisse considérer comme cosmopolite, c'est-à-dire comme voyageant sans cesse, et habitant tour à tour les diverses contrées du globe.

Les invertébrés offrent uniquement des espèces dont les unes sont erratiques et les autres sédentaires. Parmi ces dernières, les unes sont stationnaires par suite de leur organisation qui les y oblige, tandis que d'autres ne quittent pas les lieux de leur naissance, la nature leur ayant refusé ou des membres agiles, ou des appareils propres à leur faire fendre l'air. Jetons à cet égard un coup d'œil rapide sur l'ensemble des invertébrés, et voyons ce que l'observation nous a fait connaître sur la diversité de leurs habitudes considérées sous ce point de vue.

Nous commencerons cette étude par les plus compliqués des invertébrés, ou les mollusques. D'après les observations dues à M. Forbes, chaque animal ne peut vivre que dans une localité qui lui est propre. En effet, les espèces marines qui, comme les pétoncles, vivent en grandes troupes, après avoir séjourné quelque temps dans tel ou tel lieu, finissent par en disparaître entièrement. Si la nature du sol vient à changer ou si toute autre circonstance se présente, une autre race vient occuper la même localité, et y domine bientôt sans partage. Les mollusques paraissent se livrer à des migrations, aussi bien que les poissons. Cette faculté paraît même exister pour certaines espèces qui semblent le plus fortement attachées au sol sur lequel elles ont pris naissance. Cette émigration se fait par le transport des œufs, lorsque ceux-ci sont groupés ensemble et flottent sur l'Océan de plage en plage. Ces œufs ne prennent leur développement que lorsqu'ils rencontrent la zone qui convient à leur espèce.

Les mollusques sont essentiellement nageurs à l'exception des espèces terrestres et des races qui vivent fixées dans les lieux où ils trouvent à remplir les conditions de leur existence. Les dernières, véritables espèces stationnaires, ne sauraient comme les mollusques libres qui habitent le sein des mers, exister sous des zones différentes et des climats divers.

Parmi les animaux de l'ordre dont nous nous occupons, il est donc des espèces stationnaires; ce sont celles qui vivent constamment sur les rochers, sur les pieux et les quilles des navires, où elles ont été primitivement fixées. On peut comprendre dans cette catégorie les mollusques cirrhopodes, tels que les anatifes, les glands de mer, et les tubicinelles. Il est même des genres de cette famille, les coronules, qui s'implantent dans la peau des baleines, pénètrent jusqu'à leur lard, et s'identifient avec les cétacés dont ils dévorent la substance.

Ces mollusques sont essentiellement sédentaires, puisqu'ils ne se déplacent jamais, subissant toutes les chances des corps et des êtres sur lesquels ils se trouvent attachés. Il en est peut-être de même des patelles, des oscabrions et des genres analogues qui en ont été démembrés.

D'autres genres paraissent avoir de pareilles habitudes par d'autres motifs : telles sont les huîtres, et certaines espèces de vénus. Les unes et les autres vivent en société et composent des bancs, souvent fort étendus, plus ou moins rapprochés des rivages. Ces animaux sont ainsi fixés à peu de distance des côtes ou dans des étangs salés par suite de leur organisation. Les pêches les plus abondantes ne les font pas fuir, elles semblent activer leur fécondité et leur propagation, plutôt que d'en arrêter la source.

Cependant dans le même genre des vénus, d'autres espèces, loin d'être sédentaires, se livrent au contraire à des excursions plus ou moins longues. Celles-ci ne participent pas aux habitudes des *venus decussata* et *virginea*, et autres coquilles analogues.

Il est encore parmi les acéphales testacés des tribus dont les mœurs sont à peu près les mêmes. On les voit percer la substance des pierres les plus dures ou se loger dans l'intérieur des bois qui composent les digues, ou dont les navires sont formés. Les individus qui en font partie vivent ainsi dans les trous qu'ils se sont creusés, et d'où ils ne sortent jamais. Ces mollusques lithophages, ou perce-pierres, sont en grand nombre dans le sein des mers, où plusieurs sont recherchés des gourmets à raison de leur goût agréable. Tels sont le dail commun (*pholas dactylus* Linné) et les lithodomes (*modiola lithophaga*) auxquels aucun rocher ne résiste. Ils les corrodent à l'aide d'une liqueur acide qu'ils sécrètent en abondance. Une foule d'autres genres d'acéphales ont également des habitudes semblables.

Les tarets (*teredo navalis* Linné) se logent dans les bois dont ils détruisent la substance en les criblant de toutes parts de trous plus ou moins nombreux. Leurs espèces, comme les précédentes, ne quittent jamais les lieux qui les ont vus naître.

Il ne peut qu'en être de même des espèces qui font des conduits dans le sable ou dans la vase, dans lesquels ils s'enfoncent plus ou moins profondément. Les hiatelles, les solens, les lutraires, les myes, et certaines pholades nous offrent des exemples de ce genre d'habitation. Enfin d'autres genres, particulièrement les gastrochènes, préfèrent percer l'intérieur des madrépores et des autres genres de polypiers pierreux. Lorsqu'ils n'en trouvent pas à leur portée, ils se logent dans les rochers de sable qui se forment dans le sein des mers actuelles.

S'il est des mollusques stationnaires, une foule

d'autres de l'ordre des acéphales, auxquels appartiennent les huîtres, sont éminemment voyageurs; ils ne se livrent pourtant pas à des excursions régulières et périodiques. Tels sont les peignes, dont les espèces erratiques naviguent au milieu des mers avec une vitesse et une agilité si remarquables, que les navigateurs les désignent sous le nom de papillons des mers.

On peut encore citer parmi les acéphales, les bucardes, les cythérées, les mactres, qui, par suite de leurs mœurs erratiques, entreprennent des excursions plus ou moins étendues. Les térébratules, de la famille des branchiopodes, se distinguent encore sous les mêmes rapports ainsi que les carinaires qui appartiennent aux mollusques gastéropodes scutibranches. Rien n'est plus gracieux ni plus élégant que les coquilles formées par ces animaux voguant à la surface des flots avec une rapidité d'autant plus grande, que leur légèreté est aussi remarquable que leur transparence.

Les céphalopodes et les ptéropodes présentent un certain nombre de genres erratiques. Parmi ceux qui n'ont pas de coquilles extérieures, on remarque surtout les poulpes, les calmars et les seiches. Leurs espèces se déplacent assez souvent; quoiqu'elles n'entreprennent pas des voyages périodiques d'une très-grande étendue, elles se livrent cependant à des excursions assez lointaines.

Il en est également des céphalopodes pourvus de coquilles, tels que les nautiles et même les spirules, nommés à cause de leur forme *cornet de postillon*. Ces animaux vivent dans la haute mer, et y voguent avec la plus grande vitesse. Ces élégants mollusques, dont la construction est si merveilleuse, se distinguent encore par l'étendue de leurs voyages; ils ont cependant rarement lieu à des époques fixes et déterminées, comme ceux auxquels se livrent habituellement les oiseaux émigrants. Il en est ainsi des argonautes, nommés nautiles papyracés, à raison de la fragilité de leurs coquilles; leur forme en carène paraît avoir donné l'idée du premier vaisseau. Les animaux qui habitent ces frêles embarcations fendent les ondes avec prestesse quand elles ne sont agitées que par un léger zéphir; mais, pour si peu que le vent les tourmente, ou que quelque danger les menace, ils retirent leurs bras dans leurs coquilles, s'y concentrent entièrement, et redescendent dans la profondeur des mers.

Parmi les plus agiles et les plus erratiques des mollusques on doit comprendre les ptéropodes qui ont des ailes aux pieds, ainsi que l'indique leur nom. Ces animaux, à l'instar des argonautes, se servent de leurs coquilles comme de bateaux, et leurs ailes deviennent pour eux des rames légères à l'aide desquelles ils nagent à la surface des mers. Quelquefois les mollusques de cette famille font sortir par les fentes latérales de leurs coquilles des lanières plus ou moins allongées, qui favorisent singulièrement leur natation. Ces productions du manteau, si utiles à la facilité des mouvements, se remarquent particulièrement chez les hyales (*hyalœa cornea* Lam.). Ces ptéropodes ne sont ni moins élégants ni moins pittoresques dans leurs formes que les clio, les cléodores, les cymbulies et les limacines, genres dont les habitudes sont également erratiques.

Les mollusques sont loin d'être les seuls invertébrés qui exécutent des voyages plus ou moins considérables. De pareilles habitudes leur sont communes avec les insectes et les zoophytes. A la vérité, celles des derniers animaux, qui habitent le sein des mers, ont été moins observées. Aussi sont-elles moins connues. Nous ne pourrons guère en citer des exemples. Les migrations auxquelles se livrent les zoophytes ont été si peu étudiées, que nous sommes presque réduit à nos propres observations et à celles que nous devons à M. A. d'Orbigny. C'est aussi sur ces seules données que nous tracerons plus tard l'histoire de leurs voyages.

A plusieurs reprises différentes, et pendant plusieurs années, mais non consécutives, nous avons observé sur les bords de la Méditerranée des passages considérables des *cytherea chione*, des *cardium tuberculatum*, des *cerithium vulgatum* et des *buccinum mutabile*.

Aux mêmes époques cette mer en rejeta un si grand nombre sur le rivage, que les mollusques y formaient comme des cordons d'une nouvelle sorte, tant les traînées de leurs coquilles étaient épaisses en même temps qu'étendues.

De pareils faits se présentent également en pleine mer. Ils sont presque toujours un objet d'étonnement pour les navigateurs, frappés de la quantité prodigieuse de mollusques, soit nus, soit conchifères, qu'ils aperçoivent en traversant telle ou telle zone de l'Océan. Ces animaux disparaissent bientôt à leurs yeux, lorsque leurs navires ne suivent pas la même direction que celle des passages de ces mollusques. Ils les voient au contraire se prolonger sur des espaces extrêmement considérables, lorsque leurs vaisseaux côtoient ces légers habitants des ondes.

Telles sont les principales particularités des mollusques, dont les espèces sont aussi nombreuses que variées. Cet aperçu prouve que l'on ne découvre pas dans cette classe des espèces émigrantes ni cosmopolites. On y voit seulement des races erratiques ou complétement stationnaires. Ceci n'empêche pas que les divers genres de ces animaux n'apparaissent sur les côtes ou dans l'intérieur de l'Océan à des époques diverses ; cette circonstance dépend uniquement de ce qu'ils se renouvellent dans des mois différents, et qu'ils se rapprochent de certains rivages pour se reproduire.

CHAPITRE II.

DES ARTICULÉS.

Voyons ce qu'il en est des annélides qui font partie, avec les crustacés, les arachnides et les insectes, de la grande tribu des articulés. On conçoit aisément qu'il ne faut pas chercher des races erratiques parmi les annélides qui habitent l'intérieur du sol, comme les lombrics, nommés vulgairement vers de terre. Il en est de même des autres abranches, qui, quoique vivant dans le sein des eaux, n'en sont pas moins sédentaires. Tels sont les thalassènes qui se trouvent sur les côtes des mers dans les fonds sableux. On peut encore citer les naïades, les sangsues, les dragonneaux que l'on découvre en général dans les eaux douces; ils se font tous remarquer par leur fécondité. Une espèce de sangsue (*hirudo verrucosa*) se rencontre cependant dans les eaux des mers; elle n'est pas moins sédentaire que celles des eaux lacustres.

Des habitudes analogues sont communes aux annélides tubicoles, nommés vulgairement pinceaux de mer. Ceux-ci sont tellement stationnaires, que plusieurs d'entre eux recouvrent, en s'entortillant, les pierres, les coquilles, et tous les corps sous-marins qui se trouvent à leur portée. Ils sont donc fixés aux objets sur lesquels ils se placent, et en suivent toutes les chances, à peu près comme les patelles le font par rapport aux rochers sur lesquels elles s'implantent. Les annélides, qui, comme les sabelles, les térébelles et les amphitrites, se logent dans des tubes factices composés de grains de sable et de fragments de coquilles, ont aussi l'humeur peu voyageuse. Elles peuvent donc être comprises parmi les espèces sédentaires. Il en est de même des siliquaires, des dentales, et surtout des arrosoirs, puisqu'ils s'attachent auprès des rivages de la mer sur les rochers des bords des côtes.

Les annélides dorsibranches ont des mœurs tout à fait analogues; en effet, les néréides vivent en général dans des trous, ou dans l'intérieur des pierres, ou dans les vieux bois enfoncés dans les eaux des mers, ou enfin dans des tubes cornés ou membraneux. On ne peut donc supposer des habitudes erratiques qu'aux petites espèces de ce genre. Celles-ci sont parfois en si grande quantité dans l'Océan, qu'elles en rendent la surface lumineuse par la matière phosphorique développée par leurs organes. Il en est encore ainsi des arénicoles; celles-ci s'enfoncent profondément dans le sable du bord des rivages et à tel point que les pêcheurs sont obligés d'y pratiquer de grands trous pour les retirer et s'en servir ensuite comme d'appât. Ces annélides sont, pour les mers, ce que les lombrics sont pour la terre.

Les autres articulés dorsibranches voyagent peu, surtout les spio, qui habitent des tuyaux membraneux. Les aphrodites et les amphinomes, beaucoup plus libres que les espèces précédentes dans leurs mouvements, sont aussi les seuls qui se livrent à quelques excursions, mais de peu d'étendue.

Si nous étudions les crustacés sous le même point de vue, nous verrons qu'en général ces animaux ont été peu favorisés sous le rapport de la facilité de leurs mouvements; aussi un petit nombre voyage, mais leurs courses ne s'étendent jamais à de grandes distances. On ne peut citer parmi ceux où se montrent de pareilles habitudes que les décapodes brachyures, particulièrement ceux désignés sous le nom de crabes nageurs. Les autres genres présentent de nombreuses exceptions. Ainsi les gearcins passent la plus grande partie de leur vie à terre, se cachent dans des trous, et ne sortent que le soir; ils ne vont à la mer qu'au moment de la ponte. Les pinnothères vivent dans l'intérieur des huîtres, des moules et même d'autres coquilles. Il est évident qu'avec de pareilles mœurs on ne peut pas supposer à ces décapodes brachyures des habitudes de voyages, et que les espèces de ces genres rentrent parmi celles qui sont complétement stationnaires.

S'il est parmi les décapodes macroures des crustacés dont les mœurs soient sédentaires, tels que les écrevisses, d'autres, au contraire, appartiennent aux races erratiques. Parmi ces dernières, on peut citer les homards, les scyllares, les langoustes et les salicoques; il en est de même des crustacés stomapodes, particulièrement des squilles, ainsi que des crustacés amphipodes, comme les chevrettes, les talitres, et les corophies. Une exception remarquable nous est fournie dans cet ordre par le genre phronomine. A l'exemple de Diogène, il se renferme dans une espèce d'étui membraneux qui ressemble fort à un tonneau. Ainsi à l'abri des dangers qui pourraient menacer sa frêle existence, la phronomine sédentaire passe sa vie paisiblement. Quelquefois pourtant, emportée par le roulis des flots, elle perd pendant quelques instants ses habitudes de repos et de tranquillité.

Les crustacés isopodes terrestres sont presque tous stationnaires; les espèces marines seulement se livrent à quelques excursions, mais de peu d'étendue. Il faut encore en excepter celles qui vivent en parasites sur des poissons et d'autres animaux marins. Tels sont les chevroles, les cyames, les cymothoés, les sphéromes et les bopyres. Avec ces genres on doit encore comprendre parmi les crustacés sédentaires les aselles, les cloportes, les porcellions et les amardilles. Il en reste donc peu pour représenter les races erratiques. Il ne reste en effet que les ancées, les pranizes, les apseudes et les iones, auxquels on peut supposer de pareilles mœurs.

Un grand nombre de crustacés branchiopodes vivent aussi sur d'autres animaux, et par conséquent ils ne quittent jamais ceux sur lesquels ils se sont établis en parasites. Tels sont les caliges, les argules, les cécrops et les dichélestions. Quant aux autres genres de cette famille, la plupart vivent dans les eaux douces, quelquefois même en grandes sociétés. Ce n'est que parmi le petit nombre des espèces marines que l'on pourrait en découvrir dont les habitudes fussent erratiques. Il ne paraît pas pourtant qu'il en soit ainsi.

Les arachnides, soit trachéennes, soit pulmonaires, n'étant guère susceptibles de mouvements continus longtemps prolongés, sont par cela même généralement sédentaires comme les aptères parmi les insectes. En effet, les espèces de cette dernière classe, munies d'ailes fortes et puissantes, et qui par cela même peuvent franchir de grandes distances, sont à peu près les seules erratiques. Les lépidoptères, les orthoptères, et quelques hyménoptères se distinguent essentiellement sous ce rapport. Quelque étendus que soient leurs voyages, ils n'ont jamais lieu d'une manière régulière ni fixe, mais à des époques indéterminées.

Il en est de même des déplacements des abeilles et des fourmis; ces déplacements s'opèrent souvent sans causes apparentes, et toujours accidentellement. Aussi est-il difficile d'en démêler et d'en apprécier les motifs.

Les voyages des insectes ont lieu de plusieurs manières ; ils ne sont pas toujours bornés aux races munies d'ailes puissantes. Les orthoptères, les lépidoptères, les hyménoptères, enfin tous les ordres qui volent avec facilité ne sont pas les seuls dont les excursions soient lointaines. Ceux d'entre eux que la nature n'a pas doués de moyens de transport facile y suppléent par un instinct particulier.

Certains coléoptères, dépourvus d'ailes et tout à fait aptères, n'ayant pas des organes du mouvement bien agiles, n'en voyagent pas moins ; ils franchissent en se confiant à la fureur des flots ou aux cours rapides des fleuves, de longues distances. Les akis, les pimelies, les scaurus, et la majeure partie des espèces de la famille des mélasomes, parcourent ainsi presque le pourtour de la Méditerranée, en s'abandonnant aux chances hasardeuses des courses sur la mer. Ces insectes peuvent rester plusieurs jours plongés en partie dans les eaux douces ou salées, sans compromettre pour cela leur vie. On en a eu la preuve lors des grandes inondations du Rhône. Ces inondations, dont la violence fut extrême, entraînèrent d'abondants dépôts de limon dans le sein de la Méditerranée; ces troubles, rejetés ensuite sur les côtes, y formèrent des alluvions plus ou moins considérables. Ces alluvions furent trouvées remplies d'insectes de tous genres, dont un certain nombre était privé de vie; mais au milieu de ces cadavres on découvrit une infinité de ces animaux aussi agiles que s'ils n'avaient pas été submergés. Ces espèces, auxquelles une submersion plus ou moins prolongée n'avait pas fait perdre la force et l'agilité, appartenaient généralement à celles de moyenne grandeur dont la vigueur avait pu lutter contre la fureur des flots.

Dans cette classe même des coléoptères, il est certains genres que l'on ne présumerait pas pouvoir parcourir de grandes distances, tant leur corps paraît lourd et la force de leurs ailes peu en rapport avec cette pesanteur. Ils n'en voyagent pas moins. Parmi eux, on peut signaler les bousiers et un certain nombre de genres analogues qui font partie de celui des scarabés de Linné. Lorsque certains de ces copris prennent leur essor, on les voit s'élever de terre, en décrivant un cercle de quelques mètres, et monter ainsi perpendiculairement presque à perte de vue. Aussi, malgré la pesanteur de leur corps, ces insectes et une foule d'autres espèces analogues ne se livrent pas moins à de longues excursions.

D'autres genres du même ordre attendent pour

partir que le jour soit à son déclin, et que le crépuscule annonce la fin du jour. Analogues sous ce rapport aux lépidoptères crépusculaires, ils fuient comme eux leurs retraites paisibles au moment que la clarté de la lumière s'éteint pour aller sur l'aile des vents visiter d'autres climats. Tels sont par exemple les *hæmatichcrus*, soit l'*heros*, soit le *velutinus*.

De pareilles habitudes sont communes à un grand nombre d'insectes carnassiers, particulièrement à des coléoptères de la famille des carabiques. Les *brachinus*, les *zuphium*, et la plupart des genres qui demeurent pendant le jour sous la terre ou sous les écorces sont de ce nombre. Ils fuient, comme les *sphinx*, les *sesia* et les autres crépusculaires, la lumière du jour qui ne peut convenir à leurs organes visuels, et ne sortent que lorsque les ombres étendent leurs voiles sur la nature entière.

Les passages des insectes sont si irréguliers, que des savants ont supposé que leur apparition coïncidait, pour la plupart du temps, avec les maladies qui se manifestent à certaines époques, et qui, par la grande mortalité qu'elles entraînent, sont de véritables fléaux pour l'humanité (1). Telle fut l'opinion que

(1) Les insectes ne peuvent avoir une influence fâcheuse sur la santé, que lorsque réunis en très-grand nombre, leurs cadavres, par leur décomposition, exhalent des gaz délétères.

l'on eut le 2 août 1832 à Marseille lorsqu'on vit apparaître tout à coup et inopinément une grande quantité de sauterelles au moment où le choléra y exerçait ses ravages. Cette quantité fut si considérable, que dans les environs de Château-Gombert on recueillit dans le faible espace de trois jours jusqu'à trois cent quatre-vingts kilogrammes d'œufs de ces insectes.

A la même époque un passage extraordinaire de papillons de la famille des piérides fut également observé dans un des quartiers de Paris. Ces migrations insolites se rattachent-elles au développement de maladies aussi terribles que le choléra et la peste? On ne saurait le supposer. On ne voit pas en Orient les passages des sauterelles coïncider avec l'apparition de cette dernière maladie. Il paraît en être de même en Russie; ce ne fut pas du moins l'année où cette maladie exerça de grands ravages à Odessa que les sauterelles s'y montrèrent en grand nombre, mais l'année qui précéda l'invasion de ce fléau.

D'un autre côté, lorsqu'on fait attention qu'à l'époque où le choléra sévit en France les passages des oiseaux furent peu nombreux, notamment ceux des hirondelles, il est difficile d'admettre quelques relations entre l'apparition de certains insectes et cette maladie ou toute autre plus ou moins contagieuse. On serait tenté de supposer plutôt le contraire si à l'époque de l'invasion de cette terrible maladie, ces oiseaux avaient séjourné parmi nous aussi longtemps qu'à l'ordinaire. On pourrait pourtant faire observer que les orthoptères, les lépidoptères, les hyménoptères et les diptères se font particulièrement remarquer par l'étendue de leur respiration. On peut les plonger dans des gaz délétères pendant quelques instants sans qu'ils en paraissent incommodés. Les insectes, en quelque sorte les oiseaux des invertébrés, respirent une grande quantité d'air au moyen des nombreuses ramifications de leurs trachées, et par cela même ils doivent être plus impressionnés par les miasmes.

Parmi les faits qui se rattachent aux passages des insectes, il en est un des plus curieux dont la société entomologique de France a eu connaissance par M. Lefebvre, son secrétaire. Le 18 mai 1831, à neuf heures du soir, une apparition considérable de hannetons (*melolontha vulgaris*) assaillit, au sortir du village de Talmontiers, la diligence sur la route de Gournay à Gisors (Eure). Le nombre des hannetons était si considérable, que les chevaux, effrayés, obligèrent le conducteur à rétrograder jusqu'au village. Il y attendit que cette grêle d'une nouvelle espèce eût cessé pour continuer sa route (1).

---

(1) *Annales de la société entomologique de France*, tom. I, pag. 256.

Il se pourrait que les migrations, réellement prodigieuses par le nombre des individus qui s'y livrent, tinssent à ce que les insectes se transporteraient dans d'autres localités lorsqu'ils auraient tout détruit dans les lieux qu'ils habitaient primitivement. On peut du moins assigner une pareille cause au passage d'une nuée de la *vanessa urticæ* qui eut lieu en juillet 1828 sur les bords du lac de Neufchâtel en Suisse. Ce passage dura plus d'une demi-heure en se dirigeant du nord-est au sud-ouest. Il en est de même de cette grêle de l'*œdipoda cruciata* (Charp.) dont fut témoin, le 9 juin 1829, M. Lefebvre dans les campagnes de Smyrne, surtout au sommet de la citadelle. Cet insecte y était si nombreux qu'il bruissait vers midi comme une forte pluie; il couvrait la terre formant une couche d'environ deux pouces d'épaisseur.

Nous pouvons également citer comme un exemple remarquable du passage des insectes celui qui eut lieu dans le midi de la France en septembre 1837. Le nombre des libellules qui le composait était si considérable, que dans certaines localités l'air en fut en quelque sorte obscurci; dans les lieux où cette troupe s'arrêta il n'y eut pas une seule plante qui n'en fût chargée. Chose non moins étonnante, la plupart de ces insectes voyageurs étaient accouplés. Ils partirent, ainsi réunis, lorsqu'ils retournèrent à la mer, qu'ils traversèrent pour se rendre dans d'autres climats. Lorsqu'au contraire les libellules arrivèrent, elles étaient solitaires et point accouplées comme lors de leur départ.

De pareilles migrations ont également lieu chez les papillons; on se rappelle, du moins encore à Genève, un de ces passages où se trouvaient des milliers d'individus d'une espèce ordinairement fort commune dans les régions tempérées, la *vanessa cardui*.

Les passages de ce papillon ont lieu souvent en nombre extrêmement considérable, et cela d'une manière générale dans un grand nombre de contrées différentes. Il faut ensuite des temps très-longs pour en revoir de pareils. C'est ainsi que celui dont nous parlons, qui se rapporte à l'année 1828, ne s'est plus renouvelé depuis lors.

La cantharide (*lytta vesicatoria*) nous a fourni également, en 1838, un exemple du nombre réellement prodigieux d'individus qu'offrent les passages d'insectes qui n'ont rien de fixe ni de régulier.

L'Ecriture a depuis longtemps rendu fameuses les migrations des insectes en nous retraçant les plaies que l'Egypte éprouva par la venue d'une multitude de sauterelles qui se répandirent dans cette contrée (1). On ne saurait, dit le docteur Spry, imaginer de fléau plus dévastateur, et dont les conséquences soient plus

(1) *Exode*, chap. x, vers. 4, 5, 6 et 19.

funestes et plus affligeantes. Aussi est-il fort difficile de donner une idée des effets de l'invasion de ces insectes (*gryllus migratorius*), par l'impossibilité où l'on est de trouver un point de comparaison avec quelque événement de ce genre en Europe.

On ne peut guère se représenter dans les pays occidentaux, de masse mouvante dans les airs plus formidable et plus nombreuse qu'un vol d'oiseaux, ou d'un essaim de moucherons. Comment pouvoir donner l'idée d'une masse compacte d'insectes qui occupe toute l'étendue du ciel aussi loin que la vue peut atteindre, et qui, se mouvant dans l'air avec l'impétuosité d'un torrent, produit un bruit pareil au mugissement de la mer. Ces animaux parcourent ainsi les régions de l'air jusqu'au terme de leur éphémère existence. Ils se laissent alors tomber d'épuisement, déposent leurs œufs en terre, et meurent promptement. Dans quelque endroit que ces insectes se posent à terre, l'aspect du pays subit une complète métamorphose. Les lieux les plus fertiles deviennent entièrement arides; il semble que le feu ait passé sur la terre, et qu'il ait tout desséché.

Lorsque de pareils passages ont lieu, la clarté du soleil disparaît; elle fait place à l'obscurité du crépuscule. On voit les sauterelles traverser les airs avec une rapidité extraordinaire. Leur marche, ou plutôt leur vol, commence le matin, et lorsque le soir arrive elles se posent à terre sur toute espèce de plantes indifférement. On assure que dans les taillis les plus épais elles ne laissent pas la moindre feuille ou le moindre brin de verdure. Le jour suivant, au lever du soleil, on les voit reprendre leur vol et s'arrêter de nouveau lorsque vient le soir. Le pays où elles se trouvent, lorsque arrive le terme de leur existence, est doublement à plaindre : non-seulement il subit une complète dévastation, mais l'infection causée par les sauterelles mortes occasionne souvent des maladies d'autant plus graves que la cause qui les produit dure plus longtemps.

De pareilles migrations des sauterelles ne sont pas rares dans les contrées tempérées. De nombreux exemples des ravages qu'elles y ont causés ont été cités de tout temps. Ces ravages démontrent assez la réalité de ce phénomène. Nous ajouterons à cet égard un fait remarquable dont la date est récente, et qui se rapporte à la fin du printemps de l'année 1840. Ces insectes, connus dans le midi de la France sous le nom de *cousins pautiques*, envahirent à cette époque la commune de Saint-Geniez le Bas. Ils se rapportaient aux sauterelles désignées par les entomologistes sous les noms de *locusta viridissima*, *grisea* et *epphipiger*. Leur nombre donnait une idée des légions de sauterelles dont les migrations amènent avec elles la famine et la peste dans les pays où elles s'abattent le plus ordinairement, comme l'Arabie, la Tartarie et l'Afrique.

Les nuées de sauterelles qui ont désolé à cette époque la commune de Saint-Geniez le Bas n'ont rien de commun, par les espèces qui en faisaient partie, avec celles des contrées dont nous venons de parler. Elles se rapportaient toutes à des espèces communes dans le midi de la France. Leur nombre extraordinaire tenait probablement à une foule de circonstances climatériques qui avaient dû en favoriser le développement.

De pareilles migrations ont souvent lieu dans les plaines du midi de la France où l'on cultive le blé très en grand, comme la Camargue. Le nombre de ces insectes y est souvent si considérable, que la récolte serait bientôt entièrement dévastée par eux si des chasses actives et générales n'étaient faites dans le but de les détruire. Il y a quelques années que l'on y a recueilli du 11 mai au 20 juin jusqu'à 555 sacs de sauterelles du poids de 52 kilogrammes le sac en terme moyen. En supposant que le poids d'un de ces insectes fût de 5 grammes, ce qui est au-dessus de la réalité, le nombre total des sauterelles recueillies n'aurait pas été moindre de 5,772,000. On peut en outre se faire une idée exacte de la quantité de celles dont les migrations envahirent la commune de Saint-Geniez le Bas, en considérant que dans un seul domaine de cette commune, celui de Pont-de-Rosty, on en a pris plus de 400 quintaux.

Nous pourrions citer bien d'autres exemples non moins récents de migrations tout aussi considérables. Nous en rapporterons un seul assez curieux. Un propriétaire avait acheté plusieurs charretées de luzerne dans une commune du département de l'Hérault ; il fut fort étonné, lorsqu'il les fit décharger, d'y trouver plusieurs quintaux de sauterelles. Il voulait même en déduire le montant sur le prix qu'il était convenu de payer; il ne se rendit que sur l'observation qu'on lui fit qu'il les avait vues sur les champs où se trouvait le fourrage qu'il avait acheté.

Les sauterelles traversent souvent les mers dans leurs migrations : ce qui est non moins extraordinaire, il en est de même de certains insectes dont le corps est fort lourd et la puissance du vol en général assez faible. Ainsi les *ateuchus sacer* et *laticollis,* très-communs sur les plages sablonneuses du midi de la France, y arrivent d'Espagne ou d'Afrique, et franchissent ainsi la Méditerranée. Il en est souvent de ces insectes comme des cailles : ils ne peuvent arriver jusqu'au terme de leur traversée ; précipités par les vents dans le sein de la mer, les vagues et le roulis les rejettent ensuite sur les côtes qu'ils n'ont pu atteindre.

On est moins étonné de voir les papillons du chou

(*pierris brasicæ*) et celui du chardon (*vanessa cardui*) traverser la Méditerranée et arriver dans le midi de la France, plus ou moins régulièrement, en avril et en mai. Les chasseurs regardent les passages de ces espèces comme l'avant-coureur des cailles. Lorsque le nombre des papillons est considérable, ils espèrent qu'il en sera de même de ces oiseaux. Si les colonnes serrées des lépidoptères arrivent à bon port, malheur aux jardins où elles s'arrêtent. Les papillons y déposent leurs œufs, et bientôt les choux et les artichauts sont dévorés par les chenilles qui en naissent et dont la voracité est extrême.

D'après l'*Abeille du Nord*, du 29 octobre au 10 novembre 1840, il y aurait eu en juin de cette même année une apparition extraordinaire de chenilles à Odessa. Ce journal rapporte que, dans les rues de cette ville, d'épaisses masses de chenilles prenaient toutes la même direction, et couvraient tous les objets qu'elles rencontraient sur leur passage (1).

Il y en a eu une autre plus considérable encore pendant le même mois de juin dans la petite Russie.

---

(1) On s'explique difficilement cette circonstance; car il paraît que les chenilles ne peuvent être transportées par des courants d'eau violents. Elles ne sauraient donc être de passage. Nous avons cru néanmoins devoir signaler le fait rapporté par l'*Abeille du Nord*.

Dans le faubourg de Kroukof, qui fait partie de la ville de Krementchoug, on vit tout à coup paraître une troupe immense de chenilles se précipitant vers le pont du Dnieper qui conduit à Krementchoug.

L'autorité crut devoir interrompre le pont; mais cette mesure n'arrêta nullement le progrès de ces animaux vers la rive gauche; les insectes se roulèrent en forme de pelote, et, se jettant ainsi dans le fleuve, ils le passèrent à la nage et continuèrent leur marche vers le Nord. Le lendemain une foule de rues et de maisons en furent couvertes et comme inondées.

Dans leur marche à travers la ville, les masses de chenilles se partagèrent en deux lignes; dans l'une on voyait s'avancer les grosses, et dans l'autre les petites. Quand la ligne était interrompue et qu'il y avait un intervalle, celles de devant s'arrêtaient et donnaient aux autres le temps de se reposer et de les rejoindre.

Ces faits, attestés par les autorités les plus graves, prouvent que, quoiqu'en général l'activité et la facilité des mouvements soient des circonstances nécessaires à l'étendue des migrations, il n'en est pas toujours ainsi. Du moins les chenilles et plusieurs autres animaux qui se livrent à des courses assez longues sont peu favorisés sous ce point de vue.

Il est fâcheux qu'on n'ait pas fait connaître le nom scientifique des chenilles qui ont offert un si singulier spectacle en 1840 dans la ville d'Odessa. On aurait pu alors avoir quelque idée de la cause qui a déterminé une pareille apparition, et s'assurer si le besoin d'une nourriture abondante ou toute autre circonstance, comme celle d'une température appropriée aux conditions d'existence de ces chenilles, ne les avaient pas portées à se transporter d'une localité dans une autre.

Du moins, certaines espèces de larves de lépidoptères se déplacent souvent par suite de ces circonstances. Parmi celles-ci, il en est une dont le nom indique de pareilles habitudes : telle est la processionnaire du pin. Ces chenilles quittent parfois une forêt composée de ce genre d'arbres, et vont en grand nombre en trouver une autre, où elles espèrent rencontrer de quoi satisfaire leur voracité. Cette circonstance n'a toutefois lieu que lorsque deux forêts ou deux bois sont extrêmement rapprochés. On les voit pour lors marcher à la suite les unes des autres tenant en quelque sorte leur rang. Les chenilles s'avancent ainsi avec une assez grande régularité vers leur destination, rappelant un peu l'ordre qui règne dans les processions.

Un fait non moins remarquable a été observé par M. Dunal au sujet de l'altise bleue ou altise des potagers. D'après ce botaniste, cet insecte, parvenu à l'état parfait, après avoir ravagé pendant de longues années les vignobles de l'Espagne, particulièrement ceux du littoral de la Méditerranée, est venu exercer de pareils désastres dans les vignes du Roussillon et du Languedoc (1). Ce qu'il y a de singulier à l'égard de ces voyages ou des déplacements de ces animaux des lieux qu'ils habitaient primitivement, c'est que, après avoir quitté l'Espagne, ils ont passé d'abord par le Roussillon, et ne se sont répandus que beaucoup plus tard dans les contrées limitrophes.

Les dégâts de cet insecte ont été en Espagne si considérables, que l'église de Malaga a cru devoir faire des formules de prières pour l'exorciser; d'un autre côté, quoiqu'on ignore entièrement l'époque de son apparition en Roussillon, elle ne paraît pas remonter bien haut. On sait qu'il y a au plus vingt à vingt-cinq années les ravages de cette altise furent extrêmement grands dans les communes de Collioure, de Port-Vendres et de Banyuls-sur-Mer. Plus tard, il en fut de même dans les cantons de Rivesaltes, d'Espéra, de l'Agli et de Baixas, cantons plus rapprochés du département de l'Aude que les premiers.

Les atteintes portées aux vignes du département de l'Hérault n'ont été remarquées qu'en 1819, seulement dans la commune de Vendres, la plus occidentale du littoral de ce département, conséquem-

---

(1) *Bulletin de la société d'agriculture de l'Hérault*, 19e année, 1832, 177.

ment la plus voisine du département des Pyrénées-Orientales. Ce département avait été antérieurement exposé depuis longtemps aux ravages de l'altise bleue.

Cet insecte, connu des agronomes par les dégâts qu'il fait éprouver dans les jardins aux semis de toute espèce, a atteint, de 1823 à 1825, les communes d'Agde, de Marseillan, de Gigean, de Mont-Bazin, de Frontignan, de Mirevals et de Pérols. Il y a causé de grands dégâts. Il en a été de même plus tard en 1831 dans le département du Gard, surtout dans la partie méridionale des bassins du Vidourle et du Vistre.

Ainsi, depuis les Pyrénées jusqu'à la plaine du Vistre, les vignobles des communes les plus voisines du littoral ont été successivement envahis par les altises. Cet envahissement a eu lieu en avançant constamment de l'occident vers l'orient. Dans l'espace de quatorze années, ces insectes se sont propagés des vignes de Vendres jusqu'au Vistre, et cela dans un espace d'environ 25 lieues de longueur. Depuis lors ils ont considérablement marché en avant, et déjà ils menacent tous les vignobles situés à peu de distance de la Méditerranée. Ne peut-on pas considérer ces passages d'un lieu à un autre comme analogues à ceux auxquels se livrent, par suite de leur multiplication, tant d'autres animaux. Sans doute ces passages s'opèrent d'une manière lente, lorsqu'on les considère par rapport à nous; mais leurs effets paraissent bien rapides, lorsqu'on les compare à leur grosseur à peine de trois à quatre millimètres. Ils n'en montrent pas moins la tendance des insectes à changer de pays, soit que le besoin de nourriture les y détermine, soit qu'ils y soient poussés par tout autre motif. Ces faits ne sont pas moins curieux à rapprocher, afin d'en faire saisir les relations; c'est aussi sous ce rapport que nous les avons consignés.

On est moins surpris de voir certains lépidoptères crépusculaires, qui jouissent d'une grande puissance de vol, exécuter de fort longs voyages. Aussi n'est-il pas rare de les voir arriver sur les côtes de la Méditerranée, même en plein jour. Dès que leur traversée est finie, les sphinx, principalement le rayé (*sphinx lineata*) butinent en arrivant sur les anthémis et les violiers (*cheiranthus maritimus*), qui croissent en abondance sur les plages maritimes du midi de la France. Ce que nous venons de faire observer relativement aux insectes crépusculaires, est plus fréquent chez les sauterelles; car, après avoir traversé la Méditerranée, celles-ci arrivent parfois en foule, surtout en septembre et en octobre. Les espèces qu'on observe le plus ordinairement dans le midi de la France sont les *gryllus migratorius* et *lineola*.

On est moins étonné, après ces exemples, de voir des nuées de tipules et de cousins entraînées par les vents jusque dans les montagnes et à de fort grandes distances de leur séjour ordinaire, les plaines humides et les bords des rivières. De même souvent, en septembre et en octobre, des friganes, des semblides, sont emportées dans la direction du sud par les vents fort loin des lieux où elles avaient pris naissance.

Les passages de ces insectes sont quelquefois si nombreux, qu'ils donnent lieu à des méprises fort singulières. Ainsi, vers la mi-août de l'année 1842, toute la ville de Brielle fut en émoi à la vue d'un épais nuage de fumée qui enveloppait la tour de la grande église. La panique se répandit en un instant dans tous les quartiers de la ville. Le personnel des pompes se rassemble donc en toute hâte, et monte à la tour avec rapidité. Quelle fut la surprise des pompiers, lorsqu'ils reconnurent que l'épais nuage qui paraissait être de la fumée n'était autre chose que des myriades de cousins (*culex pipiens*). Ces insectes prenaient leur essor d'un tuyau de cheminée adossé contre la tour. Vue de loin, cette pérégrination de moucherons ressemblait à s'y méprendre aux épaisses bouffées de fumée qui précèdent le développement d'un incendie.

Les habitants de Brielle furent fort enchantés de cette découverte et d'en être quittes pour la peur. Ce fait a été aussi reproduit dans tous les journaux. Il y est particulièrement raconté avec détail dans *le Constitutionnel* du 21 août 1842.

Ces passages accidentels rappellent ceux que fait plus fréquemment l'*apion vernale*. Cet insecte se déplace par grandes masses, et en nombre extrêmement considérable, des lieux qu'il ravage par suite de son extrême voracité. Cette espèce fut extrêmement commune à l'époque du choléra dans les rues de Montpellier, surtout dans toute la partie méridionale de la ville. Elle y passa en colonnes épaisses et nombreuses, au point que facilement on aurait pu en recueillir de grosses poignées à la fois. Ce passage, qui coïncida avec le choléra, eut lieu en mai et en juin de l'année 1832.

Il en est enfin des insectes comme des oiseaux, relativement à leur abondance : ainsi plusieurs espèces notées comme rares deviennent néanmoins communes certaines années. Ainsi, par exemple, le sphinx du laurier-rose (*sphinx nerii*) a paru en grand nombre en 1835, non-seulement dans le midi de la France, où cette espèce se trouve le plus habituellement, mais encore dans le nord de cette contrée, et même en Allemagne. Vingt-six chenilles furent prises à Saint-Germain-en-Laye, trente-cinq à la fin d'août à Gisors (Eure), et dix autres en Belgique. D'un autre côté, soixante chenilles de ce sphinx furent ramassées à Amiens et à Epernay, deux cents environ à Evreux, et vingt à Vincennes. Un assez grand nombre fut recueilli à Paris, et plus de deux cents dans les départements de la Seine et de la Loire.

De pareils exemples se sont renouvelés la même année en Allemagne ; on y a pris des chenilles et des individus parfaits du *sphinx nerii* jusqu'au delà de Francfort. Depuis cette époque, ils n'ont presque plus reparu; probablement il faudra encore bien des années avant que ce crépusculaire devienne aussi commun qu'en 1835.

On peut encore citer parmi les crépusculaires le *sphinx celerio ;* il se livre aussi à des passages accidentels. Très-commun pendant plusieurs années, on ne l'a plus revu de longtemps dans les mêmes contrées. Ce lépidoptère traverse souvent la Méditerranée, arrive dans le midi de la France en grand nombre, soit de Sicile, soit d'Espagne; il ne reparaît plus ensuite de quelque temps, mais ses passages ne paraissent pas coïncider avec des circonstances atmosphériques particulières. Comme de pareils voyages, quoique fort irréguliers, se renouvellent de temps en temps, ce sphinx doit être considéré comme une espèce de passage accidentel et rentrer ainsi dans celles que nous avons considérées comme erratiques.

Ces insectes crépusculaires ne se reproduisent pas d'une manière constante dans les provinces méridionales de la France, ainsi qu'on s'en est assuré par leur observation suivie pendant plusieurs années. Ils y arrivent souvent d'Afrique, ou même de contrées encore plus éloignées, et à des époques fort irrégulières : ainsi, tandis qu'on en voit un assez grand nombre pendant quelques années, on ne les retrouve plus ensuite de longtemps.

Par suite des migrations ou plutôt des voyages auxquels se livrent plusieurs lépidoptères, le *papilio ajax* paraît être arrivé jusque dans le midi de la France. Cette dernière contrée est à de bien grandes distances de celle habitée le plus ordinairement par ce papillon. Il paraît en être de même du *papilio chrysippus;* quoique des Indes orientales, il n'en arrive pas moins jusqu'en Italie, où il étend parfois ses passages, en y montrant des formes qui n'appartiennent pas aux régions tempérées.

Il paraît néanmoins ne pas en être de même de la *bombyx cecropia*, qui a été également capturée en Italie. Les individus de cette espèce paraissent être provenus des chrysalides qui y avaient été apportées et qui ont éclos naturellement. Ces bombyx n'ont pas été pris en pleine campagne, comme les lépidoptères diurnes dont nous venons de parler. Leur présence, tout étrange qu'elle peut paraître, ne doit pas plus nous surprendre que celle des *blatta americana*, qui infestent certains ports des contrées méridionales de la France. Ces transports de certaines espèces, opérés par l'influence de l'homme, ne doivent pas être confondus avec les véritables passages, même avec les plus accidentels; ceux-ci, en effet, sont toujours indépendants de notre volonté, et ne sont point soumis à notre puissance.

D'autres faits non moins positifs prouvent à quel point les espèces vivantes tendent à s'étendre et à quitter les lieux qui les ont vus naître, pour se porter dans de nouveaux climats. Nous avons rapporté l'exemple du *papilio ajax* qui a été pris sur la place du Peyrou, à Montpellier. Cet individu a longtemps fait partie de la collection de feu M. de Belleval. Nous ne nous dissimulons pas ce que ce fait a d'extraordinaire, d'autant que depuis l'époque où cette espèce aurait été prise vivante dans le midi de la France, elle n'y aurait plus reparu. Si réellement ce papillon a été aperçu à Montpellier, il peut être provenu d'une chrysalide apportée d'Amérique par des vaisseaux qui auraient abordé à Cette.

Si l'on n'admet pas cette circonstance, il est difficile d'expliquer la présence de ce papillon dans le midi de la France autrement que par l'effet d'une véritable migration, surtout à raison des habitudes propres aux espèces de ce genre. Ainsi le *charaxes jasius* ou *rhea*, extrêmement commun à Nice, étend quelquefois ses excursions jusqu'à Montpellier; mais il se passe souvent plus de dix ou même plus de quinze ans sans que l'on en voie un seul. Cette espèce reparait cependant après des intervalles plus ou moins éloignés, tandis qu'à l'exception de l'unique individu du *papilio ajax* dont nous venons de parler on n'en a pas aperçu d'autres.

On concevrait plus facilement qu'une espèce nocturne eût été vue une seule fois et n'eût plus été capturée depuis; mais il ne peut en être de même d'une espèce diurne. L'irrégularité dans l'apparition des divers lépidoptères est souvent extrêmement grande. En effet, pendant plus de dix ans, la *lithosia pulchra* ne s'était presque pas montrée à Montpellier, tandis que, en 1840, les chenilles de cette noctuelle ont dévoré toutes les plantes de l'*heliotropium europæum*. Un certain nombre ont même attaqué la vipérine (*echium vulgare*), faute d'avoir des héliotropes à leur disposition. Par suite de la grande quantité de chenilles de cette noctuelle, elle a été des plus communes, et les entomologistes du Midi en ont pris des quantités considérables.

Le penchant général des animaux qui les porte à se transporter d'une région à l'autre fait qu'une foule d'insectes abandonnent les lieux où ils s'étaient primitivement fixés. On voit souvent les abeilles quitter les ruches où elles s'étaient établies, pour aller avec leurs essaims essayer si d'autres climats leur seraient plus favorables. Il en est de même des termites et des fourmis; ces insectes se déplacent aussi sans motif apparent, et nous rappellent les passages accidentels auxquels se livrent un grand nombre d'espèces d'un ordre plus élevé.

Ces faits et une foule d'autres analogues, dont les articulés nous donnent l'exemple, nous montrent que tout dans la nature est dans un mouvement continuel. Cette agitation, qui nous frappe surtout chez les êtres vivants, ne laisse pas que d'être encore sensible même chez les corps bruts. Ce qui est non moins remarquable, les abeilles transportées en Amérique voyagent comme celles de l'Europe. Cependant les individus de ce genre qui se trouvent dans les portions les plus chaudes du nouveau monde ou celles qui ont été transplantées en Afrique n'y amassent plus de miel, quoiqu'elles butinent sur les fleurs comme les autres. Elles ne construisent plus de ruches comme les abeilles des régions tempérées. Ces ruches ne leur sont plus nécessaires, puisqu'elles rencontrent dans toutes les saisons de l'année des plantes en fleurs dont les sucs mielleux suffisent à leur subsistance. L'instinct qui les porte à cesser complétement de se livrer à un acte qui semble attaché à leur nature a, il faut l'avouer, quelque chose de bien rapproché de l'intelligence.

On sait que la *vanessa cardui* se trouve dans presque toute l'Europe et l'Afrique. Le papillon du chardon, un des insectes les plus éminemment voyageurs, paraît avoir porté ses migrations jusqu'aux plus grandes distances. Il les étend même de jour en jour d'une région à l'autre, et se trouvera peut-être bientôt dans toutes les contrées de la terre.

Cette circonstance dépend peut-être de deux particularités qui lui sont propres. Ce papillon supporte, sans paraître en être incommodé, des différences de température plus considérables que la plupart des autres insectes. Quoique cette espèce se trouve en Afrique, d'où elle nous arrive souvent au printemps en grand nombre, elle n'en passe pas moins l'hiver dans le midi de la France. Elle s'y blottit dans les trous des vieux murs, d'où elle sort pour si peu que le soleil brille.

Ce papillon, connu vulgairement sous le nom de *belle-dame*, vole presque aussi bien la nuit que le jour. Il peut ainsi faire de longues excursions. Cette particularité favorise singulièrement son humeur voyageuse.

Une autre espèce du même genre, et fort rapprochée de la belle-dame par ses formes générales, se trouve à la Havane et au Brésil. Lorsqu'on la compare attentivement avec cette dernière, on reconnaît qu'elles sont loin d'être les mêmes. Du moins leurs nuances, la disposition des teintes et des taches, sont assez différentes pour être certain que Cramer a distingué avec raison la belle-dame d'Amérique d'avec celle qui habite l'Afrique et la plus grande partie de l'Europe.

C'est donc sans fondement qu'on a considéré les deux espèces comme semblables. Ce fait inexact ne peut être invoqué comme une exception à la loi générale de distribution, d'après laquelle aucune sorte de productions vivantes n'est commune aux deux grands continents.

Cependant il ne paraît pas en être ainsi de la *deilephila pinastri*. Ce sphinx, essentiellement voyageur, se trouve à la fois dans le midi et le nord de la France, ainsi que dans d'autres contrées de l'Europe. On vient récemment de le rencontrer dans l'Amérique septentrionale. Il paraît y être arrivé après avoir franchi le détroit de Behring.

Les individus qui y ont été aperçus paraissent avoir déjà éprouvé l'impression des climats nouveaux où ils ont fixé leur séjour. Du moins leurs nuances sont plus sombres, soit en dessus, soit en dessous, que celles des individus des régions tempérées. Aussi, par suite de cette manie qui semble particulièrement affecter les entomologistes, on s'est empressé de faire des individus découverts dans le nord de l'Amérique une nouvelle espèce. Mais, avant de se décider à cet égard, on aurait dû s'assurer si ces sphinx supposés différents ne donneraient pas constamment les mêmes produits, et s'ils ne se perpétueraient pas d'une manière indéfinie. La génération peut seule nous permettre d'avoir la clef de toutes ces différences individuelles qui ne méritent pas les noms nouveaux qu'on leur impose, et dont on les décore sans raison.

De même certains individus de la *vanessa urticæ* n'offrent pas les deux points noirs que l'on voit aux ailes de plusieurs autres, et leur bordure terminale est également un peu plus étroite. On a donné aux uns le nom de *vanessa ichnusa*, et on a seulement conservé aux autres celui de *vanessa urticæ*. Avant de distinguer ces divers individus, il aurait fallu s'assurer si ces différences étaient réellement spécifiques. On a été loin de s'en occuper, et l'on a, sans motif légitime, érigé des variétés en espèces.

Une autre circonstance, tout aussi légère, a fait séparer le *satyrus arethusa* en deux races distinctes. On a donc créé le *satyrus neomiris*, en raison de ce que dans certains individus, la bande jaune du bord des ailes de la première variété s'agrandit et s'élargit considérablement dans la dernière. Si l'on s'était donné la peine d'observer les passages d'une espèce à l'autre on se serait assuré que ces variétés se fondent insensiblement, et qu'il est presque impossible de distinguer les individus intermédiaires de ceux que l'on doit considérer comme types.

Si de pareils principes venaient à prévaloir, il faudrait également faire deux espèces du *sphinx Nerii*, selon que les individus sont nés dans les champs, ou qu'ils ont été élevés de chenilles. Il y a plus, lorsqu'on compare les sphinx que l'on fait éclore artificiellement au mois de décembre avec ceux qui viennent au monde au milieu de l'été, on trouve entre eux des différences sensibles. Les premiers ont des teintes moins vives, presque pas nuancées de rose, et des dimensions moins considérables. Il en est de même des sphinx que l'on élève dans les régions septentrionales de l'Europe. Ils ressemblent encore moins aux races sauvages des contrées méridionales que ceux que l'on y fait éclore au milieu de l'hiver.

Les entomologistes ont cependant eu raison de faire deux espèces du *sphinx ocellata* d'Europe et de celui qui vit en Amérique; car il n'y a entre elles aucune analogie ni pour la forme des ailes ni pour la disposition et la figure des taches. On ne peut donc pas se plaindre de l'établissement de ces espèces; elles sont fondées sur des distinctions réelles.

Différents lépidoptères nocturnes se livrent également à des migrations presque aussi lointaines que celles qu'exécutent les espèces diurnes et crépusculaires. On le suppose en observant la *noctua peltigera* d'Europe, non-seulement au cap de Bonne-Espérance, mais encore dans les Indes, à Cayenne, ainsi que dans l'Amérique du Nord. Cette espèce peut avoir été transportée dans ces divers climats par les navigateurs, et avoir ainsi suivi nos pas. Cette supposition est d'autant plus admissible, que cette noctuelle supporte, sans inconvénient, les températures les plus diverses, circonstance qui rend sa dispersion plus facile.

Ce lépidoptère presque crépusculaire nous donne, pour les insectes, des exemples analogues à ceux que l'hirondelle de cheminée et la chouette-effraie nous présentent chez les oiseaux. Elle est loin d'être la seule qui offre de pareilles habitudes. La *noctua gamma*, espèce si commune en Europe, paraît être répandue dans presque toutes les régions, et partout avec la même abondance.

Les grandes fourmis ailées (*formica herculeanea* et *rufa*), si fréquentes dans les champs des contrées tempérées, exécutent également de grands voyages. On les voit arriver dans d'autres contrées à l'époque où les martinets (*hirundo apus* Linné) y paraissent également attirés par ces articulés, dont ils font leur nourriture. Ces insectes, comme les oiseaux qui les recherchent, paraissent les uns et les autres au printemps, dont ils signalent et annoncent le retour. Une pareille coïncidence dans l'apparition de ces divers animaux ne semble pourtant pas avoir frappé les observateurs, peut-être parce qu'ils n'en ont pas rapproché les circonstances ni saisi leurs relations.

Quelques insectes opèrent aussi des passages sur lesquels l'attention des cultivateurs a été attirée en raison des dégâts qu'ils font aux récoltes. Parmi les derniers on peut citer l'eumolpe (*eumolpus obscurus*) désigné dans le patois méridional sous le nom de *canine* ou *babote*. Cette espèce attaque principalement les luzernes. Elle les dévore quelquefois à peu près complétement, et lorsqu'elle les a ravagées elle se rend dans une autre, et ainsi successivement. Ses passages, qui dépendent presque toujours du manque de nourriture, sont par cela même accidentels.

L'eumolpe paraît être arrivé d'Espagne dans les contrées méridionales de la France, où il est maintenant sédentaire. Il s'étend de jour en jour vers le nord de cette contrée, où sa voracité et le nombre immense d'œufs qu'il pond le rendront tout aussi redoutable qu'il l'est devenu pour le midi de la France.

Les mêmes variations de nombre que nous avons reconnu avoir lieu d'une année à l'autre entre les divers individus d'une même espèce d'oiseaux se font remarquer pour ceux d'une même race d'insectes. Ainsi, telle année on observe une quantité immense d'une espèce, et puis elle ne reparaît presque plus pendant de longues années. On peut citer comme un exemple remarquable de ces apparitions extraordinaires celle qui a eu lieu en 1838 dans la forêt de Raisne (France). Au mois d'août, les cantharides (*lytta vesicatoria* Fabricius) y arrivèrent en quantité si considérable, qu'il suffisait de secouer un des arbres de cette forêt pour en ramasser à l'instant plusieurs boisseaux. Leur nombre fut si grand à cette époque, que tous les frênes de cette forêt furent complétement dévorés.

D'un autre côté, depuis l'année 1835, où un passage extrêmement considérable des *sphinx celerio*, *Nerii* et de la noctuelle nommée *plusia Daubei* eut lieu dans le midi de la France, on n'y a presque plus revu ces lépidoptères. A peine quelques individus ont-ils été capturés depuis lors. Pendant que ces passages avaient lieu dans les contrées méridionales de la France, M. Rambuhr en observait la même année 1835 de pareils en Espagne. Ils y étaient aussi nombreux que ceux auxquels nous avons dû une grande quantité d'individus des noctuelles et des sphinx, dont nous venons de désigner les espèces.

De pareils exemples nous sont fournis presque chaque année par différents insectes. Ces faits sont d'autant moins extraordinaires, que ces animaux sont extrêmement variés. En effet, les entomologistes comptent déjà plus de vingt-cinq mille espèces dans une seule classe de l'ordre d'articulés, à laquelle on a donné le nom de coléoptères. Il est même possible qu'elle ne soit pas la plus nombreuse entre les sept qui en font partie. On sent quelle doit être la variété de mœurs et d'habitudes des animaux dont les espèces sont aussi multipliées. Dès lors, on comprend facilement toutes les irrégularités que peuvent présenter leurs passages d'autant plus différents de ceux des oiseaux, qu'ils ne dépendent pas d'un instinct à eux particulier, mais uniquement de causes tout à fait accidentelles.

Il n'existe donc pas chez les insectes de véritables espèces émigrantes ; tout au plus voit-on chez cet ordre d'animaux quelques races erratiques. Leurs voyages n'ont jamais cette régularité et cette périodicité qui caractérisent les migrations des poissons et des oiseaux. Les insectes qui jouissent d'une grande agilité sont à peu près les seuls qui exécutent de longs voyages. Parmi ceux qui nous en fournissent plus particulièrement des exemples, on peut citer les lépidoptères, les orthoptères, et parmi les derniers, le grand genre des sauterelles (*gryllus, locusta, acrydium* et autres).

Telles sont quelques-unes des particularités que présente l'ordre des insectes. Quoique par la grandeur et la facilité des mouvements de leurs espèces il puisse en quelque sorte être considéré comme les oiseaux des invertébrés, il ne présente pas cependant des races émigrantes, et encore moins cosmopolites : du moins aucune espèce d'insectes ne paraît commune aux différents continents. Dès lors il n'en est pas qui soit propre à l'universalité des régions terrestres. Nous ne nous étendrons pas davantage sur ces observations générales : ces détails sur les habitudes voyageuses de ces animaux placés si haut par leur instinct, en même temps que par la variété et la complication des mouvements dont ils sont susceptibles, sont suffisants pour le but que nous nous sommes proposé dans cet écrit.

CHAPITRE III.

DES ELMINTHÉS ET DES ZOOPHYTES.

Pour terminer ces observations préliminaires, il ne nous reste plus qu'à dire quelques mots des elminthés et des zoophytes. Les premiers, vivant dans l'intérieur du corps des autres animaux, sont par cela même sédentaires, comme tous les zoophytes qui appartiennent aux polypes à polypiers. Ceux-ci, architectes infatigables d'édifices gigantesques, malgré leur faiblesse et l'exiguïté de leurs dimensions, ne se déplacent jamais. Ils travaillent sans cesse, et, pour agrandir les récifs ou les îles qu'ils élèvent au-dessus des mers, ils ne se meuvent que dans l'intérêt de leurs ouvrages.

On ne trouve presque pas non plus d'espèces erratiques parmi les échinodermes pédicellés, les plus compliqués des zoophytes, tels que les astéries et les oursins proprement dits, dont les mouvements sont si lents, qu'ils ne sauraient se livrer à de longues excursions. Il en est de même des échinodermes sans pieds; la plupart d'entre eux vivent en effet dans le sable, et sous l'eau de la mer. On peut en dire autant des acalèphes fixes, et avec d'autant plus de raison, que plusieurs d'entre eux, tels que certaines espèces d'actinies, s'attachent de préférence sur les coquilles, ou sur d'autres corps organisés pierreux marins.

Il faut donc descendre aux acalèphes libres et hydrostatiques pour rencontrer des zoophytes erratiques. Les méduses, les cyanées, les rhizostomes, les béroés, les cestes, les diphies, les vélelles, paraissent avoir de pareilles habitudes. C'est surtout chez les acalèphes hydrostatiques qu'elles sont généralement répandues. Les physalies, les physsophores, les rhizophyses et les stéphanomies ont été cités par tous les voyageurs comme des espèces aussi remarquables par la singularité de leurs formes et de leurs dispositions que par l'étendue des voyages auxquels elles se livrent. Il paraît donc que ces espèces sont les plus éminemment erratiques de tous les zoophytes.

Les polypes nus ou les infusoires, vivant uniquement dans les eaux douces, sont, par suite de leurs habitudes, nécessairement sédentaires; car les espèces qui offrent ce genre de stations voyagent beaucoup moins que celles qui se trouvent dans les eaux salées. Cet aperçu, quelque succinct qu'il puisse paraître, suffira cependant pour faire saisir quelles sont les mœurs des invertébrés considérés sous le rapport des mouvements qu'ils peuvent exécuter et des voyages qu'ils sont capables d'entreprendre.

Un assez grand nombre de zoophytes se livrent aussi à de fort longs voyages. Les méduses entre autres se distinguent d'une manière toute particulière par l'étendue de leurs excursions et le grand nombre d'individus qui concourent à ces passages plus ou moins irréguliers. On peut citer encore les vellèles et, par exemple, la *vellela mutica*, qui habite la Méditerranée. Les passages de ce zoophyte sont, comme tous ceux qu'exécutent les espèces de la même famille, tout à fait accidentels. On ne les voit pas se renouveler à des époques fixes. Ils sont souvent assez nombreux pour que les individus rejetés sur les côtes de la Méditerranée y composent comme des rubans bleus de la plus grande étendue.

M. A. d'Orbigny nous a appris que plusieurs espèces de mollusques du genre *ommastrophus* exécutaient presque annuellement de grandes et longues excursions. Il en est aussi bien de l'*ommastrophus giganteus* des mers du pôle sud que de l'*ommastrophus sagittatus* de celles du pôle Nord. Ces deux espèces viennent encombrer les côtes du Chili et les rivages de Terre-Neuve où M. A. d'Orbigny les a observées en quantité immense.

Les mollusques fluviatiles, bien différents des espèces marines, ne paraissent pas se livrer à de grands voyages. Aussi, dans les lieux où il n'existe pas de véritables rivières ni de grands cours d'eau, on n'en découvre point, puisque les mollusques des eaux douces ne se déplacent pas. Pour en être convaincu, il suffit de comparer le nombre des anodontes et des mulettes (*unio*), que l'on rencontre à la Nouvelle-Guinée, dans l'Océanie, avec celui qui existe dans l'Amérique du Nord. Ces dernières y sont en nombre immense, tandis qu'il n'existe qu'une seule espèce d'anodontes et de mulettes dans les eaux douces de la première de ces contrées.

On ne saisit pas aussi bien à quelle cause on doit attribuer l'absence de toute hélice à la hauteur du détroit de Magellan; si jamais on y en découvre, ce sera une preuve des effets de l'influence de l'homme sur la distribution des animaux. On ne peut pas non plus se rendre compte pourquoi le dernier mollusque univalve vers le pôle est une patelle (aux îles Powels et aux îles Auckland) à peu près comme au pôle nord, mais seulement à un degré moins avancé en latitude. On se demande enfin comment il se fait que les buccins du Nord n'ont aucun représentant dans les mers du Sud. Ces faits ont les plus grands rapports avec la questiou qui nous occupe: car, si par la suite ces circonstances n'étaient plus les mêmes, elles fourniraient une nouvelle preuve de l'influence de l'homme sur les changements qu'il opère dans la position primitive des êtres vivants.

CHAPITRE IV.

DES VOYAGES ACCIDENTELS DE CERTAINS ANIMAUX.

Les causes qui influent sur les migrations des mammifères, des oiseaux et des poissons semblent n'avoir rien de commun avec celles qui font qu'un certain nombre d'entre eux voyagent avec les plantes, comme d'autres avec l'homme. Elles n'ont pas, à ce qu'il paraît, plus de relations avec celles qui font fuir certains animaux devant l'homme, et les portent dans de nouveaux climats, différents de ceux où ils avaient primitivement fixé leur séjour.

L'Amérique a doté l'Europe de certaines espèces, tandis qu'en revanche un grand nombre d'autres races ont passé de l'ancien monde dans le nouveau. Parmi les mammifères, ce sont toujours les plus petits qui voyagent le plus et qui suivent le plus constamment les traces de l'homme. C'est surtout parmi les rongeurs et les insectivores qu'on découvre le plus d'espèces voyageuses, ou de celles qui émigrent le plus volontiers.

Pour en citer des exemples, nous dirons qu'un des plus petits mammifères, la musaraigne naine (*sorex pigmæus*), qui n'avait jamais été vue en Allemagne, a été cependant observée, il y a quelques années, dans la Silésie et le Mecklembourg. De même, plusieurs espèces de rats et de souris s'avancent continuellement de l'Asie en Europe. D'un autre côté, le rat commun semble avoir été inconnu dans les contrées tempérées de l'Europe, dans les anciens temps, cependant il y est maintenant extrêmement répandu, même depuis longtemps. De nos jours, ce rat, d'un gris noirâtre (*mus rattus* Linné), n'est déjà plus le rat le plus commun et le plus vulgaire, du moins dans le nord de l'Europe. Une autre espèce plus forte, inconnue de Linné et que Pallas a désignée comme arrivée d'Astracan en 1727, tend continuellement à faire disparaître la première espèce partout où le commerce vient à s'établir.

Cette espèce, le surmulot de Buffon, ou le *Wanderratte* des Allemands (*mus decumanus* Pallas), a été transportée de nos jours par la Nudeja au Kamtschatka. C'est pour le Nord la véritable enseigne du commerce, et à tel point, qu'on peut dire qu'un lieu sans surmulot est un lieu sans négociants ni marchands.

Il en est différemment des grands animaux; ils tendent à fuir devant nous, et finissent même par se perdre par suite de notre influence. Aussi, dans la lutte qui s'établit entre l'homme et un animal, quels que soient sa force et son courage, cette lutte est toujours au désavantage du second.

Le lion, selon Hérodote et Aristote, existait encore de leur temps en Macédoine. L'armée de Xerxès eut à en souffrir beaucoup plus tard. Mais après avoir longtemps occupé l'Asie-Mineure et la Syrie, ce terrible carnassier est repoussé aujourd'hui hors des frontières de la Perse et de l'Inde dans quelques contrées de l'Arabie. Le lion, si dangereux pour l'homme, qui, par ses efforts constants, tend à le détruire, ne domine plus maintenant qu'en Afrique. De même, l'hippopotame, la girafe, et d'autres mammifères terrestres d'une taille plus ou moins colossale, se sont retirés dans l'intérieur de l'Afrique. Le crocodile n'existe presque plus dans la basse Egypte, d'où il a été chassé par les attaques de l'homme, qui avait à le redouter.

Il en est à peu près de même de l'aurochs ou de l'*urus* des anciens. Fort commun en Allemagne, il n'y existait déjà plus dans le XVIe siècle. Cette espèce, nommée *zoubre* en Russie, et *Wisent* par les anciens Allemands, était tellement répandue dans la Germanie, que beaucoup de noms de lieux en rappellent encore la mémoire. On chante même les plaisirs de la chasse de l'aurochs dans les *Nibelungen*. Il s'est maintenu plus longtemps en Prusse et en différentes parties de la Pologne, où il a été observé et décrit par Herberstein.

Le dernier qu'on a tué en Prusse remonte à 1755. Déjà du temps de Forster fils, cet animal ne se trouvait plus en Pologne que dans la grande forêt de Bialowieza, où il en existe encore quelques-uns, à raison des soins que le gouvernement apporte à sa conservation. Nous avons vu périr dans la ménagerie de Schœnbrunn, près de Vienne en Autriche, un aurochs pris quelques années auparavant (1809) dans la forêt de Bialowieza. Cet individu paraît avoir été le dernier qui y ait vécu.

Depuis lors, et récemment, on vient de découvrir cette espèce dans le Caucase, presque dans les mêmes lieux où l'on a rencontré le tigre royal et la panthère irbis. Le zoubre du Caucase ne paraît pas différer de celui des forêts de la Pologne; aussi l'existence d'un bœuf sauvage nommé gaour dans l'Inde, semble se rapporter à l'aurochs. Cette espèce se rencontre jusqu'au delà du Gange, et se trouve aujourd'hui dispersée en quelques tribus bien éloignées les unes des autres. Ceux qui habitent la forêt de Bialowieza ont pour voisin le glouton du Nord et sur la côte de Tenasserim, l'éléphant et le rhinocéros.

Il en est également du cerf à bois gigantesques, dont on trouve la représentation sur les monuments de l'ancienne Rome. Cette espèce, décrite aussi bien par Appien que par Münster, Aldovrande et Johnston, paraît avoir vécu jusque dans le xve siècle, soit en Prusse, soit en Italie. Ce cerf, si remarquable par la grandeur de ses bois, doit avoir existé depuis les temps historiques, d'après le calus observé par Hart sur un os de cette espèce découvert dans les dépôts diluviens de l'Italie. Ce calus paraît avoir été opéré à la suite d'une blessure produite par un instrument pointu et tranchant. Ce cerf a dû disparaître d'autant plus vite, que, d'aprés la grandeur de ses bois, il ne pouvait trouver facilement un refuge dans les forêts. D'ailleurs, les plages marécageuses où cet animal avait fixé son séjour, ayant fini par se dessécher elles-mêmes, il ne lui a pas été possible de satisfaire à ses conditions d'existence. C'est donc à tort que pendant longtemps on a considéré cette espèce comme fossile.

Ce cerf, dont la race a été anéantie depuis peu de temps, a eu une vie presque aussi courte que la vache marine de la mer de Kamtschatka. Nous n'en avons eu connaissance qu'au commencement du xviiie siècle; elle avait disparu dès 1768, et depuis cette époque aucun individu n'a été aperçu. Ce qui est encore plus digne de remarque, le cerf à bois gigantesques, dont la disparition remonte à des temps si peu reculés, a été cependant contemporain des anciens éléphants, des rhinocéros et des hippopotames. Il est également une foule d'autres espèces, qui sont perdues ou du moins qui ne vivent plus maintenant dans les contrées tempérées de l'Europe.

Le dronte ou dodo semble avoir eu une vie encore plus courte. Commune à l'île Bourbon ainsi qu'à l'île de France jusqu'en 1626, où Herbert l'avait vue, cette espèce en a entièrement disparu depuis lors; elle n'a plus été trouvée ailleurs. Ses débris ont été reconnus en la même île dans d'anciennes couches d'eau douce, qui se trouvaient au-dessous des terrains volcaniques, plus ou moins modernes. D'après les restes du dronte découverts dans ces circonstances, on se demande s'il n'aurait pas existé plusieurs espèces de ce genre. Il paraît, d'après la considération de ces débris tout au moins humatiles, qu'effectivement le genre dronte devait comprendre plusieurs races différentes.

On ne retrouve pas davantage en Egypte, certaines espèces de crocodiles qui sont pourtant embaumées dans les catacombes de cette contrée. Elles ont disparu entièrement des lieux qu'elles habitaient primitivement. Tous les efforts de M. Geoffroy Saint-Hilaire et des savants français qui ont fait partie avec lui de l'expédition d'Egypte ont été vains pour retrouver quelque trace des reptiles, que des recherches faites dans les anciens tombeaux avaient rendus de nouveau à la lumière.

Ces animaux ont probablement cessé d'exister, comme plusieurs qui sont figurés sur la mosaïque de Palestrine; on ne trouve pas plus de traces de ceux-ci que du sanglier gravé sur le temple de Jupiter à Olympie par le ciseau d'Alcamène.

Ces animaux ont fui devant l'homme et ont succombé sous les effets de sa puissante et redoutable influence. Comment méconnaître cette influence, lorsque les baleines, qui du temps de Pline venaient avec d'autres grands cétacés jusque dans le golfe de Gascogne, ne se trouvaient déjà plus à l'époque de Juvénal que sur les côtes d'Angleterre, ainsi que ce poëte a pris soin de nous l'apprendre? Depuis lors les choses ont encore bien changé. Les navigateurs sont forcés d'aller chercher les grands cétacés jusque sur les côtes du Spitzberg et dans les mers glaciales. Refoulés vers le Nord, ces animaux fuiraient encore plus loin, si les glaces des pôles n'arrêtaient leur marche et n'étaient un obstacle qu'ils ne sauraient surmonter. D'un autre côté, par des causes probablement analogues, les crocodiles ont disparu tout à fait de l'Europe; il n'en existe plus maintenant qu'en Asie, en Afrique et en Amérique.

Quelques espèces, peut-être plus robustes, sans cesser de vivre, ont été reléguées vers le Nord, par suite de notre influence. Ainsi l'élan, cet antique compagnon de l'aurochs, est aujourd'hui confiné avec lui dans le nord de la Pologne. Cependant du temps de Strabon il vivait encore dans les Alpes. Il en est de même du renne, qui à l'époque de César habitait avec l'élan et l'aurochs les forêts de la Germanie. On ne le retrouve plus aujourd'hui qu'en Laponie et dans les parties les plus froides de la Russie.

Enfin du temps d'Oppien le mouflon ou mouton sauvage était commun en Italie; aujourd'hui on ne le voit plus qu'en Corse et en Sardaigne. Ce mouflon, type des moutons et dont les descendants couvrent aujourd'hui les plaines des pays civilisés, a disparu en quelque sorte des Alpes de la France, de la Suisse, de l'Illyrie, ainsi que les ægagres, types des chèvres. Ces races, reléguées maintenant avec les sangliers et les ours dans de vieilles forêts, tendent comme tous les animaux sauvages, à disparaître du sol qui les a vus naître; les progrès toujours croissants de la civilisation et l'ardeur que les peuples modernes ont montrée pour la chasse les ont détruites peu à peu.

Mais toutes les causes qui tendent à refouler vers le Nord les races sauvages, ou qui tendent à les déplacer des lieux qu'elles habitaient primitivement n'ont rien de commun avec l'instinct qui porte certaines espèces à se transporter à des époques plus ou moins régulières dans des climats nouveaux. Ces migrations sont inspirées aux animaux, dont elles sont un besoin, par la nature elle-même, tandis que les voyages ou plutôt leurs grandes excursions leur sont suggérés par des influences étrangères. La plus puissante est celle de l'homme, qui tend constamment à chasser des lieux où il s'établit les animaux qui peuvent lui nuire.

Une dernière cause n'est pas sans influence sur les émigrations de certaines espèces végétales et animales; c'est celle qu'elles exercent les unes sur les autres. Lorsque certains végétaux s'établissent sur un sol quelconque, s'ils sont sociaux, ils finissent bientôt par l'envahir complétement et y dominer en maîtres exclusifs.

Il suffit que des bruyères commencent à végéter quelque part, pour que les autres plantes lui cèdent entièrement le terrain sur lequel elles sont venues se fixer. Il en est de même de certains arbres, qui une fois établis sur un sol quelconque en éloignent bientôt tous ceux qui y prospéraient naguère. Tels sont les pins, les sapins, les mélèzes, ainsi que les hêtres et les bouleaux. Ces arbres composent bientôt seuls les forêts où ils ont une fois pris racine et planté leurs drapeaux.

Les mêmes faits se représentent également chez les animaux. Pour en être convaincu, il suffit de parcourir le sol à demi inondé des savanes de l'Amérique. On y recherche en vain les traces des cerfs, des tapirs, qui, au dire des premiers observateurs, y vivaient jadis en foule, pleins de bonheur et de sécurité. Ils en ont été chassés par les bœufs et les chevaux, que nous avons transportés avec nous dans les forêts du nouveau monde; ils y dominent maintenant en maîtres, et ont fait fuir devant eux les premiers habitants de ces savanes à demi inondées, ou de ces forêts vierges qu'aucun homme n'avait foulées avant l'époque de leur découverte.

CHAPITRE V.

DU PHÉNOMÈNE DE L'HIVERNATION.

D'après l'ensemble des faits que nous venons de rappeler, le besoin de se transporter d'un lieu dans un autre n'est pas également impérieux chez les animaux qui, par la facilité de leurs mouvements, entreprennent les plus longues migrations. Le besoin de changer de climat n'est pas non plus général chez les oiseaux et les poissons. Ils sont cependant les animaux en qui ce penchant semble le plus irrésistible; car s'il était général, il n'y aurait pas d'espèces sédentaires ou fixées d'une manière en quelque sorte irrévocable au sol qui les a vues naître.

Le phénomène des migrations ou des passages est donc un fait particulier et en quelque sorte individuel. Il n'est propre qu'à un certain nombre d'espèces, et paraît soumis à certaines conditions. On ne voit guère parmi les mammifères que les très-petites espèces qui se livrent à de grandes migrations. Encore celles-ci ont généralement peu de fixité. Du moins elles ont rarement lieu à des époques déterminées, comme celles qui règlent les passages périodiques des oiseaux et des poissons.

Quant aux derniers animaux, c'est principalement ceux auxquels la facilité et l'agilité des mouvements donnent les moyens de se transporter à de grandes distances et de franchir des espaces très-étendus qui se livrent particulièrement à des migrations lointaines. Dès lors les oiseaux ou les poissons qui ne peuvent pas exécuter avec facilité toutes sortes de mouvements restent confinés dans les lieux qui les ont vus naître. Ceux-ci n'imitent donc pas l'humeur voyageuse des espèces de haut vol. Du moins nous voyons, à des époques réglées pour chaque espèce, les dernières quitter les contrées où elles avaient fixé leur séjour pour aller chercher ailleurs une température ou une nourriture qui allait leur manquer. Elles partent souvent pour assurer la durée et la perpétuité de leur race, ou poussées par un instinct plus irrésistible que ces diverses circonstances.

Le phénomène qui porte certains animaux à se déplacer à des époques plus ou moins fixes rappelle en quelque sorte celui de l'hivernation. Ce dernier phénomène est tout aussi particulier, tout aussi individuel que le premier. Il se renouvelle d'une manière aussi périodique que celui des passages et des migrations des oiseaux et des poissons. L'engourdissement de plusieurs animaux est tout aussi constant aux approches de l'hiver que le renouvellement des poils et des plumes ou celui des feuilles et des fruits.

C'est uniquement sous le rapport qui existe entre la particularité et la périodicité de ces phénomènes qu'il existe entre eux quelques rapports; car l'on ne saurait en trouver dans la cause qui les détermine. Nous avons apprécié les causes des premiers. Quant à celles qui déterminent les longs sommeils auxquels certaines espèces ne peuvent résister, elles semblent se rapporter à l'affaiblissement progressif de l'organisme qui dépend probablement du cours de son développement dans l'année.

L'influence de la température en est moins encore la cause déterminante qu'elle peut l'être des migrations des oiseaux et des poissons. Nous voyons en hiver les loirs maintenus dans des pièces où la température est entre + 12° et + 16° Réaumur (+ 15°

et + 20° centigrades), s'endormir tout aussi bien que lorsqu'ils se trouvent dans des lieux glacés. Il paraît en être de même de la marmotte et du hérisson; mais nous ignorons s'il en est également du blaireau.

Cependant la chaleur est loin d'être sans effet sur ce phénomène, comme sur les migrations. Du moins le sommeil des animaux dormeurs exposés à un froid vif et soutenu est plus profond que chez ceux que l'on place dans des appartements chauffés. Ces derniers font quelques mouvements, lorsqu'on les inquiète, mais sans se réveiller, tandis que les premiers restent parfaitement immobiles. Les animaux enfermés dans des pièces échauffées s'endorment aussi beaucoup plus tard. Longtemps encore on les voit se réveiller pendant quelques heures et prendre même pour lors de la nourriture.

Les modifications atmosphériques ne sont pas non plus sans effet sur les animaux qui hivernent. On les voit dormir plus profondément par la neige ou la gelée; mais, lorsque le temps devient plus chaud, ils se réveillent pendant l'espace de quelques heures. L'âge n'est pas aussi sans quelque influence sur ce phénomène. Ainsi, les jeunes animaux s'endorment ordinairement plus tard que les vieux; ce qui s'explique par la nécessité où sont les premiers de prendre de la nourriture, nécessité qui est une suite de leur accroissement non encore terminé.

La chaleur des animaux hivernants paraît tendre également à se rapprocher des milieux ambiants lorsqu'ils sont engourdis ; si cependant la température vient à changer d'une manière subite, ce n'est que peu à peu que l'équilibre s'établit entre eux et les circonstances extérieures. Par suite de ce double effet, la température de l'air est tantôt au-dessus et tantôt au-dessous de celle de l'animal. Lorsque le froid se prolonge trop longtemps, ne pouvant en supporter l'action, il succombe et meurt.

Ainsi, puisque les animaux hivernants s'endorment lors même qu'ils sont bien nourris, et qu'ils se trouvent dans des pièces échauffées, ce phénomène doit par cela même être déterminé par l'organisation, aussi bien que celui qui porte tant d'autres animaux à changer de climat à des époques fixes et déterminées.

Le phénomène de l'hivernation se lie tellement avec celui des migrations, que, d'après Linné, plusieurs espèces d'oiseaux offriraient l'un et l'autre. Du moins, d'après ce grand naturaliste, les hirondelles de rivage passeraient l'hiver sous l'eau. Si ce fait pouvait être réel, il tendrait à faire admettre que l'abaissement de la température en est la principale cause. Il est certain que plusieurs animaux, privés plus ou moins complétement de la vie par la rigueur du froid, sont cependant encore capables de reprendre le mouvement vital par l'augmentation de la température, au retour du printemps. On peut se demander si, chez ces animaux, les liquides contenus dans les gros vaisseaux et le cœur sont congelés, comme ceux qui sont sous la peau et qui se présentent alors en cristaux bien formés.

Les ours maritimes s'engourdissent et meurent en quelque sorte par la rigueur du froid des régions glaciales où ils ont fixé leur séjour. On sait à quelles fureurs le réveil de la nature et le retour du printemps amènent ces cruels et terribles animaux.

M. Dutrochet a également cité un fait analogue devant l'académie des sciences de Paris, sur l'hivernation des hirondelles, fait dont il a été témoin. Au milieu de l'hiver, deux hirondelles furent trouvées engourdies dans un enfoncement qui existait dans une petite muraille et dans l'intérieur d'un bâtiment. Elles ne tardèrent pas à se réchauffer entre les mains de ceux qui les avaient prises; elles s'envolèrent aussi bientôt. Peut-être, ainsi que le fait observer M. Dutrochet, les hirondelles, entrées par hasard dans le bâtiment, n'avaient pas pu en sortir; peut-être aussi, appartenant à une couvée tardive, elles étaient trop jeunes et trop faibles pour entreprendre ou pour continuer leurs longues migrations. Quoi qu'il en soit de cette supposition et de toutes celles auxquelles on pourrait se livrer, ce fait n'en annonce pas moins que les oiseaux, comme plusieurs mammifères et peut-être même certains insectes, sont susceptibles d'hivernation, bien que les oiseaux n'hivernent pas ordinairement.

Il est difficile de contester l'hivernation des hirondelles, après ce que Larrey rapporte dans l'histoire de ses campagnes. En 1797, vers la fin de l'hiver, ce chirurgien, passant dans la vallée de la Maurienne, découvrit, dans une grotte profonde d'une montagne nommée l'*Hirondellière*, une grande quantité d'hirondelles suspendues comme un essaim d'abeilles dans l'un des recoins de la voûte de cette grotte. D'après ce fait, certains de ces oiseaux hiverneraient dans nos climats; probablement ce sont ceux qui ne se sentent pas la force d'entreprendre de longs voyages.

Quelques insectes ont aussi l'instinct d'hivernation donné à des animaux d'un ordre plus élevé. Quant à eux, il ne peut pas y avoir le moindre doute, surtout relativement à l'ordre qui se rapproche le plus des oiseaux, ou aux lépidoptères. En effet, un grand nombre de papillons passe l'hiver dans les contrées méridionales, engourdis et enfoncés dans les creux des rochers, aussi bien que dans ceux des murailles. Tels sont les papillons *polychloros*, *urticæ*, *yalbum* et *antiopa*. Les couleurs de cette dernière espèce en sont même altérées, souvent à tel point, que leurs bordures jaunes deviennent tout à fait blanches à la fin de l'hiver. Lorsque de beaux jours ont lieu, l'engourdissement de ces êtres légers cesse; on les voit pour lors voler avec tout autant d'agilité que dans l'été. Mais, pour si peu que la bise vienne à souffler, ces papillons s'enferment et s'engourdissent de nouveau.

Les orthoptères présentent des mœurs analogues. L'*acheta campestris*, dont les sons flûtés animent le silence des belles nuits d'été du midi de la France et de l'Italie, sort aussi de sa retraite lorsque la température s'élève pendant l'hiver. S'il ne fait plus entendre ses chants, qu'il garde pour ainsi dire pour la saison des amours, il n'en paraît pas moins agile dès que le soleil brille et réchauffe l'atmosphère. On le voit courir, s'agiter avec la même prestesse que pendant l'été. Il en est de même du *gryllus lineola*, espèce essentiellement méridionale.

Si le froid revient, le premier rentre dans son trou, et le second s'enfonce dans quelque creux de rocher. Il s'y tient cramponné sans mouvement, attendant ainsi, dans un état de mort apparente, le réveil de la nature.

Ces faits, et une foule d'autres que nous aurions pu accumuler, annoncent que le phénomène de l'hivernation n'est pas aussi rare chez les animaux terrestres, qu'on l'avait longtemps supposé. S'il paraît peu fréquent chez les espèces aquatiques, cette circonstance tient peut-être à la difficulté que présente l'observation de ces espèces.

Les poissons, comme probablement les autres animaux aquatiques, passent l'hiver dans un état particulier d'engourdissement. On rapporte du moins des faits qui semblent l'annoncer, pour les loches principalement. Il en est ainsi pour celle qui est connue sous le nom de franche (*cobitis fossilis*), ainsi que pour les anguilles et les esturgeons. Ces poissons s'enfoncent plus ou moins profondément dans la vase lors des grands froids. Ils y restent engourdis jusqu'à ce que la température leur rende leur première activité. Cette habitude de se tapir dans la vase est aussi commune chez les poissons des eaux douces que celle de se tenir dans la profondeur des mers est familière aux espèces marines. Les unes et les autres passent ainsi l'hiver dans une sorte d'engourdissement. Nous avons déjà assez insisté, dans nos observations sur les passages des différentes espèces de poissons, pour n'avoir pas à y revenir. Chez cet ordre d'animaux, le phénomène de l'hivernation est presque aussi général que celui qui les porte à se transporter d'un climat dans un autre. Aussi les causes de l'un de ces phénomènes peuvent servir à nous faire comprendre ce qu'il y a d'obscur dans des faits qui sont environnés de tant de difficultés.

Nous voyons également les serpents, aussi bien les espèces terrestres que les aquatiques, s'engourdir et rester immobiles pendant la saison des frimas. Du moins ceux que nous élevons dans l'intérieur de nos habitations entrent dans un état de torpeur d'autant plus complet que la température est plus basse. C'est ce que nous observons particulièrement chez les boas et les autres serpents des climats chauds, lorsque nous les transportons dans les contrées tempérées. D'un autre côté, les vipères s'enterrent à l'approche de l'hiver; elles demeurent comme engourdies pendant toute la froide saison, et ne reprennent leur activité et leur énergie qu'au retour du printemps. Il en est de même de certaines tortues, quoique en général les animaux de ce genre résistent à d'assez grands froids. Malgré cette résistance, plusieurs s'enfoncent dans l'intérieur de la terre lorsque le froid devient très-vif et se prolonge longtemps.

Les expériences de M. Gaimard, suivies avec beaucoup de soin, ont prouvé que l'on peut faire geler les crapauds sans que pour cela ils perdent la vie. On peut en abaisser la température au point que les intervalles entre les fibres musculaires sont remplis de petits morceaux de glace, et que toutes les fonctions animales sont complétement suspendues, comme dans le phénomène de l'hivernation. Il est possible cependant de les rappeler à la vie, pourvu que l'augmentation de température soit convenablement graduée. Ces reptiles peuvent être rendus à leur état normal et reprendre leur agilité ordinaire en huit ou dix minutes de temps, si l'on apporte une grande attention dans la distribution de la chaleur qui doit les ramener à la vie.

Dans l'état de congélation, les crapauds ne donnent aucun signe de vie; leur corps est dur et rigide. Il est impossible de faire opérer à leurs membres le moindre mouvement. Le plus petit effort les brise comme du verre. Leur retour à la vie a lieu par leur immersion dans de l'eau légèrement chauffée : presque aussitôt que les particules de glace sont fondues, les membres et la peau reprennent leur flexibilité, et ces animaux commencent à se mouvoir. Leurs yeux, qui paraissaient flétris, deviennent tout à coup proéminents. Quand on laisse geler les crapauds trop rapidement, soit dans l'eau, soit dans l'air, ils ne retournent jamais à la vie. Il serait curieux de comparer ces faits avec ceux qui se passent dans le phénomène de l'hivernation, et avec la croyance de certains naturalistes qui supposent que les crapauds peuvent être conservés vivants pendant longtemps dans du plâtre gâché ou scellés dans des murs.

La faculté que présentent assez généralement les serpents de s'engourdir pendant l'hiver par l'effet de l'abaissement de la température, paraît d'autant moins étonnante qu'on a supposé que ces animaux se mettaient constamment en rapport avec la température extérieure. Cependant, d'après les travaux de MM. Lamarre, Piquot et Valenciennes, certaines espèces à sang froid peuvent, dans des circonstances déterminées, devenir des animaux à sang chaud. En effet, quelques animaux hivernants deviennent, dans des circonstances déterminées, des espèces à sang chaud.

Ces recherches ont été confirmées par MM. Becquerel et Flourens, qui ont étudié d'une manière toute particulière la température des animaux à sang froid. Leurs expériences ont été faites sur plusieurs reptiles, sur des lézards, des serpents, des batraciens, etc. Elles ont été également suivies sur plusieurs insectes et d'autres animaux des classes inférieures, au moyen de l'appareil thermo-électrique de M. Becquerel, sorte de thermomètre très-délicat.

Le résultat le plus général de leurs recherches paraît avoir démontré que les animaux dits à sang froid ont une température propre ou supérieure à la chaleur extérieure; de sorte qu'en réalité ils sont animaux à sang chaud. Seulement ils le sont à un degré plus faible que les espèces dont le sang a une chaleur notable.

La température des lézards est plus élevée que celle des batraciens; de pareilles différences dans la chaleur se font remarquer sur le même animal, selon qu'on explore telle ou telle région de son corps. Ainsi la température prise sur une couleuvre est sensiblement plus élevée près du cœur que dans la région de la queue.

On peut trouver quelque analogie entre le phénomène de la vie rendue aux crapauds gelés, au moyen de l'élévation de la température, avec celui que présentent, dans un cas contraire, certains animaux hivernants, comme par exemple les marmottes. Le meilleur moyen de les faire sortir de leur profond assoupissement est de les exposer à un froid excessif. Ces quadrupèdes éprouvent pour lors une souffrance si vive qu'elle les fait sortir de leur engourdissement. Lorsque le froid, auquel ils ont dû momentanément la suspension de l'état de torpeur dans lequel ils étaient plongés se continue, ces animaux ne tardent pas à périr. Mais, par l'effet de cet instinct conservateur que la nature a placé dans le cerveau de chacun des êtres qu'elle a créés, les marmottes s'exposent peu à de pareils dangers. Elles creusent en effet des terriers profonds ; elles prennent le plus grand soin pour fermer les issues des galeries qui y conduisent. Maintenues dans une température supérieure au degré de congélation de l'eau pendant les plus grands froids, elles s'engourdissent, mais sans danger pour leur vie.

Il en est également des loirs : leur engourdissement périodique commence avec les froids et cesse aux premiers jours du printemps. Ces mammifères, différant en cela des marmottes, paraissent se réveiller à plusieurs reprises pendant l'hiver : ils consomment pendant leurs réveils successifs les provisions qu'ils ont amassées pendant la belle saison.

Les animaux hivernants sont généralement fort gras au moment où commence leur léthargie et leur état de torpeur. Leur épiploon est chargé d'une grande quantité de feuillets adipeux, qui ont disparu au moment de leur réveil ; leur poids total est alors sensiblement diminué, ce qu'annonce leur extrême maigreur.

Cette différence de poids prouve que la graisse dont les espèces hivernantes sont pourvues, leur est utile, non-seulement pour leur nourriture pendant leur sommeil léthargique, mais encore pour les moments de veille auxquels elles peuvent être exposées par l'élévation ou l'abaissement de la température. Quant aux espèces moins prévoyantes que les loirs, elles se nourrissent au moyen du tissu adipeux qui s'est formé avant leur engourdissement.

On observe des faits analogues chez les oiseaux émigrants ; ils sont généralement fort maigres lorsqu'ils arrivent après avoir franchi de grandes distances. Ils se montrent au contraire dans un état d'embonpoint remarquable lorsqu'ils quittent les contrées où ils ont séjourné quelque temps. On peut citer à cet égard les oiseaux dont les migrations sont les mieux connues et les plus étendues : les cailles, les hirondelles et les martinets. Après avoir traversé les mers, ces oiseaux arrivent presque toujours dans nos régions dans un état de maigreur particulier. Lorqu'ils ont séjourné quelque temps au milieu des vignes ou des prairies du midi de la France, ils sont si gras qu'ils ne peuvent s'enfuir vers d'autres lieux. Cette circonstance les force souvent à ne point abandonner nos campagnes, ce qui a lieu particulièrement pour les cailles.

Le pipit des prés (*anthus pratensis*), si peu recherché à l'époque de son arrivée, en raison de sa maigreur, l'est beaucoup au contraire lorsqu'il se prépare à quitter les provinces méridionales de la France. On le désigne pour lors sous le nom de *grasset*. Cette dénomination indique son état nouveau. Ce que nous venons de dire du pipit se remarque également à l'égard de l'engoulevent ordinaire (*caprimulgus Europœus*) et d'un grand nombre de fauvettes et de bruants.

De pareilles circonstances ne se représentent pas chez les espèces sédentaires, comme chez le moineau franc, la perdrix rouge, les coqs de bruyère, les gangas, les lagopèdes, et une foule d'autres espèces qui sont et demeurent constamment à peu près dans le même état d'embonpoint. Ces oiseaux, qui ne doivent pas se livrer à des migrations lointaines, n'ont pas à se charger de graisse pour suppléer au manque de nourriture. Les espèces voyageuses sont exposées seules à être privées d'aliments dans leurs longues traversées. La cause de ces phénomènes est sans doute différente, mais leurs effets ont de grands rapports : les uns et les autres paraissent du moins sous la dépendance de l'instinct.

Les faits précédents, quoique peu nombreux, le sont assez pour faire saisir qu'il existe quelque analogie entre le phénomène de l'hivernation et celui des migrations. Tous deux paraissent indépendants des circonstances extérieures, ou du moins n'être déterminés par elles qu'à raison du moment où ils s'exercent. S'il est une époque précise où chaque espèce doit hiverner, quelle que soit d'ailleurs la température dont elle éprouve les effets, il en est une non moins absolue et non moins impérieuse pour les espèces émigrantes; c'est celle de l'instant de leur départ pour des contrées lointaines.

Ce besoin est irrésistible pour les unes comme pour les autres; mais les résultats en sont seulement différents. Tandis que les unes s'enfoncent dans la terre ou dans les cavités des rochers, plongées dans un sommeil profond qui ressemble à la mort, les autres fendent les vastes plaines de l'air, bravent les tempêtes aussi bien que l'aquilon; quelques-unes au contraire se transportent des régions glacées des pôles vers les climats plus doux des contrées tempérées. Ainsi chaque espèce cède à la puissance de son instinct. L'homme peut, par son influence, en déranger jusqu'à un certain point l'harmonie; mais il ne lui est pas donné de le détruire et d'en anéantir l'action. Avant tout, les desseins de la nature, dont nous sommes si loin de comprendre la sagesse et la portée, doivent s'accomplir; car il faut que l'œuvre mystérieuse de la création s'achève et se termine.

Nous avons étudié chez tous les ordres d'animaux le phénomène de leurs passages accidentels, ainsi que celui de leurs migrations périodiques. Nous avons cherché à reconnaître les causes qui portent les uns à se déplacer à des époques aussi incertaines qu'irrégulières, et les autres à se livrer à de grands voyages dont la constance et la régularité ont quelque chose de merveilleux. Nous aurions pu porter nos vues encore plus haut, et trouver dans ce mouvement et cette agitation continuelle une de ces lois générales qui dominent la nature entière.

En effet, tout dans le monde est dans un tourbillon qui ne se ralentit jamais, aussi bien dans les astres nombreux de l'univers que chez les êtres qui y sont disséminés. Cette activité existe non-seulement chez les espèces placées à la tête de la création, mais encore chez les races les plus imparfaites.

Il en est de l'homme lui-même comme des plus chétifs animaux. Tous, par suite d'un instinct impérieux, tendent à se transporter plus ou moins loin des lieux qui les ont vus naître. Tous recherchent les contrées où ils peuvent trouver un refuge assuré contre la rigueur des saisons, ou une nourriture abondante et appropriée à leurs besoins. Une prévoyance instinctive les pousse vers les lieux où ils rencontreront ces circonstances réunies. Ce pressentiment ne les trompe jamais. Un instinct supérieur encore, et dont les effets sont moins compréhensibles, force les animaux à se transporter avec une constance remarquable dans des régions nouvelles. Aucun besoin apparent ne les y contraint : ils se déplacent pour satisfaire la condition la plus impérieuse et la plus irrésistible de leur organisation.

Ces causes puissantes, dont l'action se renouvelle comme les êtres qui en ressentent les effets, et dont la régularité est aussi grande que le retour des saisons, ou la germination et la floraison des végétaux, produisent à la fois les passages accidentels des diverses espèces d'animaux, ainsi que leurs migrations périodiques.

RÉSUMÉ GÉNÉRAL.

De pareils desseins animent l'être le plus parfait de la création. L'homme, qui connaît et juge le passé comme il pressent l'avenir, veut ajouter de nouvelles jouissances à son existence. Comme l'oiseau qu'aucun besoin ne presse et ne tourmente, mais qu'un instinct impérieux entraîne loin des lieux de sa naissance, l'homme émigre aussi. Emporté par des désirs vagues, semblables (autant que son intelligence peut être comparée à leur instinct) à ceux qui dirigent cette foule d'êtres qui se croisent dans tous les sens, dans la profondeur des eaux et les vastes plaines de l'air, il parcourt tous les climats, sans s'embarrasser des obstacles et des dangers qui l'environnent à chaque pas.

L'homme, cédant plutôt à son imagination qu'à des besoins physiques, trouve la terre encore trop petite pour satisfaire ses désirs nouveaux et toujours croissants. Du moins il n'est plus pour lui d'asile inexploré. La marque de ses pas, imprimée sur le sol de toutes les régions, redit assez les passions qui l'agitent et le pressent.

Les voyages auxquels il se livre sans nécessité et souvent sans but déterminé ressemblent fort aux migrations lointaines, auxquelles s'adonnent aussi un grand nombre d'animaux. Aucun motif ne les y contraint, si ce n'est un instinct impérieux. Les voyages de l'un sont commandés par son intelligence, tout comme les longues excursions des autres par une puissance intérieure dépendant de l'organisation plus irrésistible que l'influence passagère des circonstances extérieures.

L'homme se déplace, comme certains animaux, pour se soustraire à l'effet de ces circonstances, et tempérer ce qu'elles ont de trop rigoureux. Pour éviter les chaleurs brûlantes des contrées méridionales, il s'élève sur les hauteurs, souvent même il va chercher un asile au fond des forêts, ou dans des régions plus froides que celles qu'il abandonne. Il essaye ainsi tous les lieux où il espère trouver les conditions qu'il recherche; il ne s'arrête que lorsqu'il les a rencontrées. Il erre d'une contrée à une autre, à peu près comme les oiseaux légers qui parcourent différents climats, jusqu'au moment où ils trouvent une nourriture abondante et une température appropriée à leurs conditions d'existence.

Les uns et les autres sont dirigés par les mêmes

besoins et les mêmes désirs, influencés chez l'homme par l'intelligence, comme chez les animaux par l'instinct, qui est aussi un don de la nature.

Quelque singulière que puisse paraître une pareille comparaison, elle n'est pas sans utilité pour saisir les différences qui existent entre les migrations et les passages accidentels auxquels se livrent tant d'espèces vivantes. Elle a du moins l'avantage de montrer que tout se tient et s'enchaîne dans le monde matériel, auquel l'homme est lié par son organisation, aussi bien que l'ensemble des êtres sur lesquels il exerce son empire. Quoique le roi de la création, l'homme éprouve comme les animaux les besoins qui les pressent et les tourmentent; il a de plus à satisfaire son intelligence, dont l'influence est si grande sur son physique, outre qu'elle est pour lui une source continuelle de bonheur ou de chagrin.

La comparaison dont nous venons de faire comprendre les avantages est le complément en quelque sorte nécessaire de la question soulevée par la Société de Harlem. La manière dont nous l'avons résolue semble confirmée par les vues que nous venons d'exposer; elles sont la conséquence et le résumé des faits que nous avons énumérés. Nous sommes donc arrivé aussi près du but qu'il est possible. On doit être satisfait, dans les sciences d'observation, lorsque, sans expliquer entièrement les faits, on en saisit la portée, ainsi que les causes qui les provoquent et les déterminent.

Si nous n'avons pas résolu toutes les questions que soulève le phénomène des migrations, nous avons peut-être mieux fait concevoir que ceux qui nous ont précédé toute son importance dans l'ordre de la nature.

Puissent ces recherches, auxquelles l'académie de Harlem a donné sa sanction, mériter l'attention des savants qui n'ont pas été appelés à en être les juges, ni à se prononcer sur leur mérite et l'intérêt qu'elles peuvent présenter !

NOTE

***Additionnelle** sur quelques espèces d'oiseaux des familles procellariées de l'ordre des palmipèdes; des familles des grulles de l'ordre des échassiers; des familles des faucons de l'ordre des rapaces; des familles des omnivores de l'ordre des passereaux.*

Les albatros et les pétrels, oiseaux essentiellement pélagiens, vivent de mollusques ptéropodes et céphalopodes, de crustacés, quelquefois de cadavres de cétacés, mais jamais de poissons. Leurs habitudes, leur vol, leurs allures, la forme de leur bec, paraissent s'y opposer. D'ailleurs, les poissons manquent dans les parages fréquentés par les albatros et les pétrels.

Les derniers ne paraissent pas avoir la faculté d'annoncer les tempêtes, comme on l'a supposé. S'ils suivent pour lors les navires, c'est pour se nourrir des excréments qui en tombent; car ils ne trouvent point de nourriture ailleurs. On ne les voit jamais se poser sur les agrès des navires, leur conformation leur rendant cet acte impossible.

Le pétrel pélagique (*procellaria pelagica*) est souvent poussé par les tempêtes sur les côtes de l'Irlande.

On l'y voit voltiger auprès des côtes et raser l'eau pour y chercher sa nourriture. Malgré la puissance de son vol, cet oiseau périt fréquemment, ne pouvant résister à la tempête.

Leur présence en grand nombre n'annonce point le voisinage des terres, mais seulement une abondance de crustacés et de mollusques dont ils font leur subsistance habituelle.

Sans doute les oiseaux bons voiliers sont répandus d'une manière plus générale que ceux chez lesquels la puissance du vol est faible; mais les uns et les autres ont des limites de climat et d'habitation. Ainsi, pour nous borner aux pétrels, ces oiseaux, habitant les glaces du Nord, ne sont point probablement les mêmes que ceux qui vivent vers le Sud. D'autres espèces, qui s'éloignent peu des zones torride et tempérée, vivent entre ces deux extrêmes.

L'influence des saisons et des circonstances atmosphériques accidentelles recule quelquefois les limites de leur habitation ordinaire. Mais les pétrels antarctiques et de neige, habitant les glaces du Sud, quittent-ils pendant l'hiver les climats glacés, où règne une nuit continuelle; ou ces oiseaux seraient-ils diurnes pendant une partie de l'année, et nocturnes pendant l'autre moitié, c'est ce dont il est difficile de s'assurer. La solution de ces questions ne serait possible que si l'on rencontrait à de grandes distances des glaces du Sud les mêmes espèces qui semblent s'y être réfugiées et y vivre à peu près constamment.

Le râle de genêt (*rallus crex*), qui appartient à la famille des gralles et à l'ordre des échassiers, a pour nourriture favorite le lézard gris des murailles (*lacerta agilis*). Cette espèce est très-abondante en Irlande. Il n'est pas rare d'y découvrir dans une seule journée plusieurs centaines d'oiseaux. Ces œufs offrent généralement, d'après M. Austin, une couleur sombre irrégulièrement parsemée de grandes taches noirâtres. Ceux du même oiseau pris en Angleterre sont, d'après M. Hewiston, parsemés de petites taches couleur olive, sur un fond clair. Cette différence dépendrait-elle de la diversité de nourriture des oiseaux qui habiteraient l'Irlande ou la Grande-Bretagne, ou tiendrait-elle à ce qu'ils seraient pondus par deux variétés de la même espèce ? C'est ce que l'observation nous apprendra sans doute.

La cresserelle (*falco tinnunculoïdes*), de la famille des faucons et de l'ordre des rapaces, est en partie insectivore ; du moins pendant la belle saison de l'année on voit cette espèce occupée à dévorer un grand nombre d'insectes coléoptères. Aussi en ouvrant son estomac on le trouve pour lors gorgé de débris d'insectes, que l'on rencontre en partie dans leurs excréments ; mais seulement dans un état d'altération beaucoup plus avancé.

Le corbeau freux (*corvus frugilegus*), de la famille des corbeaux et de l'ordre des passereaux, souffre beaucoup dans plusieurs districts de l'Irlande pendant le temps qui s'écoule entre les semailles du printemps et celles de l'automne. Les opérations du labourage, pour lors terminées, ne leur fournissent plus les larves et les vers dont ils se nourrissent. Si la saison est sèche, leurs souffrances deviennent encore plus grandes. On les voit alors affamés, fureter partout, rechercher avec soin les petits vers et les mollusques parmi les tas d'herbes marines ramassées pour servir d'engrais, ou se jeter avec avidité sur la première proie qui s'offre à eux.

Ces corbeaux déploient quelquefois le même instinct que les oiseaux de mer. Lorsqu'ils rencontrent un mollusque qu'ils ne peuvent détacher de sa coquille, ils l'élèvent en l'air jusqu'à une hauteur convenable pour ce qu'ils se proposent; ils la laissent pour lors tomber, et forcent ainsi l'animal dans sa citadelle. Pendant que la coquille descend, l'oiseau la suit avec attention, de peur que quelque autre oiseau ne s'en empare.

On retrouve le même instinct chez les merles et les grives, et chez le tourne-pierre de l'ordre des échassiers; les uns et les autres portent les limaçons dont ils se nourrissent sur une pierre contre laquelle ils frappent la coquille en la tenant avec leur bec jusqu'à ce qu'elle soit assez fracturée pour livrer l'animal qu'elle renfermait. On trouve des tas de ces coquilles brisées dans les lieux qu'habitent ordinairement ces oiseaux.

Lorsque les freux fondent une nouvelle colonie, ils présentent des habitudes fort singulières en apparence, mais qui sans doute sont basées sur des motifs suffisants. En 1840, des corbeaux freux commencèrent à bâtir leurs nids peu élevés autour de la maison de M. Allen, à Ballystraw, comté de Wexford. Après le travail de la journée, au lieu de se reposer sur les arbres environnants et de s'y établir pour la nuit, comme s'ils s'y fussent crus peu en sûreté, ils s'envolèrent vers Kilmannock, habitation de M. Haughton. Ils en firent de même toutes les nuits jusqu'à l'époque de l'incubation ; ils furent pour lors obligés de rester ou de perdre leurs œufs. Ils n'adoptèrent pas ce dernier parti, et s'établirent définitivement en ce lieu.

Il ne nous reste plus qu'à répondre à quelques objections qui nous ont été récemment adressées. Si les émigrations sont aussi constantes qu'étendues, nous ne pouvons plus maintenant connaître avec certitude la distribution primitive des espèces qui exécutent de grands voyages, vu le long espace de temps qui s'est écoulé depuis leur apparition.

Cette observation a sans doute une grande portée, mais elle ne s'applique qu'à un certain nombre d'oiseaux et de poissons. Quant aux autres, ils se trouvent encore dans la position où ils ont été placés. Ainsi, les échassiers et les palmipèdes, dont certaines races paraissent se rencontrer dans toutes les régions, ne le doivent peut-être qu'à leurs habitudes voyageuses. Il en est de même d'une foule d'espèces que nous avons déjà signalées, et auxquelles nous ajouterons la cresserelle et le pluvier doré. Le premier de ces oiseaux fréquente tout l'ancien continent, sous les tropiques comme hors des tropiques. On le voit dans toute l'Europe, au Sénégal, à Pondichéry, à Timor, comme dans la Nouvelle-Hollande et l'Amérique septentrionale. Seulement il n'a pas été aperçu dans les régions équinoxiales du nouveau monde, où il pénétrera peut-être bientôt, comme tant d'autres oiseaux, dont les habitations étaient plus restreintes jadis qu'elles ne le sont aujourd'hui. Les pays où l'on découvre le pluvier doré ne sont pas moins variés, car à ceux que nous venons de signaler on peut ajouter Java, Buénos-Ayres, les îles Mariannes et Sandwich.

Il paraît que pour ces deux espèces, comme pour une foule d'autres, nous ne connaissons plus les lieux où elles étaient fixées dans l'origine. C'est peut-être à raison de cette extension, à laquelle tendent particulièrement les oiseaux, que l'Afrique boréale a si peu d'espèces qui lui soient propres. La plupart des races de cette partie de l'ancien continent émigrent en Europe et même vers l'équateur, et sont par là même comptées parmi les oiseaux propres à ces zones. On en fera peut-être de même des gros-becs d'Afrique, qui sont aujourd'hui naturalisés dans les forêts de l'Amérique.

Cependant un grand nombre d'oiseaux semblent encore restreints aux régions où ils ont été disséminés à l'époque de leur création. Ces régions sont celles où l'influence de l'homme s'est fait ressentir depuis de moindres espaces de temps. En effet, l'Amérique est la partie du monde où existe la plus grande quantité d'espèces que l'on ne trouve pas ailleurs, et qui lui paraissent tout à fait propres. Du moins le nouveau monde est l'unique patrie des colibris (1), des jacamars, des toucans, des vangas, des cotingas, des gymnocéphales, des gymnodères, des tangaras et des tyrans. D'un autre côté, les gobe-mouches proprement dits et les moucherolles des tropiques y sont plus communs, ainsi que dans les Moluques, qu'en

---

(1) Le colibri des tropiques (*trochilus rufus*) fait des excursions jusqu'au détroit de Magellan; il arrive aussi jusqu'au *Cook's Inlet* là où la péninsule d'Aliaska commence à se détacher du nouveau continent par les 61° de latitude. Les morses (*trichechus rosmarus*) ne se montrent jamais en Asie, sur la côte occidentale depuis la mer Glaciale, jusqu'au 56° 1/2 de latitude, vers un parallèle de 4° 1/2 plus méridional que la limite à laquelle parviennent annuellement les colibris. Ces petits oiseaux se montrent à Sitkha dès le mois d'avril et disparaissent avant le commencement de juillet.

Afrique. L'Amérique, la Nouvelle-Hollande et les îles de la mer du Sud fournissent la plupart des perroquets qui nous sont connus ; car il n'en existe qu'une seule espèce en Afrique et point en Europe. Enfin les espèces du genre philedon et le *mœnura* sont caractéristiques pour la Nouvelle-Hollande, comme les cassiques pour l'Afrique, les glaucopes et les langrayens (*ocypterne*) pour les Moluques.

Les touracos (*corythaix illiger*) sont également confinés en Afrique, tandis que les souimangas, uniquement répandus dans l'ancien continent, ne se montrent point, comme les différentes espèces des pics, dispersés sur tout le globe.

Une particularité importante à noter dans la distribution primitive des oiseaux, c'est que la famille de cet ordre d'animaux, dont l'homme a tiré le plus d'avantages, est moins nombreuse en Amérique que dans les autres continents. Cependant l'Amérique septentrionale nous a fourni un gallinacé, le dindon, qui est devenu pour nos tables un mets recherché, même pour les plus grands gourmets.

Il est certaines espèces sur l'habitation desquelles nous ne pouvons pas être complétement fixé, et celles-ci sont les émigrantes. Il n'en est pas de même des oiseaux erratiques et sédentaires. Ceux-ci, surtout les derniers, sont encore dans les lieux où ils ont été placés à l'origine des choses. Ils ne s'en écartent que pendant des moments plus ou moins longs; presque toujours les lieux où ils nichent le plus ordinairement sont ceux où ils ont été disséminés dans le principe de leur existence. Quant aux races cosmopolites, toujours en mouvement, la terre entière est leur patrie, et le moindre récif leur domicile temporaire. Il n'y a donc de l'incertitude que pour les races émigrantes, qui se déplacent à des époques fixes et régulières, et dont les voyages s'étendent chaque jour à tel point, que plusieurs d'entre elles parcourent dans leurs migrations la totalité du globe.

EXPLICATION

DE

LA CARTE DU GLOBE TERRESTRE,

Sur laquelle ont été tracées les routes suivies par plusieurs espèces d'oiseaux et de poissons dans leurs migrations.

OISEAUX.

On a tracé sur la carte la route suivie par plusieurs espèces d'oiseaux et de poissons dans leurs migrations, à l'aide de lignes ponctuées ou marquées d'astérisques. On a également indiqué, par le nom de l'espèce, le point d'où elle part pour se rendre à sa destination. De cette manière on peut saisir à quel point les routes parcourues par les espèces émigrantes sont étendues, et combien les voyages auxquels elles se livrent habituellement sont considérables. En jetant les yeux sur cette carte, on sera frappé de l'extrême différence que présente l'hémisphère boréal, en comparaison de l'austral, relativement au nombre des lignes destinées à donner une idée des migrations. Cette différence est probablement, dans le fait, moins considérable qu'elle le paraît; elle tient uniquement au petit nombre d'observations que nous possédons sur les voyages que font les espèces européennes en Amérique, ainsi que sur ceux que paraissent exécuter les races du nouveau monde dans l'hémisphère boréal.

Nous avons cité dans cet ouvrage quelques faits relatifs aux courses auxquelles se livrent certaines espèces d'oiseaux d'Amérique qui nous arrivent parfois dans le midi de la France. Faute d'observations suffisantes, nous n'oserions assurer que ces excursions, qui paraissent accidentelles, vu leur peu de fréquence, ne fussent pas cependant tout aussi périodiques que celles qu'exécutent les espèces dont nous avons tracé la marche.

A raison de cette circonstance, nous avons choisi comme exemple des migrations, les principales espèces de l'Europe qui sont connues pour ainsi dire partout, à raison de l'étendue des voyages qu'elles exécutent avec une constance et une régularité remarquables. Nous avons dû nous borner à indiquer onze espèces, dont quatre suivent le même chemin et se livrent aux mêmes excursions. Le nombre des lignes a été ainsi réduit à neuf. De cette manière, on peut saisir avec plus de facilité les courses que les espèces émigrantes exécutent en Europe, contrée où elles sont bien plus connues que partout ailleurs. Le nombre neuf paraît encore trop considérable, lorsqu'on porte particulièrement son attention sur l'Europe; car dans tout le reste du monde il est extrêmement restreint.

Notre carte présente sous ce rapport un intérêt particulier; elle fait saisir à l'œil combien peu nos connaissances sont avancées sur la route que suivent les oiseaux et les poissons émigrants, une fois qu'ils sont sortis des pays les plus civilisés et des mers les plus fréquentées. Il faut espérer qu'en présence de cette lacune les observateurs éclairés qui habitent soit l'Asie, soit l'Afrique, soit l'Amérique, soit enfin la Nouvelle-Hollande, voudront bien s'occuper de cette partie de l'histoire des animaux. Leurs recherches nous feront mieux connaître un des phénomènes les plus réguliers et les plus curieux de la nature. Probablement aussi l'étude de ce phénomène entrera dans les instructions que l'académie des sciences donnera désormais aux navigateurs qui entreprennent de grands voyages et surtout des voyages de circomnavigation. Plus que personne, les navigateurs sont en mesure de faire à cet égard des observations intéressantes, si leur attention est appelée sur ce beau sujet.

1° Hirondelle de fenêtre (*hirundo urbica*). Une ligne composée de traits et de points intermédiaires indique la route que suit cet oiseau. Cette espèce paraît partir du Portugal où elle se divise en deux colonnes. La première ou la septentrionale se dirige vers les îles Britanniques, traverse la mer du Nord, arrive en Norwége, en Laponie, et parcourt la plus grande partie de la Russie et de la Turquie d'Europe; elle se joint ensuite à la seconde colonne, pour venir avec elle à son point de départ.

La seconde division de l'hirondelle de fenêtre ou la méridionale traverse toute la partie du sud du Portugal, de l'Espagne, de la France, d'où elle envoie ses tribus en Allemagne, en Suède, ainsi que dans tout le nord de l'Europe. Une partie de ces tribus se rend également dans la Turquie d'Europe, et les individus qui y arrivent se joignent avec les autres hirondelles qui y sont arrivées par la Russie. Elles regagnent ensemble les contrées du Portugal, que les unes et les autres avaient quittées.

2° Hirondelle des rivages (*hirundo riparia*). La route de cette espèce est indiquée par une ligne ponctuée. L'hirondelle des rivages paraît partir de la Guinée; elle se divise, dès le moment de son départ, comme l'espèce précédente; l'une de ses colonnes se dirige vers le nord, et l'autre suit au contraire une route tout opposée, c'est-à-dire, vers le sud.

Etudions d'abord la marche de la colonne méridionale, et nous examinerons plus tard celle de la colonne septentrionale. La première longe d'abord les côtes de la Guinée supérieure, puis celles de la Guinée inférieure et du pays des Hottentots, sans presque pénétrer dans la colonie du Cap. Elle se dirige ensuite tout à fait vers le nord-est, longe les côtes du pays de Mozambique, de Zanguebar; bientôt après, elle change tout à coup de direction, et prend sa route vers le nord-ouest. Elle contourne le lac Tchad, et le désert de Zahara, qu'elle a grand soin d'éviter, entre en Barbarie, traverse la Méditerranée, et arrive dans la Turquie d'Europe. Une fois qu'elle y est parvenue, elle étend ses excursions dans toute la Russie, parcourt la Finlande, la Laponie, et arrive en Suède et en Norwége. Elle s'y joint avec les individus qui composent la colonne septentrionale, et va regagner avec eux les contrées d'où elle était partie.

La seconde colonne ou la septentrionale part du même point que la première; mais elle suit une route totalement différente. Elle se dirige vers le nord, traverse la Sénégambie, côtoie les bords orientaux de l'Océan Atlantique, et parcourt successivement la Barbarie, le royaume de Maroc; après quoi elle franchit le détroit de Gibraltar. Elle porte ensuite ses tribus en Portugal, en Espagne, en France, traverse la Manche, se répand dans les îles Britanniques, toute l'Allemagne, le Danemark, la Suède et la Norwége. Là elle se joint avec la colonne méridionale, et, après y avoir séjourné plus ou moins longtemps, elle retourne avec les individus qui en faisaient partie en Afrique.

3° L'hirondelle de cheminée (*hirundo rustica*) est l'espèce la plus voyageuse d'un genre où presque toutes celles qui le composent se livrent à de grandes migrations. En effet, cette hirondelle se trouve dans la plupart des contrées du globe dont elle fait, pour ainsi dire, le tour. La marche qu'elle suit dans ses voyages est indiquée sur la carte par une simple ligne noire.

Elle part d'Afrique, du Gingiro, pays peu éloigné des côtes occidentales de la mer des Indes. Cette espèce quitte cette contrée en se divisant en deux colonnes; l'une gagne vers le sud, et l'autre au contraire prend sa route vers le nord.

La première, la méridionale ou l'africaine, gagne d'abord vers le sud, traverse toute la partie des côtes de l'Afrique qui s'étend depuis le Gingiro, jusqu'à la colonie du cap de Bonne-Espérance; elle parcourt ensuite le Zanguebar, le pays de Mozambique, la Cafrerie et, sans pénétrer dans la territoire du Cap, se détourne subitement vers le nord et parcourt de nouveau toute l'Afrique, en se tenant d'abord assez rapprochée des côtes occidentales de l'Océan Atlantique. Une fois qu'elle a dépassé la Guinée inférieure, elle s'éloigne de plus en plus des rivages de cette mer, passe en Nigritie, tourne autour du lac Tchad, dont elle côtoie les bords orientaux, et contourne à l'ouest le désert de Zahara qu'elle évite autant que cela lui est possible; elle arrive ainsi en Barbarie. Elle traverse ensuite les Etats de Tunis et de Tripoli, et longe les côtes méridionales de la Méditerranée. C'est ainsi qu'elle prend dans ces contrées quelques moments de repos; après quoi, elle se met de nouveau en marche, franchit la Méditerranée, et arrive ainsi en Europe.

Là elle envoie de nombreuses légions en France, en Espagne, en Portugal et dans les îles Britanniques, et jusqu'en Islande. Une autre division parcourt l'Italie, la Turquie d'Europe, l'Allemagne, le Danemark, la Suède, la Norwége, la Laponie, et paraît même pousser parfois ses excursions jusque dans le Groënland; c'est du reste dans les contrées du Nord que l'hirondelle de cheminée se joint avec les individus de la colonne septentrionale; ceux-ci y arrivent après avoir visité successivement la Nouvelle-Hollande et la totalité de l'Amérique.

La seconde, l'américaine ou l'orientale, se dirige dès le moment de son départ vers le nord-est; elle franchit premièrement la mer Rouge, arrive en Arabie, tourne le golfe Persique et côtoie pendant quelque temps le rivage septentrional de la mer des Indes, ou particulièrement le golfe du Bengale. Elle traverse ensuite le Kaboul, l'Indoustan, l'Inde ultérieure, franchit la mer de Chine, passe dans l'île de Bornéo et les nombreuses îles de la Sonde, et arrive enfin dans la Nouvelle-Hollande qu'elle parcourt dans presque sa totalité.

Après y avoir pris quelque repos, elle se remet de nouveau en marche, se dirigeant assez constamment vers l'est. Elle passe ainsi successivement vers la Nouvelle-Guinée, les îles Salomon, la Nouvelle-Zélande, les îles de la Société, et les îles de l'Océan Austral. En suivant toujours la même direction elle parvient enfin dans l'Amérique méridionale; elle y entre par le royaume de la Plata auprès de Buénos-Ayres; mais, une fois qu'elle y est arrivée, elle suit assez constamment la direction vers le nord. On la voit s'étendre ensuite dans le Brésil, côtoyer l'Océan Atlantique, puis la Guyane, la Colombie, et pénétrer dans l'Amérique septentrionale par l'isthme de Panama.

Une fois qu'elle est entrée dans cette partie de l'Amérique, elle côtoie la mer des Antilles, passe entre le golfe du Mexique et les rivages orientaux de la mer du Sud, et parcourt successivement le Mexique et la Louisiane. De là elle pousse ses excursions jusqu'à la terre de Labrador, arrive dans la Nouvelle-Galles, et se rapproche de plus en plus des côtes de l'Océan Boréal.

Ses tribus passent plus tard entre les grands lacs de l'Amérique septentrionale, pénètrent dans la Nouvelle-

Bretagne, l'Amérique russe, et, après avoir franchi l'Océan Glacial Arctique, elles se trouvent à l'extrémité de la pointe nord de l'Asie. Cette hirondelle parcourt ensuite le pays des Samoyèdes, la Sibérie, la Soungarie, et pénètre dans la Russie. De cet empire la colonne orientale de l'hirondelle de cheminée se dirige directement au nord, et se rend en Suède, en Laponie et en Norwége, où elle se joint avec les autres individus qui sont arrivés par une tout autre voie.

Tels sont les voyages que ces oiseaux, dont la puissance du vol est extrêmement grande, exécutent dans leurs migrations. Il faut bien remarquer que tous les individus de cette espèce éminemment émigrante ne font pas constamment une aussi longue route dans le cours d'une année. Un grand nombre d'entre eux s'arrêtent à plusieurs reprises en chemin, et sont loin de faire des tournées aussi considérables que celles dont nous venons de donner une idée.

En effet, nous avons dépeint, pour chacun des oiseaux dont nous avons tracé l'histoire, le maximum de leurs excursions, sans prétendre par là que chaque espèce l'exécute en entier. Probablement il n'est aucun oiseau qui fasse le tour du globe dans le cours d'une année. Que l'on ne s'y méprenne donc pas, nous n'avons voulu indiquer ici que la plus grande étendue de leurs migrations; mais nous n'avons pas prétendu fixer l'intervalle de temps que les différentes espèces mettent à les exécuter. Ces observations s'appliquent non-seulement à l'hirondelle de cheminée, mais généralement aux différentes espèces d'oiseaux et de poissons.

4° Etourneaux (*sturnus vulgaris*), loriots (*oriolus galbula*). Nous avons indiqué la route que suivent ces passereaux par une ligne noire interrompue de distance en distance.

Ces deux oiseaux partent d'Afrique, et, pour plus de simplicité, nous supposerons qu'ils dérivent l'un et l'autre du même point ou du royaume de Tripoli. Ainsi tout ce que nous allons dire se rapportera aux étourneaux comme aux loriots. Ces passereaux se séparent, dès le moment même de leur départ, en deux colonnes principales ; l'une, celle de droite ou l'asiatique, parcourt principalement cette partie du monde; l'autre, celle de gauche ou l'européenne, étend ses courses dans les régions tempérées de cette dernière contrée.

La colonne asiatique, ou l'orientale, se dirige d'abord à l'est, côtoie pendant quelque temps les côtes méridionales de la Méditerranée, puis, tournant brusquement vers le nord, quitte l'Afrique, traverse cette mer, arrive à l'île de Chypre et puis dans la Turquie asiatique. S'avançant toujours vers le nord-est, elle passe entre la mer Noire et la mer Caspienne, se dirige beaucoup plus à l'orient, et franchit le Caucase. Elle se divise pour lors en deux branches principales.

La première, ou la méridionale, va visiter la Soungarie, le Thibet, la Chine, la Mantchourie, la Mongolie, et, gagnant vers le nord-ouest, elle entre dans la Russie asiatique, arrive en Sibérie, où elle se joint avec la branche septentrionale dont elle s'était séparée.

La seconde, ou la septentrionale, se dirige vers le nord-est, séjourne quelque temps dans la Russie asiatique et se rend enfin en Sibérie, où elle se réunit avec la précédente pour aller, en se dirigeant vers l'ouest, se répandre dans tout le nord.

Ces deux branches ainsi réunies partent ensemble de la Sibérie, côtoient l'Océan Glacial Arctique, traversent les pays de Youkaghire et des Samoyèdes, et se rendent ainsi dans la Russie d'Europe. Elles abandonnent pour lors les rivages de l'Océan Arctique; après quoi on les voit se diviser en deux rameaux principaux.

Le premier, ou le septentrional, se dirige tout à fait au nord, passe entre le golfe de Bothnie et la mer Blanche, pénètre en Laponie, étend ses excursions successivement en Norwége, en Suède, en Danemark, et va se confondre dans les îles Britanniques aux individus qui y ont été envoyés par la colonne européenne.

Le second, ou l'occidental, quitte le premier rameau au-dessous de Saint-Pétersbourg avant qu'il soit parvenu sur les bords du lac Onéga. Il se dirige d'abord vers le sud-ouest, longe le golfe de Finlande et les bords de la mer Baltique, et traverse une assez grande partie de la Russie. Il arrive à Kœnigsberg ; de là il va se distribuer dans la Prusse, la Pologne, l'Autriche et la Turquie d'Europe, et s'y réunir aux individus qui y sont venus avec la colonne européenne.

Quant à cette colonne européenne ou septentrionale, elle part comme l'asiatique d'Afrique et du royaume de Tripoli. Du moment de son départ, on la voit gagner à l'ouest, suivre les côtes de la régence d'Alger, et, bien avant d'arriver en Barbarie, elle traverse la Méditerranée, envoie quelques-unes de ses tribus dans les îles de la Méditerranée, d'abord aux îles Baléares, puis à la Corse, à la Sardaigne, et enfin en Sicile.

Continuant toujours sa route, elle met le pied en Italie, et bientôt elle se divise en deux rameaux principaux. Le premier, ou l'oriental, tourne l'Adriatique, et, arrivé à son extrémité septentrionale, il envoie ses tribus à l'est dans la Turquie d'Europe, l'Autriche, la Pologne, la Prusse et tout le nord de l'Europe : c'est le point où les individus de la colonne européenne se confondent avec ceux qui y ont été envoyés par la colonne asiatique.

Le second, ou l'occidental, après s'être dirigé à l'ouest et avoir parcouru toute l'Italie, se partage également en deux bandes, une méridionale, et une autre que, d'après la route qu'on lui voit suivre, nous nommerons la septentrionale.

Cette dernière se répand dans toute l'Allemagne et la Hollande; après avoir traversé soit la mer du Nord, soit l'extrémité de la Manche, elle va porter ses individus dans les îles Britanniques. Par suite de l'humeur voyageuse de ces oiseaux, ils paraissent pousser leurs excursions jusqu'en Islande. Quant aux individus de ces deux espèces, qui se sont avancés jusqu'à l'extrémité nord de l'Allemagne, ils passent ensuite en Danemark, en Suède, en Norwége, et jusqu'en Laponie, où ils se réunissent à ceux qui y sont venus d'ailleurs.

La bande septentrionale qui, comme la précédente, avait parcouru l'Italie, se rend d'abord en Suisse, arrive ensuite en France, et de là va porter ses excursions jusqu'en Espagne et en Portugal. Elle traverse ensuite la Méditerranée, arrive en Afrique, et revient aux lieux d'où elle était partie.

Ainsi s'accomplit et se termine la destinée de ces légers habitants des airs, qui, toujours en mouvement, sont bien plus que les autres animaux des voyageurs sur la terre. Du reste, quoique nous ayons compris dans le même ordre de migrations les étourneaux et les loriots, tout comme les corbeaux et les corneilles, nous n'entendons pas dire par là que ces oiseaux suivent toujours le même chemin, et encore moins qu'ils voyagent ensemble. Seulement nous avons voulu faire comprendre que ces différentes espèces tiennent à peu près la même route, et diffèrent peu les unes des autres, sous le rapport de la direction qu'elles donnent à leurs grandes excursions.

5° *Cailles*. Les voyages de cet oiseau sont indiqués par deux lignes noires accolées l'une à l'autre.

Les cailles (*tetrao coturnix*) arrivent en Europe venant de l'Afrique, partent d'Egypte, traversent la Méditerranée en parcourant les îles, telles que Malte, la Sicile, l'île de Caprée, la Sardaigne, la Corse, passent en Italie, et poussent leurs excursions jusqu'à l'île de Candie. Celles qui prennent cette direction s'étendent en Asie, et visitent l'extrémité orientale de l'Europe.

Une autre colonne longe le littoral de la Méditerranée, côtoie le golfe Arabique, s'étend dans l'Arabie, passe entre le golfe Persique et la mer Caspienne, visite le Caboul et arrive dans le Thibet. Une fois qu'elle y est parvenue, elle se partage en deux divisions : l'une, celle de droite ou la méridionale, se dirige partie vers la Chine et partie vers l'Inde Ultérieure, puis vers les îles de la Sonde. Elle y reste peu, et traverse bientôt le Grand-Océan, còtoie les côtes de la partie septentrionale de la Nouvelle-Hollande, arrive dans la Nouvelle-Guinée, puis dans les îles Salomon, parcourt en entier l'Océan Equinoxial, et enfin la mer du Sud. Elle pénètre ainsi dans l'Amérique méridionale par la terre des Patagons, et longe les côtes de cette contrée jusqu'au royaume de la Colombie. On ignore si cette division étend encore ses courses au delà de cette dernière contrée, ou si elle s'y arrête et y termine ses excursions vagabondes.

La seconde division, celle de gauche ou la septentrionale, suit jusqu'au Thibet la même route que la première ; mais, lorsqu'elle y est parvenue, elle tourne brusquement vers le nord, se dirige vers Turkestan, passe auprès de la mer d'Aral, traverse une partie de la Russie asiatique, la plus grande partie de la Russie d'Europe, et porte ses tribus jusqu'en Laponie, en Norwége et en Suède. Elle franchit ensuite la mer du Nord, étend ses excursions jusqu'en Islande, tandis que le plus grand nombre des individus qui composent cette seconde division va visiter les Hébrides, l'Irlande, l'Ecosse et l'Angleterre, pays qu'elle quitte ensuite pour revenir à son point de départ.

Outre ces trois grandes colonnes, la première ou la méditerranéenne, la seconde ou l'orientale, qui d'abord unique se partage en deux et en constitue ainsi une nouvelle ou la septentrionale, il en existe une autre principale qui se divise également en deux branches ou rameaux.

D'après la direction que suit la quatrième colonne, dès le moment de son départ, on peut la nommer l'occidentale. Elle se confond, en Barbarie, avec les cailles qui arrivant d'Egypte ont suivi les bords méridionaux de la Méditerranée, toujours dans la direction de l'ouest. Elles suivent encore la même direction pendant quelque temps ; mais une fois qu'elles sont arrivées à l'extrémité de la Barbarie, elles se divisent en deux rameaux principaux. L'un, que nous appellerons l'européen, parcourt le Portugal, l'Espagne, traverse l'Océan Atlantique et arrive dans les îles Britanniques où il paraît se confondre avec les cailles qui y sont arrivées par l'Islande. Le second rameau, ou l'africa in, côtoie les côtes occidentales de l'Afrique en se rapprochant des rivages de l'Océan Atlantique, traverse ainsi successivement la Sénégambie, la Guinée supérieure et inférieure, le pays des Macasses et des Hottentots, et arrive enfin au cap de Bonne-Espérance. Les cailles changent dès lors de direction, étendant leurs excursions vers le nord ; elles longent ainsi les côtes de l'Océan Austral et de la mer des Indes, parcourent la Cafrerie, la Mozambique, le Zanguebar, suivent la côte d'Ajan, font quelques excursions dans l'Abyssinie, et franchissent le golfe Arabique dans le point le plus étroit, c'est-à-dire vers Moka, et pénètrent en Arabie.

Une fois qu'elles y sont parvenues, elles longent

les côtes septentrionales de la mer des Indes, traversent le golfe Persique, entrent en Perse, suivent encore les rivages de la mer des Indes, parcourent l'Indoustan, et, tournant brusquement vers le nord-est, vont se confondre avec les cailles qui du Thibet se rendent dans la Nouvelle-Hollande et en Amérique.

Quelles que grandes que puissent paraître les excursions de ces oiseaux dont le vol est cependant si lourd, elles sont probablement au-dessous de la réalité. En effet, les colonnes qui les composent se subdivisent à l'infini et se répandent dans un plus grand nombre de pays que ceux que nous avons indiqués; car les cailles offrent cette particularité de voyager indifféremment du nord au midi comme du midi au nord.

6° Le corbeau et les corneilles (*corvus corax* et *corone*) sont aussi des espèces essentiellement émigrantes, et que l'on rencontre dans presque tous les points du globe. Leurs courses ont été indiquées sur notre carte par deux lignes noires, l'une pleine et l'autre interrompue ou ponctuée.

Ces oiseaux, comme les cailles, paraissent également partir d'Afrique et de Barbarie au delà du désert de Zahara, vers les côtes de l'Océan Atlantique. De ce point ils se divisent en deux colonnes : l'une se dirige vers le nord et l'autre vers le sud.

Celle-ci, l'africaine ou la méridionale, s'étend vers

le sud jusqu'à la pointe de l'Afrique, longe les côtes de cette contrée, traverse successivement la Nigritie, la Guinée supérieure et inférieure, le pays des Macasses et des Hottentots, et arrive enfin au cap de Bonne-Espérance. Lorsqu'elle y est parvenue, la colonne africaine change de suite de direction, gagne d'abord vers le nord, puis, après avoir traversé le canal de Mozambique, elle se rend à Madagascar et dans les autres petites îles dont celle-ci est entourée. Cette colonne paraît même pousser ses excursions jusqu'aux îles Seychelles, les Maldives et les Laquadives de la mer des Indes. De ces points, les oiseaux qui la composent reviennent de nouveau vers les rivages africains, s'étendent dans le Zanguebar, la Nubie, côtoient les rivages occidentaux du golfe Arabique ou de la mer Rouge, passent entre cette mer et la Méditerranée, et arrivent ainsi par l'isthme de Suez en Asie. Ces oiseaux traversent ensuite la Palestine, une partie de la Turquie asiatique, longent les côtes de la mer Noire et de la mer Caspienne, parcourent une grande partie de la Russie, de la Suède et de la Norwége, où ils vont se réunir avec leurs congénères qui y sont parvenus par l'Allemagne.

La seconde colonne, l'européenne ou la septentrionale, part comme la précédente du même point; mais, au lieu de se diriger vers le sud, elle suit une direction tout opposée, c'est-à-dire vers le nord. Elle longe d'abord les côtes occidentales de l'Afrique, traverse le détroit de Gibraltar, passe en Portugal, en Espagne, puis en France, d'où elle se répand dans les îles Britanniques, l'Allemagne, la Suisse, l'Italie, la Turquie d'Europe; elle parcourt encore de nouveau l'Allemagne, mais seulement les Etats les plus septentrionaux de cette contrée. Elle gagne ensuite le nord, et va se réunir en Norwége avec la colonne africaine dont les excursions sont beaucoup plus étendues.

7° La chouette effraie (*strix flammea*) est encore une espèce émigrante dont les voyages sont aussi des plus étendus. Les migrations de cette espèce ont été indiquées par une ligne noire en astérisque.

La chouette effraie, comme la caille, paraît partir d'Afrique et de la Nigritie. La première de ces colonnes longe d'abord le grand désert de Zahara, traverse l'Egypte, puis la Méditerranée, arrive en France, d'où elle se répand en Espagne, en Portugal, en Allemagne, en Suède et en Norwége. Ces oiseaux se joignent, dans ces dernières contrées, à ceux qui, après avoir parcouru toute l'Amérique, arrivent dans l'hémisphère boréal par la Russie asiatique.

La seconde colonne part, comme la première, de la Nigritie, se dirige vers la Sénégambie, traverse l'Océan Atlantique, et arrive par la Guyane dans l'Amérique méridionale. Elle parcourt ensuite le Brésil, parvient jusqu'à Buénos-Ayres, longe les côtes occidentales de cette partie de l'Amérique, passe successivement par les royaumes de la Plata, du Pérou, de la Colombie, et se rend enfin dans l'Amérique septentrionale après avoir franchi l'isthme de Panama. Une fois qu'elle y est parvenue, elle porte ses excursions dans tout le Mexique, la Louisiane, les Etats-Unis, contourne ensuite les grands lacs de cette partie du nouveau monde, arrive dans l'Amérique russe, franchit le détroit de Behring, et pénètre ainsi dans l'Asie septentrionale. Elle parcourt ensuite la Sibérie, la Manschourie, la Mongolie, la Rouskarie, la Chine, le Thibet, le Caboul, et, après avoir côtoyé les côtes occidentales du golfe Persique, elle entre en Arabie d'où elle passe entre la mer Noire et la mer Caspienne pour arriver en Russie. Elle se joint pour lors en Suède et en Norwége à l'autre colonne dont les courses ont été moins longues.

La chouette effraie, quoiqu'une espèce nocturne, n'en est pas moins un des oiseaux dont les courses sont les plus longues; car dans ses voyages elle fait en quelque sorte le tour du monde. L'habitude de ne voir bien distinctement que pendant la nuit, qui paraît caractériser particulièrement les chouettes, est donc tout à fait indifférente à l'étendue et à la constance de leurs voyages. Il en est de même de leurs habitudes carnassières qui ne sont pas non plus un obstacle, ainsi qu'on l'avait à tort supposé, à la longueur de leurs excursions. La corneille et le corbeau en sont encore une preuve parmi les passereaux, ainsi que plusieurs autres espèces qui, comme la chouette, appartiennent aux oiseaux de proie. Les mœurs de certains mammifères, tels que le tigre, le loup et le renard, ne s'opposent point à leur grande dispersion; elles paraissent même la favoriser; car les animaux carnassiers trouvent partout de quoi satisfaire leurs appétits, aussi bien que les espèces herbivores dont la dispersion a singulièrement favorisé celle des premières.

POISSONS.

8° Maquereaux (*scomber scombrus*). Les poissons se livrent à des migrations presque aussi étendues que celles qu'exécutent les oiseaux émigrants. Nous avons indiqué sur la carte celles des maquereaux par une ligne à nœuds.

Les maquereaux paraissent passer l'hiver dans les mers du Nord, principalement auprès de l'Océan Glacial Arctique, dans les environs du Spitzberg où ils s'enfoncent dans la profondeur des eaux. Ils quittent ces froides régions vers le printemps, et se dirigent à cette époque sur les côtes de l'Islande; ils descendent ensuite dans l'Océan Atlantique, et parviennent ainsi sur les côtes de l'Irlande. Lorsque ces poissons sont arrivés vers le 50e degré de latitude, ils se divisent en deux colonnes.

L'une, ou la méridionale, longe la péninsule hispanique, passe le détroit de Gibraltar, arrive dans la Méditerranée d'où elle se répand sur les côtes de l'Espagne, du midi de la France, de l'Italie, ainsi que sur celles des îles qui s'y trouvent, comme les îles Baléares, la Corse, la Sardaigne et la Sicile, etc. Elle parvient ainsi dans l'Adriatique, et retourne après dans la Méditerranée, où les individus qui la composent vont se répandre sur les côtes de la Turquie et de l'île de Candie. On ignore si cette espèce pénètre dans la mer Noire par le détroit des Dardanelles. Lorsqu'elle y est arrivée, elle revient sur ses pas et retourne dans les mers du Nord, ainsi que la seconde colonne · l'une et l'autre s'enfoncent alors dans les profondeurs de l'Océan Glacial Arctique. Cette première colonne de maquereaux est suivie dans ses excursions par les sardines, comme celles-ci par les thons. Cette dernière espèce est également accompagnée par les squales qui s'attachent à ses pas et en font leur pâture.

L'autre colonne que, par opposition à la première, on pourrait appeler la septentrionale, entre dans la Manche, paraît en mai sur les côtes océaniques de la France, longe la partie méridionale et occidentale de l'Angleterre, de la Hollande, et passe le Sund ; elle fait ensuite le tour du Jutland, parcourt la mer Baltique, revient en suivant les côtes de la Suède, de la Norwége, et s'enfonce de nouveau dans les mers du Nord, point d'où elle était partie comme la première division de cet ordre de poissons.

9° *Harengs* (*clupea harengus*). Les harengs, aussi connus par la bonté de leur chair qu'à raison de leurs longs et grands voyages, ont été indiqués par une ligne ondulée et sinueuse.

Les harengs, comme les maquereaux, partent des mers du Nord, particulièrement de l'Océan Glacial Arctique. Ils se divisent, peu après leur point de départ, en deux colonnes principales.

La première se dirige vers l'occident, passe entre l'Islande et le Groënland, fait le tour de cette grande île dont elle côtoie les côtes orientales, traverse la baie de Baffin, arrive ainsi devant la terre de Labrador, fait le tour de Terre-Neuve, et pousse peut-être ses excursions jusqu'aux Etats-Unis, d'où elle retourne vers les mers du Nord, dans les profondeurs desquelles elle s'enfonce.

La seconde colonne des harengs, ou la méridionale, se dirige vers le sud; mais, peu après son départ, elle se partage en deux divisions, probablement à raison du nombre des poissons qui la composent.

La première longe la Norwége; mais, arrivée devant le Danemark, une partie en côtoie les côtes occidentales, et l'autre les côtes orientales. Cette première division pénètre ainsi dans la Baltique, et étend ses excursions à la fois dans les golfes de Finlande et de Bothnie, d'où ces poissons retournent dans les mers du Nord, que l'on peut considérer comme leur point de départ.

La seconde division, qui s'étend vers le sud-ouest, parcourt les côtes des îles Shetland et les Orcades. Une fois qu'elle a dépassé ces dernières îles, elle se partage encore en deux bandes.

La première, ou l'occidentale, gagne les îles Hébrides et pénètre dans l'Océan Atlantique. Une partie suit les côtes occidentales de l'Islande; elle fait en quelque sorte le tour de cette île, et va se réunir avec la seconde qui arrive dans la Manche par la Hollande et le Pas-de-Calais.

La dernière de ces bandes, ou l'orientale, longe les côtes orientales de l'Ecosse et de l'Angleterre, ainsi que le rivage occidental de la Hollande, et entre dans la Manche par le Pas-de-Calais.

Ces deux bandes séjournent plus ou moins longtemps dans la Manche; elles envoient constamment de leurs tribus, les unes dans les mers du Nord et les autres dans l'Océan Atlantique. Les premières suivent les côtes de l'Allemagne, font le tour du Danemark, parviennent par le Sund dans la mer Baltique, qu'elles parcourent en entier, et étendent leurs excursions jusque dans les golfes de Bothnie et de Finlande. Les secondes de ces tribus longent les côtes océaniques de la France, ainsi que celles de l'Espagne et du Portugal; mais elles ne paraissent pas franchir le détroit de Gibraltar, qui semble pour elles comme le terme de leur voyage. De ce point les harengs reviennent par la Manche dans la mer du Nord, pénètrent parfois dans la Baltique, et, s'y réunissant avec leurs congénères, on les voit souvent reprendre avec eux la route de l'Océan Glacial Arctique, où les uns et les autres vont s'enfoncer dans la profondeur des eaux.

Telle est l'histoire des migrations du hareng, dont le nombre est réellement prodigieux. Malgré les pêches actives et les attaques continuelles des poissons voraces dont il est l'objet, il n'en envoie pas moins des millions d'individus depuis l'Océan Glacial Arctique jusqu'à l'Océan Atlantique. Il serait possible que, dans son humeur voyageuse, le hareng étendît ses excursions jusqu'à l'Océan Austral, parcourant ainsi l'immense étendue de l'Océan Atlantique. Faute d'observations précises, nous ignorons si ses colonnes dépassent le détroit de Gibraltar, et si, sans entrer dans la Méditerranée, elles longeraient les côtes océaniques occidentales de l'Afrique, pour, en définitive, aller porter leurs tribus dans l'Océan Austral.

Nous devons attendre de nouvelles recherches et des observations suivies avec soin pour pouvoir décider ce point de fait. Dans l'état actuel de nos connaissances, le détroit de Gibraltar paraît pour cette espèce les colonnes d'Hercule.

FIN.

TABLE DES MATIÈRES.

LIVRE PREMIER.

DES MIGRATIONS DES ANIMAUX VERTÉBRÉS.

CHAPITRE PREMIER.

CHAPITRE II.

CHAPITRE III.

CHAPITRE IV.

LIVRE DEUXIÈME.

DES MIGRATIONS DES ANIMAUX INVERTÉBRÉS.

CHAPITRE PREMIER.

CHAPITRE II.

CHAPITRE III.

CHAPITRE IV.

CHAPITRE V.

FIN DE LA TABLE.

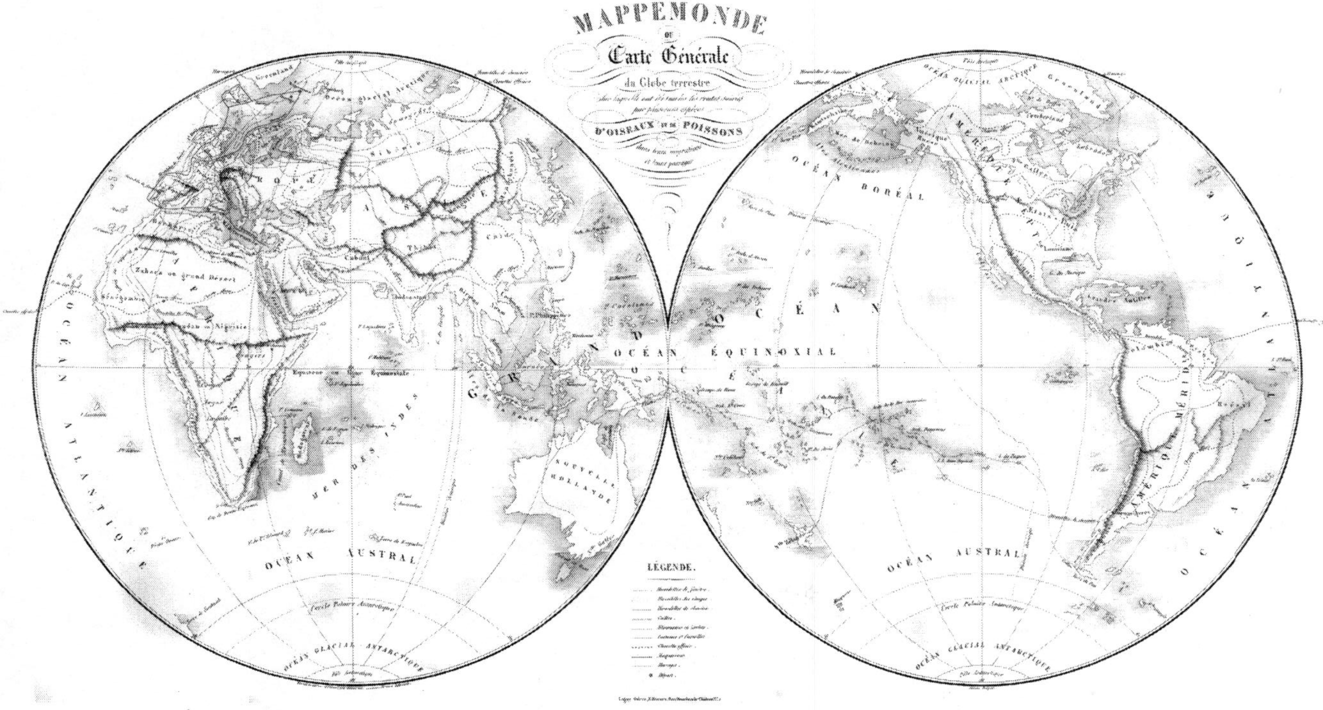
MAPPEMONDE
OU
Carte Générale
du Globe terrestre
D'OISEAUX ET DE POISSONS
OCÉAN ATLANTIQUE
OCÉAN AUSTRAL
MER DES INDES
NOUVELLE HOLLANDE
OCÉAN ÉQUINOXIAL
OCÉAN BORÉAL
GRAND OCÉAN
OCÉAN GLACIAL ANTARCTIQUE
AMÉRIQUE MÉRIDIONALE
Zahara ou grand Désert
Sénégambie
LÉGENDE.

Printed in Dunstable, United Kingdom

91222229R00362